AF894008

Lehrbuch

der

Darstellenden Geometrie

für

den Gebrauch an technischen Hochschulen, mittleren gewerblichen und technischen Lehranstalten, Kunstgewerbeschulen, Fortbildungsschulen usw. und für das Selbststudium

bearbeitet von

Prof. Erich Geyger,

Oberlehrer an der Kgl. Baugewerkschule in Kassel

I. Teil

Affinität und Perspektivität ebener Figuren. Perspektive, involutorische und harmonische Grundgebilde. Kegelschnitte als Kreisprojektionen. Die orthogonale axonometrische und schiefe Projektion. Zylinder, Kegel, Kugel; ebene und Raumkurven. Schnitte und Abwickelungen. Durchdringungen.

Mit zahlreichen angewandten Beispielen und 290 Figuren

Leipzig

G. J. Göschen'sche Verlagshandlung

1906

Alle Rechte
von der Verlagshandlung vorbehalten.

Spamersche Buchdruckerei in Leipzig-R.

Vorwort.

Die Herausgabe des vorliegenden Buches wurde durch den an mich ergangenen, ehrenden Auftrag der Verlagsfirma veranlaßt, das gleichfalls von ihr verlegte Werk einer darstellenden Geometrie des Herrn Dr. Schroeder in Hamburg (von welchem nur der erste Band erscheinen konnte) fortzusetzen. In unserem technisch induktiven Zeitalter braucht kaum noch darauf hingewiesen zu werden, daß für alle Zweige der Technik und des Handwerks die Notwendigkeit vorliegt, in ausgedehntester Weise die Zeichenkunst zu verwerten, wenn Erdachtes festgehalten und ein Ideenaustausch vermittelt werden soll. Soll das Zeichnen ein Entwerfen sein, so ist das nur auf Grund einer geübten Raumanschauung möglich. Ein erfolgreiches Eindringen in die Gebiete der Naturwissenschaften und der technischen Fächer geht Hand in Hand mit der Ausbildung des Raumanschauungsvermögens, das vielen, namentlich denen, die sich zum Studium der naturwissenschaftlich-mathematischen Disziplinen hingezogen fühlen, von Natur aus eigen ist, bei anderen aber erst gehörig entwickelt und geschärft werden muß. Das einzige Mittel hierzu aber ist die Wiedergabe von Körpern auf Grund geometrischer Gesetze, d. h. „die darstellende Geometrie". Jeder, der die Ideen des Entwerfenden richtig erfassen, das nach geometrischen Grundsätzen richtig Entworfene auch richtig verstehen will, muß Beherrscher dieser Wissenschaft sein.

Die Erkenntnis, daß auch für das Handwerk die Kunst des Zeichnens nicht nur nutzbringend und förderlich, sondern für die meisten Zweige desselben unbedingt notwendig sei, erklärt die in den letzten Jahren vollzogenen zahlreichen Gründungen von gewerblichen Fortbildungs- und Handwerkerschulen aller Art. An letzteren Anstalten und den technischen Mittelschulen bilden die zeichnerischen Fächer die größere Zahl von

Lehrgegenständen; an diesen Schulen tritt die formale bzw. allgemeine Bildung fast gänzlich zurück, die direkte Vorbereitung für das praktische Leben, für den zu ergreifenden oder schon ergriffenen Beruf bildet hier die Unterrichtsmaxime. Daher kann und darf an diesen Anstalten die darstellende Geometrie, ohne die kein richtiges Zeichnen denkbar ist, niemals Nebenfach, sondern nur Hauptlehrgegenstand sein, denn diese ist das vermittelnde Element, die verbindende Brücke zwischen Theorie und Praxis. Die darstellende Geometrie darf daher niemals rein theoretisch, sie muß praktisch anschaulich vorgetragen werden. Das soll aber nicht heißen ohne jede Theorie; diese kann im gründlichen Unterrichte nicht entbehrt werden, ihr Wert und ihre Bedeutung sind den Schülern sofort durch Anwendung derselben auf praktische Beispiele zweckmäßig vor Augen zu führen. Die Hauptaufgabe der darstellenden Geometrie ist hiernach, die Gesetze für das Abbilden solcher Gebilde zu lehren, denen wir später als Formenelemente bei den praktisch vorkommenden Gegenständen begegnen. Da das Schülermaterial hierzu mathematisch nicht vorgebildet ist, sind bei der Durcharbeitung von Aufgaben die analytischen Lösungen möglichst auszuschließen und, wo es nur angeht, die graphischen in den Vordergrund zu stellen. Es empfiehlt sich dies auch schon aus dem Grunde, weil größere algebraische Operationen keineswegs die Vorstellungskraft beanspruchen, deren Verständnis vielmehr ein größeres mathematisches Wissen und eine Gewandtheit im Rechnen voraussetzt, die für das Studium der darstellenden Geometrie entbehrlich ist. Die Kenntnis der grundlegenden Lehrsätze der Planimetrie und Stereometrie, einschließlich des Begriffes der trigonometrischen Funktionen, der variablen und konstanten Größen wie des Verfahrens der Festlegung eines Punktes durch seine Koordinaten genügt, um die Darlegungen dieses Buches zu verstehen. Um aber dem Leser die Eigenschaften der Figuren, die durch das Projizieren von ebenen Figuren und Raumgebilden erhalten werden, beweisen zu können, war es erforderlich, auf die fundamentalen Sätze und Begriffe der Geometrie der Lage einzugehen.

Mit der schon erwähnten Schaffung von gewerblichen Fortbildungsschulen, Handwerkerschulen und technischen Mittelschulen ist allerdings ein bedeutender Schritt getan, doch das zu erstrebende Ziel ist noch nicht erreicht. Die Erfolge blieben weit hinter den gehegten Erwartungen zurück; es fehlten offenbar geeignete Lehrkräfte. Das beweisen die lebhaften Debatten und Erörterungen auf den in den letzten Jahrzehnten abgehaltenen Versammlungen der berufenen Vertreter dieser Anstalten über den Zeichenunterricht und die Beschaffung von Lehrkräften.

Die Lösung der gekennzeichneten Aufgabe bietet eben dem Lehrenden, der kein volles mathematisches bzw. Fachstudium aufzuweisen vermag, doch mehr Schwierigkeiten, als man gemeiniglich annimmt. Erfahrungsgemäß hat dies seinen Grund darin, daß hier das durch die verschiedenen Lehrbücher Gebotene zum größten Teile versagt, obgleich die Zahl der dieses Gebiet behandelnden Lehr- und Lernbücher nicht gering ist. Der erfahrene Lehrer wird unter der großen Menge selten eins finden, das ihn vollauf befriedigt. Das eine behandelt den Stoff völlig abstrakt, es bringt die Grundkörper, sonst nichts, gibt einige Konstruktionen, umgeht aber deren Beweis; ein anderes sucht fast ausschließlich an angewandten Beispielen die Konstruktionsverfahren klarzulegen, eine Erklärung des Ergebnisses der Konstruktion aber fehlt. Kreisprojektionen finden sich in jedem Lehrbuch über darstellende Geometrie, aber auf die projektiven Eigenschaften der Kegelschnitte wird in der Regel nicht eingegangen. Durchdringungen von Zylinder- und Kegelflächen werden auch stets vorgetragen, das Ergebnis der Konstruktion wird aber nicht erklärt. Kann ein solches Buch den strebenden Lehrer zufrieden stellen, wenn es ihm nicht beweist, daß das Ergebnis nur eine Raumkurve, in diesem besonderen Falle aber eine ebene Kurve sein kann? Will aber der Leser auf solche und ähnliche Fragen Antwort haben, so heißt es für ihn, sich durcharbeiten durch umfangreiche Bände, die diese Gebiete behandeln. Dem Lehrenden und Lernenden hier zu Hilfe zu kommen, war bei der Abfassung dieses Buches mein Bestreben.

Das Gebotene umfaßt im Verein mit dem Dr. Schroederschen Bande sowohl den Lehrstoff aller technischen Mittelschulen wie den für die Studierenden an technischen Hochschulen in den ersten Semestern ihres Studiums. Bei Durcharbeitung desselben war entsprechend den vorausgeschickten Erwägungen allein der Gesichtspunkt maßgebend, ihn unter Wahrung seines wissenschaftlichen Charakters möglichst für den Unterricht verwertbar zu gestalten und jedem, auch dem, der der höheren Mathematik nicht kundig ist, verständlich zu werden. Von der Aufnahme der Schattenkonstruktionen, Beleuchtungslehre und der Zentralperspektive ist im vorliegenden Buche abgesehen, für die Behandlung dieser Kapitel der darstellenden Geometrie vielmehr ein zweiter

Band vorgesehen worden, damit das Buch nicht zu unhandlich werde.

Beabsichtigt wird, in einem dritten Bande die zyklischen Linien, Schraubenlinien und Schraubenflächen, die Flächen zweiten Grades, Regelflächen usw. zu behandeln.

Es drängt mich, an dieser Stelle meinem hochgeschätzten Kollegen, Herrn Architekt und Königl. Oberlehrer Baumann in Kattowitz, der mir mit seinen reichen Erfahrungen bei der Auswahl und Lösung der behandelten Aufgaben stets hilfsbereit zur Seite stand, hiermit meinen herzlichsten Dank auszusprechen, und mit diesem Danke verbinde ich zugleich die dringende Bitte an die Herren Fachkollegen, mir etwaige Wünsche auf Änderungen ohne Rückhalt anzuzeigen, damit dieselben bei einer späteren Auflage berücksichtigt werden können. Möge das Buch an seinem Teile dem gewerblichen Schulwesen wie der gewerblichen Praxis zugute kommen.

Kassel, im Juli 1906.

Der Verfasser.

Inhalts-Verzeichnis.

I. Kapitel.

Kongruenz, Ähnlichkeit, Affinität und Perspektivität ebener Figuren.

Affinität ebener Figuren.

Affine und affin gelegene Figuren einer Ebene; die Ellipse.

Affine Figuren einer Ebene, die sich nicht in affiner Lage befinden.

Ellipsenkonstruktionen. Metrische Beziehungen zwischen den Achsen und den konjugierten Durchmessern einer Ellipse.

Perspektivität ebener Figuren.

II. Kapitel.

Perspektive, involutorische und harmonische Grundgebilde.

III. Kapitel.

Die Kegelschnitte als Kreisprojektionen.

Die Potenz eines Punktes in bezug auf einen Kreis; Potenzlinie zweier Kreise.

Entstehung der Kegelschnitte aus der Zentralprojektion des Kreises.

Erzeugung der Kegelschnitte durch projektivisch verwandte Punktreihen und Strahlbüschel.

Kegelschnittbüschel und Kegelschnittschar.

Brennpunkte und Leitlinien der Kegelschnitte. Krümmungshalbmesser der Kegelschnitte. Konstruktion von Kegelschnitten, ihren Tangenten und Normalen.

IV. Kapitel.

Die orthogonale axonometrische und schiefe Projektion.

Die schiefe Projektion.

V. Kapitel.

Orthogonale Projektionen von Ebenen und Körpern. Zylinder, Kegel, Kugel. Ebene- und Raumkurven. Durchdringungen von Kugel-, Zylinder- und Kegelflächen.

Durchdringungen von Zylinder-, Kugel- und Kegelflächen.

I. Kapitel.

Kongruenz, Ähnlichkeit, Affinität und Perspektivität ebener Figuren.

1. Außerhalb der Ebene 𝔈 einer im Raume willkürlich gelegenen Figur sei ein Punkt O festgelegt und dieser mit allen Punkten ihres Umrisses durch gerade Linien verbunden; wird dieses Bündel von Linien, die wir uns unendlich lang denken, durch eine zweite Ebene 𝔓, die sich nicht mit 𝔈 decken, sonst aber beliebig im Raume festgelegt sein mag, geschnitten, so wird hieraus auf der Ebene 𝔓 eine neue Figur resultieren, deren Punkte, Gerade und Winkel denen der gegebenen eindeutig entsprechen. Die Figur in 𝔓 bezeichnen wir als zentrale Projektion der Figur in 𝔈, den Punkt O als Projektionszentrum, die Schnittgerade 𝔖 der beiden Ebenen, der Originalebene 𝔈 und der Projektionsebene 𝔓, als Projektionsachse und die durch das Zentrum gehenden Strahlen als projizierende Strahlen. Die Figur in 𝔓 ist aus der in 𝔈 abgeleitet worden oder, wie wir auch sagen können, die Originalfigur in 𝔈 ist abgebildet worden; das hierbei zur Anwendung gelangte Verfahren heißt Zentralprojektion; Originalfigur (vgl. Fig. 1) ABC und Abbildung $A'B'C'$ sind projektive Figuren in perspektiver Lage oder perspektive Figuren. Beide Figuren entsprechen sich in der Weise, daß jedem Eckpunkt ein Eckpunkt, jeder Seite eine Seite und

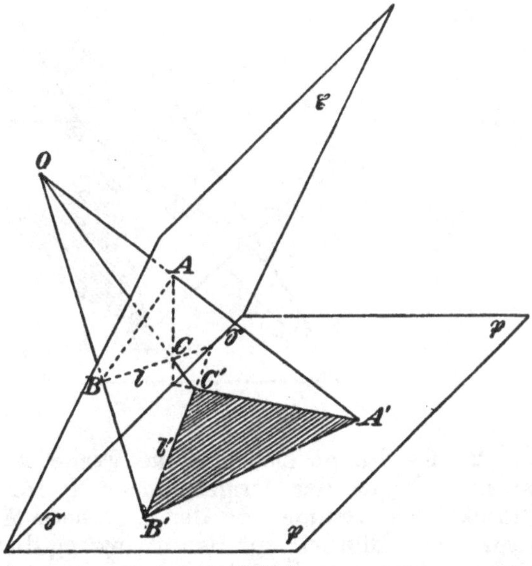

Fig. 1.

jedem Winkel der Originalfigur ein Winkel entspricht, doch sind im allgemeinen die Längen und Winkel in der Projektionsebene von den bezüglichen Längen und Winkeln der Originalebene verschieden. Was von den Punkten und Geraden der Figur gesagt worden ist, gilt zugleich auch von den übrigen Punkten und Geraden der Ebenen. Auch die Ebenen entsprechen sich, d. h. jedem Punkte P der Originalebene entspricht ein Punkt P' der Projektions- oder Bildebene, jeder Geraden l eine Gerade l' und umgekehrt. Nur die Projektionsachse entspricht sich selbst und ebenso jeder Punkt derselben, auch müssen sich zwei entsprechende Gerade auf der Achse schneiden. Einer Parallelen zur Achse entspricht in der Bildebene wieder eine Parallele, der Schnittpunkt mit der Achse liegt in diesem Falle im Unendlichen. Daß das Entsprechen der Ebenen ebenfalls ein eindeutiges ist, wird später bewiesen werden.

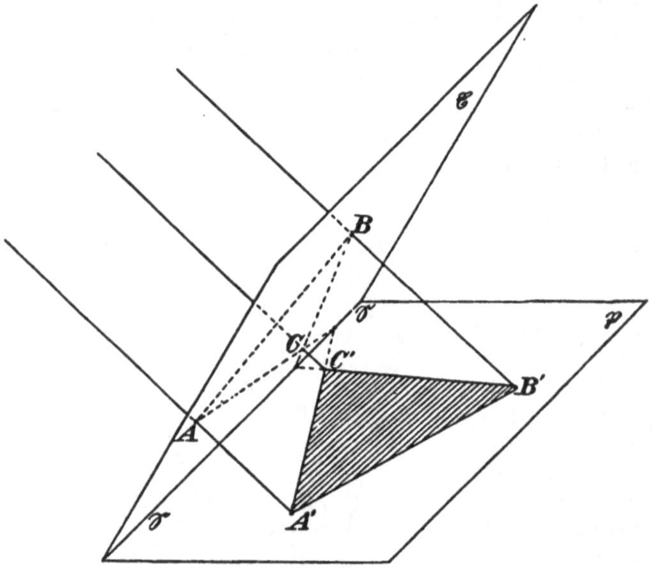

Fig. 2.

2. Es drängt sich uns die Frage auf: Ist nicht zu einer gegebenen Figur der Originalebene 𝔈 für eine gewisse Lage des Projektionszentrums und der Bildebene 𝔓 das Bild derselben konstruierbar? Ehe wir zur Beantwortung dieser Frage schreiten, seien einige andere einfachere Aufgaben behandelt, durch deren Erledigung das Verständnis für jene bedeutend gefördert werden wird.

Die Beziehungen zwischen den beiden Ebenen hören auch dann nicht auf zu bestehen, wenn wir die Lage der Bildebene oder die des Projektionszentrums zur Originalebene ändern. Möglich sind folgende Lagen:

a) Behalten die Ebenen 𝔈 und 𝔓 ihre Lagen bei, ändert sich aber die des Projektionszentrums, indem letzteres sich immer mehr und mehr von der Originalebene entfernt, so werden die projizierenden Strahlen in ihrer Richtung immer weniger voneinander abweichen; ist schließlich das Zentrum ins Unendliche gerückt, dann sind die projizierenden Strahlen parallel, aus der Zentralprojektion ist eine Parallelprojektion geworden. Dieses Abbildungsverfahren ist dasjenige, welches allgemein in fast allen Zweigen der Technik bei der Darstellung von Körpern angewandt wird. Wir erkennen, daß von dem ursprünglichen Gebilde in 𝔈 und dem abgeleiteten in 𝔓 (Fig. 2) das gleiche gilt, was unter 1. von den Figuren *ABC* und *A'B'C'* gesagt wurde: „Die eine Figur ist der anderen eindeutig zugeordnet.“ Dieses Abbildungsverfahren wird als **schiefe Parallelprojektion** bezeichnet, wenn die projizierenden Strahlen die Projektionsebene unter einem spitzen Winkel schneiden, als **orthogonale** oder **rechtwinklige Parallelprojektion** oder **Projektion**, wenn der Neigewinkel der projizierenden Strahlen gegen die Projektionsebene $= 90^0$ ist. Die geometrische Abhängigkeit der Figuren heißt **Affinität** bei **affiner Lage** (perspektive Affinität), die Schnittgerade 𝔖 der Ebenen 𝔈 und 𝔓 heißt **Affinitätsachse**.

b) Wir kehren wieder zu Figur 1 zurück und machen folgende Annahmen: Belassen wir das Zentrum an seiner Stelle, ändern aber jetzt die Neigung der beiden Ebenen 𝔈 und 𝔓, so wird unter den unendlich vielen möglichen Lagen der Ebenen sich eine besonders auszeichnen, nämlich die, bei der die Schnittgerade beider im Unendlichen liegt; die Ebenen 𝔈 und 𝔓 sind in diesem Falle parallel (Fig. 3). Auch in dieser Lage der Ebenen und des Zentrums entsprechen sich die Ebenen bzw. zugeordnete Figuren eindeutig. Die Abhängigkeit, die zwischen zwei sich entsprechenden Figuren obwaltet, heißt **Ähnlichkeit** bei **ähnlicher Lage** (perspektive Ähnlichkeit).

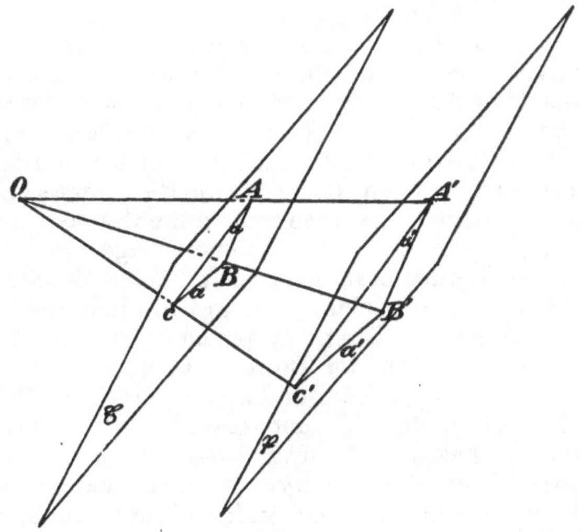

Fig. 3.

c) Schließlich ist noch eine Lage denkbar, bei der das Projektionszentrum und die Schnittgerade der beiden Ebenen zugleich im Unendlichen liegen; auch in diesem Falle entsprechen sich die Figuren, die in Figur 4 dargestellt sind, eindeutig. Wie auch die projizierenden Strahlen, die parallel laufen, zur Ebene 𝔓 gerichtet sein mögen, immer ist die abgeleitete Figur der ursprünglichen kongruent. Auch bei dem unter a) geschilderten Abbildungsverfahren ist für eine bestimmte Richtung der projizierenden Strahlen die abgeleitete Figur der abzubildenden kongruent. Dies trifft zu bei der Annahme, daß die projizierenden Strahlen senkrecht zu einer der Ebenen stehen, die den Winkel der Ebene 𝔈 und 𝔓 und dessen Nebenwinkel halbieren. Ähnliche Figuren, wie auch kongruente Figuren können daher ebenso wie affine und perspektive Figuren als projektiv bezeichnet werden und ihre gegenseitige Lage als perspektiv, wenn sie nach den unter b) und a) erläuterten Annahmen ähnlich oder affin ist.

3. Kongruenz ebener Figuren. Bei Betrachtung der Figur 4, die das Abbildungsverfahren veranschaulicht, bei welchem das Bild in 𝔓 der ursprünglichen Figur in 𝔈 stets kongruent sein muß, lassen sich ohne weiteres die Eigenschaften von zwei einander entsprechenden Figuren angeben:

1. Entsprechende Gerade sind parallel und gleich.
2. Parallelen Geraden a und b entsprechen wieder parallele Gerade a' und b', mithin auch:

2a. Einem Winkel α entspricht stets ein ihm gleicher Winkel α'.

3. Das Verhältnis irgend zweier entsprechender Strecken ist konstant, ebenso das zweier entsprechender Flächen, nämlich gleich 1.

Besitzen zwei Figuren die beiden letzten Eigenschaften, so sind sie als kongruent zu bezeichnen, ist aber auch die erste Eigenschaft erfüllt, so befinden sie sich zugleich in kongruenter oder perspektiver Lage. Kongruente Figuren haben hiernach gleiche Gestalt und gleichen Flächeninhalt, man kann sie stets so aufeinanderlegen, daß die eine die andere vollständig bedeckt, beide also gänzlich in eine zusammenfallen. Die Ecken, Winkel und Seiten, die bei einer solchen Lage sich decken bzw. zusammenfallen, nennt man homolog. Das Zeichen der Kongruenz ist $\cong$ [kongruent = gleich $(=)$ und ähnlich $(\sim)$].

Wird die Ebene 𝔈 parallel zu sich selbst verschoben in der Weise, daß bei der Bewegung, der die Ebene unterworfen werden muß, um sie aus einer Lage in eine parallele überzuführen, irgend ein Punkt von 𝔓 eine Gerade oder eine ebene oder räumliche Kurve beschreibt, und jeder andere Punkt der Ebene 𝔓 einen parallelen, gleich langen Weg zurücklegt, so wird die perspektive Lage zweier entsprechender Figuren nicht aufgehoben, auch nicht für den Fall, daß die Ebenen auf die soeben beschriebene Art zur Deckung gebracht werden. Das geschilderte Verfahren der Überführung einer Ebene in eine parallele Lage soll in Zukunft mit „Parallelverschiebung" bezeichnet werden. Bei der Vereinigung beider Ebenen fallen auch die projizierenden Strahlen in 𝔈 hinein und die Strahlen, die je zwei entsprechende Punkte verbinden, sind sämtlich parallel und gleich lang. Es ist einleuchtend, daß zu jedem Punkt x der Ebene der entsprechende x' in gleicher Ebene ermittelt werden kann, wenn man ein Paar entsprechender

Punkte, z. B. a und a', kennt; man hat nur nötig, durch den Punkt x die Parallele zu $a\,a'$ zu ziehen und diese gleich $a\,a'$ zu machen, dann ist der Endpunkt x' der gesuchte Punkt (Fig. 4a). Die perspektive Lage der Figuren wird jedoch aufgehoben, wenn die Ebene 𝔓 nicht nur einer Parallelverschiebung, sondern auch einer drehenden Bewegung um eine zur Ebene senkrechte Gerade als

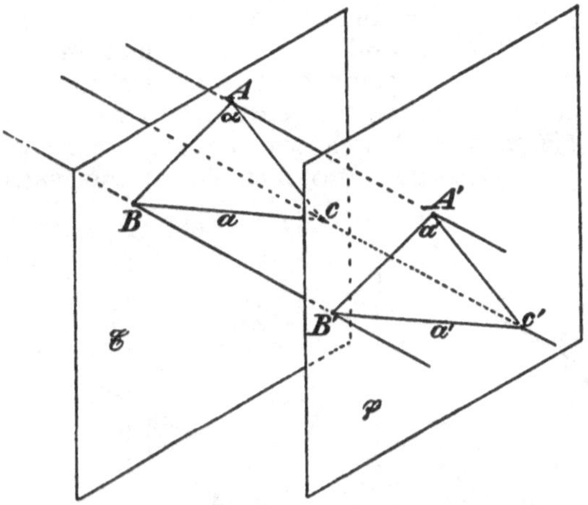

Fig. 4.

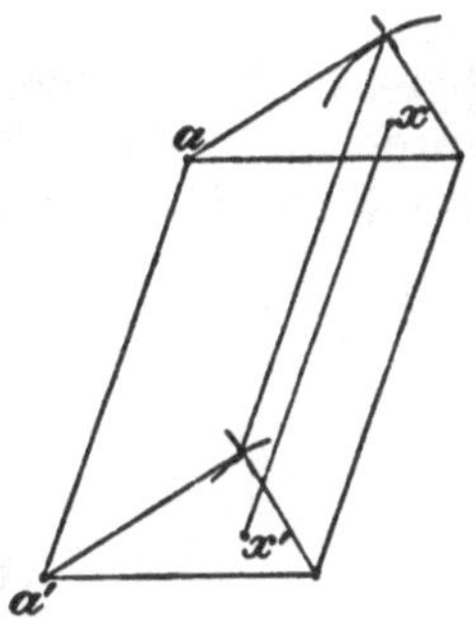

Fig. 4a.

Rotationsachse unterworfen wird. Zwei in einer Ebene befindliche Dreiecke sind kongruent, wenn sie

a) in zwei Seiten und dem eingeschlossenen Winkel,
b) in einer Seite und zwei gleichliegenden Winkeln,
c) in den drei Seiten,
d) in zwei Seiten und dem Gegenwinkel der größeren unter ihnen

übereinstimmen.

4. Ähnlichkeit ebener Figuren. Sind die Ebenen 𝔈 und 𝔓 parallele Ebenen, liegt aber das Zentrum nicht im Unendlichen, so heißt die zwischen Bild und Originalfigur bestehende Abhängigkeit Ähnlichkeit bei ähnlicher Lage (vgl. Abschnitt 2). Zwei so einander entsprechende und gelegene Figuren besitzen folgende Eigenschaften (vgl. Fig. 3):

1. Entsprechende Gerade sind parallel, aber ungleich lang; parallelen Geraden l und l_1 der Originalebene entsprechen wieder parallele Gerade l' und l'_1, mithin:
2. Einem Winkel α entspricht stets ein gleicher Winkel α'.
3. Das Verhältnis je zweier entsprechender Längen $l:l'$ oder $l_1:l'_1$ ist konstant, nämlich immer gleich dem Verhältnis von $e:e_1$, wenn e die Entfernung des Projektionszentrums von der Ebene 𝔈, e_1 die von der Ebene 𝔓 bedeutet.

Zwei Figuren sind ähnlich, wenn die beiden letzten Eigenschaften erfüllt sind, wenn also alle Winkel der einen der Reihe nach den Winkeln der andern gleich, alle sich entsprechenden bzw. homologen, d. h. zu den gleichen Winkeln gleichliegenden Seiten proportional sind. Das Zeichen für diese Abhängigkeit, also das Zeichen der Ähnlichkeit ist $\sim$. Ist nun aber für zwei ähnliche Figuren auch noch die erste Eigenschaft erfüllt, so befinden sie sich zugleich in ähnlicher Lage.

Aus der Originalfigur und dem Bild findet man das Zentrum, das Ähnlichkeitszentrum, indem man die sich entsprechenden Punkte der Figuren miteinander verbindet und bis zum Schnitt in O verlängert; zur Bestimmung des Zentrums sind offenbar nicht alle projizierenden Strahlen erforderlich, es brauchen nur zwei einander entsprechende Gerade AB und $A'B'$ gegeben zu sein, um es zu finden ($O = AA' \times BB'$). Wird das Projektionszentrum verlegt,

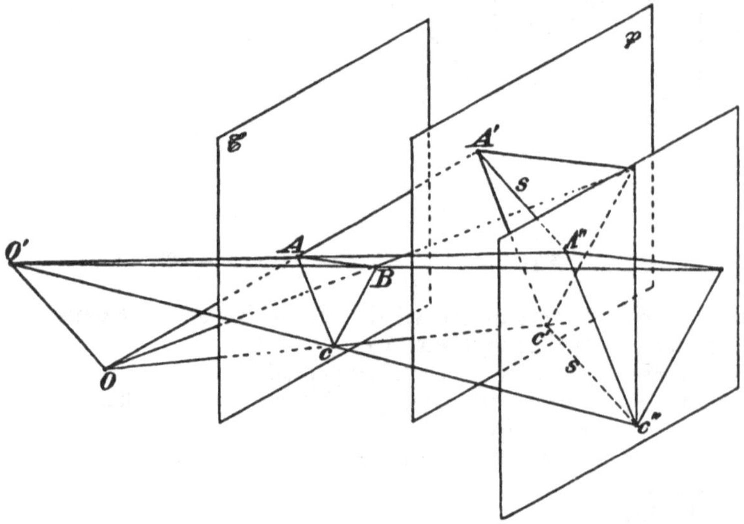

Fig. 5.

so entsteht zu der Originalfigur ein neues Bild; wird die Bildebene $\mathfrak{P}$ parallel verschoben, so ist damit die Ähnlichkeit wie auch die ähnliche Lage nicht aufgehoben worden, nur ist das Zentrum O für diese neue Lage nicht mehr das Ähnlichkeitszentrum; es ist ein anderes Zentrum O' an seine Stelle getreten, das erhalten wird durch den Schnitt von solchen Strahlen, die zugleich die Verbindungslinie zweier sich entsprechender Punkte bilden. Wenn bei einer solchen Parallelverschiebung irgend ein Bildpunkt C' nach C'' gelangt (Fig. 5) und s die Länge des von C' zurückgelegten Weges, der geradlinig angenommen sei, bedeutet, so ist auch die Strecke OO' der Strecke s parallel und ihre Länge bestimmt sich aus der Formel

$$OO' = \frac{s \cdot e}{e_1 - e},$$

denn die Dreiecke OCO' und $C'CC''$ sind ähnlich, mithin

$$OO' : C'C''(s) = OC : CC',$$

es ist aber $OC : CC' = e : e_1 - e$, folglich

$$OO' : s = e : e_1 - e,$$

oder

$$OO' = \frac{s \cdot e}{e_1 - e}.$$

Die Beziehungen zwischen zwei ähnlich und ähnlich gelegenen Figuren bleiben aber auch dann erhalten, wenn wir die Ebene $\mathfrak{P}$ durch eine Parallelverschiebung mit $\mathfrak{E}$ vereinigen (Fig. 6); dann

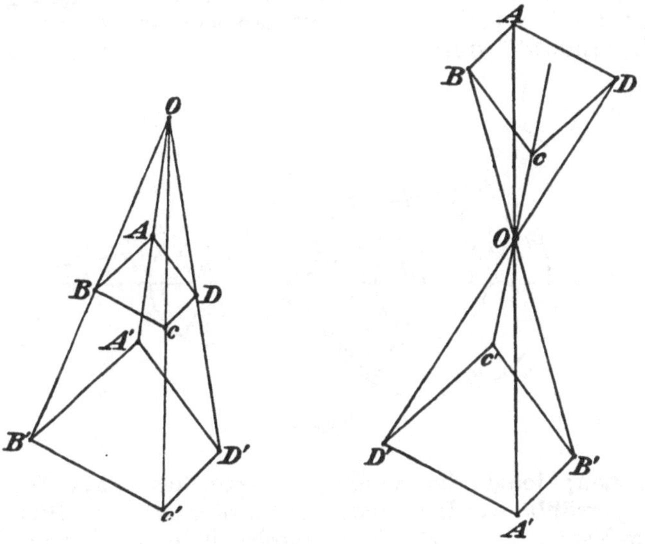

Fig. 6.

fallen die projizierenden Strahlen und das Ähnlichkeitszentrum ebenfalls in die Ebene $\mathfrak{E}$. Zwei ähnliche und ähnlich gelegene Figuren in einer Ebene können daher ebenfalls als perspektive Gebilde angesehen werden, die eine entspricht der andern eindeutig und aus der einen kann die andere abgeleitet werden auf Grund der obengenannten drei Eigenschaften, die unverändert auch für solche Figuren bestehen. Die Aufgabe, zu einem Punkt x den entsprechenden x' zu ermitteln, ist lösbar, wenn man zwei sich entsprechende Punkte und das Zentrum, oder zwei sich entsprechende Strecken kennt.

Wird die Ebene $\mathfrak{P}$ so gewählt, daß das Projektionszentrum zwischen ihr und der Originalebene liegt, dann befindet sich auch das Projektionszentrum nach der Vereinigung der beiden Ebenen zwischen den beiden Figuren. Je nachdem nun das Ähnlichkeitszentrum außerhalb oder innerhalb eines jeden Paares der parallelen Polygonseiten liegt, heißt es ein äußeres oder ein inneres.

Denken wir uns an Stelle einer polygonalen Figur einen Kreis (Fig. 7), so ist die ähnliche Figur stets wieder ein Kreis. Zu zwei Kreisen k und k' in der Ebene lassen sich zugleich zwei Ähnlichkeitszentren bestimmen, es sind dies die beiden Punkte der Zentrale, in denen sich die Verbindungslinien der Endpunkte aller parallelen Radienpaare schneiden. Die Mittelpunkte der Kreise M und M' entsprechen einander. Zieht man von den Mittelpunkten aus parallele Radien nach derselben Richtung, so schneiden sich die Verbindungslinien ihrer Endpunkte in dem äußeren Ähnlichkeitspunkt O, in dem sich auch die äußeren Tangenten schneiden. Die projizierenden Strahlen, die die Endpunkte der von den Mittelpunkten aus nach entgegengesetzten Richtungen gezogenen parallelen Radien verbinden, schneiden sich in O', dem inneren Ähnlichkeitspunkt, durch den auch die inneren Tangenten der

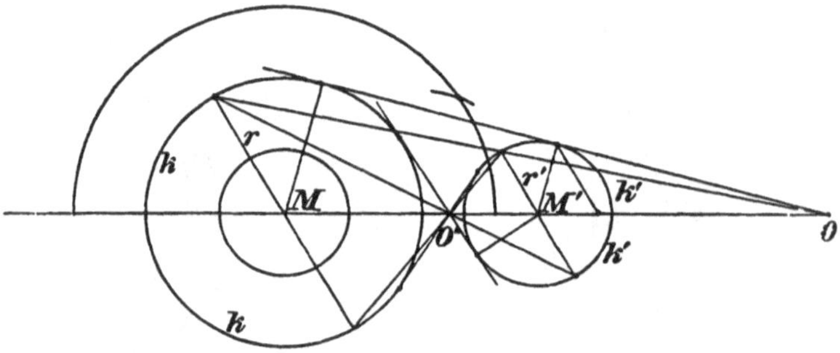

Fig. 7.

Kreise gehen; jeder der beiden Punkte kann als Ähnlichkeitszentrum gewählt werden, jeder teilt nämlich die Strecke MM' nach dem Verhältnis $r:r'$. Zwei Kreise in einer Ebene sind hiernach stets zwei ähnliche Figuren, auch befinden sie sich stets in ähnlicher (perspektiver) Lage und zwar, wie eben erörtert wurde, in doppelter Art.

Von den äußeren Ähnlichkeitspunkten dreier Kreise gilt folgender Satz:

„Die drei äußeren Ähnlichkeitspunkte, welche drei Kreise paarweise bestimmen, liegen auf einer geraden Linie." (Satz des Monge.) (Fig. 8.)

Es ist nämlich (vgl. Fig. 7)

$$M_1O_3 : M_2O_3 = r_1 : r_2$$
$$M_2O_1 : M_3O_1 = r_2 : r_3$$
$$M_3O_2 : M_1O_2 = r_3 : r_1$$
$$\overline{}$$
$$M_1O_3 \cdot M_2O_1 \cdot M_3O_2 = M_1O_2 \cdot M_3O_1 \cdot M_2O_3 \, .$$

Die Punkte O_1, O_2, O_3 liegen zugleich auf den Verlängerungen der Seiten des Dreiecks M_1, M_2, M_3; da sie, wie eben bewiesen, auf diesen solche Abschnitte bestimmen, daß die Produkte aus je drei nicht anstoßenden gleich sind, so liegen die drei Punkte in einer Geraden. Denn, schneidet eine Transversale die Seiten eines Dreiecks oder ihre Verlängerungen, so sind die Produkte aus je drei nicht anstoßenden Abschnitten der Seiten einander gleich (Satz des Menelaos). Umgekehrt, bestimmen drei Punkte auf den Verlängerungen der Seiten eines Dreiecks solche Abschnitte, daß die

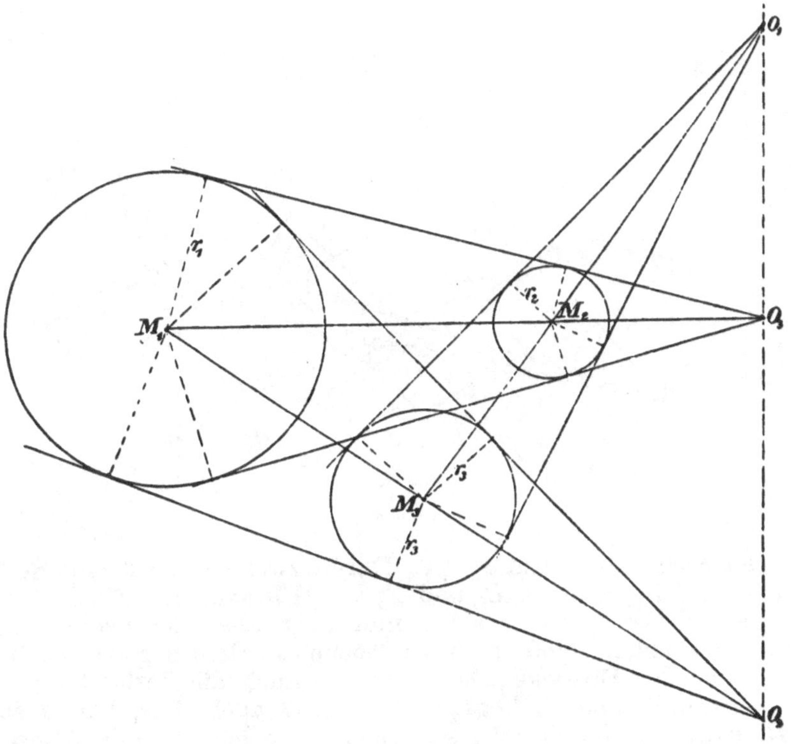

Fig. 8.

Produkte aus je drei nicht anstoßenden Abschnitten gleich sind, so liegen die Punkte auf einer Geraden. Der Satz des Monge könnte auch wie folgt ausgesprochen werden: Konstruiert man zu einem Kreise M_3 mittels eines Zentrums O_1 den Kreis M_2, ferner zu M_3 mittels des Zentrums O_2 den Kreis M_1, dann sind auch die Kreise M_2 und M_1 ähnlich und ähnlich gelegen, und das zugehörige äußere Ähnlichkeitszentrum liegt mit den beiden ersten in gerader Linie. Da aber die Ähnlichkeit in der Ebene immer als ein spezieller Fall der Ähnlichkeit im Raume anzusehen ist, der eben ausgesprochene Satz sich nicht nur für Kreise, sondern auch für andere ebene Figuren beweisen läßt, so wird sich auch für die Ähnlichkeit im Raume ein ganz ähnlicher Satz angeben lassen, dieser lautet:

„**Sind im Raume zwei Figuren F_1 und F_2 zu einer dritten Figur ähnlich und ähnlich gelegen, so sind sie es auch zueinander; und das zugehörige Ähnlichkeitszentrum liegt mit den beiden andern in gerader Linie.**“

Beweis: Es sei (Fig. 9) die Figur F mit F_1 und außerdem F mit F_2 im Raume ähnlich und ähnlich gelegen; die zugehörigen

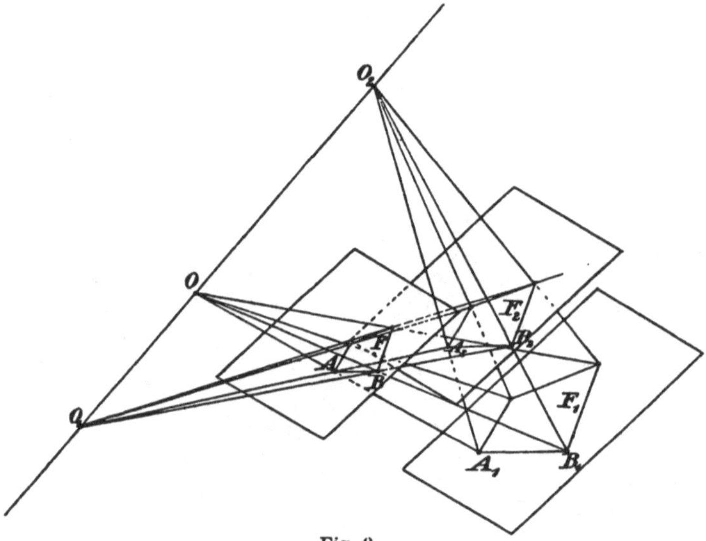

Fig. 9.

Zentren seien bzw. O und O_1. Durch zwei entsprechende Seiten von F_1 und F_2, z. B. A_1B_1 und A_2B_2, läßt sich eine Ebene legen, da diese Seiten parallel sind; nun liegt aber der projizierende Strahl A_1A_2 nicht bloß in dieser Ebene, sondern zugleich auch in der Ebene des Dreiecks AOO_1, in der auch die Verbindungslinie der Zentren O und O_1 liegt, mithin muß auch A_1A_2 und ebenso B_1B_2 usw. die Gerade OO_1 schneiden, also liegt O_2 mit O und O_1 in gerader Linie.

Affinität ebener Figuren.

5. Affine und affin gelegene Figuren im Raume. Sind Bild- oder Projektionsebene $\mathfrak{P}$ und Originalebene $\mathfrak{E}$ nicht parallel, und denken wir durch alle Punkte und Gerade einer in der Originalebene $\mathfrak{E}$ gelegenen Figur $A, B, C, \ldots$ parallel zu einer fest angenommenen Richtung projizierende Strahlen bzw. Ebenen gelegt und letztere von der Ebene $\mathfrak{P}$ geschnitten, so entsteht in $\mathfrak{P}$ eine zweite Figur $A', B', C', \ldots$, die der Figur in $\mathfrak{E}$ eindeutig zugeordnet ist. Die letztere ist aus der ersteren abgeleitet worden oder die Figur in 𝔈 ist auf die Ebene 𝔓 projiziert worden mittels eines im Unendlichen befindlichen Zentrums; wir bezeichnen dieses Abbildungsverfahren als Parallelprojektion (vgl. Abschnitt 2), es heißt allgemein schiefe Parallelprojektion, doch für den besonderen Fall, daß die projizierenden Strahlen zur Projektionsebene senkrecht stehen, rechtwinklige oder orthogonale Parallelprojektion. Für eine bestimmte Projektionsrichtung und eine bestimmte Lage der Ebenen 𝔈 und 𝔓 gibt es zu einer Figur in 𝔈 nur eine Figur in 𝔓, die in allen Stücken der in 𝔈 zugeordnet ist. Die geometrische Abhängigkeit so entsprechender Figuren heißt Affinität bei affiner Lage, die Figuren selbst affine Figuren in affiner Lage, die projizierenden Strahlen Affinitätsstrahlen, und die Schnittgerade der Ebenen 𝔈 und 𝔓 Affinitätsachse.

Affine und affin gelegene Figuren entsprechen sich folgendermaßen:

1a. Einer Geraden entspricht stets wieder nur eine Gerade oder drei Punkten in gerader Linie entsprechen wieder drei Punkte in gerader Linie.

1b. Beide, die gegebene Gerade und ihr Bild, schneiden sich in einem Punkte der Affinitätsachse, also entspricht jeder Punkt der Achse sich selbst.

1c. Einer Parallelen zur Achse in 𝔈 entspricht wieder eine Parallele in 𝔓.

2. Das Verhältnis je zweier Strecken einer Geraden in 𝔈 ist dem ihrer Bilder gleich.

Zwei sich entsprechende Gerade schneiden sich stets in einem Punkte der Achse; daher liegen beide in einer Ebene, die der Projektionsrichtung parallel sein muß. Solche Gerade können daher immer als die Schenkel eines ebenen Winkels angesehen werden. Werden auf dem einen Schenkel (Fig. 10) zwei beliebige Strecken a und b gewählt und, wie es bei dieser Projektionsmethode der Fall ist, durch die Endpunkte Parallele gezogen, die in der projizierenden Ebene der Geraden liegen, so schneiden diese Parallelen vom zweiten Schenkel, d. i. dem Bild des ersten Schenkels Strecken heraus, die den ersteren proportional sind. Parallelen Geraden können immer nur parallele Gerade entsprechen, und es ist auch das Verhältnis je zweier paralleler Strecken dem ihrer Bilder gleich. Um das zu beweisen, wollen wir die Strecke AB in 𝔈 (Fig. 11) um $BE = CD$ verlängern, dann ist $BEDC$ ein Parallelogramm, dem in 𝔓 wieder ein Parallelogramm entspricht, mithin ist auch $C'D' \parallel$ und $= B'C'$, also ist auch $AB : CD = A'B' : C'D'$.

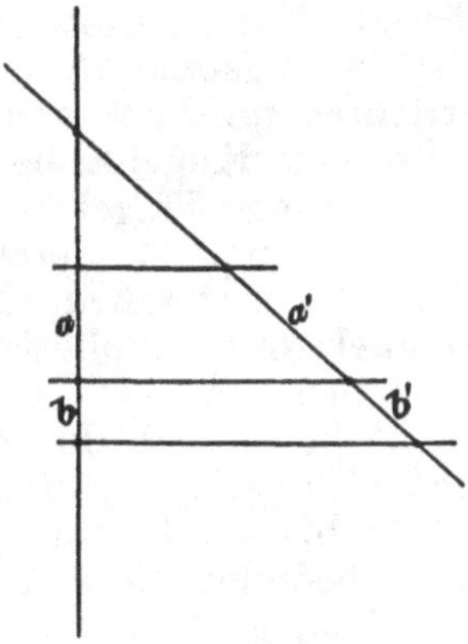

Fig. 10.

3. Einem Winkel α entspricht im allgemeinen ein ungleicher Winkel α'; doch gibt es, wenn der Winkel α um den Scheitel in seiner Ebene gedreht wird, immer eine Lage, in der dem Winkel α ein gleicher Winkel α' entspricht. Dieses trifft auch dann zu, wenn $\sphericalangle \alpha = 90^{\circ}$ ist.

a) Der Winkel α ist $< 90^{\circ}$. Es sei auch die Ebene 𝔈' konstruiert, die den Winkel der Ebenen 𝔈 und 𝔓 halbiert, dann läßt sich zum Punkt S', dem Bilde des Scheitels S, der zu 𝔈' symmetrisch gelegene Punkt S'', der auch in der Ebene 𝔈 liegen muß, angeben. Angenommen, es seien auch die Punkte U und V gegeben, in welchen die Schenkel des $\sphericalangle \alpha$ die Achse schneiden für den Fall, daß der Winkel

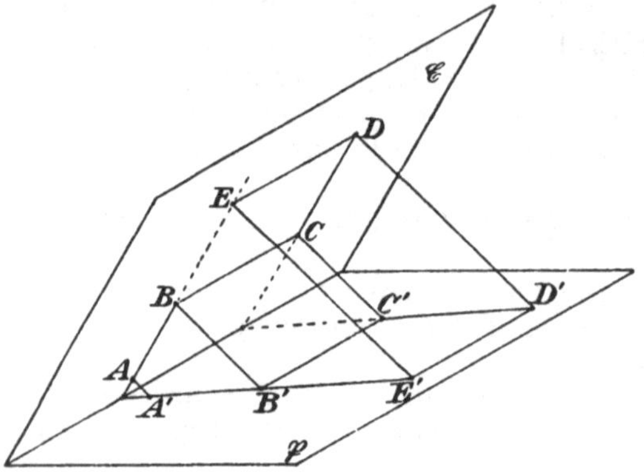

Fig. 11.

$$USV = US'V = US''V$$

ist, dann liegen S und S'' auf einem Kreise der UV als Sehne und dessen Zentriwinkel über $UV = 2\alpha$ ist; dieser Kreis ist zu konstruieren. Die Konstruktion dieses Kreises für den Fall, daß es sich um affine Figuren einer Ebene handelt, ist im Abschnitt 6 gegeben S. 15 unter a).

b) Der Winkel ist $= 90^{\circ}$. Um zu erkennen, daß es auch in diesem Falle die beschriebenen Lagen gibt, denke man sich zur Verbindungslinie SS' im Halbierungspunkte die senkrechte Ebene 𝔈' errichtet und um den Schnittpunkt derselben mit der Affinitätsachse eine Kugelfläche konstruiert, die beide Punkte S und S' enthält. Diese Kugel wird die Affinitätsachse in zwei Punkten U und V schneiden, deren Verbindungslinien mit S wie mit S' rechte Winkel einschließen. Es ist also $USV = US'V = 90^{\circ}$, denn diese Winkel sind Peripheriewinkel in größten Kugelkreisen über Kugeldurchmessern.

Figuren, die die genannten Eigenschaften besitzen, sind affin und affin gelegen; sind aber bei zwei Figuren alle Eigenschaften erfüllt bis auf 1b und 1c, so sind sie wohl als affin zu bezeichnen, doch befinden sie sich nicht in affiner Lage.

Analog dem am Schlusse des Absatzes 4 angeführten Satze läßt sich auch für affine Figuren folgender Satz beweisen:

„Sind zwei Figuren zu einer dritten Figur in bezug auf eine und dieselbe Achse affin und affin gelegen, so sind sie es auch zueinander.“

Es seien (Fig. 12) $A'B'$ und $A''B''$ aus AB hervorgegangen. Nun ist $AA' \parallel BB'$, $AA'' \parallel BB''$, folglich sind die Dreiecke $AA'A''$

und $BB'B''$ ähnlich und ähnlich gelegen, das Ähnlichkeitszentrum ist Punkt U der Affinitätsachse, in dem sich die drei Geraden AB, $A'B'$, $A''B''$ schneiden. Daher ist auch $A'A'' \parallel B'B''$ usw.

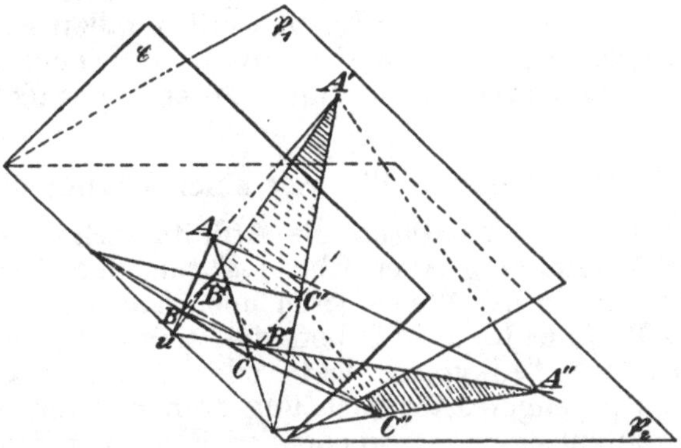

Fig. 12.

Dieser Satz, für den Raum bewiesen, gilt aber auch für affine und affin gelegene Figuren einer Ebene, zu welchen wir gelangen, wenn wir die Ebenen $\mathfrak{P}_1$ und $\mathfrak{P}_2$ durch Drehung um die Affinitätsachse mit der Ebene $\mathfrak{E}$ vereinigen. Es müßte jedoch bewiesen werden, daß den Figuren ihre projektivische Verwandtschaft nicht verloren geht, wenn die Vereinigung der drei Ebenen zu einer Ebene nach dem eben angedeuteten Verfahren stattfindet. Wir beweisen diese Behauptung dadurch, daß wir einer der Ebenen $\mathfrak{P}$ durch Drehung um die Affinitätsachse nur eine andere Lage geben, sie also nicht sofort mit $\mathfrak{E}$ vereinigen und nachweisen, daß die in $\mathfrak{P}$ gelegene Figur auch in dieser neuen Lage noch als affine und affin gelegene Figur zu der in $\mathfrak{E}$ angesehen werden darf. Wir nehmen, um das zu erkennen, für einen Augenblick die Affinitätsachse senkrecht zu unserer Zeichenebene an (Fig. 13), so daß sie als Punkt O erscheint; dann erscheinen sämtliche Ebenen als gerade Linien, die sich im Punkte O schneiden. Wird jetzt eine der Ebenen, z. B. $\mathfrak{P}$, um den Winkel α gedreht, so daß sie durch die Linie $\mathfrak{P}^0$ gegeben ist, so hat bei dieser Drehung jeder Punkt einer in $\mathfrak{P}$ gelegenen Figur einen Kreisbogen beschrieben, und die Sehnen aller Kreisbögen sind parallel; daher ist die Figur in $\mathfrak{P}$ zu der in $\mathfrak{P}^0$ affin und affin gelegen. $\mathfrak{P}$ lag aber zu der Figur in $\mathfrak{E}$ affin, also ist auch nach vorigem Satz die Figur in $\mathfrak{P}^0$ zu der in $\mathfrak{E}$ affin und affin gelegen. Hieraus folgt ohne weiteres:

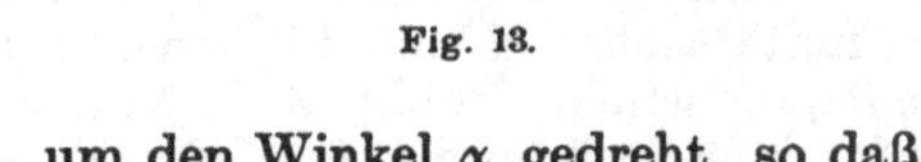

Fig. 13.

„Affine und affin gelegene Figuren in affiner Lage bleiben in affiner Lage, wenn eine derselben um die Affinitätsachse beliebig gedreht wird, — also auch dann, wenn die Ebenen zu einer vereinigt werden.“

Bei dieser Vereinigung der Ebenen mit 𝔈 fallen selbstverständlich die projizierenden Strahlen ebenfalls in die Ebene 𝔈 und bilden in derselben, wie vorher im Raume, Büschel paralleler Geraden.

Affine und affin gelegene Figuren einer Ebene; die Ellipse.

6. Jede Ebene wird durch die Affinitätsachse in zwei Teile geteilt. Die Vereinigung einer Ebene 𝔓 mit der Originalebene 𝔈 kann nun erstens in der Weise geschehen, daß der Teil von 𝔓, in dem sich das Bild der Figur in 𝔈 befindet, sich auf den die Originalfigur enthaltenden Teil von 𝔈 legt, oder aber zweitens, daß wir Ebene 𝔓 in entgegengesetzter Richtung drehen, dann befinden sich nach der Vereinigung die entsprechenden Figuren auf verschiedenen Seiten der Affinitätsachse (Fig. 13).

Affine und affin gelegene Figuren einer Ebene besitzen nun, wie die räumlichen Figuren, alle im Abschnitte 5 unter 1—3 aufgezählten Eigenschaften. Insbesondere besitzen sie folgende:

1. Die Verbindungslinien entsprechender Punkte sind parallel.
2. Entsprechende Gerade schneiden sich in einem Punkte der Achse, der sich selbst entspricht.
3. Das Verhältnis zweier Strecken einer Geraden ist gleich dem der affinen Strecken.
4. Parallelen Geraden in 𝔈 entsprechen wieder parallele Gerade in 𝔓.

Auf Grund dieser Beziehungen kann in einer Ebene zu einer gezeichneten Figur die affine und affin gelegene Figur ermittelt werden, wenn man zwei entsprechende Punkte und die Affinitätsachse kennt.

Wird umgekehrt durch Drehung einer Ebene um die Affinitätsachse wieder die räumliche Lage hergestellt, so befinden sich die Figuren ebenfalls in affiner Lage, d. h. die eine kann immer angesehen werden als die Parallelprojektion der andern.

Fundamentalkonstruktion. Zu der Figur $ABCDEFGH$ finde ich in der Ebene der Figur eine affine und affin gelegene, d. h. eine schiefe Parallelprojektion, wenn ich weiter wähle eine Affinitätsachse 𝔄 und für einen Punkt der Figur, z. B. A, einen entsprechenden Punkt A'. Nun ist jeder andere Punkt der Projektion konstruierbar (vgl. die Fig. 14a und b); ich finde B', indem ich AB bis zum Schnitt mit der Achse in M verlängere, MA' ziehe und mit der durch B zu AA' gezogenen Parallelen zum Schnitt bringe; der Schnittpunkt B' ist dann der gesuchte Punkt u. s. f.

Aus diesen Konstruktionen folgt, daß das Bild einer Geraden g die Verbindungslinie des Achsenschnittpunktes dieser Geraden mit dem Bilde irgend eines Punktes von g ist. Im Abschnitt 5 war bemerkt worden, daß einem Winkel α im allgemeinen ein ungleicher Winkel α' entspreche, doch kommt der Winkel α, wenn wir ihn

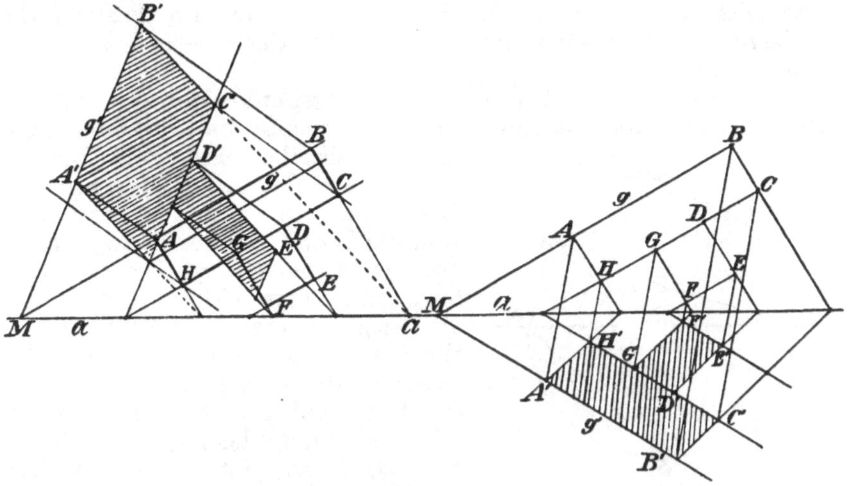

Fig. 14a und b.

um seinen Scheitel drehen, stets in eine Lage, in der sein entsprechender Winkel ihm gleich ist. Die Lage soll ermittelt werden

a) für einen spitzen Winkel,

b) für einen rechten Winkel.

a) Sind S und S' die sich entsprechenden Scheitel und $\mathfrak{A}$ die Affinitätsachse (Fig. 15), so konstruiere man das Spiegelbild von S' in bezug auf $\mathfrak{A} = S''$, ziehe SS'' und errichte im Halbierungspunkte H dieser Geraden die Senkrechte, welche $\mathfrak{A}$ in I schneiden möge. Sind ferner U und V die Schnittpunkte der Schenkel des Winkels α mit der Achse in der Lage des Winkels, in der der entsprechende $\sphericalangle \alpha' = \alpha$ ist, dann ist auch $USV = US''V$ und die Punkte U, V, S, S'' müssen auf einem Kreise liegen, in dem $UMV = 2\alpha$ und Linie UM den Winkel $R - \alpha$ mit der Achse einschließt. Für den Mittelpunkt M dieses Kreises haben wir zunächst nur einen geometrischen Ort, nämlich die Gerade HI; ein

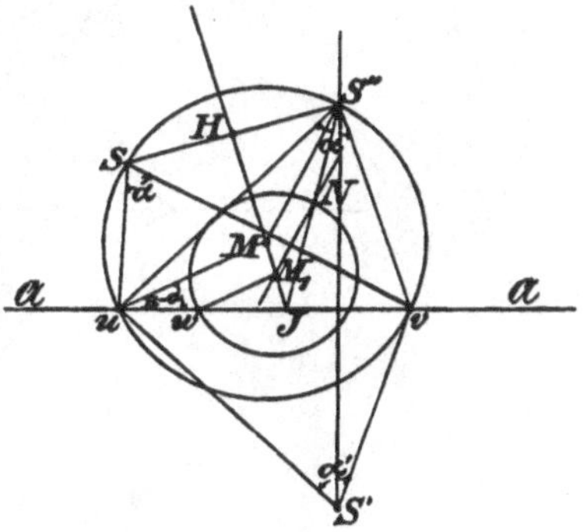

Fig. 15.

zweiter geometrischer Ort muß noch bestimmt werden. Zu dem Zwecke ziehe ich an beliebiger Stelle eine Gerade, die die Achse $\mathfrak{A}$ in W und unter dem Winkel $R - \alpha$, die Linie HI im Punkte M' schneiden möge; wird jetzt um M' ein Kreis mit $M'W$ als Radius beschrieben, so ist dieser dem gesuchten Kreise ähnlich und ähnlich gelegen, das Ähnlichkeitszentrum ist I. Schneidet Gerade IS'' den konstruierten Kreis in N, dann ist $M'N \parallel MS''$, daher die Parallele zu $M'N$ durch S'' der zweite geometrische Ort für M. Wesentlich einfacher ist die Konstruktion für die Bestimmung der Lage eines rechten Winkels, in der sich derselbe in $\mathfrak{P}$ in wahrer Größe abbildet.

b) $\sphericalangle \alpha = 90^0$ (Fig. 16). Im Halbierungspunkte der Verbindungslinie der sich entsprechenden Scheitel errichte man die Senkrechte und beschreibe um den Schnittpunkt mit der Affinitätsachse den Kreis, der durch S und S' geht, dann sind die Schnittpunkte dieses Kreises mit der Achse U und V die gesuchten Punkte; es ist $USV = US'V = 90^0$ als Peripheriewinkel im Halbkreis. — Wird zu S' in bezug auf die Affinitätsachse der symmetrische Punkt S'' ermittelt und mit S verbunden, so erkennt man leicht, da Bogen $S'U = S''U$ ist, daß SU den Winkel $S'SS''$, SV den Nebenwinkel halbiert. Diese Halbierungslinien könnte man zur Bestimmung von U und V benutzen, wenn Punkt M unzugänglich ist.

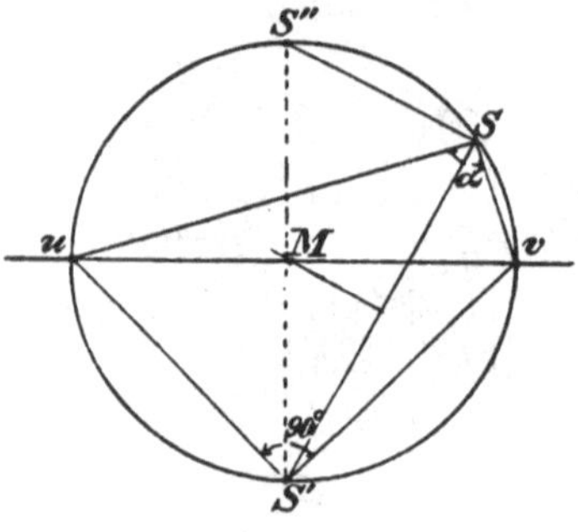

Fig. 16.

Die schiefe Parallelprojektion eines Kreises. Kennt man von dem Mittelpunkt eines in $\mathfrak{E}$ befindlichen Kreises den affinen

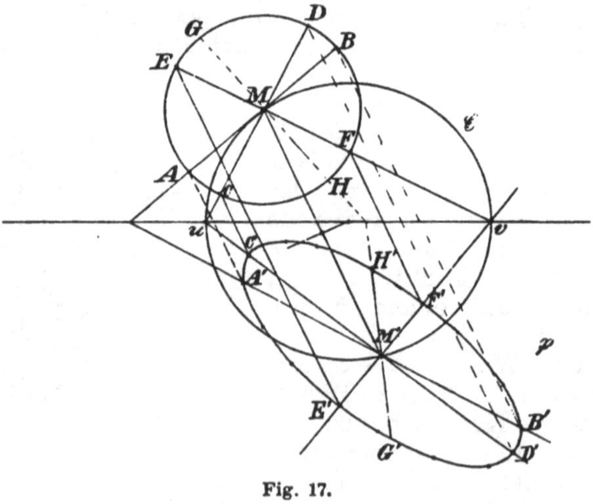

Fig. 17.

Punkt in $\mathfrak{P} = M'$ (Fig. 17), so ist nach den gegebenen Definitionen auch zu jedem Punkt der Peripherie das Bild konstruierbar. Man zieht am besten durch M Durchmesser, dann sind die Bilder dieser Durchmesser Linien, die durch M' gehen und ebenso wie die

Durchmesser des Kreises in M' halbiert werden. Die Endpunkte dieser Linien liegen auf der affinen Kurve des Kreises. Diese Kurve, d. i. die Parallelprojektion des Kreises, heißt Ellipse. M' ist der Mittelpunkt, die Linien $A'B'$, $C'D'$ usw. sind Durchmesser der Ellipse. Nach Vorhergehendem gibt es ein rechtwinkliges Durchmesserpaar des Kreises, das sich wieder rechtwinklig projiziert; diese Durchmesser bilden die Achsen der Ellipse, ihre Endpunkte sind die Scheitel der Ellipse. Die Durchmesser der Ellipse sind ungleich lang; die eine Achse ist der größte, die andere der kleinste Durchmesser. Die Achsen teilen die Ellipse in vier kongruente und symmetrische Quadranten. Alle anderen Durchmesserpaare, die rechtwinkligen Durchmessern des affinen Kreises entsprechen, heißen konjugierte Durchmesser, z. B. $A'B'$ und $G'H'$. Von zwei konjugierten Durchmessern halbiert der eine stets die Sehnen der Ellipse, die zum anderen Durchmesser parallel laufen.

Einer Sehne bzw. Sekante des Kreises entspricht wieder eine Sehne bzw. Sekante der Ellipse. Eine Sekante AB des Kreises kann in eine Tangente dadurch übergeführt werden, daß man sie z. B. um Punkt A dreht; dann wird sich B dem Punkt A immer mehr und mehr nähern und schließlich mit A zusammenfallen. In dieser Lage hat die Gerade nur einen Punkt mit dem Kreise gemein und es wird auch das Bild der Tangente nur einen Punkt mit der affinen Kurve des Kreises, der Ellipse, gemein haben können, d. h. mithin: Die entsprechenden Geraden der Kreistangenten sind Tangenten der Ellipse. Da eine Kreistangente senkrecht zum Radius ihres Berührungspunktes steht, so folgt, daß die Tangenten in den Endpunkten eines Ellipsendurchmessers zum konjugierten Durchmesser parallel sind und die beiden Tangentenpaare in den Endpunkten von konjugierten Durchmessern ein der Ellipse umgeschriebenes Parallelogramm bilden:

Da alle umgeschriebenen Quadrate des Kreises flächengleich sind, so müssen dies auch sämtliche Konjugierten-Parallelogramme sein. Die Tangenten in den Endpunkten der Achsen bilden ein Rechteck. In den Konjugierten-Parallelogrammen sind die Halbierungspunkte der Seiten die Berührungspunkte mit der Ellipse und die Verbindungslinien der Halbierungspunkte der Gegenseiten bilden die konjugierten Durchmesser der Ellipse. Ein solches Parallelogramm ist immer die Projektion eines dem Kreise umgeschriebenen Quadrates. Wird aber dem Kreise ein Parallelogramm, d. i. ein Rhombus umgeschrieben, so muß die affine Figur dieses Rhombus wieder ein der Ellipse umgeschriebenes Parallelogramm sein. In einem solchen Parallelogramm, das von der Ellipse nicht in den Mitten der Seiten berührt wird, sind die Diagonalen konjugierte Durchmesser, denn die entsprechenden Linien im Kreise sind die Diagonalen des Rhombus, die aber senkrechte Kreisdurchmesser bilden.

In ein Parallelogramm können daher beliebig viele Ellipsen eingezeichnet werden, die alle die Seiten berühren. Man bezeichnet diejenige Ellipse, die die Seiten in den Mitten berührt, auch als Hauptellipse.

Affine Figuren einer Ebene, die sich nicht in affiner Lage befinden.

7. Zu einer Originalfigur F in $\mathfrak{E}$ sei mittels einer Affinitätsachse das Bild F' konstruiert und mittels eines Ähnlichkeitszentrums letzteres ähnlich vergrößert oder verkleinert worden zu F_1'. Wird jetzt die eine der Figuren F oder F_1' durch Drehung und Verschiebung (Parallelverschiebung) in eine andere Lage übergeführt, so sind die Figuren wohl noch affin, d. h. projektivisch verwandt, doch befinden sie sich weder in ähnlicher noch in affiner Lage. Von den im Abschnitt 6 angeführten Eigenschaften, die affine Figuren in affiner Lage besitzen, gelten jedoch für die Figuren F und F_1' in der neuen Lage die beiden ersten nicht mehr; sie besitzen nur noch folgende Eigenschaften:

a) Einer Geraden entspricht wieder eine Gerade oder drei Punkten in einer Geraden entsprechen wieder drei Punkte in gerader Linie.

b) Das Verhältnis zweier Strecken einer Linie ist gleich dem der affinen Strecken.

c) Parallelen Geraden entsprechen wieder parallele Gerade.

Haben zwei Figuren in einer Ebene diese Eigenschaften, so können wir sie als affin bezeichnen. Von zwei solchen affinen Figuren einer Ebene läßt sich nun beweisen, daß

1. man zu jedem Punkt P der einen Figur F den entsprechenden P' auffinden kann, wenn zu je drei nicht in einer Geraden liegenden Punkten von F die entsprechenden gegeben sind; d. h. mit andern Worten: Die projektivische Verwandtschaft, die Affinität von Geraden und Punkten einer Ebene ist eindeutig definiert, wenn man drei Paare entsprechender Punkte bzw. drei Paare entsprechender Linien oder schließlich auch zwei Paare entsprechender Parallelensysteme (oder zwei sich entsprechende Parallelogramme) kennt.

2. sie im allgemeinen nur einen sich selbst entsprechenden Punkt gemein haben;

3. sie sich auch in affiner Lage befinden, wenn sie zwei Punkte A und B entsprechend gemein haben; die Verbindungslinie dieser Punkte ist in diesem Falle die Affinitätsachse.

Bei der schiefen Parallelprojektion wird das Verhältnis zweier paralleler Strecken nicht geändert. Werden zwei parallele Strecken AB und CD gemessen nach der Einheit e und ist $AB = me$, $CD = ne$, so verhalten sich diese Strecken wie $m:n$. Werden nun diese in $\mathfrak{E}$ gelegenen Strecken AB und CD auf eine Ebene $\mathfrak{P}$ schief projiziert, so wird die Länge e zwar in eine andere Länge e' übergeführt, es ist aber dann das Bild von AB, d. i. $A'B' = me'$

und $C'D' = ne'$, daher $\frac{A'B'}{C'D'} = \frac{me'}{ne'} = \frac{m}{n}$. Es war hier stillschweigend angenommen worden, daß AB und CD kommensurabel seien. Was aber für zwei kommensurable Linien gilt, kann auch für inkommensurable Strecken als gültig angenommen werden, indem ja die Maßeinheit so klein gewählt werden kann, daß man den bei der Messung verbleibenden Rest als verschwindend kleine Größe vernachlässigen darf.

Diese Beziehung zwischen Parallelen und ihren affinen Strecken gilt selbstverständlich auch für den Fall, daß Ebene $\mathfrak{P}$ mit $\mathfrak{E}$ zusammenfällt und die affine Lage dieser Strecken aufgehoben wird. Hieraus folgt weiter, daß zwei gleiche und parallele Strecken als affine Figuren immer nur zwei gleiche, parallele Strecken haben können. Parallelogrammen können daher nur Parallelogramme entsprechen; umgekehrt können wir zwei Paare paralleler Strecken von gleichem Verhältnis (z. B. a, b; a', b', wenn $a:b = a':b'$), ebenso zwei Paare gleicher Strecken und schließlich zwei Parallelogramme als sich entsprechende Gebilde betrachten, und zwar als affine Figuren in nicht affiner Lage. Das gleiche gilt von drei verschiedenen Paaren entsprechender Punkte oder, was dasselbe ist, von zwei beliebigen Dreiecken in einer Ebene (z. B. AA', BB', CC' oder den Dreiecken ABC und $A'B'C'$) (Fig. 18).

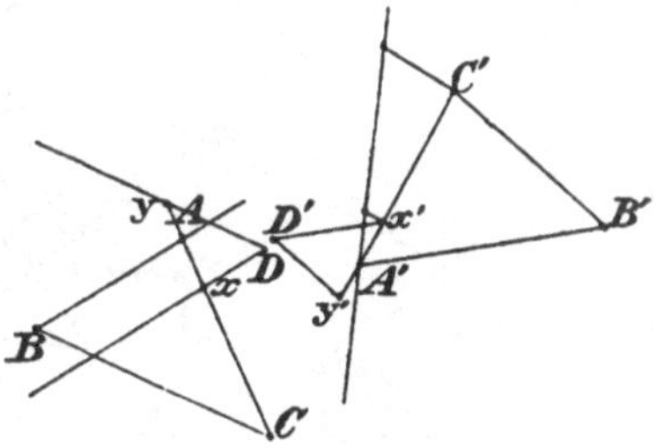

Fig. 18.

Wir können immer annehmen, daß das eine dieser Dreiecke aus dem andern durch Parallelprojektion entstanden sei; durch eine Drehung bzw. Verschiebung dieses Dreiecks ist dann die dargestellte Lage hergestellt worden. Durch das letztere Verfahren sind aber die Figuren der beiden Eigenschaften der affinen Figuren in affiner Lage, daß entsprechende Gerade sich auf der Affinitätsachse schneiden und die Verbindungslinien entsprechender Punkte parallel sind, verlustig gegangen. Zu jedem andern Punkte D der Ebene kann aber der entsprechende D' ermittelt werden, wenn drei Paare entsprechender Punkte gegeben sind. Da die Verhältnisse der Strecken einer Geraden immer gleich den Streckenverhältnissen auf der affinen Geraden sein und parallelen Geraden immer nur parallele Gerade entsprechen müssen, so ergibt sich folgende Konstruktion (Fig. 18):

Legt man durch D die Parallele DX zu AB und DY zu BC, so hat man nur nötig, auf $A'C'$ die entsprechenden Punkte von X und Y aufzusuchen, die $A'C'$ in denselben Verhältnissen teilen wie X und Y die Strecke AC. Zieht man alsdann $X'D' \parallel B'A'$, $Y'D' \parallel C'B'$, so ist D' der Punkt, der Punkt D entspricht.

Um die zweite Behauptung zu beweisen, seien folgende Überlegungen vorausgeschickt: Zu einem System von zwei parallelen Linien kann ein entsprechendes, das ebenfalls aus zwei parallelen

Linien besteht, ganz beliebig gewählt werden, z. B. a, b und a', b' (Fig. 19). Wird aber zu ersterem noch eine dritte Parallele c hinzugefügt, so ist die entsprechende c' nicht mehr beliebig wählbar, ihre Lage muß erst bestimmt werden. Ist in der Originalebene $\mathfrak{E}$ irgend ein System von parallelen Geraden gegeben, so bleibt bei der Projektion eines solchen Systems nicht allein die Parallelität der Geraden erhalten, sondern auch die Verhältnisse der Strecken, in die eine die Parallelen schneidende Gerade geteilt wird, müssen ungeändert bleiben. Das Bild der Parallelen c muß daher so gezeichnet werden, daß sich, wenn wir annehmen, daß L' das Bild von L sei, $xy:yz = x'y':y'z'$ verhält. Punkt z' ist aber konstruierbar, man braucht nur auf dem einen Schenkel eines Winkels vom Scheitel aus die Strecken xy und yz, auf dem andern Schenkel, wieder vom Scheitel x aus, die Strecke $x'y'$ abzutragen, die Gerade yy' und durch z die Parallele zu yy'

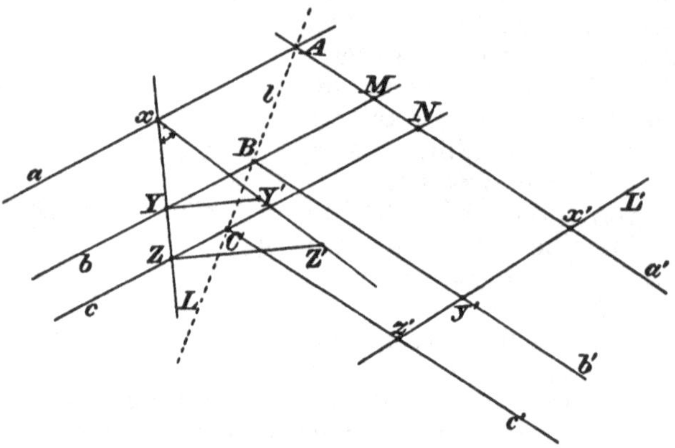

Fig. 19.

zu ziehen, dann schneidet letztere Gerade den zweiten Schenkel des Winkels in z'. Man kann hiernach zu jedem System von parallelen Geraden ein affines bestimmen; man hat nur nötig, auf einer Geraden L', die das Bild derjenigen Geraden L darstellen soll, die das gegebene System schief oder senkrecht schneidet, Strecken anzugeben, die denen auf L proportional sind, und durch die Teilpunkte von L' Parallelen zu ziehen. Die Parallelen können schief oder senkrecht zu den Geraden L und L' gezogen werden. Von solchen affinen Parallelensystemen kann nun bewiesen werden, daß die Schnittpunkte entsprechender Geraden stets auf einer Geraden l liegen, die jedoch nicht mit der Affinitätsachse identisch ist, denn dann würden sie sich in affiner Lage befinden, was nicht nötig ist.

Ist (Fig. 19) $A = a \times a'$, $B = b \times b'$, $C = c \times c'$, ferner $M = b \times a'$, $N = c \times a'$, so ist Dreieck $AMB \sim ANC$, daher liegen die Punkte A, B, C auf einer Geraden l. Zu jedem Parallelensystem gehört eine Gerade l. Sind nun mehrere solcher affinen Parallelensysteme gegeben, und bezeichnet man die zu ihnen gehörigen Geraden mit $l, l_1, l_2, l_3, \ldots$, so läßt sich beweisen, daß sich alle Geraden l in einem Punkte O schneiden, und daß Punkt O derjenige ist, der sich selbst entspricht. Nur zwei Parallelensysteme einer Ebene lassen sich beliebig annehmen, jedes weitere System muß konstruiert werden. In Figur 20 sind die Systeme a, b, a', b' und c, d, c', d' beliebig angenommen worden; um ein drittes System e, f, e', f' zu zeichnen, wurde zur beliebig gewählten Geraden e die entsprechende e' ermittelt und zwar dadurch, daß man die entsprechenden Punkte ihrer Schnittpunkte mit a und d aufsuchte. Die beiden schraffierten Parallelogramme können wir als sich entsprechende Figuren ansehen; durch sie ist aber die Projektivität der Systeme definiert, ebenso findet man f' zu f.

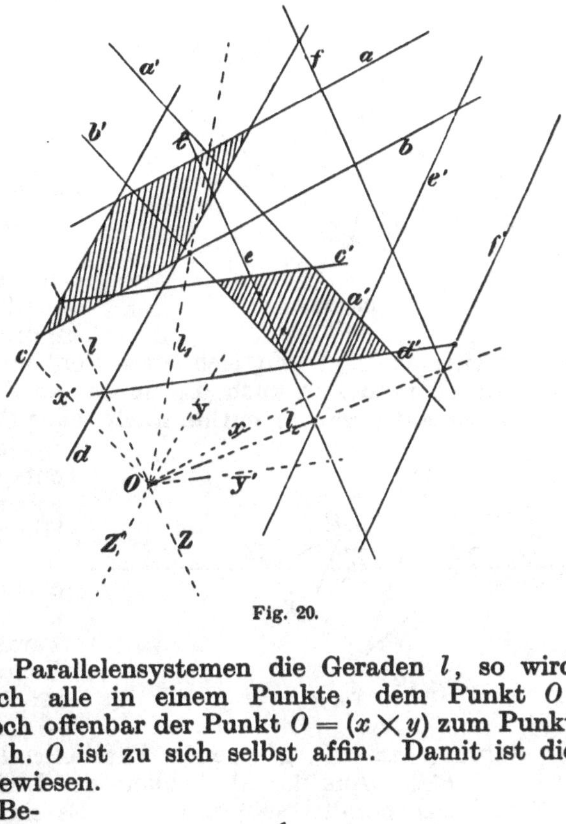

Fig. 20.

Zeichnet man jetzt in den verschiedenen Parallelensystemen die Geraden l, so wird man finden, daß sich alle in einem Punkte, dem Punkt O, schneiden. Nun ist doch offenbar der Punkt $O = (x \times y)$ zum Punkt $O = (x' \times y')$ affin, d. h. O ist zu sich selbst affin. Damit ist die zweite Behauptung bewiesen.

Auf Grund dieses Beweises kann der sich selbst entsprechende Punkt zweier affiner Figuren, z. B. zweier Vierecke einer Ebene gefunden werden. Es wurden, um die sich entsprechenden Vierecke $ABCD$ und $A'B'C'D'$ darzustellen, zunächst $ABCD$ beliebig gezeichnet (Fig. 21) und darauf $A'B'C'$ beliebig bestimmt.

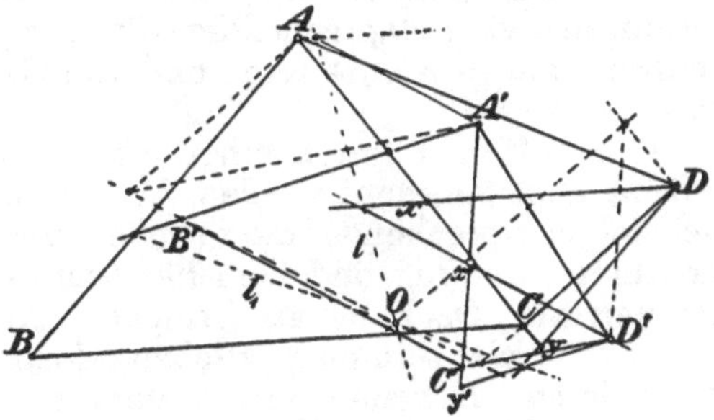

Fig. 21.

Alsdann wurde zu D der entsprechende Punkt D' ermittelt, was entweder nach dem auf S. 19 geschilderten Verfahren oder nach folgendem geschehen kann: Man konstruiert (Fig. 22) die zu dem Parallelensystem BC und $B'C'$ gehörige Gerade l, ebenso die zu AB und $A'B'$ gehörige Gerade l_1, zieht dann aus D Parallele zu BC und AB und schließlich aus den Schnittpunkten dieser Geraden mit l bzw. l_1 die Parallelen zu $B'C'$ und $A'B'$, dann schneiden sich letztere in dem gesuchten Punkte D'.

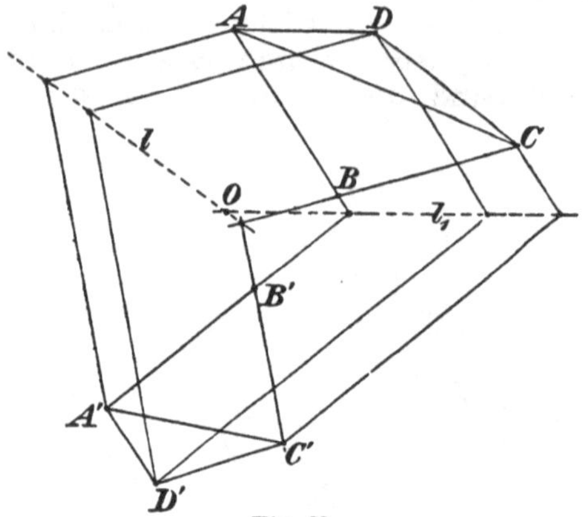

Fig. 22.

Der Beweis der dritten Behauptung ergibt sich aus den allgemeinen Beziehungen, denen affine Figuren in affiner Lage unterworfen sind. Wenn sich zwei Punkte A und B selbst entsprechen, so muß sich auch die durch die Punkte bestimmte Gerade selbst entsprechen, mithin auch jeder Punkt dieser Geraden. Ist jetzt ein weiteres Paar entsprechender Punkte gegeben, z. B. P, P', so läßt sich zu jedem Punkte Q der Ebene der entsprechende Q' ermitteln; denn, zieht man durch P und Q Parallele (Fig. 23), die die Gerade AB in den Punkten x und y schneiden, so muß offenbar Q' auf der durch y zu xP' gezogenen Parallelen liegen, zugleich aber auch auf $P'R$. Aus der Ähnlichkeit der Dreiecke aber folgt, daß PP' und QQ' parallel sein müssen. Es sind also auch die Verbindungslinien entsprechender Punkte parallel, daher sind die Figuren auch in affiner Lage und die Gerade AB ist die Affinitätsachse.

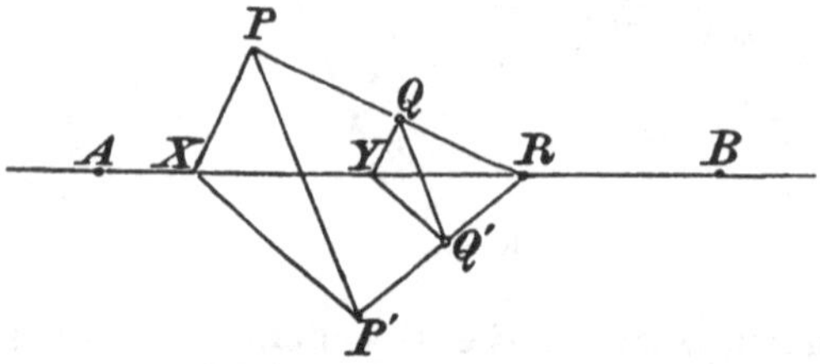

Fig. 23.

Zwei affine Figuren einer Ebene können ohne weiteres nicht in affine Lage gebracht werden. Wenn man aber von solchen Figuren zwei sich entsprechende und gleiche Strecken kennt, so braucht man nur durch Drehung und Verschiebung der einen Figur diese beiden Strecken zur Deckung zu bringen. Affine und gleiche Strecken sind jedoch nicht immer gegeben, doch lassen sich solche dadurch konstruieren, daß man gemäß dem zu Anfang dieses Kapitels geschilderten Verfahren der Darstellung affiner Figuren die eine der Figuren ähnlich vergrößert oder verkleinert und zwar so, daß hierbei die zu irgend einer Geraden xy affine $x'y'$ in eine der ersteren gleiche übergeht; z. B. es sollen die beiden Dreiecke ABC und $A'B'C'$ (Fig. 24) in affine Lage gebracht werden. Entsprechende Gerade sind AB und $A'B'$, AC und $A'C'$, BC und $B'C'$, doch ist kein Paar gleicher affiner Strecken vorhanden. Sie lassen sich aber mit Leichtigkeit bilden; ist $B'D = BC$ und $DC'' \parallel A'B''$, so ist Dreieck $A'B''C''$ dem Dreieck $A'B'C'$ ähnlich und $BC = B''C''$. Wird

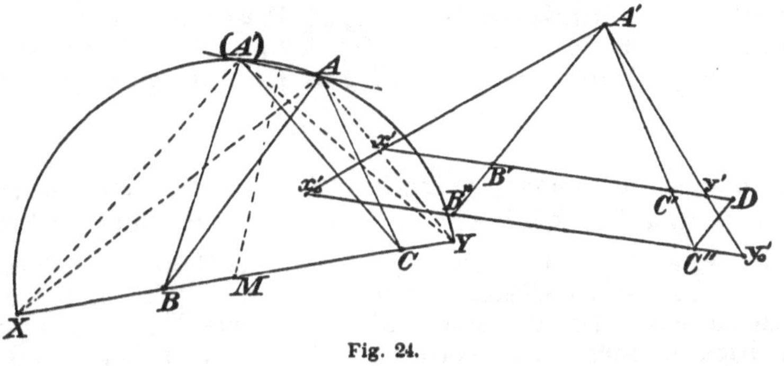

Fig. 24.

jetzt Dreieck $A'B''C''$ so verschoben, daß $B''C''$ und BC sich decken so ist die affine Lage der affinen Dreiecke hergestellt. Auch die in A und (A') gelegenen affinen rechten Winkel lassen sich herstellen. Beschreibt man um M, den Schnittpunkt der Mittelsenkrechten von $A(A')$ und der Affinitätsachse, den durch A und (A') führenden Kreis, so sind die Winkel XAY und $X(A')Y$ affine rechte Winkel, und ist $B''X'_0 = BX$ und $C''Y'_0 = CY$, so ist der rechte Winkel $X'_0A'Y'_0$ dem rechten Winkel XAY affin.

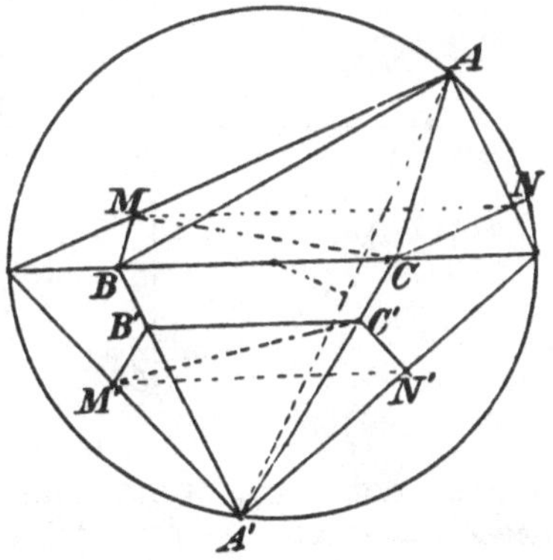

Fig. 25.

In Figur 25 ist angenommen, daß die Dreiecke ABC und $A'B'C'$ bereits in die affine Lage gebracht seien. Zieht man in den affinen Figuren ABC und $A'B'C'$ zu Seite AC parallel BM und zu $A'C' \parallel B'M'$, ferner $CN \parallel AM$, $C'N' \parallel A'M'$, so sind auch M und M' affin, ebenso N' und N und es ist

$$\triangle ABC = AMC = AMN = \tfrac{1}{2} AM \cdot AN,$$
$$\triangle A'B'C' = A'B'N' = A'M'N' = \tfrac{1}{2} A'M' \cdot A'N'.$$

Ist nun

$$\frac{AM}{A'M'} = m, \qquad \frac{AN}{A'N'} = n,$$

dann ist

$$AM = m \cdot A'M' \quad \text{und} \quad AN = n \cdot A'N',$$

mithin

$$\frac{\triangle ABC}{\triangle A'B'C'} = m \cdot n,$$

d. h.: Das Verhältnis der Flächen irgend zweier affiner Dreiecke oder anderer beliebiger Figuren ist konstant, nämlich gleich dem Produkt der konstanten Verhältnisse der in den affinen rechtwinkligen Richtungen gelegenen affinen Strecken.

Ellipsenkonstruktionen. Metrische Beziehungen zwischen den Achsen und den konjugierten Durchmessern einer Ellipse.

8. Die affine Figur eines Kreises ist eine Ellipse; die ähnliche Figur der Ellipse ist wieder eine Ellipse, daher können Kreis und Ellipse in einer Ebene immer als projektive Figuren, also als affine Figuren angesehen werden, und es sind die affinen Bezie-

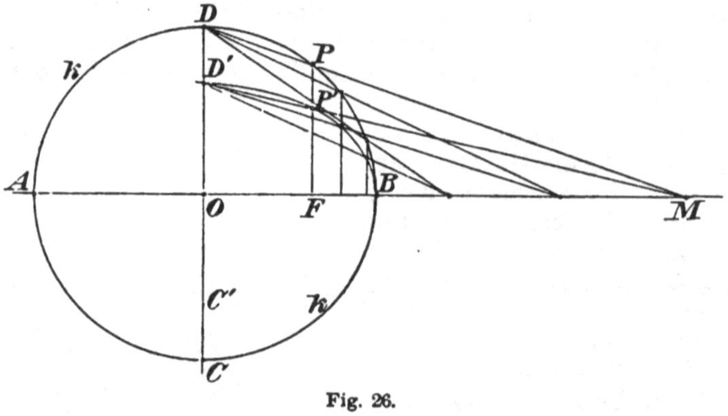

Fig. 26.

hungen definiert, wenn man zu einem Paar senkrechter Durchmesser des Kreises die affinen Strecken in der Ellipse, die immer zwei konjugierte Durchmesser bilden, kennt, oder was dasselbe ist, wenn man ein beliebiges Paar senkrechter Halbmesser des Kreises irgend zwei konjugierten Halbdurchmessern entsprechend setzt.

a) Konstruktion 1. Gegeben sind die Achsen der Ellipse; zu konstruieren die Ellipse. Es sei (Fig. 26) k ein Kreis der Ebene, AB und CD ein beliebiges Paar senkrechter Durchmesser desselben. Nehme ich an, daß die affinen Strecken von AB und CD bzw. die Strecken $A'B' = AB$ und $C'D'$ seien, also der rechte Winkel DOB dem rechten Winkel $D'OB$ entspricht, so sind der Kreis und die gesuchte Ellipse auch in affiner Lage (zwei sich entsprechende und gleiche Strecken decken sich) und AB und $C'D'$

sind die Achsen der Ellipse. Punkt D' entspricht D, daher müssen auch die Verbindungslinien aller übrigen entsprechenden Punkte parallel DD' sein, und da, wenn ich $OD = a$, $OD' = b$ setze, die entsprechenden Strecken OD und OD' sich wie a und b verhalten, so müssen sich auch alle parallelen Strecken wie $a:b$ verhalten, d. h. wenn ich auf der Kreisperipherie einen beliebigen Punkt P wähle, so liegt der entsprechende Ellipsenpunkt P' auf der durch P zu DD' gezogenen Parallelen gleich PF und P' muß PF so teilen, daß $PF : P'F = a : b$ ist. Ziehe ich z. B. DPM, dann schneidet $D'M$ Linie PF in dem gesuchten Ellipsenpunkte P'. Jeder Kreispunkt kann nach diesem Verfahren zu einem Ellipsenpunkt abgebildet werden.

Konstruktion 2. Beschreibt man auch um O (Fig. 27) den Kreis mit dem Radius b und zieht durch O einen beliebigen Radius,

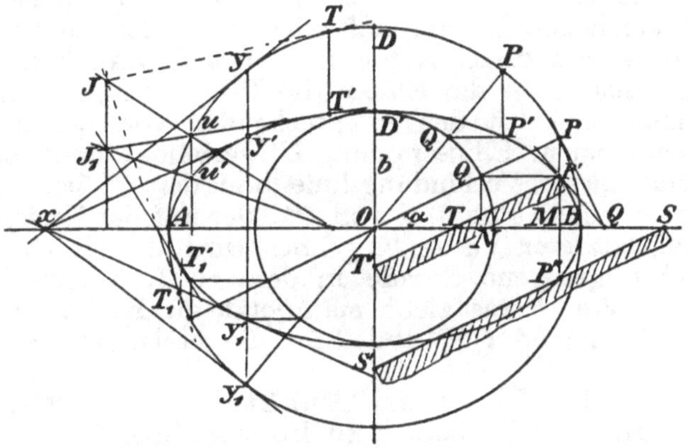

Fig. 27.

der beide Kreise schneidet, und ist $PP' \parallel b$, $QP \parallel a$, dann ist P' ein Punkt der Ellipse. Ist $POM = \alpha$, so ist $PM = a \sin\alpha$, $QN = P'M = b \sin\alpha$, mithin $PM : P'M = a : b$. Zu jedem Durchmesser erhält man zwei Ellipsenpunkte. Ist ferner $P'T' \parallel OP$, so ist $\triangle ONQ \cong TMP'$, daher $P'T = b$ und $T'T = a - b$. Zieht man auch $S'P''S$, $\parallel PO$, so ist auch SP'', wenn P'' der symmetrische Punkt von P' ist in bezug auf a, $= b$, daher $SS' = a + b$. Hieraus ergeben sich zwei Ellipsenkonstruktionen:

Konstruktion 3. Wird auf der Strecke $P'T' = a$, die die begrenzende Kante eines Papierstreifens bilden mag, $P'T = b$ abgetragen und dieser Streifen so bewegt, daß Punkt T immer auf der großen Achse, T' immer auf der kleinen Achse bleibt, so beschreibt bei dieser Bewegung des Streifens Punkt P' eine Ellipse.

Konstruktion 4. Wird aber eine Gerade $S'P''S = a + b$, deren Teilstrecken $S'P'' = a$, $P''S = b$ sind, so bewegt, daß S' immer auf der kleinen Achse oder deren Verlängerung gleitet, S immer auf der großen Achse oder deren Verlängerung, so beschreibt P'' eine Ellipse.

b) Tangenten einer Ellipse. Aufgabe 1. Von einem Punkte x der verlängerten großen Achse sind die Tangenten an die Ellipse zu legen (Fig. 27).

Auflösung. Die Punkte der Achse AB und deren Verlängerung sind die einzigen Punkte der Ebene, die sich selbst entsprechen. Lege ich daher von x die Tangenten an den Kreis und suche ich zu den Berührungspunkten y und y_1 die entsprechenden Punkte y' und y'_1, so sind diese die Berührungspunkte der gesuchten Tangenten der Ellipse und die Geraden xy' und xy'_1 die Tangenten selbst.

Aufgabe 2. Aus einem beliebigen Punkte der Ebene sind die Tangenten an die Ellipse zu legen (Fig. 27).

Auflösung. Nur die Punkte der großen Achse entsprechen sich selbst. Jeder andere Punkt der Ellipsenebene muß dagegen angesehen werden als Bild eines Punktes der Kreisebene. Nun liegen entsprechende Punkte auf einer Normalen zur Achse und ihre Abstände von dieser Achse müssen sich verhalten wie $a:b$. Sollen z. B. aus I_1 an die Ellipse die Tangenten gezogen werden, so sucht man zunächst den entsprechenden von I_1, indem man I_1 mit irgend einem Ellipsenpunkt U' verbindet und ebenso den Schnittpunkt dieser Verbindungslinie und der großen Achse mit dem entsprechenden Punkt U von U', der auf der Kreisperipherie liegt. Von letzterer Verbindungslinie wird die durch $I_1 \perp$ zur großen Achse gezogene Gerade in dem zu I_1 affinen Punkte I geschnitten. Von I aus zieht man jetzt die Kreistangenten IT und IT_1; dann sind I_1T' und $I_1T'_1$ die verlangten Ellipsentangenten.

Aufgabe 3. In einem Punkte P' der Ellipse die Tangente und die Normale zu konstruieren.

Auflösung. Man konstruiert im entsprechenden Kreispunkt P die Kreistangente PQ, dann ist QP' die verlangte Ellipsentangente (Fig. 27). Die Normalen in den Berührungspunkten der Tangenten sind zugleich Normale zu der Ellipse.

Inhalt der Ellipse. Am Schluß des Abschnitts 7 ist bewiesen worden, daß das Verhältnis zweier affiner Figuren konstant ist, nämlich gleich dem Produkt der konstanten Verhältnisse der in den affinen rechtwinkligen Richtungen gelegenen affinen Strecken. Die sich entsprechenden rechten Winkel sind DOB und $D'OB$ (Fig. 27); es ist also OD zu OD' affin, OB ist sich selbst affin. Es ist

$$\frac{OB}{OB} = 1, \qquad \frac{OD}{OD'} = \frac{a}{b},$$

daher

$$\frac{\text{Kreis}}{\text{Ellipse}} = \frac{a^2 \pi}{\text{Ellipse}} = \frac{a}{b} \cdot 1 = \frac{a}{b},$$

mithin der Inhalt der Ellipse $= a^2 \pi \cdot \dfrac{b}{a} = a \cdot b \cdot \pi$.

c) **Konstruktion 5. Gegeben zwei konjugierte Durchmesser der Ellipse; zu konstruieren die Ellipse.** Es seien AA' und BB' (Fig. 28) die gegebenen konjugierten Durchmesser. Beschreibe ich mit OA' als Radius um O den Kreis, dann kann ich Kreis und gesuchte Ellipse als affine Figuren auffassen, und die affinen Beziehungen zwischen beiden Figuren sind festgelegt, wenn ich annehme, daß der Winkel $B'OA'$ dem rechten Winkel B_1OA' entspreche, also der eine aus dem andern hervorgegangen sei. Entspricht also OB_1 der Geraden OB', OA' sich selbst, dann liegen diese Figuren auch in affiner Lage, die Affinitätsachse ist OA'. Die Verbindungslinien entsprechender Punkte müssen daher parallel B_1B' sein. Außerdem erkennt man, daß die Senkrechte, gefällt von einem beliebigen Kreispunkte B_1 auf die Affinitätsachse,

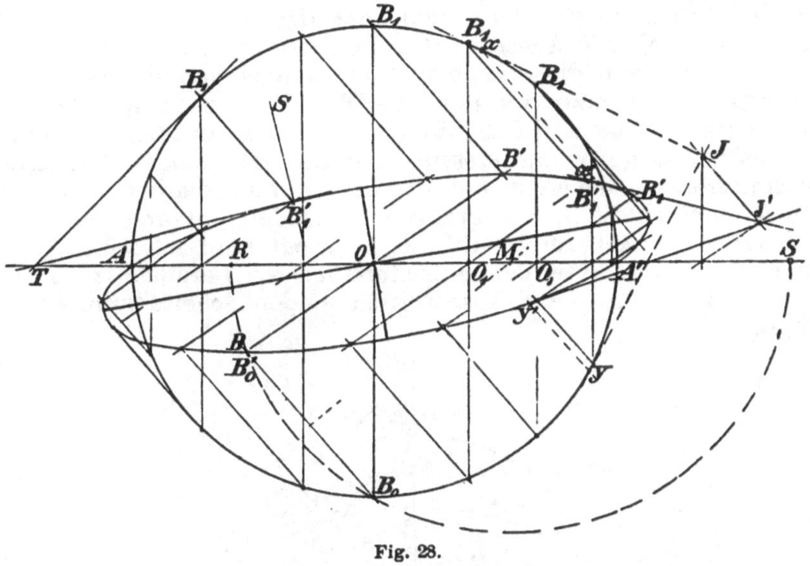

Fig. 28.

und die durch den entsprechenden Ellipsenpunkt B_1' zu OB gezogene Parallele sich in einem Punkte der Achse schneiden müssen. Hieraus resultiert folgendes Verfahren für die Konstruktion von Ellipsenpunkten: Errichtet man in einem beliebigen Punkte O_1 der Achse die Senkrechte bis zum Schnitt mit dem Kreise in B_1 und zieht man $B_1B_1' \parallel B_1B'$, $O_1B_1' \parallel OB'$, dann ist B_1' ein Punkt der Ellipse. Durch wiederholte Anwendung dieses Verfahrens auf andere Achsenpunkte läßt sich eine genügende Zahl von Ellipsenpunkten ermitteln. Umgekehrt finde ich zu einem Ellipsenpunkt B_1' den affinen Kreispunkt, wenn ich durch ihn die Parallele zu OB' ziehe bis zum Schnitt mit der Achse OA', dann schneidet die in diesem Punkte O_1 zu OA' konstruierte Senkrechte den Kreis im entsprechenden Punkt B_1. Diese Konstruktionen gelten nicht nur für Kreis- und Ellipsenpunkte, sondern auch für jeden andern

Punkt der Zeichenebene; die erstere wenden wir an, wenn zu einem Originalpunkt der affine, die letztere, wenn zu einem Bildpunkt der affine aufgesucht werden soll.

Die Tangente in einem Ellipsenpunkte B_1' erhält man, wenn man zu B_1' den entsprechenden Kreispunkt B_1 ermittelt (Fig. 28) und die Kreistangente in B_1 bis zum Schnitt mit der Achse in T verlängert, dann ist $B_1'T$ die Ellipsentangente und die Senkrechte $B_1'S$ zu $B_1'T$ die Ellipsennormale.

Soll aus einem Punkte I' die Ellipsentangente gezogen werden, so konstruiere zu I' den entsprechenden Punkt I und die Berührungspunkte x und y der von I an den Kreis gelegten Tangenten. Sind die affinen Punkte von x und y bzw. die Punkte x' und y', dann sind $I'x'$ und $I'y'$ die verlangten Ellipsentangenten.

Errichtet man zu B_0B_0' die Mittelsenkrechte bis zum Schnitt mit der Achse in M, dann schneidet der um M mit MB_0 beschriebene Kreis die Achse in den Punkten R und S, die mit B_0 und B_0' verbunden die affinen rechten Winkel von B_0 und B_0' bestimmen. Zieht man durch O die Parallelen zu den Schenkeln des rechten Winkels RB_0S, und desgleichen zu den Schenkeln von $RB_0'S$, so geben die ersteren Geraden die senkrechten Kreisdurchmesser an, denen in der Ellipse ebenfalls senkrechte Durchmesser, nämlich die zuletzt gezogenen Geraden, entsprechen. Diese sind daher die Achsen der Ellipse, und legt man schließlich noch durch die Endpunkte der Kreisdurchmesser Parallele zu B_0B_0', so schneiden diese die Ellipsenachsen in den Scheitelpunkten der Ellipse.

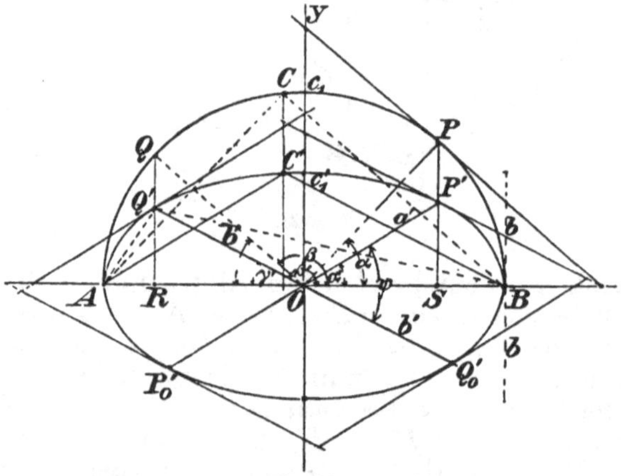

Fig. 29.

d) Metrische Beziehungen zwischen konjugierten Durchmessern und den Achsen einer Ellipse. Kennt man eine Ellipse und ihre Achsen, so findet man zu einem beliebigen Durchmesser $P'P_0'$ (Fig. 29) den konjugierten $Q'Q_0'$, indem man entweder durch O die Parallele zu der durch P' gehenden Ellipsentangente zieht oder zu dem auf OP in O senkrecht stehenden Kreishalbmesser den entsprechenden Ellipsenhalbmesser OQ' ermittelt oder schließlich durch A parallel OP' die Ellipsensehne AC' zieht und durch O zu BC' die Parallele OQ' legt, dann sind OP' und OQ' konjugierte Durchmesser. Der entsprechende Winkel zu $AC'B$ ist der rechte Winkel ACB, daher entsprechen OP' und OQ' zwei Halbmessern des Kreises, die aufeinander senkrecht stehen, d. s. die durch $O \parallel$ zu AC und BC gezogenen Halbmesser.

Zwischen zwei beliebigen konjugierten Durchmessern bzw. Halbmessern und den Achsen der Ellipse bestehen folgende Relationen:

1. Das Produkt der Winkelkoeffizienten der konjugierten Durchmesser, d. i. der Tangenten ihrer Neigewinkel gegen die Affinitätsachse, also gegen die große Achse a, ist konstant $= -\frac{b^2}{a^2}$.

2. Die Summe der Quadrate konjugierter Halbmesser ist konstant $= a^2 + b^2$.

3. Das Parallelogramm, aus zwei konjugierten Durchmessern gebildet, ist konstant, nämlich gleich dem Rechteck aus den Achsen $= 4ab$.

Beweis ad 1. Es ist (Fig. 29) $\operatorname{tg}\alpha' = \frac{P'S}{OS}$.

Es verhält sich aber $P'S : PS = b : a$, daher $P'S = b/a\, PS$,

mithin
$$\operatorname{tg}\alpha' = \frac{b}{a}\frac{PS}{OS} = \frac{b}{a}\operatorname{tg}\alpha,$$

$$\operatorname{tg}\beta' = \frac{Q'R}{OR} = b/a\,\frac{QR}{OR} = \frac{b}{a}\operatorname{tg}\beta,$$

$$\operatorname{tg}\alpha' \cdot \operatorname{tg}\beta' = \frac{b^2}{a^2}\operatorname{tg}\alpha \cdot \operatorname{tg}\beta .$$

Nun ist

$$\operatorname{tg}\alpha \cdot \operatorname{tg}\beta = \operatorname{tg}\alpha \cdot \operatorname{tg}(90 + \alpha) = \operatorname{tg}\alpha \cdot -\operatorname{cotg}\alpha = -\frac{\operatorname{tg}\alpha}{\operatorname{tg}\alpha} = -1,$$

daher
$$\operatorname{tg}\alpha' \cdot \operatorname{tg}\beta' = -\frac{b^2}{a^2}.$$

Beweis ad 2. Es ist I. $OS^2 + PS^2 = a^2$,

ferner $\triangle OSP \cong ORQ$, mithin $PS = OR$

$$OS = a' \cos\alpha', \quad PS = OR = b' \cos\beta',$$

mithin
$$\text{II.} \quad a'^2 \cos^2\alpha' + b'^2 \cos^2\beta' = a^2 .$$

$PS = \frac{a}{b} P'S$, eingesetzt in I.

$$a^2 = OS^2 + \frac{a^2}{b^2} P'S^2 ; \qquad OS = QR ;$$

mithin
$$a^2 = QR^2 + \frac{a^2}{b^2} P'S^2 ; \qquad QR = \frac{a}{b} Q'R ;$$

mithin
$$a^2 = \frac{a^2}{b^2} (Q'R^2 + P'S^2) ,$$

$$Q'R = b' \sin\beta' , \qquad P'S = a' \sin\alpha' ,$$

daher
$$a^2 = \frac{a^2}{b^2} (a'^2 \sin^2\alpha' + b'^2 \sin^2\beta') ,$$

oder
$$\text{III.} \quad a'^2 \sin^2\alpha' + b'^2 \sin^2\beta' = b^2 .$$

Addiert man II und III, so folgt:

$$a'^2 (\cos^2\alpha' + \sin^2\alpha') + b'^2 (\cos^2\beta' + \sin^2\beta') = a^2 + b^2 .$$

Die Klammern sind $= 1$, daher

$$a'^2 + b'^2 = a^2 + b^2 .$$

Beweis ad 3.

$$\sin\psi = \sin(\alpha' + \gamma') = \sin\alpha' \cdot \cos\gamma' + \cos\alpha' \cdot \sin\gamma' ,$$

$$\sin\psi = \frac{P'S}{a'} \cdot \frac{OR}{b'} + \frac{OS}{a'} \cdot \frac{Q'R}{b'} ,$$

$$\begin{aligned} a' b' \sin\psi &= b \cos(90 - \alpha) a \sin\alpha + a \cos\alpha \cdot b \cos\alpha \\ &= a b \cdot \sin^2\alpha + a b \cos^2\alpha , \end{aligned}$$

mithin $a' b' \sin\psi = a b$, also auch $4 a' b' \sin\psi = 4 a b$.

Ist der Inhalt des Konjugierten-Parallelogramms $= 4 a' b' \sin\psi$ gegeben, so ist der der zugehörigen Ellipse $= \frac{\pi}{4} \cdot 4 a' b' \sin\psi = \pi a' b' \sin\psi$.

Aus der letzten Relation folgt

$$\sin\psi = \frac{a b}{a' b'} .$$

Ist $\sphericalangle \psi = 90^0$, so ist $\sin\psi = 1$, was nur möglich ist, wenn $a' = a$, $b' = b'$ ist. Für andere Paare konjugierter Durchmesser ist $\psi < 90^0$. Das Minimum des $\sphericalangle \psi$ erhält man für den größten Wert des Nenners, also $a' \cdot b'$. Da aber a' und b' durch die Relation $a'^2 + b'^2 = a^2 + b^2$ verbunden sind, so folgt weiter, daß $a' \cdot b'$ zu einem Minimum wird, wenn $a' = b'$, also

$$a'^2 = b'^2 = \frac{a^2 + b^2}{2}$$

ist. Mithin ist der kleinste Wert von $\sin\psi$ gegeben durch die Formel

$$\sin\psi = \frac{2 a b}{a^2 + b^2} .$$

Die konjugierten Durchmesser, die das Minimum des Winkels ψ einschließen, sind einander gleich. Da ferner $\operatorname{tg}\alpha' \cdot \operatorname{tg}\beta' = -\frac{b^2}{a^2}$ ist und für den kleinsten Winkel ψ

$$\sphericalangle \gamma' = 180 - \beta' = \alpha',$$

so ist
$$\operatorname{tg}\beta' = -\operatorname{tg}\alpha',$$

daher
$$\operatorname{tg}^2\alpha' = \frac{b^2}{a^2} \quad \text{und} \quad \operatorname{tg}\alpha' = \pm\frac{b}{a}.$$

Jetzt hat der Supplementwinkel von ψ, d. i. $\sphericalangle \varphi$ seinen größten Wert erreicht. Seine Schenkel laufen den Schenkeln des Winkels $AC'B$ parallel, der der entsprechende des Winkels ACB ist. Für irgend einen andern rechten Winkel über AB im Halbkreis ist der entsprechende Winkel φ_1 kleiner als φ. Da die Sinus aller Winkel zwischen den Grenzen 0 und 1 liegen, so folgt, daß der größte Wert von $\sin\varphi$ sich ergibt, wenn $\varphi = 90^0$ ist, und das ist der Fall, wenn $a' = a$, $b' = b$ ist. Wächst φ, d. h. wird φ stumpf, dann nimmt der Sinus dieses Winkels ab. Für das Maximum von φ ist aber ψ am kleinsten, und das ist der Fall, wenn $\sin\psi = \frac{2ab}{a^2+b^2}$ ist, außerdem $\operatorname{tg}\alpha' = \pm b/a$. Hieraus folgt, daß man die konjugierten Durchmesser, die den kleinsten Winkel ψ einschließen und einander gleich sind, erhält, wenn man in B zu AB nach oben und unten die Senkrechte $= b$ errichtet und die Endpunkte dieser Senkrechten mit O verbindet. Die Sehnen AC' und BC', AC_1' und BC_1' nennt man komplementäre Sehnen.

Das Produkt der Abschnitte u' und v' einer Ellipsentangente $x'y'$ in P' ist gleich dem Quadrate des Halbmessers, der dem Halbmesser nach dem Berührungspunkte konjugiert ist, also mit der Tangente parallel läuft (Fig. 30).

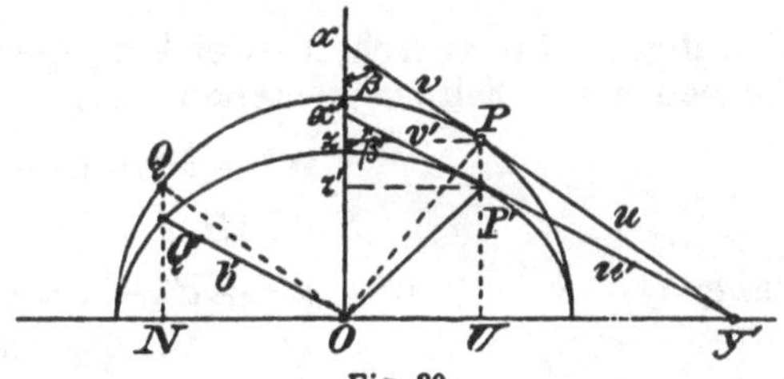

Fig. 30.

$x'y'$ entspricht der Kreistangente xy', deren Abschnitte u und v sein mögen. Es ist

$$u \cdot v = OP^2 = OQ^2,$$
$$u \cdot \cos\beta \cdot v\cos\beta = OQ^2 \cdot \cos^2\beta,$$
$$PU \cdot XZ = QN^2,$$
$$b/a\,PU \cdot b/a\,XZ = (b/a\,QN)^2,$$
$$P'U \cdot X'Z' = Q'N^2,$$
$$\frac{P'U}{\cos\beta'} \cdot \frac{X'Z'}{\cos\beta'} = \left(\frac{Q'N}{\cos\beta'}\right)^2,$$
$$u' \cdot v' = b'^2.$$

Aufgabe. Es sind zwei konjugierte Halbmesser einer Ellipse $a'b'$ gegeben, zu konstruieren die Achsen dieser Ellipse.

Zieht man durch A die Parallele AE zu b' (Fig. 31), die Tangente der Ellipse ist, und errichtet man in A zu AE die Senkrechte $AC = b'$, dann sind die Linien OE und OF, die O mit den Schnittpunkten der Geraden AE und desjenigen Kreises verbinden, der durch O und C geht und seinen Mittelpunkt auf AE hat, die gesuchten Lagen der Achsen. Aus den bekannten Be-

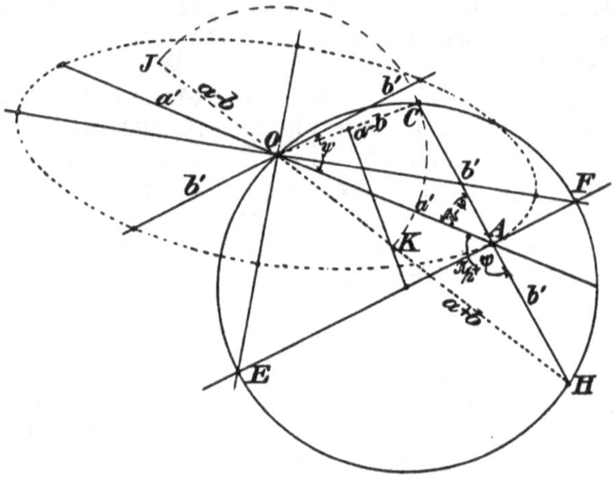

Fig. 31.

ziehungen, die zwischen zwei konjugierten Durchmessern und den Achsen einer Ellipse bestehen, folgt:

$$a'^2 + b'^2 = a^2 + b^2,$$

$$2\,a'b' \sin\psi = 2\,a\,b\,,$$

daher

$$(a+b)^2 = a'^2 + b'^2 + 2\,a'b'\sin\psi$$
$$= a'^2 + b'^2 - 2\,a'b'\cos(\pi/2 + \psi) = OH^2\,,$$
$$(a-b)^2 = a'^2 + b'^2 - 2\,a'b'\sin\psi$$
$$= a'^2 + b'^2 - 2\,a'b'\cos(\pi - \psi) = OC^2\,,$$

mithin

$$a + b = OH\,,$$
$$a - b = OC$$
$$2\,a = HI \qquad 2\,b = HK\,.$$

e) Aus zwei konjugierten Halbmessern die Ellipse zu konstruieren.

Konstruktion 6. Das von den konjugierten Durchmessern gebildete Dreieck $A'O'B'$ (Fig. 32) betrachten wir als affine Figur des rechtwinkligen Dreiecks AOB, dann können wir auch die gesuchte Ellipse als affine Figur des um O mit OA beschriebenen

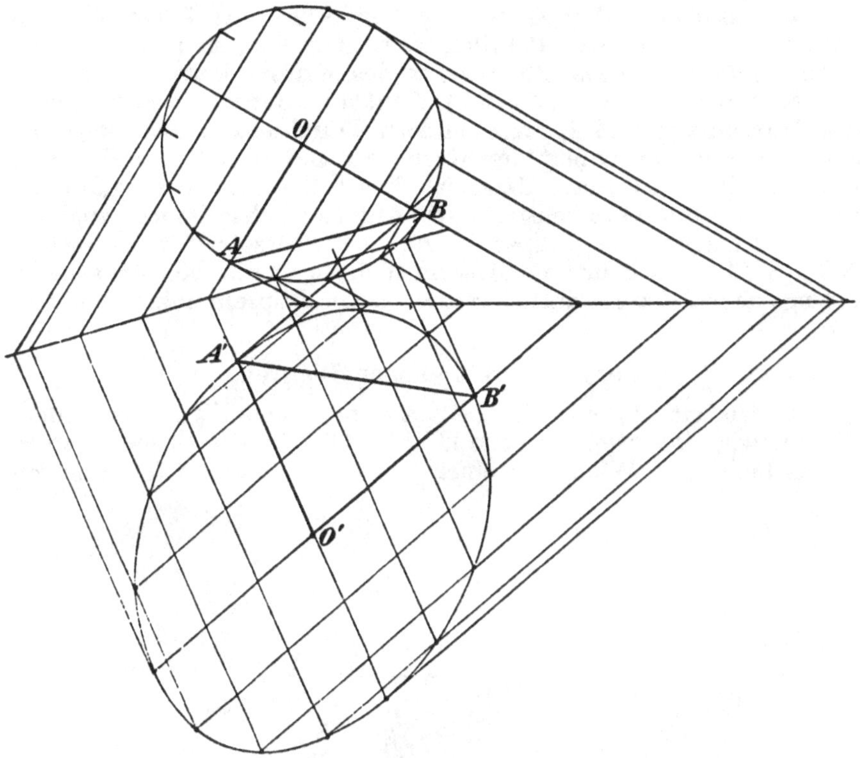

Fig. 32.

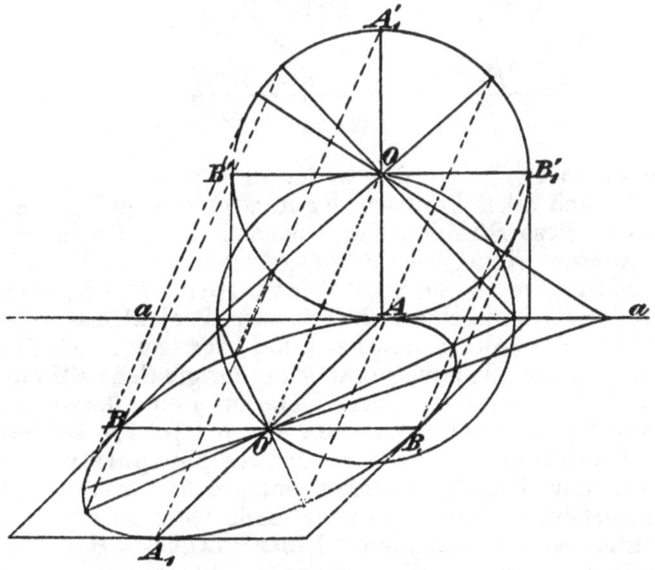

Fig. 33.

Kreises ansehen. Auf Grund des im Abschnitt 7 hergeleiteten Satzes von den affinen Parallelensystemen läßt sich die gesuchte Ellipse punktweise als affine Figur des Kreises konstruieren.

Konstruktion 7. (Fig. 33.) Zieht man durch den Endpunkt A des Durchmessers AA_1 zum andern Durchmesser BB_1 die Parallele aa und konstruiert den Kreis, der OB zum Radius hat und Linie aa in A tangiert, dann ist dieser Kreis zu der verlangten Ellipse affin und affin gelegen. Die Affinitätsachse ist aa, zugleich ist sie Tangente der Ellipse in A. Affinitätsstrahlen sind OO', BB', B_1B_1'. Nach den im Abschnitt 6 gegebenen Konstruktionen lassen sich beliebig gewählte Kreispunkte in Ellipsenpunkte abbilden.

Perspektivität ebener Figuren.

9. Um eine in einer Ebene 𝔈 angenommene Figur abzubilden, wählen wir eine zweite Ebene 𝔓 (Fig. 34), die die Ebene 𝔈 unter einem beliebigen Winkel in einer beliebigen Geraden 𝔄 schneiden

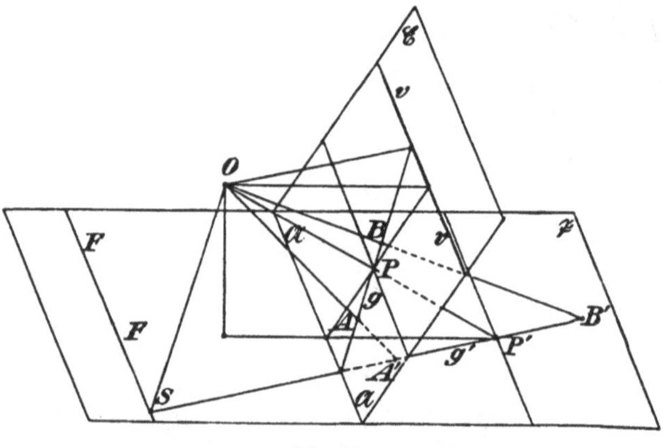

Fig. 34.

mag, und einen Punkt O, der weder in 𝔓 noch in 𝔈 liege. Zieht man von O nach allen Punkten der in 𝔈 gelegenen Figur Strahlen, so schneiden diese Strahlen die Ebene 𝔓, die Projektionsebene, in einer zweiten Figur, die der gegebenen eindeutig entspricht. Dieses Abbildungsverfahren heißt Zentralprojektion, die Schnittgerade 𝔄 der Originalebene 𝔈 mit der Projektions- oder Bildebene 𝔓 die Projektionsachse und der Punkt O das Projektionszentrum. Jedem Punkt P der Originalebene 𝔈 entspricht ein Punkt P' der Bildebene, jeder Geraden g eine Gerade g'. Zwei sich entsprechende Figuren werden als projektiv in perspektiver oder zentraler Lage oder kurz als perspektiv bezeichnet. Die Punkte der Projektionsachse entsprechen sich selbst; zwei sich entsprechende Gerade müssen sich stets in einem Punkte der Projektionsachse schneiden. Einer Parallelen zu 𝔄 in 𝔈 entspricht wieder eine Parallele zur Projektionsachse in 𝔓, der

Schnittpunkt dieser Geraden mit der Projektionsachse liegt im Unendlichen.

Wenn auf einer Geraden g in 𝔈 sich ein Punkt nach der einen oder andern Richtung bis ins Unendliche bewegt, so dreht sich der ihn mit O verbindende Projektionsstrahl um O in entsprechendem Sinne und nähert sich jedesmal derselben Grenzlage, nämlich der Parallelen zu g. Dieser Vorgang ist in Figur 34 dargestellt. Dreht sich der projizierende Strahl im entgegengesetzten Sinne der Bewegung des Uhrzeigers, so rückt der Schnittpunkt immer mehr nach rechts. In der parallelen Lage der beiden Geraden liegt der Schnittpunkt im Unendlichen; drehen wir aber den Strahl darüber hinaus, so tritt der Schnittpunkt links wieder zutage. Es kann nun nicht angenommen werden, daß in der Parallellage der Projektionsstrahl mit der Geraden g zwei Schnittpunkte hat, g kann nur einen unendlich entfernten Punkt haben, daher sehen wir uns veranlaßt, jede Gerade als eine geschlossene Linie anzusehen, da jeder Punkt, der sie durchläuft, sich diesem Punkte nähern muß, gleichviel in welchem Sinne er sich bewegt; wir verbinden einen Punkt einer Ebene mit dem unendlich entfernten Punkt einer Geraden, indem wir durch den Punkt die Parallele zur Geraden ziehen. Dieser unendlich ferne Punkt gehört nicht nur diesen beiden Geraden an, sondern zugleich auch allen denen im Raum und in der Ebene, die zu ihnen parallel laufen. Ein System von parallelen Geraden hat nur einen unendlich fernen Punkt, und wir bezeichnen daher auch solche Linien als gleich gerichtete Linien, sie sind alle nach einem bestimmten Punkte im Unendlichen gerichtet, sie haben also gleiche Richtung.

Der Schnittpunkt dieses ausgezeichneten Projektionsstrahls mit der Projektionsebene 𝔓, d. h. sein Spurpunkt S, ist daher das Bild des unendlich fernen Punktes auf g und der unendlich fernen Punkte der Geraden, die mit g parallel laufen. Wenn sich hiernach auf g und den hierzu parallel gedachten Geraden Punkte bis ins Unendliche bewegen oder dahin fliehen, so bewegen sich die Bilder dieser Punkte in 𝔓 auf verschiedenen Geraden, aber alle diese müssen sich in S schneiden, daher heißt Punkt S der Fluchtpunkt der Geraden g bzw. der zu g parallelen Geraden. Ändert jetzt g in 𝔈 die Richtung, oder denken wir uns ein Parallelensystem von anderer Richtung, so ändert sich auch der zu diesem Parallelensystem durch das Projektionszentrum gezogene Parallelstrahl, doch bleibt er der Ebene 𝔈 parallel. Zu jedem Parallelensystem gehört hiernach ein Fluchtpunkt und letzterer bildet jedesmal den Spurpunkt einer durch das Projektionszentrum gezogenen Geraden, die den Geraden des Parallelensystems und der Originalebene parallel ist; daher müssen alle Fluchtpunkte von in 𝔈 gelegenen Parallelensystemen auf einer Geraden in 𝔓 liegen, die zur Projektionsachse 𝔄 parallel läuft und die zugleich angesehen werden kann als die Spurgerade einer durch das Projektionszentrum O parallel zur Originalebene gelegten Ebene. Diese Linie ist die Fluchtlinie F der Ebene 𝔈, denn die Bilder aller unendlich fernen Punkte der Ebene 𝔈 sind auf ihr gelegen. Von den unendlich fernen Punkten einer Ebene müssen wir aber annehmen, daß sie sämtlich auf einer Geraden liegen, nämlich auf der unendlich fernen Geraden der Ebene 𝔈; denn, da ihre Bilder in 𝔓 bestimmt werden durch eine und dieselbe Ebene, nämlich durch die Parallelebene, die das Projektionszentrum enthält, so können sie nur da gesucht werden, wo sich diese beiden Ebenen schneiden. Wie sich parallele Gerade nur in einem unendlich fernen Punkte schneiden, so können parallele Ebenen sich auch nur in einer Geraden, in der unendlich fernen Geraden schneiden. Diese unendlich ferne Gerade gehört offenbar allen Ebenen an, die zu 𝔈 parallel liegen.

Von den Punkten einer Geraden g in 𝔈 ist außer dem ∞ fernen Punkt, der sein Bild auf der Fluchtlinie der Ebene 𝔈 hat, und dem Schnittpunkt mit der Projektionsachse, der sich selbst entspricht, noch ein dritter Punkt bemerkenswert. Auf jeder Geraden g befindet sich ein Punkt, dessen projizierender Strahl zu 𝔓 parallel ist und dessen Bild also der unendlich ferne Punkt auf g' ist. Die Punkte der Ebene 𝔈, deren Bilder ins Unendliche fallen, also verschwinden, liegen offenbar auf der Schnittlinie, die die durch das Projektionszentrum parallel zur Ebene 𝔓 gelegte Ebene mit 𝔈 erzeugt; diese Gerade heißt Verschwindungslinie der Ebene 𝔈, sie sei für die Folge mit V bezeichnet. Das Bild dieser Linie fällt ins Unendliche und jede Gerade g, die diese Linie schneidet, hat daher in diesem Schnittpunkt einen Punkt, dessen Bild nicht konstruierbar ist, da es im Unendlichen liegt; darum heißt dieser Punkt der Verschwindungspunkt der Geraden g. Aus diesen Betrachtungen folgt nun: Parallelen Geraden in 𝔈 entsprechen in 𝔓 Gerade, die alle durch einen Punkt der Fluchtlinie F gehen, nämlich durch den zugehörigen Fluchtpunkt des Parallelensystems. — Einem System von Geraden in 𝔈, die sich in einem Punkte der Verschwindungslinie V schneiden, entspricht in 𝔓 ein System paralleler Geraden.

Zu zwei Ebenen 𝔈 und 𝔓 ist die Perspektivität definiert, d. h. das Projektionszentrum konstruierbar, wenn man zwei sich entsprechende Punktepaare kennt, z. B. A und A', B und B'. Diese sind so zu wählen, daß die Linie AB in 𝔈 sich mit der Linie $A'B'$ in 𝔓 in einem Punkt der Schnittgeraden 𝔄 von 𝔈 und 𝔓, der Projektionsachse, schneidet, denn dann schneiden sich auch AA' und BB', da diese Geraden in der durch AA' und BB' bestimmten Ebene liegen; ihr Schnittpunkt O ist das Projektionszentrum. Zu jedem weiteren Punkte in 𝔈 kann jetzt der entsprechende in 𝔓 ermittelt werden.

Zwei Dreiecke ABC und $A'B'C'$ (Fig. 35) befinden sich in perspektiver Lage, wenn sich die homologen Seiten AB und $A'B'$, AC und $A'C'$, BC und $B'C'$ auf der Schnittgeraden der Dreiecksebenen schneiden. In dieser Lage gehen nämlich auch die Verbindungsgeraden der entsprechenden Eckpunkte der Dreiecke durch einen Punkt O, das Zentrum der Projektion, denn sie sind die Schnittgeraden der Ebenen, die sich durch die entsprechenden Dreiecksseiten legen lassen. Drei Ebenen schneiden sich aber stets in einem Punkte. Die perspektive Lage der Dreiecke wird nicht aufgehoben, wenn wir den Winkel der Ebenen 𝔈 und 𝔓 ändern, also 𝔈 um die Projektionsachse drehen; in der neuen Lage der Figuren schneiden sich die durch die entsprechenden Seiten bestimmten Ebenen nur in einem anderen Projektionszentrum. Tritt der Fall ein, daß die Schnittgeraden dieser drei Ebenen parallel werden, so liegt das Projektionszentrum im Unendlichen. Eine solche Lage kann leicht hergestellt werden. Man hat nur nötig, der Ebene 𝔈 eines Dreiecks oder einer anderen Figur durch Drehung um eine ihrer Geraden als Achse eine andere Lage zu geben, dann ist die Figur in der ursprünglichen Lage der in der neuen

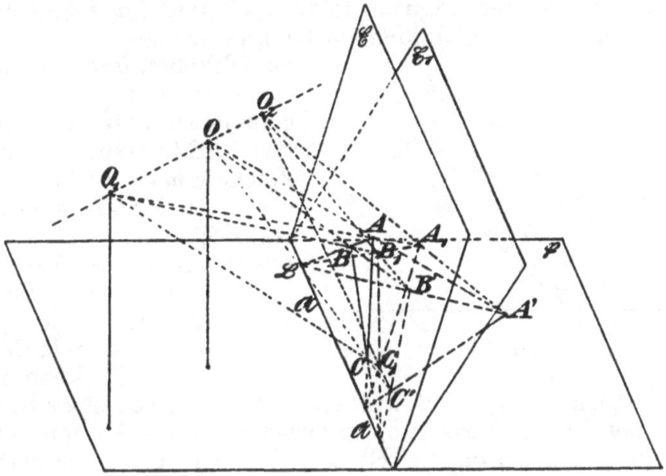

Fig. 35.

Lage affin, d. h. projektiv und in perspektiver Lage in bezug auf ein unendlich fernes Zentrum.

Weiter folgt aus diesen Betrachtungen: Wenn ein Dreieck ABC in 𝔈 dem Dreieck $A'B'C'$ in 𝔓 perspektiv ist, und es ist $\triangle ABC$ in 𝔈 auch einem Dreieck $A_1B_1C_1$ in der Ebene $𝔈_1$, die ebenfalls durch die Achse 𝔄 geht, perspektiv, dann ist auch $\triangle A'B'C'$ dem Dreieck $A_1B_1C_1$ perspektiv und die drei Projektionszentren liegen in einer Geraden. Die erstere Behauptung bedarf keines weiteren Beweises. Zum Beweise der zweiten Behauptung dienen die folgenden Überlegungen. Gehört den Dreiecken ABC und $A'B'C'$ das Zentrum O an und schneiden sich AB und $A'B'$ in einem Punkt L der Achse, so liegt O in der Ebene LAA' auf den Strahlen AA' und BB'. In L schneiden sich aber auch die Geraden AB und A_1B_1, mithin liegt das zu ABC und $A_1B_1C_1$ gehörige Zentrum O_1 in der Ebene LAA_1 auf den Strahlen AA_1 und BB_1. Das dritte Zentrum O_2, das zu den

Dreiecken $A_1 B_1 C_1$ und $A'B'C'$ gehört, liegt offenbar in der Ebene $LA_1 A'$ auf $A_1 A'$ und $B_1 B'$. Die drei Zentren liegen daher sowohl in der Ebene $AA'A_1$ wie in der Ebene $BB'B_1$, d. h. in der Schnittgeraden beider, durch die auch die Ebene $CC'C_1$ geht; mithin liegen sie in einer Geraden. Alles aber, was von Dreiecken bewiesen worden ist, gilt auch von anderen, ebenen Figuren, die projektiv und in perspektiver Lage sind. Von Wichtigkeit ist noch ein Satz, der sich ohne weiteres aus dem Vorhergehenden ergibt: „Wird eine Figur f in $\mathfrak{E}$, die zu f' in $\mathfrak{P}$ perspektiv ist, um die Projektionsachse beliebig gedreht, so ist sie auch in der neuen Lage der Figur f' in $\mathfrak{P}$ perspektiv." Durch eine solche Drehung wird also die perspektive Lage der Figuren nicht aufgehoben, nur ist das Zentrum O für die neue Lage der Ebene $\mathfrak{E}$ nicht mehr Projektionszentrum. Diese Eigenschaft von projektiven Figuren in perspektiver Lage gestattet uns aber, von den ebenen Gebilden im Raume auf solche in der Ebene zu schließen und insbesondere die Aufgabe zu lösen, zu einer gegebenen Figur das perspektive Bild in einer und derselben Zeichenebene zu konstruieren, also von der räumlichen Zentralprojektion zur Zentralprojektion in der Ebene überzugehen, denn die Ebene $\mathfrak{E}$ kann so weit gedreht werden, daß sie mit der Bildebene $\mathfrak{P}$ zur Deckung kommt.

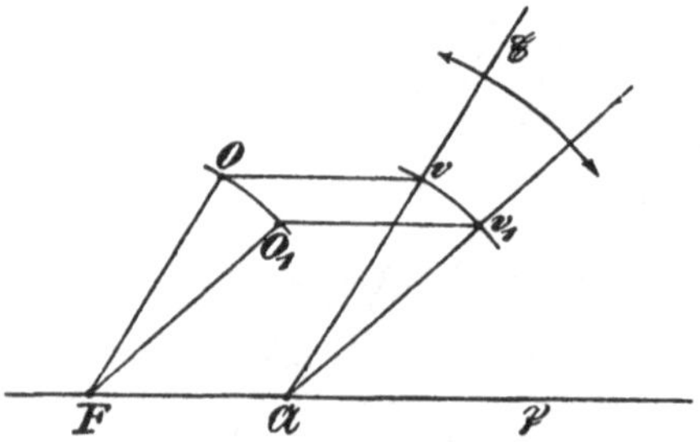

Fig. 36.

Es soll zunächst festgestellt werden, wie man nach einer beliebigen Drehung der Ebene $\mathfrak{E}$ das Projektionszentrum bestimmen kann. Ist die projektive Beziehung der Ebenen $\mathfrak{E}$ und $\mathfrak{P}$ durch die Wahl eines Projektionszentrums definiert, so sind auch damit Verschwindungslinie der Ebene $\mathfrak{E}$ und Fluchtlinie der Ebene in $\mathfrak{P}$ gegeben (vgl. Fig. 34 und 36). In Figur 36 ist die Zeichenebene normal zur Projektionsachse $\mathfrak{A}$ angenommen, die Ebenen $\mathfrak{E}$ und $\mathfrak{P}$ projizieren sich als Linien, ebenso die durch O parallel zu $\mathfrak{P}$ und $\mathfrak{E}$ gelegten Ebenen, die die ersteren bzw. in der Verschwindungs- und Fluchtlinie schneiden; die Achse $\mathfrak{A}$, die Verschwindungslinie V und die Fluchtlinie F projizieren sich als Punkte. Das Zentrum O bei dieser Darstellung wird umgekehrt erhalten, wenn man durch V zu $\mathfrak{P}$ und durch F zu $\mathfrak{E}$ Parallele zieht; der Schnittpunkt beider ist das Projektionszentrum O. Es ist also immer der lotrechte Abstand der Linien $\mathfrak{A}$ und V in $\mathfrak{E}$ gleich dem lotrechten Abstand des Zentrums O von der in $\mathfrak{P}$ gelegenen Fluchtlinie F. Wird jetzt $\mathfrak{E}$ um einen beliebigen Winkel gedreht und das neue Zentrum O_1, wie eben angegeben, konstruiert, so erkennt man leicht, daß bei der Drehung nicht nur jeder Punkt der Ebene $\mathfrak{E}$ einen Kreisbogen beschreibt, sondern auch der Punkt O; der Mittelpunkt des letzteren Bogens liegt in F. Wird nun Ebene $\mathfrak{E}$ mit $\mathfrak{P}$ durch Drehung um $\mathfrak{A}$ zur

Deckung gebracht, entweder dadurch, daß sich Ebene 𝔈 im Sinne der Uhrzeigerbewegung oder im entgegengesetzten Sinne drehe, so fällt auch jedesmal das Projektionszentrum in 𝔓 hinein. In Figur 37 und 38 sind die zu einer Ebene vereinigten Ebenen 𝔈 und 𝔓 dargestellt; nach der vollzogenen Vereinigung wurde die Ebene 𝔓 in die Zeichenebene umgelegt und dann jedesmal um 90° gedreht, so daß die Achse 𝔄 und die zu ihr parallelen Geraden *V* und *F* horizontal liegen.

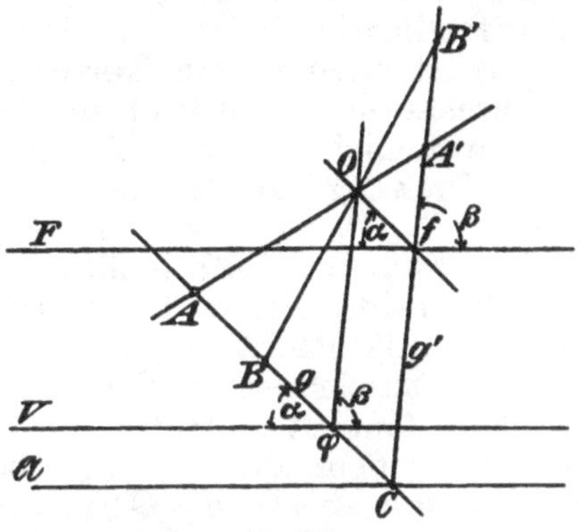

Fig. 37.

10. Die Zentralprojektion bzw. Zentralkollineation in der Ebene. Durch die Vereinigung der Ebenen 𝔈 und 𝔓 sind die projektiven Figuren keiner ihrer Eigenschaften verlustig gegangen. Ist nämlich bei zwei Figuren, von denen die eine als Bild der anderen angesehen werden kann,

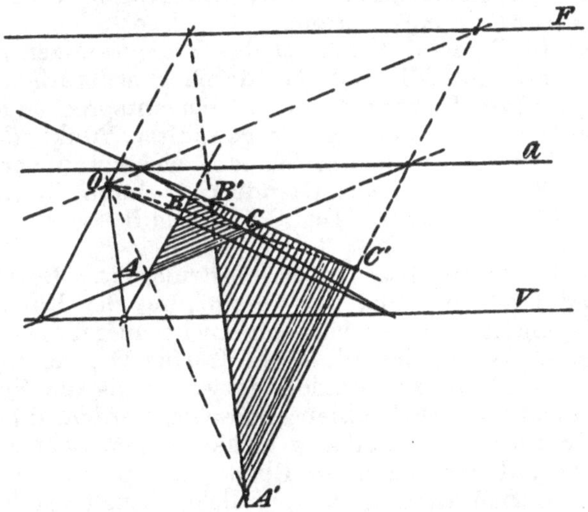

Fig. 38.

a) die Verbindungsgerade zweier entsprechender Punkte eine durch das Zentrum *O* gehende Linie,
b) jeder Punkt der Achse ein sich selbst entsprechender Punkt,
c) der Schnittpunkt zweier entsprechender Geraden stets auf der Achse gelegen und schließlich
d) eine durch *O* gehende Gerade eine sich selbst entsprechende, so läßt sich zeigen, daß eine derartige Abhängigkeit der-

jenigen der zentralen Projektion ebener Raumfiguren durchaus entspricht.

Man pflegt die projektive Verwandtschaft zweier Figuren einer Ebene, die durch die ebengenannten Eigenschaften definiert ist, „Zentralkollineation in der Ebene“ zu nennen.

d) ist offenbar ein Korrelat der unter a) bis c) aufgeführten Eigenschaften, die auch für die Zentralprojektion des Raumes gelten und tatsächlich bestehen bleiben, wenn umgekehrt eine der Figuren durch Drehung ihrer Ebene um die Projektions- oder Kollineationsachse in eine räumliche Lage übergeführt wird. Weiter folgt daraus, daß die Zentralkollineation in der Ebene vollständig mit der Zentralprojektion im Raume übereinstimmt, mithin solche Figuren mit Recht auch als „perspektive Figuren in der Ebene“ bezeichnet werden dürfen.

Die Zentralkollineation in der Ebene ist definiert, d. h. es kann zu jedem Punkte der Ebene der entsprechende bestimmt werden und ebenso die Gegenachsen, worunter die Flucht- und Verschwindungslinie verstanden werden, wenn man

1. das Projektionszentrum, die Projektionsachse und eine der Gegenachsen, d. h. entweder die Fluchtlinie oder die Verschwindungslinie kennt;
2. das Projektionszentrum, die Achse und ein Paar einander entsprechender Punkte.

Ist also in Figur 37 Punkt O das Projektionszentrum, $\mathfrak{A}$ die Projektionsachse und die auf der durch O willkürlich gezogenen Geraden gewählten Punkte A und A' ein entsprechendes Punktepaar, so finde ich zu dem beliebig gewählten Punkt B der Ebene den entsprechenden B', indem ich AB ziehe und verlängere bis zum Schnitt $\mathfrak{A}$ in C und die Gerade CA' durch BO in dem gesuchten Punkt B' schneide. Der Geraden $AB = g$ entspricht mithin $A'B' = g'$.

Auch die Gegenachsen sind konstruierbar. Betrachten wir noch einmal Figur 36. Bei der Vereinigung der Ebene $\mathfrak{E}$ mit $\mathfrak{P}$ wird die Parallelität gewisser Linien nicht aufgehoben. Gemeint sind folgende: Ist in der Bildebene $\mathfrak{E}$ eine Gerade g gezeichnet, so kann das Bild dieser Geraden entweder als die Verbindungslinie der Spurpunkte der Strahlen angesehen werden, die sich von O nach den Punkten der Geraden g ziehen lassen, oder als Spurlinie der durch O und g bestimmten Ebene, der projizierenden Ebene von g. Bekanntlich werden zwei parallele Ebenen von einer dritten Ebene in parallelen Linien geschnitten. Die projizierende Ebene schneidet mithin die Projektionsebene $\mathfrak{P}$ und die durch O parallel zu $\mathfrak{P}$ gelegte Ebene in Linien, die in jeder Lage von $\mathfrak{E}$ parallel sind und es auch dann sein müssen, wenn $\mathfrak{E}$ mit $\mathfrak{P}$ zusammenfällt. Die Schnittlinie der durch O gelegten Ebene und der projizierenden Ebene ist aber der von O nach dem Verschwindungspunkt von g führende Strahl, der mithin g' parallel ist. Folglich: Der Verschwindungspunkt auf g wird gefunden, indem ich durch O zu g' die Parallele ziehe, die die Linie g in dem gesuchten Verschwindungspunkt φ schneidet; die durch φ zu $\mathfrak{A}$ gezogene Parallele ist die Verschwindungslinie V.

Die projizierende Ebene schneidet auch Bildebene $\mathfrak{E}$ und die durch O gehende Parallelebene in parallelen Geraden, von denen die letztere das Zentrum O mit dem auf g' gelegenen Fluchtpunkte verbindet. Auch die Parallelität dieser Geraden bleibt bei einer Lageveränderung von $\mathfrak{E}$ erhalten, daher ist auch in der Ebene der Fluchtpunkt f der Schnittpunkt der Geraden g' mit durch O zu g gehenden parallelen Geraden; die Parallele durch f zur Achse $\mathfrak{A}$ ist die Fluchtlinie F.

Der Zeichnung (Fig. 37) entnehmen wir unmittelbar ein Verfahren zur Auffindung von Bildern gegebener gerader Linien auch ohne Zuhilfenahme von in der Zeichenebene befindlichen, einander entsprechenden Punkten dieser Geraden. Dem Punkt A auf g entspricht A' auf g', Punkt B entspricht B', C entspricht sich selbst, Punkt φ aber entspricht dem unendlich fernen Punkt von g', mithin finde ich zu g oder einer anderen Geraden das Bild, indem ich durch ihren Schnittpunkt mit der Achse die Parallele zu dem Strahle ziehe, der O mit dem Schnittpunkt der Geraden g und der Geraden V verbindet; und umgekehrt, zu einem Bilde g' ermittelt man die ursprüngliche Gerade g, indem man durch ihren Schnittpunkt mit der Achse die Parallele zu dem Strahle zieht, der O mit dem Fluchtpunkt f, also dem Schnittpunkt von g' und F verbindet. Es schneidet mithin die Gerade g die Verschwindungslinie V unter demselben Winkel α, wie der Strahl aus dem Zentrum nach dem Fluchtpunkt die Fluchtlinie; das Bild g' dagegen die Fluchtlinie F unter demselben Winkel β, wie der Strahl aus O nach dem Verschwindungspunkt die Verschwindungslinie.

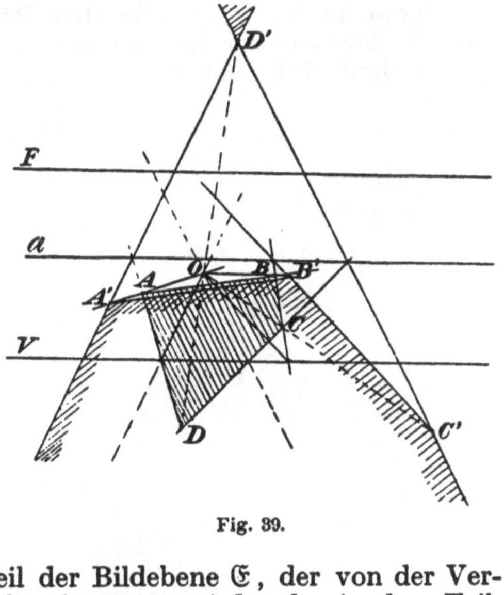

Fig. 39.

Ferner sei bemerkt: Die Verschwindungslinie entspricht der unendlich fernen Geraden der Bildebene $\mathfrak{P}$, die Fluchtlinie der unendlich fernen Geraden der Originalebene $\mathfrak{E}$.

Das Bild einer ebenen Figur kann nur dann in $\mathfrak{P}$ vollständig erhalten werden, wenn sie von der Verschwindungslinie nicht geschnitten wird, wenn sie sich also befindet entweder in dem Teil der Bildebene $\mathfrak{E}$, der von der Verschwindungslinie und der Achse begrenzt wird, oder in dem Teil, der zwischen der Verschwindungslinie und der unendlich fernen Geraden liegt. Sobald die Figur die Verschwindungslinie schneidet, fallen die Bilder der auf der Verschwindungslinie befindlichen Punkte ins Unendliche, d. h. das Bild der Figur muß sich bis ins Unendliche erstrecken. Man darf aber auch in diesem Falle den Umriß des Bildes als einen geschlossenen Polygonzug ansehen (vgl. die Fig. 38, 39 und 40).

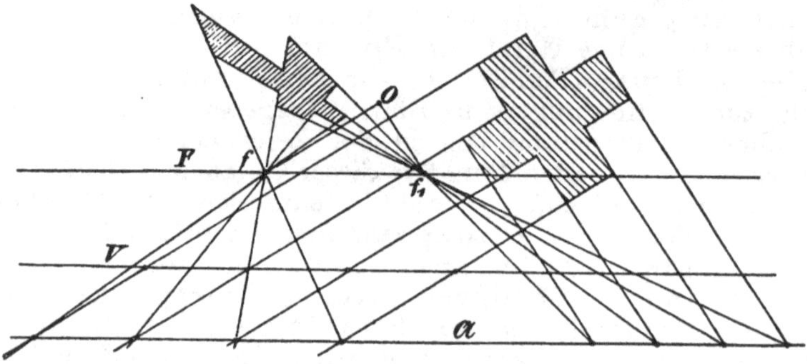

Fig. 40.

Zum besseren Verständnis der weiteren Darlegungen über die Zentralprojektion von Figuren in der Ebene, insbesondere des Kreises, ist es durchaus nötig, zunächst einige nicht zu umgehende und stets wiederkehrende Benennungen zu erklären und auf die projektiven Beziehungen der Grundgebilde, wie auch auf die der harmonischen und involutorischen Gebilde einzugehen. Diese Gebiete der darstellenden Geometrie sind im Kapitel II behandelt, während die Fortsetzung von der Zentralprojektion in der Ebene sich im Abschnitt III befindet.

II. Kapitel.

Perspektive, involutorische und harmonische Grundgebilde.

11. Die einförmigen Grundgebilde sind die Punktreihe, der Strahlbüschel und der Ebenenbüschel.

Unter einer Punktreihe verstehen wir die sämtlichen, aufeinanderfolgenden Punkte einer Geraden, die selbst ∞ lang gedacht und als Träger dieser Punktreihe bezeichnet wird. Schneiden sich mehrere Gerade einer Ebene in einem Punkt O, so sagt man, sie bilden einen ebenen Strahlbüschel oder kurz Strahlbüschel, die Ebene ist der Träger des Strahlbüschels, Punkt O der Mittelpunkt oder der Scheitel desselben. Von einem Gebilde, bestehend aus einer beliebigen Anzahl von Ebenen, die sich in einer Geraden schneiden, sagt man, daß sie einen Ebenenbüschel bilden; die allen Ebenen gemeinsame Gerade ist die Achse des Ebenenbüschels. Die Punkte der Punktreihen, die Strahlen der Strahlbüschel und die Ebenen der Ebenenbüschel heißen auch wohl die Elemente dieser geometrischen Gebilde.

Eine Punktreihe wird von einem außerhalb gelegenen Punkte durch einen Strahlbüschel projiziert; ein Strahlbüschel wird von einer Geraden in einer Punktreihe geschnitten. Auf einer Geraden gibt es offenbar ebensoviel Punkte wie Strahlen durch einen Punkt. Eine Punktreihe setzen wir nun zu einem Strahlbüschel dadurch in Beziehung, daß wir die Schnittpunkte der den Strahlbüschel schneidenden Geraden als die entsprechenden Punkte der Strahlen des Strahlbüschels bezeichnen, die durch sie hindurchgehen; umgekehrt entspricht ein Strahl des Strahlbüschels seinem Schnittpunkt mit der Geraden. Diese Beziehung soll dadurch festgelegt werden, daß jeder Strahl durch den gleichnamigen Punkt der Punktreihe geht und umgekehrt, jeder Punkt der Punktreihe auf dem gleichnamigen Strahl des Strahlbüschels liegt; dem durch $O \parallel l$ gezogenen Strahl entspricht der ∞ ferne Punkt der Geraden. Diese Lage der beiden Gebilde bezeichnen wir als die perspektive Lage derselben (Fig. 41). Wenn wir irgendwelche Strahlen des Strahlbüschels festhalten und ihre Lage zueinander nicht ändern, ebenso auch die diesen Strahlen entsprechenden Punkte der Punktreihe wir uns in unveränderlicher Lage zueinander denken, so wird die perspektive Lage aufgehoben, wenn wir entweder dem einen der Gebilde oder beiden eine andere Lage geben; hiermit haben wir aber die eindeutige Beziehung der beiden Gebilde nicht beseitigt, jedem neuen Strahl des Strahlbüschels muß in dieser neuen Lage ein ganz bestimmter Punkt der Punktreihe, und umgekehrt, jedem weiteren Punkt der Punktreihe ein bestimmter Strahl des Strahlbüschels entsprechen. Diese Beziehung der beiden Gebilde heißt projektive Beziehung, die Gebilde selbst projektive Gebilde, weil ihre Elemente so liegen, daß durch geeignete Verschiebung der Gebilde die perspektive Lage derselben wiederhergestellt werden kann.

Wieviel Elemente des Strahlbüschels und der Punktreihe beliebig gewählt werden müssen, um zu jedem weiteren beliebig angenommenen Element des einen Gebildes das entsprechende des andern ermitteln zu können, also um die gegenseitige Abhängigkeit zu definieren, soll untersucht werden.

Durch die perspektive Lage von Punktreihe und Strahlbüschel ist zugleich die gegenseitige Abhängigkeit beider Gebilde festgelegt.

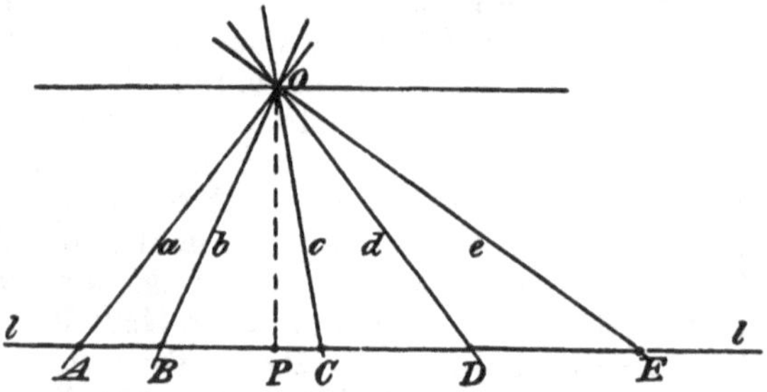

Fig. 41.

Da sie aber durch ein Verschieben der beiden Gebilde nicht beeinflußt wird, muß sie sich auch unabhängig von der perspektiven Lage darstellen lassen und diese Aufgabe ist gelöst, wenn es gelingt, Beziehungen zwischen den Abständen beliebiger Punkte der Punktreihe und den Winkeln, die die entsprechenden Strahlen des Strahlbüschels miteinander einschließen, aufzustellen.

Sind $abcd$ die entsprechenden Strahlen des mit der Punktreihe $ABCD$ perspektiven Strahlbüschels und OP das von O auf l gefällte Perpendikel, so läßt sich der Inhalt des Dreiecks OAB auf doppelte Weise ausdrücken:

$$\triangle OAB = \frac{AB \cdot OP}{2},$$

$$\triangle OAB = \frac{OA \cdot OB \cdot \sin(ab)}{2},$$

wenn (ab) der Winkel der Strahlen ab bedeutet. Es ist daher $OA \cdot OB \cdot \sin(ab) = AB \cdot OP$ oder

$$\frac{AB}{\sin(ab)} = \frac{OA \cdot OB}{OP}; \tag{1}$$

ebenso ist für ein drittes Element c und ein viertes Element d:

(2) $$\frac{AC}{\sin(ac)} = \frac{OA \cdot OC}{OP}$$

und

(3) $$\frac{BC}{\sin(bc)} = \frac{OB \cdot OC}{OP};$$

(4) $$\frac{AD}{\sin(ad)} = \frac{OA \cdot OD}{OP};$$

(5) $$\frac{BD}{\sin(bd)} = \frac{OB \cdot OD}{OP};$$

(6) $$\frac{CD}{\sin(cd)} = \frac{OC \cdot OD}{OP}.$$

Durch Division der Gleichungen (2) und (3) folgt:

(7) $$\frac{AC}{BC} \cdot \frac{\sin(bc)}{\sin(ac)} = \frac{OA}{OB};$$

durch Division der Gleichungen (4) und (5) folgt:

(8) $$\frac{AD}{BD} \cdot \frac{\sin(bd)}{\sin(ad)} = \frac{OA}{OB};$$

durch Division der Gleichungen (7) und (8) folgt:

$$\frac{AC}{BC} \cdot \frac{\sin(bc)}{\sin(ac)} = \frac{AD}{BD} \cdot \frac{\sin(bd)}{\sin(ad)},$$

oder:

$$\frac{AC}{BC} : \frac{\sin(ac)}{\sin(bc)} = \frac{AD}{BD} : \frac{\sin(ad)}{\sin(bd)},$$

oder schließlich:

(9) $$\frac{AC}{BC} : \frac{AD}{BD} = \frac{\sin(ac)}{\sin(bc)} : \frac{\sin(ad)}{\sin(bd)}.$$

In dieser Gleichung sind nicht mehr die Längen der Strahlen enthalten, d. h. sie ist unabhängig von denselben, sie bleibt daher auch dann unverändert bestehen, wenn die perspektive Lage der Gebilde aufgehoben wird. Den Quotienten der Brüche, die die linke Seite der Gleichung (9) bilden, bezeichnet man mit $(ABCD)$ und nennt ihn das Doppelverhältnis oder auch das anharmonische Verhältnis der vier Punkte; den Quotienten der rechtsstehenden Brüche nennt man das Doppelverhältnis der vier Strahlen a, b, c, d, er wird mit $(abcd)$ bezeichnet, so daß die Gleichung besteht:

(10) $$(ABCD) = (abcd),$$

die sagt: „Bei einer Punktreihe und einem mit ihr projektiven Strahlbüschel besteht immer zwischen irgend vier entsprechenden Elementenpaaren aA, bB usw. die Gleichheit der Doppelverhältnisse $(ABCD) = (abcd)$“ oder:

„Das Doppelverhältnis von vier Strahlen eines Strahlbüschels ist gleich dem Doppelverhältnis derjenigen vier Punkte, die auf ihnen von einer beliebigen Geraden ausgeschnitten werden.“

12. Das Doppelverhältnis von vier aufeinanderfolgenden Punkten $ABCD$ bzw. Strahlen $abcd$ hat einen bestimmten Wert k. Wird die Reihenfolge der Buchstaben in der Klammer — nicht aber die Reihenfolge der Punkte in der Figur bzw. die Bezeichnung der Punkte — geändert, so muß sich der Wert des Doppelverhältnisses ändern; aus den vier Größen eines Doppelverhältnisses lassen sich durch Permutation offenbar 24 Verhältnisse bilden, doch sind deren Werte nicht sämtlich voneinander verschieden. Im ganzen treten nur sechs verschiedene Werte auf, und wenn wir den Wert des Doppelverhältnisses $(ABCD)$ mit k bezeichnen, so lassen sich die anderen fünf Werte durch k ausdrücken.

Es ist $(ABCD) = \frac{AC}{BC} : \frac{AD}{BD} = k$; ist z. B. (Fig. 42)

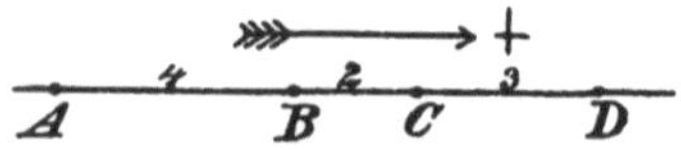

Fig. 42.

$AB = 4$ Längeneinheiten,

$BC = 2$ „

$CD = 3$ „

und verstehen wir unter AB, BC, usw. nicht bloß die Strecken, sondern auch zugleich den Richtungssinn, in dem diese Strecken gemessen bzw. durchlaufen wurden, und der in diesem Falle durch ein $+ =$ Zeichen gekennzeichnet sei, dann ist

$$(ABCD) = k = {}^6/_2 : {}^9/_5 = {}^{30}/_{18} = 1{,}66\ldots.$$

Durch eine beliebige Änderung der Reihenfolge dieser Buchstaben in der Klammer wird im allgemeinen der Wert des Doppelverhältnisses geändert, z. B. vertausche ich C und D, dann ist:

$$(ABDC) = \frac{AD}{BD} : \frac{AC}{BC} = {}^9/_5 : {}^6/_2 = {}^{18}/_{30} = \frac{1}{{}^{30}/_{18}} = 1/k\,.$$

Es treten jedoch, wie schon erwähnt, nicht 24 verschiedene Werte auf, sondern nur sechs. Gewisse Doppelverhältnisse haben den gleichen Wert; es ist nämlich:

(11) $\quad (ABCD) = (DCBA) = (BADC) = (CDAB) = k\,,$

z. B. $\quad (DCBA) = \frac{DB}{CB} : \frac{DA}{CA} = \frac{-5}{-2} : \frac{-9}{-6} = {}^{30}/_{18} = 1{,}66\ldots = k\,;$

(12) $\quad (ABDC) = (CDBA) = (BACD) = (DCAB) = 1/k\,,$

z. B. $\quad (BACD) = \frac{BC}{AC} : \frac{BD}{AD} = {}^2/_6 : {}^5/_9 = {}^{18}/_{30} = 1/k\,.$

Aus den Gleichungen (11) und (12) ist zu ersehen, wie man zu einem gegebenen Doppelverhältnis die übrigen drei von gleichem Werte bilden kann. Man kann das Bildungsgesetz leichter übersehen, wenn man die beiden ersten Buchstaben und die beiden letzten Buchstaben zu je einem Paare zusammenfaßt, so daß das Doppelverhältnis aus zwei Punktepaaren besteht. Bei einem Doppelverhältnis tritt keine Änderung des Wertes ein, wenn man

1. die Punkte in der Klammer in umgekehrter Reihenfolge schreibt, d. h. die Punkte jedes Paares und die Paare vertauscht,
2. nur die Punkte jedes Paares miteinander vertauscht,
3. die Punktepaare miteinander vertauscht.

Neben den Werten k und $1/k$ treten noch die folgenden auf:

$$(ACBD) = 1 - k\,; \qquad (ACDB) = \frac{1}{1-k}\,;$$

$$(ADBC) = \frac{k-1}{k}\,; \qquad (ADCB) = \frac{k}{k-1}\,.$$

Dieselben Beziehungen lassen sich auf Grund der Gleichung (10) für die vier Strahlen eines Strahlbüschels herleiten.

13. Um festzustellen, welche Werte überhaupt ein Doppelverhältnis annehmen kann, nehmen wir an, daß die drei Elemente ABC desselben sich in unveränderlicher Lage zueinander befinden, das vierte aber, D, alle möglichen Lagen nacheinander auf der Punktreihe einnehme. Nun ist:

$$(ABCD) = \frac{AC}{BC} : \frac{AD}{BD} = k\,. \tag{13}$$

Der Quotient $\frac{AC}{BC}$ hat, wenn die Lage der Punkte A, B, C auf der Punktreihe unveränderlich ist, einen konstanten Wert, dagegen ist der Wert des Quotienten $\frac{AD}{BD}$ von der Lage des Punktes D abhängig, und dieser ändert sich fortwährend, wenn D sich auf der Geraden von A aus über B und C ins Unendliche bewegt und von dort, von links her, nach A zurückkehrt. Diese Bewegungsrichtung sei als positive bezeichnet, dementsprechend wir auch alle in diesem Sinne durchlaufenen Strecken als positive und alle im entgegengesetzten Sinne durchlaufenen als negative Strecken bezeichnen. Aus Gleichung (13) folgt:

$$\frac{AC}{BC} \cdot \frac{BD}{AD} = k\,,$$

d. h.: Den Wert eines Doppelverhältnisses erhält man, wenn man den konstanten Wert des Verhältnisses $\frac{AC}{BC}$ mit dem reziproken Werte des veränderlichen Verhältnisses $\frac{AD}{BD}$

(veränderlich, weil D fortwährend seine Lage auf der Punktreihe verändern soll) multipliziert.

Nach Figur 43 ist $AC:BC$ eine reelle positive Zahl $= k'$. Liegt z. B. D zwischen A und B, so ist AD positiv, BD negativ, daher auch $\frac{AD}{BD}$ negativ; es wird $\frac{AD}{BD} = 0$, wenn D mit A zusammenfällt, $= -1$, wenn D die Strecke AB halbiert, d. h. mit dem Halbierungspunkt m von AB zusammenfällt, und $\frac{AD}{BD}$ wächst jetzt von -1 bis ∞, wenn D sich von m nach B bewegt; fällt D mit B zusammen, so $\frac{AD}{BD} = \infty$. Der reziproke Wert des Verhältnisses $\frac{AD}{BD}$ ist daher für den Fall, daß D in A liegt, $= \frac{1}{0} = \infty$, und wird dieser Wert mit k' multipliziert, so erhält man den Wert des Doppelverhältnisses, der ebenfalls $= \infty$ ist. Liegt D zwischen A und m, so ist $\frac{AD}{BD}$, wie oben gesagt, eine negative Zahl und zwar < 1, daher der reziproke Wert negativ und > 1, was auch für den Wert des Doppelverhältnisses gilt; fällt D mit m zusammen,

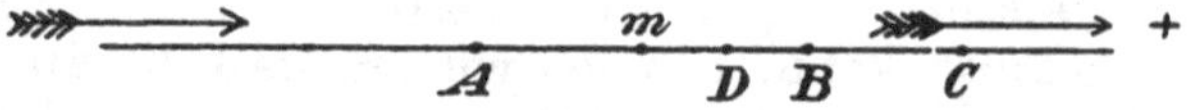

Fig. 43.

so ist der reziproke Wert des Verhältnisses $\frac{AD}{BD} = -1$, also der Wert des Doppelverhältnisses $= -k'$. Liegt D in B, so ist $\frac{AD}{BD} = \infty$, also $\frac{BD}{AD} = \frac{1}{\infty} = 0$, also auch $k = 0$. Hiernach durchläuft k, wenn sich D von A nach B bewegt, alle negativen Werte von ∞ bis 0. Ein Punkt D auf der Strecke mB zeichnet sich noch besonders aus, nämlich der, für welchen $AD/BD = -k'$ ist, dann ist $\frac{BD}{AD} = -\frac{1}{k'}$, also $k = -1$. In dieser Lage bilden oder heißen die vier Punkte **harmonische Punkte**, das anharmonische Verhältnis ist also in ein harmonisches Verhältnis übergegangen. Geht jetzt D nach C, so ist $\frac{AD}{BD}$ eine $+$ Zahl, mithin auch der reziproke Wert von $\frac{AD}{BD}$, also auch der Wert des Doppelverhältnisses $(ABCD)$. Die Lagen, die Punkt D einnehmen kann, wie auch die Werte des Verhältnisses $\frac{AD}{BD}$ und des reziproken Verhältnisses $\frac{BD}{AD}$, sowie die des Doppelverhältnisses $(ABCD)$, wenn $\frac{AC}{BC} = k'$ gesetzt wird, ergeben sich aus folgender Zusammenstellung:

Lage von D	Wert des Verhältnisses AD/BD	Wert des reziproken Verhältnisses $\frac{BD}{AD}$	Wert des Doppelverhältnisses $(ABCD) = k$
1. D zwischen A und m	eine negative Zahl < 1	eine negative Zahl > 1	eine negative Zahl > 1
2. D liegt in A	0	∞	∞
3. D liegt in m	-1	-1	$-\frac{AC}{BC} = -k'$
4. D liegt zwischen m und B	eine $-$Zahl > 1	eine $-$ Zahl < 1	eine $-$Zahl, zuerst > 1, später < 1
5. In einer bestimmten Lage von D zwischen m und B	$-k'$	$-1/k'$	-1 A, B, C, D heißen harmonische Punkte
6. D liegt in B	∞	0	0
7. D liegt zwischen B und C	eine $+$Zahl > 1	eine $+$ Zahl < 1	eine $+$Zahl < 1
8. D liegt in C	k'	$1/k'$	$+1$
9. D geht von C bis ins Unendliche	eine $+$Zahl > 1	eine $+$Zahl < 1	eine $+$Zahl
10. D im Unendlichen	1	1	k'
11. D geht vom Unendlichen nach A	eine $+$Zahl < 1	eine $+$ Zahl > 1	eine $+$Zahl

Nach Gleichung (10) ist $(ABCD) = (abcd)$, mithin können wir auf Grund derselben auch auf die verschiedenen Werte des Doppelverhältnisses eines mit der Punktreihe A, B, C, D projektiven Strahlbüschels a, b, c, d schließen, wenn von den vier Strahlen z. B. a, b, c festbleiben und der vierte Strahl d sich um den Mittelpunkt O dreht und dabei alle nur möglichen Lagen einnimmt, also den ganzen Strahlbüschel durchläuft.

14. Die Beziehung, die zwischen einer Punktreihe und einem projektiven Strahlbüschel besteht, ist unabhängig von der Lage beider Gebilde. Die Relation $(ABCD) = (abcd)$ sagt, wenn irgend vier Punkte A, B, C, D einer Punktreihe derart liegen, daß das Doppelverhältnis derselben $(ABCD)$ gleich dem von irgend vier Strahlen a, b, c, d eines Strahlenbüschels ist, dann sind Punktreihe und Strahlbüschel projektiv (Fig. 44), dann kann man beide Gebilde durch Änderung ihrer Lage in die perspektive Lage bringen. Nun ist doch in dem Doppelverhältnis $\frac{AC}{BC} : \frac{AD}{BD}$ bzw. $\frac{\sin(ac)}{\sin(bc)} : \frac{\sin(ad)}{\sin(bd)}$ der Wert des ersten Bruches ganz unabhängig von der Lage des Punktes D bzw. des Strahles d, er wird bestimmt allein durch die drei Punkte A, B, C bzw. die Strahlen a, b, c. Dieser erste Teil des Bruches kann offenbar in jedem Doppelverhältnis, wenn sich auch für beide derselbe Wert ergeben soll, ganz beliebig gewählt werden, d. h., wenn ich eine Punktreihe und einen zu ihr projektiven Strahlbüschel zeichnen soll, so können auf einer Geraden drei Punkte A, B, C beliebig gewählt, ebenso auch von einem beliebig gewählten Zentrum O drei Strahlen a, b und c als diesen Punkten entsprechende gezogen werden. Wird jetzt aber in dem einen Gebilde, z. B. in der Punktreihe, ein viertes Element D gewählt (vgl. Fig. 44), dann ist damit auch der Wert des zweiten Teils des Doppelverhältnisses, mithin auch der des Doppelverhältnisses k selbst bestimmt. In dem Doppelverhältnis $\frac{\sin(a\,c)}{\sin(b\,c)} : \frac{\sin(a\,d)}{\sin(b\,d)}$ war aber durch die Wahl der Strahlen a, b, c ebenfalls der Wert des ersten Bruches festgelegt worden, soll nun aber das Doppelverhältnis den Wert k annehmen, so muß jetzt der Bruch $\frac{\sin(a\,d)}{\sin(b\,d)}$ einen ganz bestimmten Wert haben, der nicht mehr beliebig gewählt werden kann, und dieser Wert besteht nur für eine ganz bestimmte Lage des Strahles d, d. h. letzterer Strahl darf nicht mehr beliebig gewählt werden; durch die Wahl des Punktes D ist auch seine Lage bestimmt, er muß sich also konstruieren lassen. Daraus folgt weiter, daß, wenn in einem Strahlbüschel und einer Punktreihe drei Paare willkürlich als entsprechend angenommen werden, die projektive Beziehung der beiden Gebilde vollständig bestimmt ist; zu jedem beliebig angenommenen Element des einen Gebildes ist das entsprechende Element des anderen Gebildes konstruierbar. Die Beziehung ist auch eindeutig bestimmt, wenn für das Messen der Strecken wie auch der Winkel, was nicht zu umgehen ist, wenn die Werte der Verhältnisse bestimmt werden sollen, die Richtung oder der Sinn festgelegt wird. Mit AB soll also, wie schon im Abschnitt 11 bemerkt ist, nicht bloß die wirkliche Länge und Lage der Strecke, sondern auch die Richtung, in der das Messen derselben stattfinden soll, festgelegt werden, wenn also $AB = +0{,}6$ m ist, soll $BA = -0{,}6$ m sein, also $AB + BA = O$ oder $\frac{AB}{BA} = -1$, $AB + BC + CA = O$; dagegen $AB + BC + AC = 2\,AC$. Ähnliches gilt auch für das Messen der Winkel. Winkel $(a\,b)$ kann auf doppelte Weise gebildet werden, entweder dadurch, daß ich den Strahl der mit dem Schenkel a koinzidiert, durch Drehung um O in die Lage des Schenkels b bringe oder umgekehrt den Strahl von b nach a bewege. Dementsprechend würde, wenn der erst gebildete Winkel als positiver in die Rechnung eingeführt wird, letzterer als negativer einzuführen sein. Man pflegt in der Regel die erst geschilderte Bewegung des Strahles, die also der eines Uhrzeigers entgegengesetzt ist, als positive zu bezeichnen. Sieht

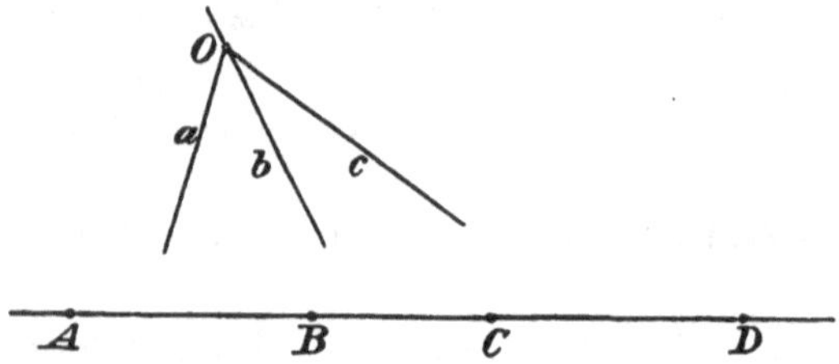

Fig. 44.

man vom Vorzeichen der Strecken und Winkel ab, so wäre die Lage des Strahles d nicht eindeutig, sondern zweideutig; ist jedoch der positive Sinn der Bewegung für die Punkte der Punktreihe und ebenso für die Drehung der Strahlen des Strahlbüschels festgelegt, so entspricht jedem Element des einen Gebildes nur ein Element des anderen. Weiter folgt aus diesen Überlegungen, daß man einer Geraden, auf der drei Punkte beliebig angegeben sind, stets eine solche Lage geben kann, daß die drei entsprechenden beliebig gewählten Strahlen eines Strahlenbüschels durch sie hindurchgehen, oder was dasselbe ist: Sind drei Strahlen eines Mittelpunktes gegeben, so kann man stets eine Gerade so ziehen, daß von derselben durch diese Strahlen Stücke gleich den gegebenen Strecken $AB = m$ und $BC = n$ abgeschnitten werden.

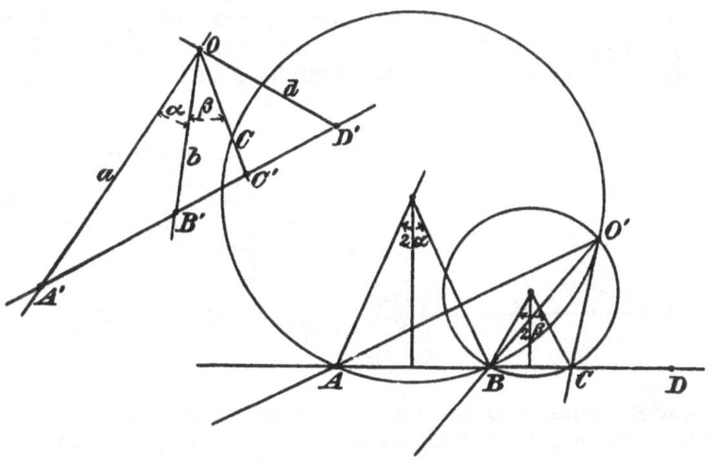

Fig. 45.

Lösung: Entsprechen sich auch a und A, b und B, c und C (Fig. 45) und nehmen wir an, daß die Aufgabe gelöst sei, daß also die Gerade l so gedreht sei, daß a durch A, b durch B, c durch C gehe, dann gibt es, da auch α und β gegeben sind, für O zwei geometrische Örter. 1. Der Kreis, der AB zur Sehne und $\sphericalangle \alpha$ zum Peripheriewinkel hat, 2. der Kreis, der BC zur Sehne und $\sphericalangle \beta$ zum Peripheriewinkel hat. Über AC kann mithin ein Dreieck $AO'C$ konstruiert werden, daß dem Dreieck $A'OC'$ kongruent ist. Macht man auf $a : OA' = O'A$ auf $c : OC' = O'C$, dann ist durch die Verbindungslinie $A'C'$ die gesuchte Lage gegeben. Um zu einem vierten Strahl d den entsprechenden Punkt D zu finden, verlängere ich d bis zum Schnitt mit $A'C'$ in D' und mache $AD = A'D'$. Umgekehrt findet man zu einem Punkt D den ihm entsprechenden Strahl d, indem man $A'D' = AD$ macht und D mit dem Zentrum O verbindet; diese Verbindungslinie ist der gesuchte Strahl d.

15. Perspektive Punktreihen. Wir beziehen zwei Punktreihen durch Zentralprojektion aufeinander, indem wir durch ein beliebig gewähltes Zentrum O Strahlen ziehen, die beide Gerade g und g_1 schneiden (Fig. 46). Jedem Punkt der einen Geraden entspricht nur ein Punkt der anderen Geraden. Der Schnittpunkt beider Geraden S entspricht sich selbst; dem unendlich fernen Punkt $G_{1\infty}$ der Geraden g_1 entspricht der Fluchtpunkt V auf g, dem ∞ fernen Punkt G_∞ auf g entspricht der Fluchtpunkt F auf g_1, die Punkte V und F heißen auch Gegenpunkte, V ist der Gegenpunkt auf g, F der Gegenpunkt auf g_1. Wir sagen, die beiden Geraden bzw. Punktreihen seien perspektiv und befinden sich in perspektiver Lage. Umgekehrt, zwei Punktreihen befinden sich in perspektiver Lage, wenn die Verbindungsgeraden entsprechender Punkte durch einen Punkt, das Zentrum O der Projektion, gehen. Offenbar besteht zwischen vier beliebigen Punkten einer Punktreihe g und den entsprechenden auf g_1 die Beziehung $(ABCD) = (A_1 B_1 C_1 D_1)$, denn es sind beide Doppelverhältnisse $= (abcd)$. Diese Beziehung wird nicht aufgehoben, wenn einer

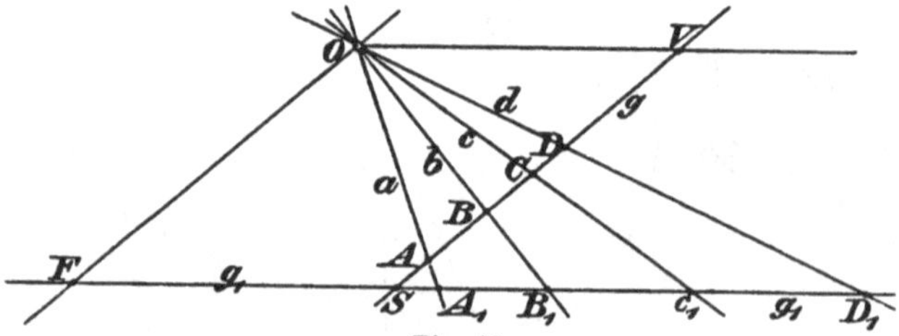

Fig. 46.

der Geraden eine andere Lage gegeben wird; und umgekehrt, wenn zwei Punktreihen sich derart entsprechen, daß das Doppelverhältnis von vier Punkten der einen dem Doppelverhältnis von vier Punkten der anderen gleich ist, dann sind die Punktreihen projektiv, dann müssen sich auch die Gegenpunkte konstruieren lassen, und durch geeignete Verschiebung der Geraden kann auch die perspektive Lage derselben hergestellt werden. Dasselbe, was in Abschnitt 14 über das Zeichnen einer Punktreihe und eines mit ihr projektiven Strahlbüschels gesagt ist, gilt auch für die Konstruktion zweier projektiver Punktreihen. Zwei perspektive Punktreihen in perspektiver Lage sind dargestellt, wenn man einen Strahlbüschel durch zwei beliebige Gerade schneidet. Soll man zwei projektive Punktreihen zeichnen, so darf man nicht auf jeder Punktreihe vier beliebige Punkte wählen, sondern nur drei, zu jedem vierten Punkte der einen Reihe kann dann der entsprechende vierte Punkt der anderen Punktreihe bestimmt werden.

Die perspektive Beziehung zweier Punktreihen ist vollständig und eindeutig bestimmt, wenn man drei Paare von Elementen A, B, C und A_1, B_1, C_1 willkürlich als entsprechend annimmt, und daher kann die Gerade g_1, der Träger der Punktreihe A_1, B_1, C_1, stets in eine solche Lage zur Geraden g gebracht werden, daß drei gegebene Punkte der einen zu drei gegebenen Punkten der anderen perspektiv sind, also die Verbindungsgeraden entsprechender Punkte sich in einem Punkte O schneiden. Um diese Lage herzustellen, braucht man nur zwei entsprechende Punkte zu vereinigen, z. B. A und A_1, dann bestimmen die Verbindungslinien der beiden anderen Paare in ihrem Schnittpunkt das Projektionszentrum, oder man wählt ein Zentrum O und zieht die Strahlen OA, OB, OC und verschiebt jetzt g_1 so, daß die Strahlen durch $A_1 B_1 C_1$ hindurchgehen. Diese Aufgabe ist im Abschnitt 14 gelöst. Zieht man jetzt einen vierten Strahl, so schneidet dieser beide Gerade in entsprechenden Punkten. Hat man in irgend einer Lage, in der die Punkte A, B, C den Punkten A_1, B_1, C_1 perspektiv liegen, mittels des Zentrums die Gegenpunkte konstruiert, so bleiben diese Punkte Gegenpunkte auch für jede andere Lage der beiden Geraden.

Sind in irgend einer Lage der Geraden g und g_1 vier Punkte $ABCD$ der Geraden g zu vier Punkten $A_1 B_1 C_1 D_1$ von g_1 perspektiv, so sind sie es in allen Lagen, bei denen drei jener vier Punkte mit den drei entsprechenden perspektiv sind.

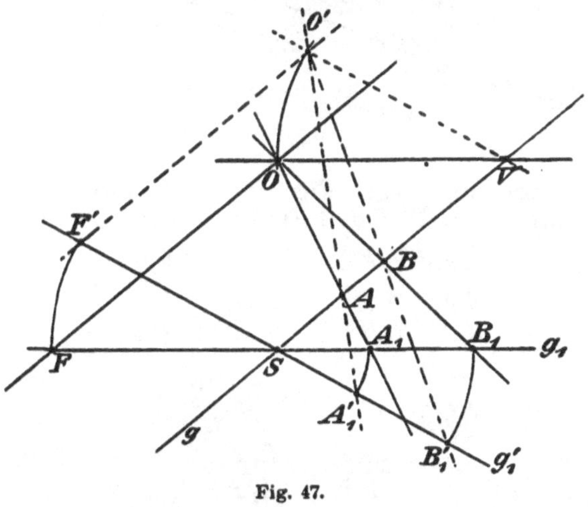

Fig. 47.

Die perspektive Lage zweier Punktreihen wird nicht aufgehoben, wenn man die eine derselben um den gemeinsamen Punkt S dreht. Bei einer solchen Drehung bewegt sich O (vgl. Fig. 47) auf einem Kreise, beschrieben mit $VO = SF$ um V. Auch wenn man mit der Geraden g_1 aus der Zeichenebene herausgeht, bleibt der Abstand des Zentrums O vom Verschwindungspunkt V gleich der Länge SF, mithin bewegt sich O bei der Bewegung der Geraden g_1 auf einer Kugelfläche, deren Mittelpunkt V und deren Radius $VO = SF$ ist.

Aus dem Vorhergehenden folgt weiter: Sind zwei Punktreihen zu einer dritten perspektiv, so sind sie zueinander projektiv, d. h. sie können zueinander in Perspektive gesetzt werden. Es ist $(A_1B_1C_1D_1) = (A_2B_2C_2D_2) = ABCD$ (Fig. 48). Man verschiebt die Punktreihe $A_2B_2C_2D_2$ so, daß die Strahlen $a_1b_1c_1d_1$ durch $A_2B_2C_2D_2$ hindurchgehen, dann fällt auch wegen der Gleichheit der Doppelverhältnisse D_2 auf d_1. Können zwei projektive Punktreihen in eine solche Lage zueinander gebracht werden, daß sich drei Punkte der einen mit den entsprechenden der anderen decken, so sind die Punktreihen $\barwedge$. Die Gegenpunkte F und V und die unendlich fernen Punkte der Geraden g und g_1 sind von

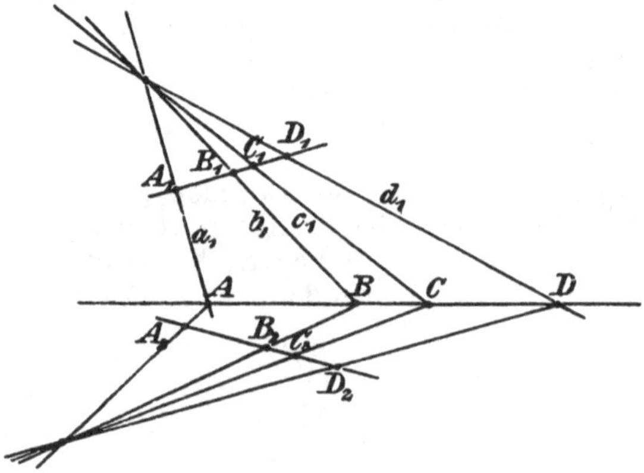

Fig. 48.

besonderer Bedeutung (vgl. Fig. 46). Es entsprechen offenbar auf g_1 die Punkte $A_1B_1G_1^\infty F$ den Punkten $ABVG^\infty$ auf g, daher ist:

$$(ABVG^\infty) = (A_1B_1G_1^\infty F_1)\,,$$

$$\frac{AV}{BV} : \frac{AG^\infty}{BG^\infty} = \frac{A_1G_1^\infty}{B_1G_1^\infty} : \frac{A_1F}{B_1F}\,,$$

$$\frac{AG^\infty}{BG^\infty} = 1\,, \qquad \frac{A_1G_1^\infty}{B_1G_1^\infty} = 1\,,$$

daher

$$\frac{AV}{BV} = \frac{B_1F}{A_1F}\,,$$

also

$$AV \cdot A_1F = BV \cdot B_1F$$

oder

$$VA \cdot FA_1 = VB \cdot FB_1\,.$$

Wenn also ein Punktepaar, z. B. A, A_1, verändert wird, das andere aber seine Lage behält, so bleibt das Produkt (Rechteck) $VA \cdot FA_1$ konstant, also

$$VA \cdot FA_1 = \textbf{konst.}$$

Dieses konstante Rechteck heißt die Potenz der projektiven Beziehung, diese Eigenschaft wird dadurch, daß man den Punktreihen eine andere Lage gibt, also die perspektive Lage aufhebt, nicht beseitigt, daher besteht für zwei projektive Punktreihen folgender Satz:

Bei zwei projektiven Punktreihen ist das Produkt aus den Abständen irgend eines Paares entsprechender Punkte von den Fluchtpunkten konstant, d. h. unveränderlich.

Bei zwei projektiven Punktreihen hat die Potenz einen ganz bestimmten Wert. Die projektive Beziehung bzw. diese Potenz ist hiernach eindeutig bestimmt durch die beiden Fluchtpunkte V und F und ein Paar entsprechender Punkte; soll jetzt zu irgend einem anderen Punkte B der ent-

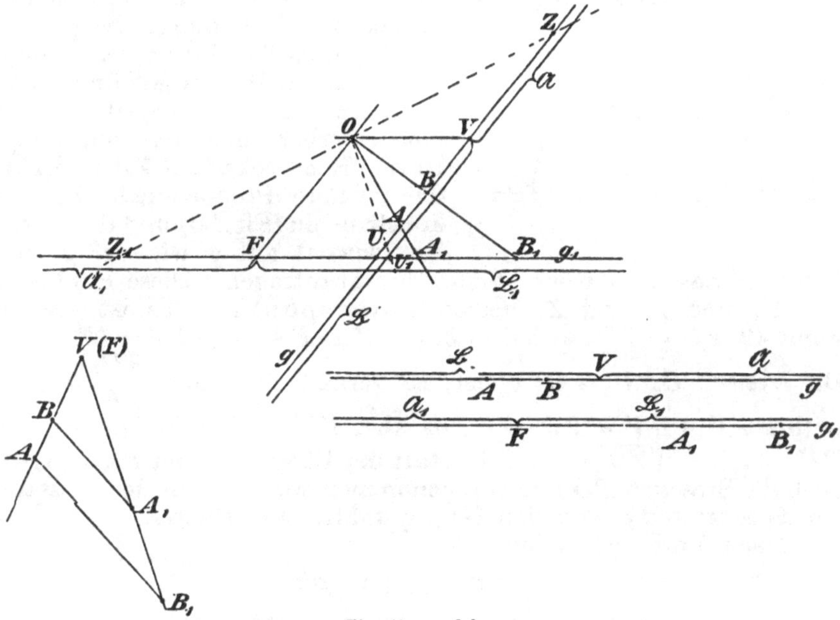

Fig. 49a und b.

sprechende B_1 gefunden werden (Fig. 49), so braucht man nur die zweite Seite eines Rechtecks, dessen eine Seite VB und dessen Inhalt durch das Produkt $VA \cdot FA_1$, also die Potenz der projektiven Beziehung gegeben ist, zu ermitteln. Dies geschieht dadurch, daß man zu den drei Strecken VB, VA, FA die vierte Proportionale $F \cdot B_1$ konstruiert (Fig. 49b); diese Strecke ist auf der Geraden g_1 von F aus abzutragen. Nach welcher Seite diese Abtragung auf g_1 von F aus stattzufinden hat, lehrt Figur 49a. Jeder Fluchtpunkt teilt die durch ihn gehende Gerade in zwei ∞ lange Hälften, die einzeln einander entsprechen; denn, wenn ein durch das Zentrum O gehender Strahl parallel g_1 liegt und sich entgegengesetzt wie der Zeiger einer Uhr um O dreht, so kann dieser Strahl die Geraden g und g_1 immer nur auf den mit $\mathfrak{A}$ bzw. $\mathfrak{A}_1$ bezeichneten Hälften schneiden; erst, wenn er bei seiner

Bewegung den Punkt F überschritten hat, werden die mit $\mathfrak{B}$ und $\mathfrak{B}_1$ bezeichneten Teile der Geraden geschnitten, die also ebenfalls einander entsprechen. Hat man also bei zwei Geraden die Fluchtpunkte festgelegt und ebenso bestimmt, welche Hälften sich entsprechen sollen, ferner ein sich entsprechendes Punktepaar festgelegt, so ist zu jedem weiteren Punkt der einen Geraden der entsprechende auf der anderen Geraden konstruierbar (Fig. 49a).

Zwei projizierende Strahlen zeichnen sich besonders aus: der eine schneidet die Hälfte $\mathfrak{A}$ in solchen Punkten, die gleichen Abstand von den Fluchtpunkten haben, der zweite schneidet die Hälfte $\mathfrak{B}$ in Punkten, von denen das gleiche gilt. Für diese besonderen Lagen des projizierenden Strahles ist die Potenz der projektiven Beziehung, die geometrisch ein Rechteck mit konstantem Inhalt darstellt, zu einem Quadrat geworden; auch diese sind konstruierbar, man hat nur nötig, zu den Rechteckseiten VA und FA_1 die mittlere Proportionale VM zu konstruieren (Fig. 50) und die Strecken sowohl auf g wie auf g_1 von V und F aus nach beiden Seiten hin abzutragen. Diese Punkte U und U_1 und Z und Z_1 heißen Potenzpunkte. Es ist also in Figur 49 $VU = FU_1 = ZV = Z_1F$, $VA \cdot FA_1 = (VU)^2 = (F \cdot U_1)^2$.

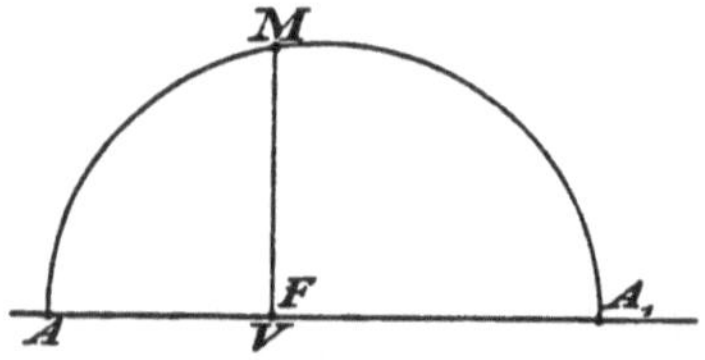

Fig. 50.

Da Dreieck $OFU_1 \sim OVU$ ist, so verhält sich auch $\frac{FU_1}{FO} = \frac{OV}{UV}$, mithin $FU_1 \cdot UV = FO \cdot OV$, da aber $FU_1 = UV$ ist, so ist auch $FU_1 = UV = \sqrt{FO \cdot OV}$, d. h. statt der Länge VA und FA_1 können auch die Strecken FO und OV genommen werden, um den Abstand der Potenzpunkte von den Gegenpunkten zu erhalten.

Nach Vorhergehendem ist:

$$VA \cdot FA_1 = VB \cdot FB_1$$

oder

$$VA\,(FB_1 - A_1 \cdot B_1) = (VA + AB) \cdot FB_1\,,$$

$$VA \cdot FB_1 - VA \cdot A_1B_1 = VA \cdot FB_1 + AB \cdot FB_1$$

oder

$$- VA \cdot A_1B_1 = AB \cdot FB_1\,,$$

$$- \frac{A_1B_1}{AB} = \frac{F \cdot B_1}{V \cdot A}$$

oder

$$F \cdot A_1(VB - AB) = VB \cdot (FA_1 + A_1B_1)\,,$$

$$VB \cdot FA_1 - AB \cdot F \cdot A_1 = A_1B_1 \cdot VB + VB \cdot FA_1\,,$$

$$- \frac{A_1B_1}{AB} = \frac{F \cdot A_1}{V \cdot B}\,,$$

also ist:

$$- \frac{A_1 \cdot B_1}{A \cdot B} = \frac{F \cdot B_1}{V \cdot A} = \frac{F \cdot A_1}{V \cdot B}\,.$$

Für den Fall, daß $A_1B_1 = AB$ wird, müßte entweder

$$\boldsymbol{F \cdot B_1 = V \cdot A} \quad \text{oder} \quad \boldsymbol{F \cdot A_1 = V \cdot B}$$

sein. Wenn man also eine beliebige Strecke FB_1 von F aus auf g_1 abschneidet (vgl. Fig. 51), dann die gleiche Strecke VA von V aus auf g und zwar in der Trägerhälfte, die der von FB_1 entspricht, und zu den Endpunkten B_1 und A der gleichen Strecken FB und VA die entsprechenden Punkte B und A_1 aufsucht, dann ist $AB = A_1B_1$.

Aus obiger Gleichung folgt auch $\frac{A_1B_1}{AB} = -\frac{FB_1}{VA} = -\frac{FA_1}{VB}$, mithin: Werden die beliebig langen, aber gleichen Strecken von den Gegenpunkten aus nach entgegengesetzten Richtungen hin abgetragen, so erhalten wir auf den beiden projektiven Punktreihen noch ein zweites Paar gleicher Strecken.

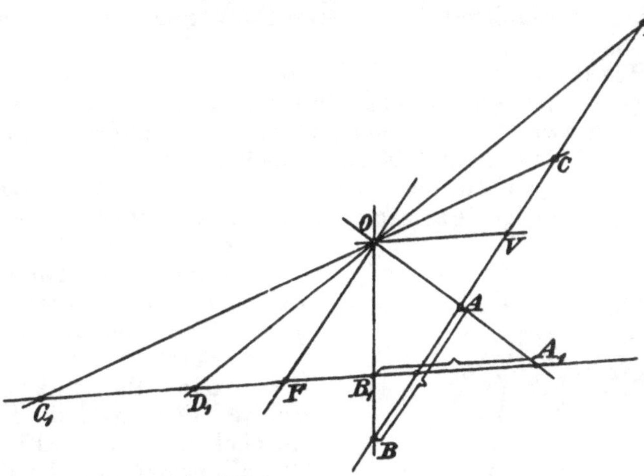

Fig. 51.

Wenn also (vgl. Fig. 51)

$$VA = FD_1 = VC = FB_1$$

ist, dann ist auch

$$AB = A_1B_1 \quad \text{und} \quad CD = C_1D_1,$$

ferner ist aber auch

$$AD = A_1D_1 \quad \text{und} \quad BC = B_1C_1.$$

Wir erhalten neue gleiche Strecken, sowie wir den abzutragenden Strecken eine andere Länge geben.

Mithin können wir folgende Sätze aussprechen:

Bei zwei projektiven Punktreihen gibt es zwei Systeme von Paaren entsprechender gleicher Strecken.

Damit zwei entsprechende Strecken in projektiven Punktreihen gleich werden, ist nur erforderlich, daß zwei nicht entsprechende Endpunkte dieser Strecken von den Gegenpunkten ihrer Träger gleichen Abstand haben.

Die Strecken des einen Systems liegen auf den Trägerhälften, die sich entsprechen; es sind auch tatsächlich sich selbst entsprechende Strecken, enthalten aber niemals einen Gegenpunkt. Die Potenzpunkte Z und U stellen gleiche Strecken von der Länge O dar. Die Strecken $\mathfrak{B}$, $\mathfrak{B}'$ und $\mathfrak{A}$, $\mathfrak{A}'$ sind gleiche (Fig. 49), aber ∞ lange Strecken. Es liegen also die Werte der gleichen Strecken dieses Systems zwischen den Grenzen O und ∞. Die gleichen Strecken des anderen Systems liegen mit ihren Endpunkten auf entgegengesetzten Hälften des Trägers; einer endlichen Strecke der einen Punktreihe entspricht der Teil zwischen den entsprechenden Endpunkten der anderen Punktreihe, der den ∞ fernen Punkt enthält.

16. Perspektive Strahlbüschel. Den hergeleiteten Sätzen über die perspektive Lage von Punktreihe und Strahlbüschel, sowie auch von zwei Punktreihen reihen sich analoge Sätze an, die sich auf projektive Strahlbüschel beziehen:

1. Zwei Strahlbüschel $abcd\ldots$ und $a_1 b_1 c_1 d_1 \ldots$ sind perspektiv und befinden sich in perspektiver Lage, wenn die Schnittpunkte entsprechender Strahlen $(a a_1)$, $(b b_1)$ usw. auf einer Geraden liegen. Die Gerade heißt der perspektive Durchschnitt oder die Perspektivitätsachse der beiden Strahlenbüschel (Fig. 52). Für solche Strahlbüschel besteht die Gleichung

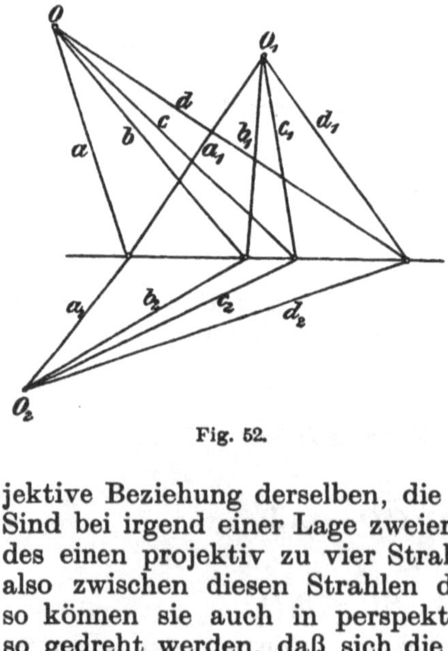

Fig. 52.

$$(a\,b\,c\,d) = (a_1\,b_1\,c_1\,d_1) = (a_2\,b_2\,c_2\,d_2).$$

Diese Gleichung wird auch bestehen, wenn die perspektive Lage derselben aufgehoben wird; sie bildet in dieser allgemeinen Lage der Strahlbüschel die projektive Beziehung derselben, die Gebilde selbst heißen projektiv. Sind bei irgend einer Lage zweier Strahlbüschel vier Strahlen $a\,b\,c\,d$ des einen projektiv zu vier Strahlen $a_1\,b_1\,c_1\,d_1$ des anderen, besteht also zwischen diesen Strahlen die Gleichung $(a\,b\,c\,d) = (a_1\,b_1\,c_1\,d_1)$, so können sie auch in perspektive Lage gebracht werden, d. h. so gedreht werden, daß sich die entsprechenden Strahlen in einer Geraden schneiden.

2. Die projektive Beziehung zweier Strahlbüschel ist vollständig und eindeutig bestimmt durch die Wahl dreier entsprechender Paare. Zwei Strahlbüschel, bestehend je aus

drei willkürlich gewählten Strahlen, können stets in eine solche Lage gebracht werden, daß die Schnittpunkte der entsprechenden Strahlen auf einer Geraden, der Perspektivitätsachse, liegen.

Lösung: Man wählt die Perspektivitätsachse beliebig (Fig. 53), sie erzeuge mit den Strahlen des Strahlbüschels O die Punktreihe ABC, bestimmt jetzt über AC den Punkt O_2, für den $\sphericalangle A O_2 B = \sphericalangle a_1 b_1 = \sphericalangle \alpha$, $\sphericalangle B O_2 C = \sphericalangle b_1 c_1 = \sphericalangle \beta$ ist, und ver-

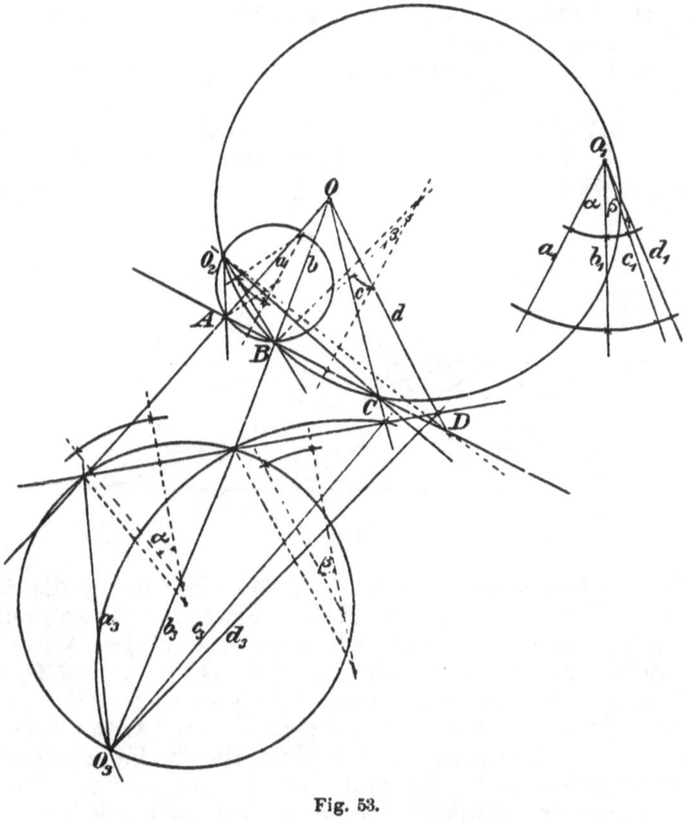

Fig. 53.

einigt schließlich O_1 mit O_2 so, daß a_1 durch A, c_1 durch C geht, dann geht auch b_1 durch B. Zieht man jetzt einen vierten Strahl d durch O, so ist damit auf der Perspektivitätsachse das Doppelverhältnis bestimmt, daher DO_2 der entsprechende Strahl zu d, und trägt man an c_1 in O den $\sphericalangle \gamma = CO_2D$ an, dann stellen die Strahlbüschel $abcd$ und $a_1b_1c_1d_1$ zwei projektive Strahlbüschel in projektiver Lage dar.

3. Sind vier Strahlen $a_3b_3c_3d_3$ eines Büschels O_3 perspektiv zu vier Strahlen $abcd$ eines Büschels O, so sind sie es in allen Lagen, in denen drei derselben zu den drei entsprechenden per-

spektiv sind (vgl. Fig. 53), es sind also auch O_2 und O perspektiv; O_1 wurde in die Lage von O_3 gebracht.

4. Sind zwei Strahlbüschel zu einem dritten perspektiv, so sind sie auch zueinander projektiv und können ebenfalls in Perspektive gesetzt werden.

Beweis: Man legt beide Büschel in bezug auf eine und dieselbe Achse des dritten Büschels perspektiv.

5. Kann man zwei Strahlbüschel in Perspektive setzen und lassen sich außerdem drei Strahlen des einen mit den drei entsprechenden Strahlen des anderen zur Deckung bringen, so sind die Strahlbüschel kongruent.

6. Die Rechtwinkelpaare zweier projektiver Strahlbüschel; die Potenz der projektiven Beziehung. In zwei projektiven Strahlbüscheln gibt es immer zwei einander entsprechende Paare rechtwinkliger Strahlen (entsprechende Rechtwinkelpaare). Hat man die perspektive Lage hergestellt,

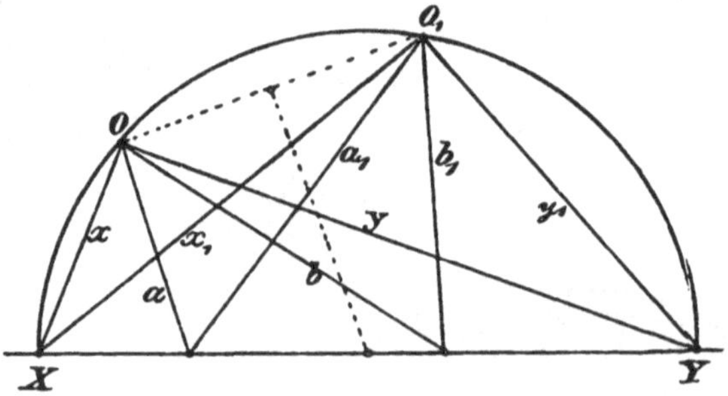

Fig. 54.

dann folgende Konstruktion (Fig. 54). Man legt durch die Scheitel der Strahlbüschel O und O_1 den Kreis, der seinen Mittelpunkt auf der Perspektivitätsachse; hat schneidet dieser die Achse in X und Y, dann sind die Strahlen $OX = x$, $OY = y$ und $O_1X = x_1$ und $O_1Y = y_1$ die gesuchten Rechtwinkelpaare.

Diese Strahlen lassen sich stets ermitteln, auch dann, wenn die beiden Strahlbüschel nicht perspektiv liegen (Konstruktion soll später gegeben werden). Es gibt aber immer nur ein Paar entsprechender rechter Winkel, wie man also auch die perspektive Lage herbeiführt, das Rechtwinkelpaar hat für alle nur denkbaren Lagen der Strahlbüschel in jedem eine unveränderliche Lage. Sind außer den Rechtwinkelpaaren noch irgend zwei Paare entsprechender Strahlen gegeben, a und a_1, b und b_1, so ist:

$$(\alpha) \qquad (x\,y\,a\,b) = (x_1\,y_1\,a_1\,b_1)$$

oder

$$(\beta) \qquad \frac{\sin(x\,a)}{\sin(y\,a)} : \frac{\sin(x\,b)}{\sin(y\,b)} = \frac{\sin(x_1\,a_1)}{\sin(y_1\,a_1)} : \frac{\sin(x_1\,b_1)}{\sin(y_1\,b_1)}.$$

Nun ist $\qquad (x\,a) = (x\,y) + (y\,a) = 90^0 + (y\,a)$,

$$\sin(xa) = \sin[90 + (ya)] = \sin 90 \cdot \cos(ya) + \cos 90 \cdot \sin(ya) = \cos(ya),$$

$$(xb) = (xy) + (yb) = 90 + (yb), \qquad \sin(xb) = \cos(yb),$$

ferner läßt sich beweisen, daß

$$\sin(x_1 a_1) = \cos(y_1 b_1) \quad \text{und} \quad \sin(x_1 b_1) = \cos(y_1 b_1) \quad \text{ist.}$$

$$(\gamma) \qquad \frac{\operatorname{tg}(yb)}{\operatorname{tg}(ya)} = \frac{\operatorname{tg}(y_1 b_1)}{\operatorname{tg}(y_1 a_1)}$$

und ebenso folgt

$$(ya) = (xy) + (xa) = 90 + (xa),$$

mithin $\sin(ya) = \cos(xa)$,

ferner

$$\sin(yb) = \cos(xb) : \sin(y_1 a_1) = \cos(x_1 a_1), \qquad \sin(y_1 b_1) = \cos(x_1 b_1).$$

Daher ist

$$(\delta) \qquad \frac{\operatorname{tg}(xa)}{\operatorname{tg} xb} = \frac{\operatorname{tg}(x_1 a_1)}{\operatorname{tg} x_1 a_1}.$$

Die Quotienten γ und δ sind aber auch untereinander gleich, daher auch

$$\frac{\operatorname{tg}(yb)}{\operatorname{tg}(ya)} = \frac{\operatorname{tg}(x_1 a_1)}{\operatorname{tg}(x_1 b_1)} = \frac{\operatorname{tg}(xa)}{\operatorname{tg}(xb)} = \frac{\operatorname{tg}(y_1 b_1)}{\operatorname{tg}(y_1 a_1)}.$$

$$(\varepsilon_1) \qquad \mathbf{tg}\,(\boldsymbol{y}\,\boldsymbol{a}) \cdot \mathbf{tg}\,(\boldsymbol{x}_1\,\boldsymbol{a}_1) = \mathbf{tg}\,(\boldsymbol{y}\,\boldsymbol{b}) \cdot \mathbf{tg}\,(\boldsymbol{x}_1\,\boldsymbol{b}_1)$$

und ebenso

$$(\varepsilon_2) \qquad \operatorname{tg}(xa) \cdot \operatorname{tg}(y_1 a_1) = \operatorname{tg}(xb) \cdot \operatorname{tg}(y_1 b_1).$$

Diese Gleichungen gelten für jede Lage der beiden entsprechenden Strahlbüschel O und O_1. Die Schenkellage der beiden entsprechenden Rechtwinkelpaare ist eine ganz bestimmte; wird nun auch angenommen, daß die Strahlen a und a_1 festbleiben, so beweisen die Gleichungen, daß in zwei projektiven Strahlbüscheln das Produkt aus den Tangenten derjenigen Winkel, die irgend zwei entsprechende Strahlen b und b_1 mit ungleichnamigen Schenkeln der entsprechenden rechten Winkel (also entweder mit y und x_1 oder mit x und y_1) bilden, **von konstantem Werte ist.** Werden beide Gleichungen miteinander multipliziert, so steht in jedem Produkt zweimal das Produkt der Tangenten komplementärer Winkel, das bekanntlich $= 1$ ist, daher ist der eine Wert gleich dem reziproken Werte des anderen Wertes, es ist also $\operatorname{tg}(ya) \cdot \operatorname{tg}(x_1 a_1) = \dfrac{1}{\operatorname{tg}(xa)\operatorname{tg}(y_1 a_1)}$. Kennt man also von zwei projektiven Strahlbüscheln die Rechtwinkelpaare und außerdem irgend zwei sich entsprechende Strahlen, so besteht die Beziehung $\operatorname{tg}(xa) \cdot \operatorname{tg}(y_1 a_1) = \text{konst.}$

Diese Beziehung heißt die **Potenz der projektiven Beziehung der beiden Strahlbüschel.**

Für besondere Strahlenpaare z und u ist $(yz) = (x_1 z_1) = (uy) = (u_1 x_1)$, dann geht das Produkt in ein Quadrat über, dann ist:

$$\operatorname{tg}(ya)\operatorname{tg}(x_1 a_1) = \operatorname{tg}^2(yz) = \operatorname{tg}^2(x_1 z_1) = \operatorname{tg}^2(yu) = \operatorname{tg}^2(x_1 u_1),$$

dann ist aber auch

$$(xz) = (y_1 z_1) = (ux) = (u_1 y_1)$$

und

$$\operatorname{tg}(xa)\cdot\operatorname{tg}(y_1 a_1) = \operatorname{tg}^2(xz) = \operatorname{tg}^2(y_1 z_1) = \operatorname{tg}^2(xu) = \operatorname{tg}^2(y_1 u_1).$$

Diese Strahlen z und u heißen Potenzstrahlen.

Konstruktion der Potenzstrahlen. Auf der Perspektivitätsachse schneidet man vom Schnittpunkt A mit der Verbindungslinie der Mittelpunkte der Strahlbüschel nach beiden Seiten hin

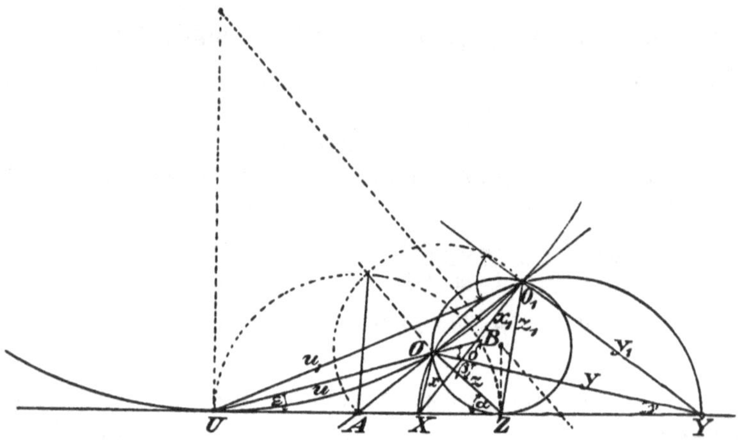

Fig. 55.

die mittlere Proportionale zu AO und AO_1 ab (Fig. 55), die Endpunkte Z und U dieser beiden Strecken sind die Punkte, in welchen die Perspektivitätsachse von den beiden Kreisen berührt wird, die durch die beiden Zentren O und O_1 gehen. Die Strahlen nach diesen Berührungspunkten z und z', u und u' sind die gesuchten Potenzstrahlen, denn $\sphericalangle AZO = \alpha = OO_1Z$

$$\sphericalangle \alpha = \beta + \gamma, \quad \text{also} \quad ZOY = \beta = \alpha - \gamma,$$

$$\sphericalangle \gamma = \sphericalangle OO_1X, \quad \text{daher auch} \quad XO_1Z = \alpha - \gamma,$$

mithin $ZOY = XO_1Z$ oder $(zy) = (x_1 z_1)$ und $(zx) = (z_1 y_1)$.

Ferner
$$\sphericalangle AUO = AO_1U,$$
$$\delta = \varepsilon + \gamma,$$
$$UO_1X = \delta = \varepsilon + \gamma.$$

Mithin
$$\sphericalangle UO_1Y = 90 + \delta,$$
$$\sphericalangle XOB = 90 + \delta, \quad \text{folglich} \quad (u_1 y_1) = (ux).$$

7. Bei zwei projektiven Strahlbüscheln gibt es schließlich noch zwei Systeme entsprechender gleicher Winkel.

Legt man durch die Zentren (Fig. 56) der in perspektiver Lage befindlichen Strahlbüschel einen beliebigen Kreis, so schließen die von den Zentren O und O_1 nach den Schnittpunkten des Kreises und der Perspektivitätsachse gezogenen Strahlen gleiche Winkel ein. Sowie man einen neuen durch O und O_1 gehenden Kreis konstruiert, erhält man zwei Punkte auf der Perspektivitätsachse, die mit den Zentren verbunden immer Strahlen liefern, die gleiche Winkel miteinander einschließen. Wird der Kreis für die Perspektivitätsachse zu einem Berührungskreis, so erhalten wir die unter 6. erwähnten Potenzstrahlen; es gibt, wie wir dort sahen, zwei Berührungskreise, die ihnen zugehörigen gleichen entsprechenden Winkel haben den Wert Null.

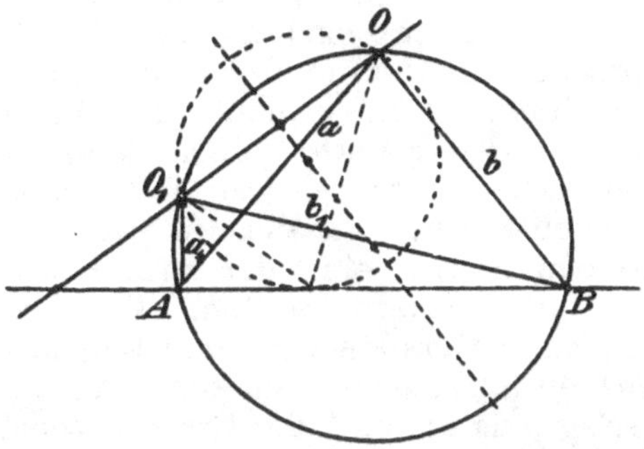

Fig. 56.

Konstruiert man zu einem der Zentren, z. B. O von zwei perspektiven Büscheln das Spiegelbild O' in bezug auf die Perspektivitätsachse (Fig. 57), dann schneidet jeder durch O' und O_1 gehende Kreis die Achse in Punkten, die, mit den Zentren verbunden, Schenkel gleicher und sich entprechender Winkel der beiden Strahlbüschel liefern; es ist $(b\,a) = (a_1 b_1)$. In diesem Kreisbüschel gibt es keinen Kreis, der die Perspektivitätsachse berührt.

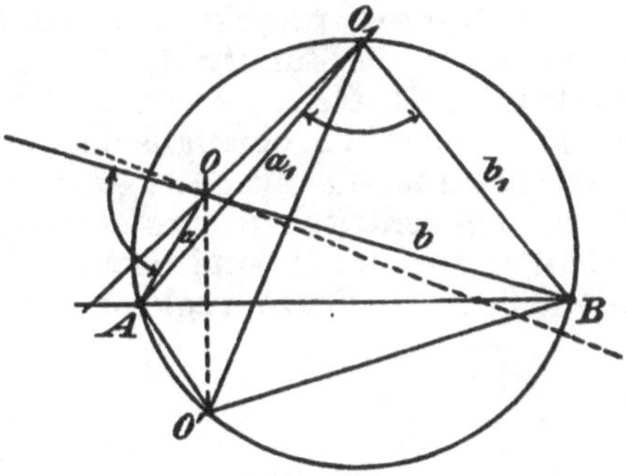

Fig. 57.

17. Die Doppelelemente der aufeinanderliegenden projektiven Gebilde. Uns interessieren noch einige besondere Lagebeziehungen, die sich zwischen projektiven Punktreihen wie auch projektiven Strahlbüscheln herstellen lassen. Bekanntlich stellt man die projektive Beziehung zwischen einem Strahlbüschel und einer Punktreihe dadurch unzweideutig her, daß man von jedem Gebilde drei Elemente beliebig wählt und diese als entsprechend bezeichnet. Zwei solche Gebilde können stets in die perspektive Lage gebracht werden, d. h. in eine Lage, in der jeder der drei Strahlen durch den ihm entsprechenden Punkt der Punktreihe geht. Dann geht aber auch jeder vierte Strahl des Strahlbüschels durch den ihm entsprechenden Punkt der Punktreihe. Wird aber die Gerade aus ihrer Lage gebracht, wird also die projektive Lage hergestellt, so werden offenbar nicht mehr die drei gewählten Strahlen durch die ihnen entsprechenden Punkte der Punktreihe gehen; es entsteht nun die Frage: Gibt es unter den $\overline{\infty}$ vielen Strahlen des Strahlbüschels überhaupt keinen Strahl, der die Punktreihe in dem ihm entsprechenden Punkte schneidet, oder gibt es auch in der projektiven Lage Strahlen, die durch die ihnen entsprechenden Punkte der Punktreihe gehen? Wenn es solche gibt, so können es aber nicht drei Strahlen sein, die durch ihre entsprechenden Punkte gehen, denn dann hätten wir ja die perspektive Lage; wenn es also überhaupt solche Paare entsprechender Elemente gibt, die auch in projektiver Lage zusammenliegen, so können es nur ein oder zwei Paare sein. Die Frage kann auch wie folgt gestellt werden. Wird ein Strahlbüschel a, b, c usw. von einer Geraden g geschnitten, in den Punkten A, B, C, ... die Gerade aber, nach dem die Schnittpunkte festgelegt sind, beliebig verlegt, dann wird der Strahlbüschel diese Gerade g in der neuen Lage wieder in einer Punktreihe $A_1 B_1 C_1 D_1$ schneiden, die zur ersten projektiv ist. Offenbar lautet jetzt die Frage:

Fallen bei zwei beliebig aufeinanderliegenden projektiven Punktreihen entsprechende Punkte zusammen und wieviel Paare?

Denken wir uns das Zentrum O des Strahlbüschels auch mit den Punkten A, B, C, ... der Geraden g verbunden, so befinden sich in O zwei projektive Strahlbüschel, die Strahlen des einen gehen durch die Punkte A_1, B_1, C_1, ..., die des anderen durch die Punkte A, B, C, ... der Geraden g. Solche konzentrische Strahlbüschel wollen wir ebenfalls als aufeinanderliegend bezeichnen, auch hier entsteht die Frage: „Fallen bei zwei aufeinanderliegenden, d. h. konzentrischen projektiven Strahlbüscheln entsprechende Strahlen zusammen und wieviel Paare?“ Es ist einleuchtend, daß mit der einen Frage zugleich die andere beantwortet wird.

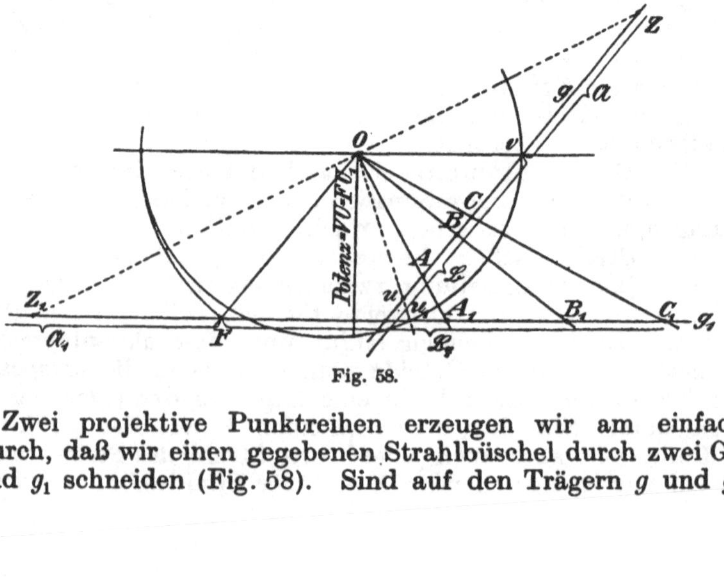

Fig. 58.

Zwei projektive Punktreihen erzeugen wir am einfachsten dadurch, daß wir einen gegebenen Strahlbüschel durch zwei Gerade g und g_1 schneiden (Fig. 58). Sind auf den Trägern g und g_1 die

Punkte A, B, C und A_1, B_1, C_1, ..., wie auch die Gegenpunkte V auf g, F auf g_1 bezeichnet, so kann die Vereinigung von g mit g_1 in der Weise geschehen, daß wir Gerade g um irgend einen ihrer Punkte im Sinne der Uhrzeigerbewegung zu g_1 parallel drehen und dann durch parallele Verschiebung mit g_1 zur Deckung oder dieser Geraden doch unendlich nahe bringen, oder aber, wir drehen g im entgegengesetzten Sinne der Uhrzeigerbewegung und führen dann die Vereinigung aus. Auch könnte man bewirken, daß bei der Vereinigung der Geraden die Fluchtpunkte oder Gegenpunkte V und F sich decken. Demnach können wir vier verschiedene Lagen unterscheiden (Fig. 59):

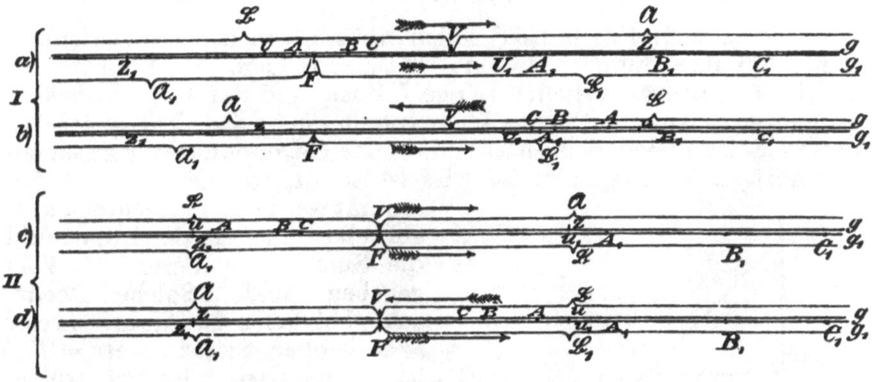

Fig. 59.

I. Die Fluchtpunkte V und F fallen nicht zusammen:

a) zwischen diesen Punkten decken sich Teile entsprechender Hälften (V liegt rechts oder links von F), in der weiteren Ausdehnung der Geraden fallen nicht entsprechende Teile übereinander;

b) zwischen diesen Punkten decken sich Teile von nicht entsprechenden Hälften der Geraden, in der weiteren Ausdehnung decken sich entsprechende Teile.

II. Die Fluchtpunkte V und F fallen zusammen und

c) bei der Vereinigung decken sich nicht entsprechende Hälften der Geraden;

d) bei der Vereinigung decken sich entsprechende Hälften.

Bewegt sich auf g ein Punkt in der Richtung von A über B nach C, so durchläuft der entsprechende Punkt zugleich die Strecke von A_1 über B_1 nach C_1, daher bezeichnen wir in den Fällen Ia) und IIc) die Punktreihen als „gleichlaufend", in den Fällen Ib) und IId) als „ungleichlaufend", und es leuchtet auch weiter ein, daß die Potenz der projektiven Beziehung $VA \cdot FA_1 = VB \cdot FB_1 = \ldots$ bei den gleichlaufenden Punktreihen negativ, bei den ungleichlaufenden dagegen positiv sein muß, denn bei den gleichlaufenden Punktreihen haben die Strecken VA und FA_1 entgegengesetzten Richtungssinn, bei den ungleichlaufenden aber gleichen Richtungssinn.

Wir betrachten zunächst die Fälle a) und b). Da sich beim Fall a) entsprechende Längen in dem Teile von F bis V decken, so können offenbar auch nur in diesem Teil der Geraden sog. Doppelpunkte, d. h. zusammenfallende entsprechende Punkte, gesucht werden. Angenommen, es sei δ ein solcher Doppelpunkt, in dem die entsprechenden Punkte D und D_1 koinzidieren, dann müssen nach Vorhergehendem folgende Bedingungen erfüllt sein: $F\delta \cdot V\delta =$ der Potenz der projektiven Beziehung, d. h. $F\delta \cdot V\delta = -(VU)^2 = -(FU_1)^2$, unter U und U_1 die Potenzpunkte verstanden, oder $V\delta \cdot \delta F = (VU)^2 = (FU_1)^2$ und

$$F\delta + \delta V = FV.$$

Die Längen $V\delta$ und δF sollen mithin von der Beschaffenheit sein, daß ihre Summe für eine bestimmte Lage der Punktreihen gleich der unveränderlichen Länge FV ist, und daß das aus beiden Längen konstruierte Rechteck an Inhalt einem Quadrat gleich ist, dessen Seite gleich dem Abstande eines Gegenpunktes von einem zugehörigen Potenzpunkt ist. Es ist somit, soll der Punkt δ bestimmt werden, ein Rechteck aufzusuchen, für das der Inhalt und die Summe der Seiten ($= VF$) gegeben sind. Solche Rechtecke, bei denen die Summe zweier anstoßender Seiten stets $= VF$ ist, können wie folgt konstruiert werden. Man zeichne (Fig. 60) ein gleichschenklig rechtwinkliges Dreieck, dessen Katheten $= VF$ sind, dann haben alle Rechtecke, die ihre Ecken auf den Seiten dieses Dreiecks zu liegen haben, gleichen Umfang, nämlich den Umfang $2FV$.

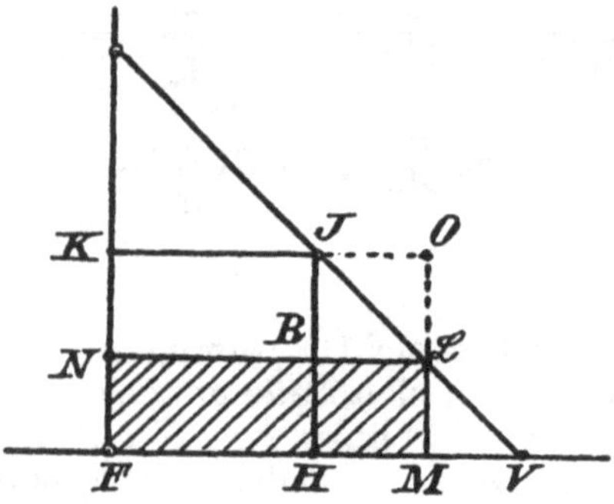

Fig. 60.

Die Inhalte der Rechtecke sind aber alle verschieden, sie variieren von Null bis zu einem Maximum, das gegeben ist durch das Rechteck $FHIK$, dessen Seiten $= \frac{1}{2}FV$ sind, das also ein Quadrat ist, denn es ist das Rechteck $IOMH = IKNR$, ferner $RNFH = RNFH$; addiert man diese Gleichungen, so folgt Quadrat $IKFH = NRIOMF$, mithin Quadrat $IKFH > MLNF$. Nun soll doch aber gleichzeitig eins dieser Rechtecke den vorgeschriebenen Inhalt $(VU)^2$ oder $(FU_1)^2$ haben. Wenn also das größte dieser Rechtecke, nämlich das Quadrat kleiner ist als die Potenz der projektiven Beziehung, d. h. ist $FV/_2 < VU$, oder FU_1, oder $FV < 2VU < UZ$, dann kann auch keins der übrigen Rechtecke dieser Potenz gleich sein, es ist mithin auf der Strecke VF ein Doppelpunkt δ nicht vorhanden. Ist aber $FV > 2VU$ oder U_1Z_1, so muß unter den Rechtecken mit vorgeschriebenem Umfang auch ein solches sein, das den vorgeschriebenen Inhalt hat; durch die Seiten dieses Rechtecks sind dann auch die Doppelpunkte bestimmt, man hätte, wenn es bekannt wäre, nur nötig, die Seiten von V oder F aus zwischen FV abzutragen, denn jeder der beiden Endpunkte erfüllt die Bedingungen. Es gibt also für diesen Fall zwei Doppelpunkte, man erhält sie (vgl. Fig. 61), wenn man über FV als Durchmesser einen Halbkreis beschreibt und im Punkte F (oder V) eine Senkrechte $= VU$ (oder FU_1) errichtet und durch den Endpunkt derselben die Parallele zu FV zieht, dann schneidet diese den Halbkreis in zwei Punkten, von denen jetzt Lote auf FV gefällt sind. Die Fußpunkte dieser Lote sind die gesuchten Doppelpunkte, denn es ist jedes Lot mittlere Proportionale zu den Abschnitten der Hypotenuse, also $V\delta \cdot \delta F = (VU)^2 = (FU_1)^2$.

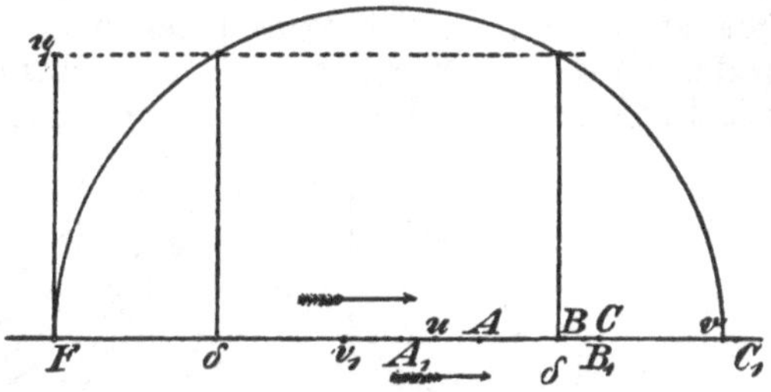

Fig. 61.

Schließlich kann noch der Fall eintreten, daß von allen Rechtecken mit dem vorgeschriebenen Umfang $2FV$ nur eins, nämlich das größte, das Quadrat, mit der Seite $FV/_2$ den verlangten Inhalt besitzt, dann ist $FV/_2 = VU = FU_1$ und die Parallele zu FO im Abstande VU berührt den Halbkreis im höchsten Punkt, es gibt dann nur einen Doppelpunkt, oder besser gesagt, die beiden Doppelpunkte fallen zusammen. Somit kommen wir zu folgenden Resultaten:

Bei zwei aufeinanderliegenden, gleichlaufenden, projektiven Punktreihen gibt es zwei Doppelpunkte, d. h. zweimal zwei zusammenfallende entsprechende Punkte nur auf der von den Gegenpunkten der Punktreihen begrenzten Strecke FV; sie sind reell vorhanden, wenn der Abstand $FV >$ als UZ, d. h. als der Abstand zweier Potenzpunkte ist (die Strecken Z_1FU_1 und UVZ, schließen sich gegenseitig aus und decken sich also in keinem Teile); sie liegen symmetrisch zum Halbierungspunkt der Strecke FV. Ist $FV = UZ$, stoßen die Strecken Z_1U_1 und UZ aneinander, so fallen die Doppelpunkte zusammen, es gibt nur einen Doppelpunkt im Halbierungspunkt von FV. Ist schließlich $FV <$ als UZ, bzw. greifen Z_1U_1 und UZ ineinander über, so gibt es keinen Doppelpunkt, entsprechende Punkte fallen dann nicht zusammen, sie sind, wie man auch sagt, imaginär.

Bei zwei ungleichlaufenden, projektiven Punktreihen, wie sie Figur Ib zeigt, sind dagegen in allen Lagen Doppelpunkte vorhanden und zwar außerhalb der Strecke FV, denn nur da decken sich entsprechende Hälften. Dem ∞ fernen Punkt auf g (vgl. Fig. 59) entspricht auf g_1 Punkt F. Wenn also auf g ein Punkt aus dem Unendlichen kommt, und sich auf der Linienhälfte $\mathfrak{B}$ über A, B, C nach V bewegt, so muß der entsprechende

Punkt auf g_1 die Hälfte $\mathfrak{B}_1$ von F aus über A_1, B_1, C_1 bis ins Unendliche durchlaufen, d. h. die beiden Punkte laufen sich entgegen und müssen sich daher auch begegnen; die gleiche Überlegung gilt auch für die Linienhälften $\mathfrak{A}$ und $\mathfrak{A}_1$. Daher gibt es zwei Doppelpunkte, die wegen der Eigenschaft der konstanten Potenz von den Punkten F und V gleichen Abstand haben müssen. Sie sind auch leicht konstruierbar (Fig. 62); man errichte in F (oder V) die Senkrechte und trage darauf nach beiden Richtungen die Strecke VU oder FU_1 ab und beschreibe den Kreis, der durch

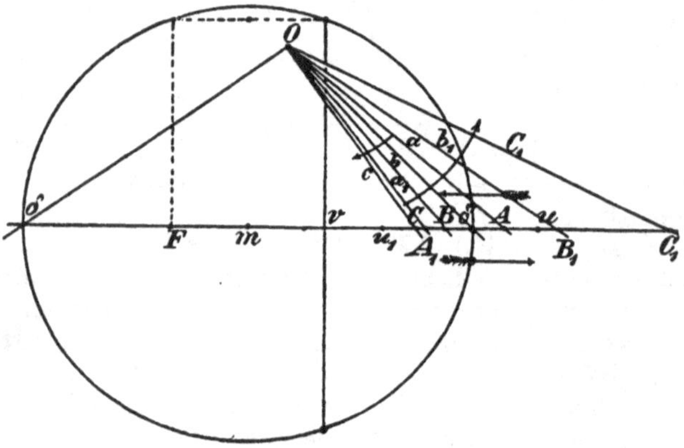

Fig. 62.

die Endpunkte dieser Senkrechten geht und seinen Mittelpunkt in der Mitte von FV hat, dann sind die Schnittpunkte des Kreises mit den Trägern der Punktreihen die gesuchten Doppelpunkte. Es ist nämlich

$$\delta F = V\delta', \quad \text{also} \quad \delta V = F\delta', \quad \text{ferner ist} \quad \delta F \cdot F\delta' = (FU)^2,$$

also auch

$$\delta F \cdot \delta V = (FU)^2,$$

d. h. δ ist ein sich selbst entsprechender Punkt; ebenso ist $V\delta' \cdot F\delta' = (FU)^2$, also auch δ' ein sich selbst entsprechender Punkt. Mithin gilt folgender Satz:

„Bei zwei aufeinanderliegenden, ungleichlaufenden, projektiven Punktreihen gibt es immer zwei Doppelpunkte, die außerhalb der von den Gegenpunkten begrenzten Strecke des Trägers der Punktreihen, aber in gleichen Abständen von diesen, also symmetrisch zur Mitte m der genannten Strecke liegen."

Auch für zwei aufeinanderliegende, d. h. konzentrische, projektive Strahlbüschel würden sich der letzteren analoge Untersuchungen anstellen lassen. Wenn zwei solche Strahlbüschel durch eine beliebige Gerade, die als Doppellinie dargestellt sei, geschnitten und auf der einen Geraden nur die Schnittpunkte des einen Büschels, auf der anderen nur die des anderen projektiven Büschels angegeben werden, so haben wir offenbar beide Büschel in projektiver Lage mit zwei aufeinanderliegenden Punktreihen, daher müssen durch die Doppelpunkte der letzteren auch offenbar die Doppelstrahlen der beiden Strahlbüschel gehen (vgl. Fig. 62). Selbstverständlich haben wir auch ungleichlaufende und gleichlaufende Strahlbüschel zu unterscheiden, für erstere gilt folgender Satz:

Bei zwei aufeinanderliegenden (konzentrischen), projektiven, ungleichlaufenden Strahlbüscheln gibt es immer zwei reelle, zusammenfallende, entsprechende Strahlen, sog. Doppelstrahlen.

Nicht so einfach gestalten sich die Untersuchungen über die Möglichkeit von Doppelstrahlen bei zwei aufeinanderliegenden, gleichlaufenden, projektiven Strahlbüscheln. Da diese für die weiteren Darlegungen nicht von Belang sind, sei nur kurz der Gang der Lösung angedeutet. Wir nehmen an, daß in beiden Büscheln die Rechtwinkelpaare xy und x_1y_1 konstruiert seien, außerdem auch die Potenzstrahlen u, z und u_1, z_1 (vgl. Fig. 55). Die in Figur 55 dargestellten Büschel sollen jetzt konzentrisch liegen. Schneidet man dann beide Büschel durch eine Transversale, die entweder der Winkelhalbierenden von (x_1y_1) oder der seines Nebenwinkels parallel läuft, so läßt sich beweisen, daß die auf ihr gelegenen projektiven Punktreihen gerade in den Punkten U, Z, U_1, Z_1 ihre Potenzpunkte haben, in denen sie von den Potenzstrahlen u, z, u_1, z_1 der beiden Büschel geschnitten wird. Von dem Beweise für die Behauptung soll jedoch abgesehen werden. Es gilt nun folgender Satz:

Bei zwei aufeinanderliegenden, gleichlaufenden, projektiven Strahlbüscheln gibt es im allgemeinen zwei Doppelstrahlen; sie sind reell vorhanden, wenn die Potenzstrahlen u und z von den Potenzstrahlen u_1 und z_1 nicht getrennt werden. Stoßen die Winkel aneinander (fällt also u mit u_1 oder z mit z_1 zusammen), dann fallen auch die Doppelstrahlen zusammen, es gibt also nur einen Doppelstrahl; wird schließlich Winkel (uz) durch die Schenkel des anderen Winkels (u_1z_1) getrennt, fällt also u_1 in den Winkel (uz), so gibt es keinen Doppelstrahl, die Doppelstrahlen sind imaginär.

18. Involutorische Punktreihen. Wir haben schließlich noch die Lagen zweier projektiver Punktreihen zu untersuchen, die in Figur 59 unter II c) und d) dargestellt sind, und die sich von den eben betrachteten Fällen dadurch unterscheiden, daß die Flucht- oder Gegenpunkte nicht getrennt sind, sondern zusammenfallen, also ihr Abstand = Null angenommen wird.

Bei den aufeinanderliegenden, ungleichlaufenden, projektiven Punktreihen, dargestellt in Figur 59, IId), bei denen entsprechende Hälften aufeinanderliegen, gibt es analog dem Falle Ib) in Figur 59 stets zwei Doppelpunkte; diese sind hier die Potenzpunkte U, Z, U_1, Z_1, es fallen Z und Z_1, U und U_1 zusammen.

Sind aber die aufeinanderliegenden, projektiven Punktreihen gleichlaufend (Fig. 59, IIc), decken sich also nicht entsprechende

Hälften, so gibt es keine Doppelpunkte, denn es ist $FV = O$ geworden, wohl aber fällt U auf Z_1 und Z auf U_1.

Im Abschnitt 15 ist nachgewiesen, daß bei zwei perspektiven Punktreihen nicht bloß die Abstände der Potenzpunkte von den Gegenpunkten auf der einen Geraden denen der anderen gleich sind, sondern daß es überhaupt zwei Systeme gleicher Strecken gibt. Dann liegen die gleichen Strecken des einen Systems stets auf entsprechenden Hälften der Träger, z. B. $AB = A_1B_1$, $CD = C_1D_1$ (Fig. 63), die Strecken des anderen Systems liegen dagegen mit ihren Endpunkten auf entgegengesetzten Hälften der Träger, z. B. $DE = D_1E_1$. Werden die Punktreihen jetzt so vereinigt, daß sich entsprechende Hälften decken, dann fallen auch die gleichen

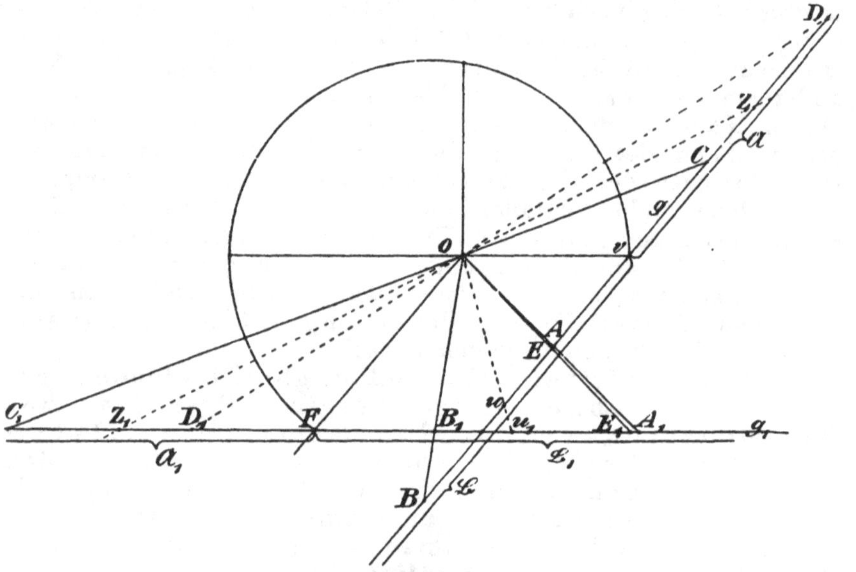

Fig. 63.

Strecken des ersten Systems aufeinander, aber verkehrt, d. h. es fällt AB auf B_1A_1, also Punkt A auf B_1, B auf A_1 und CD fällt auf D_1C_1 (Fig. 64a). Die Strecken des anderen Systems decken sich dagegen nicht. Bei dieser Lage der Punktreihen haben entsprechende Strecken entgegengesetzte Richtung, die Punktreihen sind also ungleichlaufend. Bei der anderen Vereinigung, d. h. bei gleichlaufenden, projektiven Punktreihen decken sich die gleichen Strecken des ersten Systems nicht, wohl aber die des zweiten Systems und zwar ebenfalls verkehrt: D_1E_1 deckt sich mit ED, D_1 fällt auf E, E_1 auf D (Fig. 64b). Die gleichen sich deckenden Strecken sind hier aber gleich gerichtet; jeder gleichen Strecke der einen Geraden entspricht jedoch auf der anderen Geraden nicht die, mit der sie sich deckt, sondern der Teil, der wohl die gleichen Endpunkte hat, zugleich aber den ∞ fernen Punkt enthält (vgl. Abschnitt 15).

In beiden Fällen gibt es mithin Punkte, zwischen denen offenbar ein vertauschbares Entsprechen stattfindet; wenn z. B. einem Punkt A als Original der Punkt A_1 entspricht, so entspricht dem mit A_1 sich deckenden Punkt B als Bild der Punkt B_1, der mit A vereint ist.

Zwei in dieser Lage befindliche, projektive Punktreihen heißen involutorisch, und ihre Vereinigung eine Involution von Punkten. Die beiden zu einem Punkte vereinten Fluchtpunkte F und V bilden den Mittelpunkt der Involution. Die Punkte eines Paares, von denen jeder dem anderen in beiderlei Sinne entspricht, heißen konjugiert. Wir unterscheiden ungleichlaufende und gleichlaufende involutorische Punktreihen. Aus diesen Erörterungen folgt:

Zwei projektive Punktreihen liegen involutorisch, wenn es ein Paar getrennter Punkte gibt, die einander vertauschbar entsprechen.

Eine Punktinvolution ist ein projektives Gebilde von der Art, daß, wenn man von jedem Paare konjugierter Punkte AA_1, BB_1,

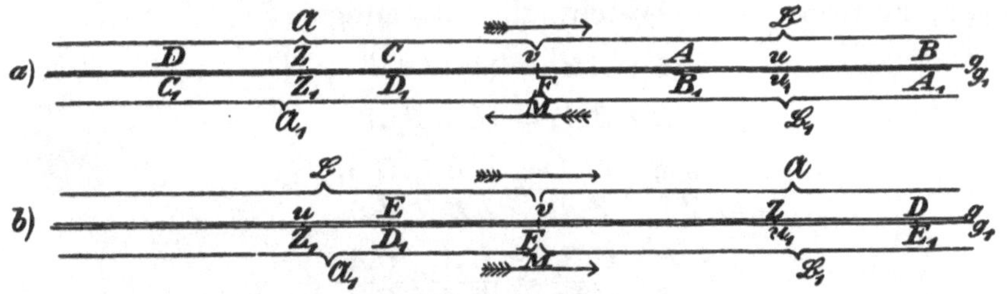

Fig. 64a und b.

CC_1, DD_1 usw. einen herausnimmt und diese herausgenommenen als eine Punktreihe A, B, C, D auffaßt, die konjugierten Punkte A_1, B_1, C_1, ... eine mit der ersten projektive Punktreihe bilden und diese beiden Punktreihen in angegebener Weise aufeinanderliegen; ursprünglich befanden sich diese Punktreihen in perspektiver Lage. Man kann auch die konjugierten Punkte eines Paares miteinander vertauschen, ohne hierdurch jene projektive Beziehung zu ändern.

Bei zwei gleichlaufenden involutorischen Punktreihen liegen zwei konjugierte Punkte immer auf entgegengesetzten Seiten vom Mittelpunkte (Fig. 64b); die gleichlaufenden involutorischen Punktreihen heißen auch elliptische Punktreihen. Es muß für jedes Paar konjugierter Punkte E und E_1 sein, wenn M der Mittelpunkt der Involution ist:

$$ME \cdot ME_1 = \text{konst.} = \text{einer negativen Zahl.}$$

Dieses konstante Produkt ist die Potenz der elliptischen Involution. Ein Paar konjugierter Punkte zeichnet sich vor den anderen dadurch aus, daß sie vom Mittelpunkte M gleichen Abstand haben. Diese Punkte sind die Potenzpunkte U, Z, U_1 und Z_1; es decken sich U und Z_1 und Z und U_1, ihr Abstand vom Mittelpunkt ist gegeben durch die Gleichung $MU = MZ = \sqrt{ME \cdot ME_1}$ oder $= \sqrt{FO \cdot OV}$, wie im Abschnitt 15 gezeigt worden ist (vgl. Fig. 64b).

Bei ungleichlaufenden involutorischen Punktreihen liegen aber die Endpunkte sich deckender Strecken, d. h. zwei konjugierte Punkte immer auf derselben Seite des Mittelpunktes, man nennt sie hyperbolische Punktreihen. Auch hier besteht die Relation: $MA \cdot MA_1 =$ konst., doch ist diese konstante Zahl eine positive Zahl. Wird das konstante Rechteck wieder wie vorhin zum Quadrat, so fallen zweimal zwei konjugierte Punkte zusammen, es fällt nämlich U auf U_1, Z auf Z_1 (vgl. Fig. 64a). Diese Punkte sind die sich selbst entsprechenden Punkte oder die Doppelpunkte der Involution, die es mithin bei gleichlaufenden involutorischen Punktreihen nicht gibt. Denken wir uns diese Doppelpunkte, deren Abstand vom Mittelpunkt der Involution durch die Relation $MU = MZ = \sqrt{MA \cdot MA_1} = \sqrt{FO \cdot OV}$ gegeben ist, und ebenso ein Paar konjugierter Punkte $A(B_1)$, $A_1(B)$ konstruiert, so besteht die Gleichung:

$$(BUAZ) = (B_1UA_1Z)\,,$$

$$(UZBA) = (UZB_1A_1)\,,$$

$$\frac{UB}{ZB} : \frac{UA}{ZA} = \frac{UB_1}{ZB_1} : \frac{UA_1}{ZA_1}\,,$$

$$\frac{UB}{ZB} : \frac{UB_1}{ZB_1} = \frac{UA}{ZA} : \frac{UA_1}{ZA_1}\,,$$

$$(UZBB_1) = (UZAA_1)\,,$$

d. h.: Das Doppelverhältnis, das die Doppelpunkte zweier ungleichlaufender, aufeinanderliegender, projektiver Punktreihen mit irgend einem Paare entsprechender Punkte bilden, ist konstant. Das gleiche Gesetz muß auch für ungleichlaufende involutorische Punktreihen gelten, für diese ist aber

$$(UZBB_1) = (UZA_1A)\,,$$

daher auch

$$(UZA_1A) = (UZAA_1)\,.$$

Wenn aber der Wert des einen Doppelverhältnisses k ist, so ist nach Abschnitt 11 der des anderen $1/k$, es muß also auch $k = 1/k$ sein, was nur möglich ist, wenn $k = +1$ oder $= -1$ ist. Der Wert $+1$ tritt bei letzterem Doppelverhältnis aber nur dann ein, wenn A mit A_1 zusammenfällt, was hier jedoch ausgeschlossen ist, daher muß $k = -1$ sein, d. h.:

Satz: Bei zwei ungleichlaufenden involutorischen Punktreihen (oder einer hyperbolischen Involution) werden zwei konjugierte Punkte A und B durch die Doppelpunkte U und Z harmonisch getrennt, und umgekehrt:

Alle Paare von Punkten, die zwei festen Punkten einer Geraden harmonisch zugeordnet sind, bilden eine hyperbolische Involution, deren Doppelpunkte die festen Punkte sind.

Es ist also

$$(UZAA_1) = (UZAB) = (ZUBA) = -1 ,$$

mithin
$$\frac{ZB}{UB} : \frac{ZA}{UA} = -1 ,$$

oder
$$\frac{ZB}{ZA} = -\frac{UB}{UA}, \quad \text{oder} \quad \frac{UB}{UA} = \frac{ZB}{ZA} ,$$

oder
$$UB : UA = ZB : ZA ,$$

schließlich
$$\boldsymbol{AZ : AU = BZ : BU} .$$

Die vier Punkte $ZAUB$ liegen mithin in solcher Folge, daß der Abstand der Punkte U und Z von den anderen Punkten A und B innen und außen nach gleichem Verhältnis geteilt wird; solche vier Punkte heißen bekanntlich harmonische Punkte. Wenn in der perspektiven Lage der Geraden g und g_1 (Fig. 63) Punkt A nach V rückt, fällt zugleich B_1 nach F und die Bilder beider Punkte liegen im Unendlichen. Liegt mithin in der involutorischen Lage der Punktreihen A in M, so liegt auch B_1 in M, die entsprechenden Punkte, d. h. B und A_1 liegen aber im Unendlichen, mithin sind die Punkte Z, M, U und der ∞ ferne Punkt harmonische Punkte. Bei solchen harmonischen Punkten besteht die Beziehung $MA \cdot MB = MZ^2 = MU^2 =$ konst. Das Produkt $MA \cdot MB$ ist bekanntlich die Potenz; fallen Z und U zusammen mit M, so wird die Potenz $= O$; damit aber das konstante Rechteck $= O$ wird, muß mindestens auch einer der Punkte A oder B mit M zusammenfallen. Diese besondere Lage der vier harmonischen Punkte, bei der also die Doppelpunkte zusammenfallen, d. h. mit M vereinigt sind und der konjugierte Punkt irgend eines anderen Punktes der Punktreihe in M liegt, heißt parabolische Involution.

Für die elliptische Involution ist mithin die Potenz eine negative, für die hyperbolische eine positive Größe, für die parabolische ist sie $= O$. Eine involutorische Punktreihe bzw. Strahlbüschel ist bestimmt, wenn man zwei Paare konjugierter Elemente, die einander vertauschbar entsprechen, kennt. Alsdann lassen sich die Doppelelemente der Involution konstruieren. Diese Aufgabe ist im Abschnitt 23 bzw. im Abschnitt 34 des III. Kapitels gelöst.

19. Involutorische Strahlbüschel. Verbindet man zwei involutorisch liegende Punktreihen mit einem außerhalb des Trägers gelegenen Zentrum, so erhält man zwei involutorische Strahlbüschel oder eine Involution von Strahlen. In diesen projektiven, konzentrischen Strahlbüscheln decken sich offenbar sämtliche Paare gleicher Winkel, also auch die rechten Winkel, und zwar so, daß die Schenkel eines solchen Paares, z. B. $(a\,b)$ und $(a_1\,b_1)$, verkehrt aufeinanderliegen, d. h. a auf b_1 und a_1 auf b. Dieses gilt offenbar für beide Systeme gleicher Winkel, je nachdem die Strahlbüschel gleichlaufend oder ungleichlaufend sind. Gleiche rechte Winkel, $(x\,y)$ und $(x_1 y_1)$, treten jedoch nur einmal auf, sie liegen in beiden Fällen so aufeinander, daß x mit y_1, y mit x_1 sich deckt. Die Schenkel irgend eines Paares verkehrt aufeinanderfallender, entsprechender, gleicher Winkel bilden ein Paar konjugierter Strahlen, die Schenkel der sich deckenden rechten Winkel die Achsen der Involution. Sind die die Involution erzeugenden Strahlbüschel gleichlaufend, so heißt sie eine elliptische; bei einer solchen entspricht einem Winkel des einen Systems sein Supplementwinkel im anderen Büschel. In dieser Lage fallen also die Schenkel von solchen gleichen Winkeln, die sich jedoch nicht entsprechen, verkehrt aufeinander, z. B. Strahl d fällt auf c_1 und c auf d_1. Sind die konzentrischen Strahlbüschel ungleichlaufend, so heißt die Strahlinvolution eine hyperbolische. Bei einer solchen Involution entsprechen die gleichen sich verkehrt deckenden Winkel einander selbst; auch fallen bei ihr die besonderen Strahlen $u\,u_1$ und $z\,z_1$ aufeinander, die die Doppelstrahlen der hyperbolischen Involution bilden, ihre Winkel werden durch die Achsen x, y der Involution halbiert. Bei der elliptischen Involution gibt es keine Doppelstrahlen, bei dieser fällt u auf z_1, z auf u_1, man nennt diese Strahlen Potenzstrahlen.

Sind x und y die Achsen und a und b irgend zwei konjugierte Strahlen der Involution, so ist nach Früherem (vgl. Abschnitt 16)

$$\operatorname{tg}(x\,a) \cdot \operatorname{tg}(x\,b) = \text{konst.}$$

und auch

$$\operatorname{tg}(y\,a) \cdot \operatorname{tg}(y\,b) = \text{konst.}$$

Man nennt diese beiden Produkte bzw. Konstanten die Potenzen der Involution, sie sind einander reziprok.

Der Winkel $(a\,b)$ bzw. die konjugierten Strahlen a und b liegen bei der elliptischen Involution so, daß der eine Strahl den einen rechten Winkel $(x\,y)$, der andere den Nebenwinkel von $(x\,y)$ teilt, die Potenzen sind negativ; bei einer hyperbolischen Involution liegen zwei konjugierte Strahlen a und b in demselben Winkel $(x\,y)$, die beiden Potenzen sind positiv. Sind schließlich u und z die Doppelstrahlen, so muß auch sein:

$$\operatorname{tg}(x\,a) \cdot \operatorname{tg}(x\,b) = \operatorname{tg}^2(x\,u) = \operatorname{tg}^2(x\,z)\,,$$

d. h.: Bei einer hyperbolischen Involution werden zwei konjugierte Strahlen a und b durch die Doppelstrahlen harmonisch getrennt, und umgekehrt: Alle Paare konjugierter Strahlen, die zwei festen Paaren harmonisch zugeordnet sind, bilden eine hyperbolische Involution, deren Doppelstrahlen die festen Strahlen sind.

Die Strahlinvolution ist wie die Punktinvolution ein projektives Gebilde von der Art, daß, wenn man aus jedem Paar konjugierter Strahlen $a a_1$, $b b_1$, $c c_1$, ... einen Strahl herausnimmt und diese Strahlen als einen Strahlbüschel a, b, c, ... auffaßt, die konjugierten Strahlen a_1, b_1, c_1, ... einen mit dem ersten projektiven Strahlbüschel bilden und diese beiden Büschel in der angegebenen Weise aufeinanderliegen. Die projektive Beziehung wird nicht geändert, wenn man die konjugierten Strahlen eines Paares miteinander vertauscht. Eine Strahlinvolution wird von einer Transversale stets in einer Punktinvolution geschnitten; jede Punktinvolution liefert mit irgend einem Punkte verbunden eine Strahlinvolution. Eine Punktinvolution geht mithin durch Projektion wieder in eine Punktinvolution über. Wird eine Strahlinvolution durch einen Punkt außerhalb ihrer Ebene projiziert, so erhält man eine Involution von Ebenen. Eine Ebeneninvolution wird durch jede Ebene in einer Strahlinvolution, durch jede Gerade in einer Punktinvolution geschnitten.

Aus allen Darlegungen dieses Kapitels geht hervor, daß das Doppelverhältnis von vier Elementen einer Punktreihe, eines Strahlbüschels und eines Ebenenbüschels ungeändert bleibt, wenn man auf diese Gebilde beliebig die Operation des Projizierens oder des Schneidens anwendet.

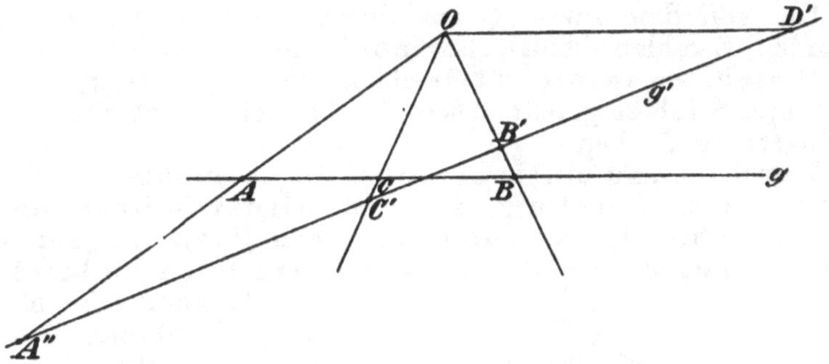

Fig. 65.

20. Harmonische Punkte und harmonische Strahlen. Im Abschnitt 18 wurde hervorgehoben, daß zwei feste Punkte A und B einer Geraden g (Fig. 65), der Mittelpunkt C der Strecke AB und der ∞ ferne Punkt D der Geraden harmonische Punkte sind. Werden diese vier Punkte von einem Zentrum O aus auf eine andere Gerade g' projiziert, so müssen die Projektionen $A'B'C'D'$ nach letztem Satze wieder vier harmonische Punkte sein; umgekehrt, wenn die harmonischen Punkte $ABCD$ auf eine Gerade so projiziert werden, daß die Projektion des Punktes D ins Unendliche fällt, dann muß die Projektion seines zugeordneten Punktes C in der Mitte der Projektionen von A und B liegen. Die Punkte AB und ebenso die Punkte CD heißen zugeordnete Punkte, auch sagt man wohl, die Punkte A und B sind durch die Punkte C und D harmonisch getrennt. Auf Grund der Abschnitte 11 und 18 kann man aber die beiden Paare unter sich oder auch die Punkte eines Paares vertauschen, ohne den Wert des Doppelverhältnisses zu ändern, d. h. ohne daß in diesem Falle die Punkte aufhören, harmonische Punkte zu sein. Es ist daher:

$$ABCD = ABDC = BACD = BADC = CDAB$$
$$= CDBA = DCBA = DCAB\,.$$

Es kann also jeder der vier harmonischen Punkte als erster in der harmonischen Reihe stehen; neben ihm muß sich aber stets sein zugeordneter befinden, die dritte und vierte Stelle werden von den Punkten des anderen Punktepaares gebildet. Hierbei tritt aber auch jeder Punkt einmal an die vierte Stelle, daher gilt die obige Eigenschaft der Projektion der harmonischen Punktreihe $ABCD$ nicht bloß für Punkt D, sondern auch für jeden anderen Punkt. Mithin gilt folgender Satz:

„Wenn man eine harmonische Punktreihe mittels eines Zentrums O auf eine andere Gerade so projiziert, daß die Projektion eines dieser vier Punkte ins Unendliche fällt, so halbiert das Bild seines zugeordneten Punktes das Bild der von dem anderen zugeordneten Punktepaar begrenzten Strecke."

Die von dem Punkt O aus durch die harmonischen Punkte gehenden Strahlen heißen harmonische Strahlen oder Harmonikalen; sie werden entsprechend den Punkten in Paare zugeordneter Strahlen geteilt. Diese Strahlen sind auch über Punkt O verlängert zu denken.

Wenn man zu einem Strahl eines harmonischen Strahlbüschels eine Parallele zieht, so wird von dem zugeordneten Strahle das von dem anderen Paare zugeordneter Strahlen begrenzte Stück dieser Parallelen halbiert.

Hieraus folgt eine Lösung der Fundamentalaufgabe: Zu den auf einer Geraden liegenden Punkten BCD den vierten harmonischen zu finden.

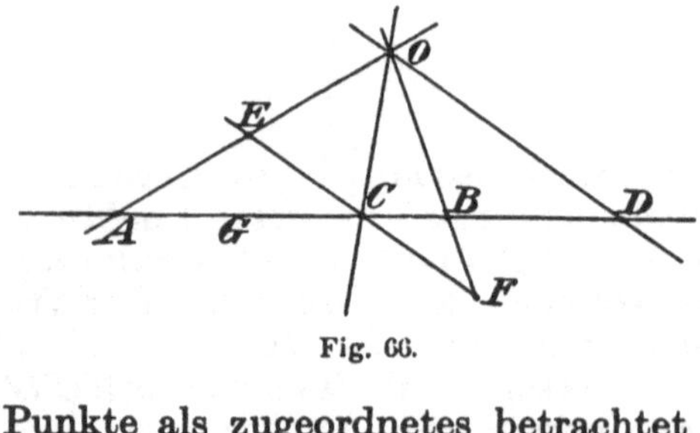

Fig. 66.

Die Aufgabe läßt drei Lösungen zu, je nachdem ein Paar der gegebenen Punkte als zugeordnetes betrachtet wird. Es seien C und D zugeordnete Punkte, gesucht sei A (Fig. 66). Man ziehe von einem Punkt O außerhalb der Geraden g die Strahlen OB, OC, OD und durch C die Gerade $CE \parallel OD$ und mache $CE = CF$. Der Strahl OF schneidet dann g in dem gesuchten Punkt A.

Die Schenkel, die Halbierungslinie des Winkels an der Spitze und die Halbierungslinie eines Außenwinkels an der Spitze eines gleichschenkligen Dreiecks sind vier harmonische Strahlen (Fig. 67).

Halbiert ein Strahl eines harmonischen Büschels den Winkel des anderen Paares, so steht sein zugeordneter Strahl auf ihm senkrecht.

Die Schenkel eines Winkels, seine Halbierungslinie und die Halbierungslinie seines Nebenwinkels sind vier harmonische Strahlen.

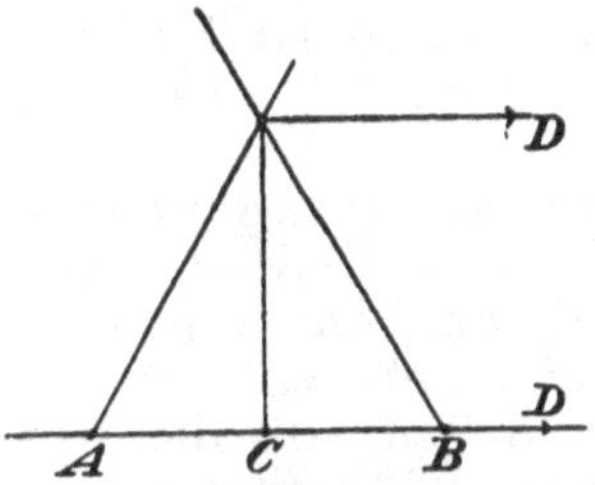

Fig. 67.

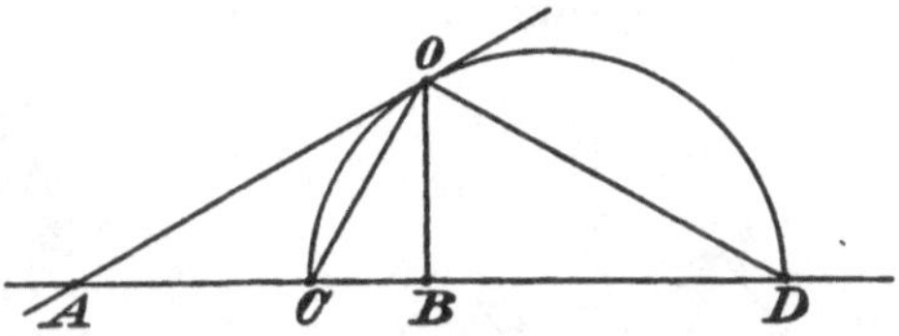

Fig. 68.

Stehen zwei zugeordnete Strahlen eines harmonischen Büschels aufeinander senkrecht, so halbieren sie die Winkel des anderen Paares.

Zieht man von einem Punkte außerhalb eines Kreises eine Tangente und die Zentrale und fällt vom Berührungspunkte das Lot auf die letztere, so wird die Zentrale durch die Peripherie und den Fußpunkt des Lotes harmonisch geteilt (Fig. 68).

Beweis: Winkel $AOC = ODC = BOC$, also halbiert OC den Winkel AOB, auch steht $CO \perp OD$.

Vier Strahlen, die von irgend einem Punkte der Peripherie eines Kreises nach den Endpunkten eines Durchmessers und einer auf ihm senkrechten Sehne führen, bilden einen harmonischen Büschel (Fig. 69).

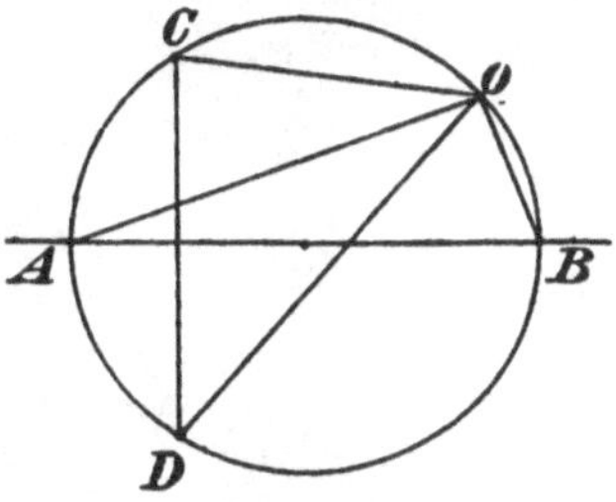

Fig. 69.

Beweis: Es ist $\sphericalangle COA = AOD$ als Peripheriewinkel über gleichen Bögen, $\sphericalangle AOB = 90^0$ als Peripheriewinkel im Halbkreis, daher OC, OA, OD, OB ein harmonischer Büschel.

Lehrsatz: Schneiden sich die drei Ecktransversalen eines Dreiecks ABC in einem Punkt O, und verbindet man die Schnittpunkte Z, Y von zwei Dreiecksseiten durch die Gerade ZY, so schneidet letztere die dritte Seite des Dreiecks und die dritte Transversale in Punkten, die mit den vorhandenen Punkten harmonisch liegen; auch die Punkte auf ZY bilden eine harmonische Punktreihe (Fig. 70). Es sind also $BXCX'$, $AUOX$ und $ZUYX'$ harmonische Reihen.

Beweis: Es ist

$$AZ \cdot BX \cdot CY = AY \cdot CX \cdot BZ\,,$$

ferner

$$\frac{AZ \cdot BX' \cdot CY = AY \cdot CX' \cdot BZ}{BX : BX' = CX : CX'\,,}$$

d. h. die Punkte $BXCX'$ bilden eine harmonische Reihe. Zieht man auch ZX, so sind die von Z nach $BXCX'$ gezogenen Strahlen ein harmonischer Büschel, daher sind auch $AUOX'$ harmonische Punkte; zieht man schließlich noch BU, so ist ZX' eine Transversale, die den harmonischen Büschel BA, BU, BO, BX schneidet, daher $ZUYX'$ harmonische Punkte.

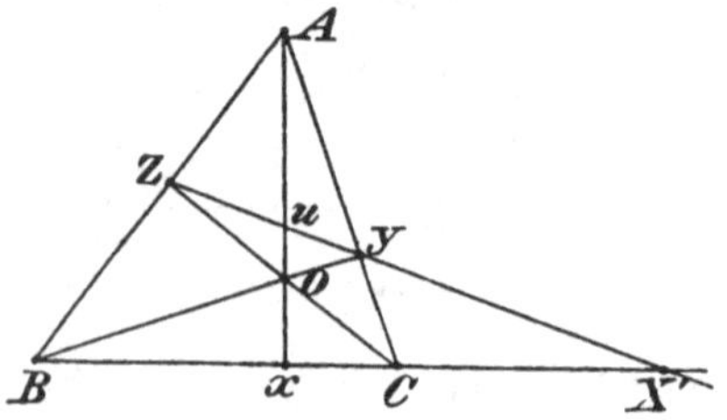

Fig. 70.

Jede Schwertransversale eines Dreiecks wird von ihrer Mitte und dem Schwerpunkte harmonisch geteilt.

Figur 70 läßt, da die Ecktransversalen BY und CZ ganz beliebig gewählt waren, erkennen, daß harmonische Reihen bzw. Strahlen nicht nur beim Dreieck, sondern auch beim allgemeinen Viereck, in diesem Falle beim Viereck $BCYZ$ vorkommen.

Vier Punkte $ABCD$ in der Ebene bestimmen ein vollständiges Viereck. Die vier Punkte lassen sechs Verbindungslinien

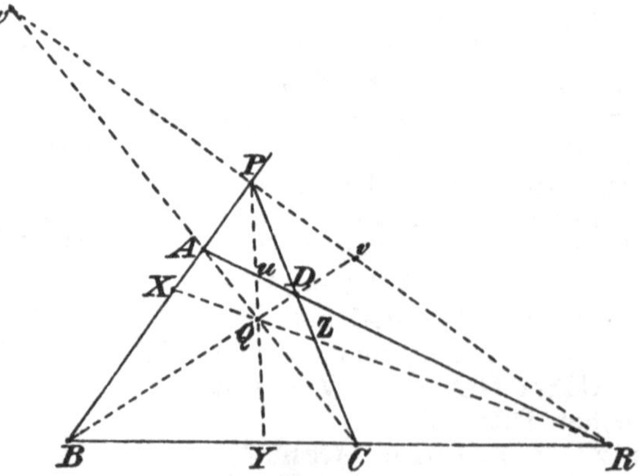

Fig. 71.

zu, die Seiten, von denen dreimal je zwei als Gegenseiten, nämlich AB und CD, AC und BD, AD und BC zum Schnitt gebracht werden können. Diese drei Schnittpunkte P, Q, R (vgl. Fig. 71) heißen Diagonalpunkte und bilden das Diagonaldreieck des vollständigen Vierecks, die Seiten PQ, QR, RP die Diagonalen desselben. Zwei sich in einem Diagonalpunkt schneidende Seiten enthalten die vier Ecken des Vierecks; ein vollständiges Viereck besteht somit aus neun Linien, die sich in 13 Punkten schneiden.

Nach vorigem Lehrsatz sind die Punkte $BYCR$ harmonische Punkte (man betrachte $\triangle PBC$, darin PY, BD, CA drei sich in einem Punkte schneidende Transversalen).

Mithin sind auch $BQDV$, $XQZR$, $AUDR$ harmonische Punkte, denn es sind dies die Schnitte mit dem harmonischen Strahlbüschel PB, PY, PC, PR. Man kann mithin folgende Sätze aussprechen:

„Auf jeder Viereckseite bilden die die Seite begrenzenden Eckpunkte, der Diagonalpunkt und ihr Schnittpunkt mit der dritten Diagonale eine harmonische Reihe; auf jeder Diagonale sind die beiden Diagonalpunkte zu den Schnittpunkten mit den Viereckseiten harmonisch zugeordnet; jeder Diagonalpunkt ist der Mittelpunkt eines harmonischen Büschels, dessen zugeordnete Paare zwei Seiten des Vierecks und zwei Seiten des Diagonaldreiecks sind."

Vier sich schneidende Gerade einer Ebene a, b, c, d bilden ein vollständiges Vierseit (Fig. 72). Sie schneiden sich in sechs Punkten, den Ecken des vollständigen Vierseits, die sich in drei Gruppen von Gegenpunkten zerlegen lassen; nämlich ab und cd bestimmen die Gegenecken B und D, ac und bd die Gegenecken E und F, ad und bc die Gegenecken A und C, die Verbindungslinien der Gegenecken bilden das Diagonaldreiseit, die Ecken desselben sind: X, Y, Z; mithin besteht die Figur aus neun Punkten, da sich von jeder Ecke des Dreiseits noch zwei Linien, nämlich die nach den auf der dritten Diagonale gelegenen Gegenecken ziehen lassen, so ergeben sich insgesamt $4 + 3 + 6 = 13$ Verbindungslinien. Ohne Mühe wird man die Richtigkeit folgender Sätze erkennen.

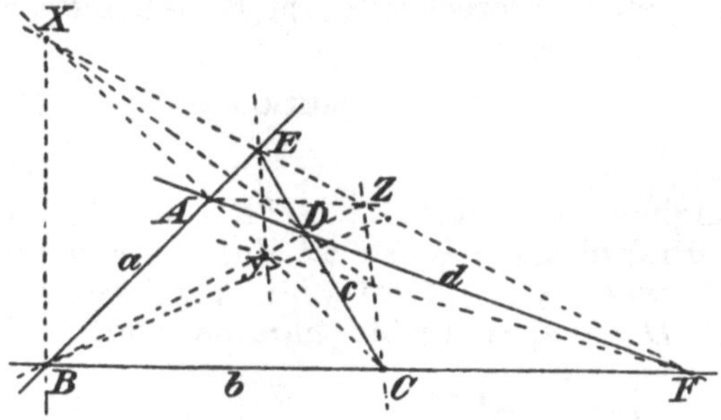

Fig. 72.

Je zwei Seiten des vollständigen Vierseits bilden mit den Verbindungslinien ihres Schnittpunktes mit den Ecken des Diagonaldreiseits einen harmonischen Büschel, und ebenso je zwei Seiten des Diagonaldreiseits mit den Verbindungslinien ihres Schnittes mit den auf der dritten Diagonalseite gelegenen Vierseitsecken.

Die Sätze von den harmonischen Punktreihen und Strahlbüscheln beim vollständigen Viereck und Vierseit können noch auf andere Weise bewiesen werden: Zwei in einer Ebene gelegene Vierecke können nämlich als projektive Figuren angesehen werden, d. h. es können zwei solche Vierecke immer in die perspektive Lage gebracht werden oder das eine kann stets als Zentralprojektion des anderen angesehen werden. Ist dies aber der Fall, so kann das allgemeine Viereck als die Projektion eines Parallelogramms angesehen werden, und daher müssen sich auch gewisse Eigenschaften, die für das Parallelogramm gelten, auf das allgemeine, ungleichseitige Viereck übertragen. Nun liegen aber auf jeder Parallelogrammseite zu ihren Schnitten mit den Seiten des Diagonaldreiecks (von dem nur eine Ecke, nämlich Q im Endlichen liegt) harmonisch, z. B. $AEDR_\infty$ (Fig. 73); und ebenso zwei Ecken vom Diagonaldreieck zu den Schnittpunkten ihrer Verbindungslinie mit den Parallelogrammseiten, z. B. $FGEP_\infty$. Diese Sätze und andere gelten, wie schon angegeben, daher auch für das ungleichseitige Viereck.

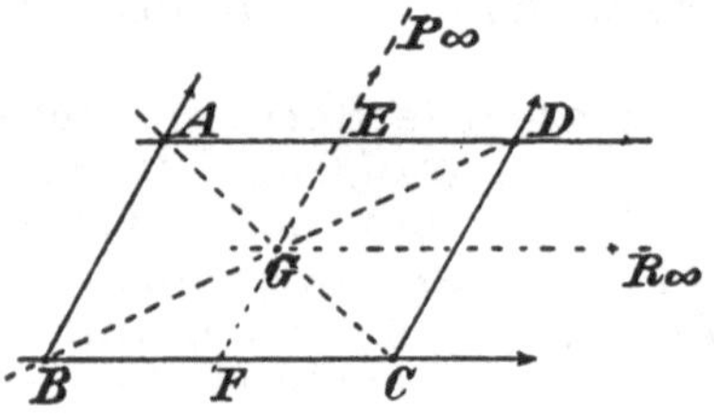

Fig. 73.

Ein dritter Beweis für die Behauptung, daß die vier Punkte auf einer Viereckseite, z. B. $AUDR$ (Fig. 71), harmonisch sind, ist folgender:

Es ist für das Projektionszentrum P: $(ADUR) = (BCYR)$,

" " " " " Q: $(BCYR) = (DAUR)$,

folglich ist $(URAD) = (URDA)$. Ist der Wert des ersten Doppelverhältnisses $= k$, so ist der des zweiten $= 1/k$; was nur möglich ist, wenn $k = -1$ ist (vgl. Abschnitt 11 und 19). Die Punkte A, U, D, R sind mithin harmonische Punkte.

III. Kapitel.

Die Kegelschnitte als Kreisprojektionen.

Potenz eines Punktes in bezug auf einen Kreis. Potenzlinie zweier Kreise. Projektion eines Kreises in sich selbst. Pol und Polare. Harmonische Pole und Polare. Sätze von Pascal und Brianchon.

21. Zum leichteren Verständnis des Nachfolgenden seien zunächst einige elementare Sätze wiedergegeben. Zieht man von einem Punkt O außerhalb des Kreises k (Fig. 74) zwei beliebige Sekanten OAB, OA_1B_1, so ist das Rechteck aus den Abschnitten OA und OB der einen Sekante gleich dem Rechteck aus den Abschnitten der anderen, die Abschnitte immer vom Punkte O aus gemessen. Es ist also $OA \cdot OB = OA_1 \cdot OB_1$. Die Dreiecke

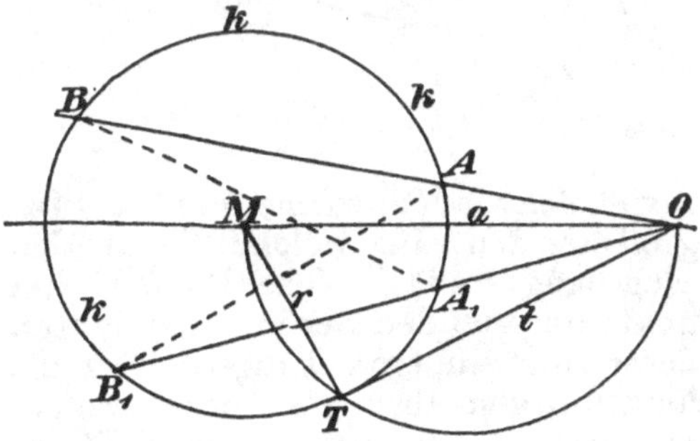

Fig. 74.

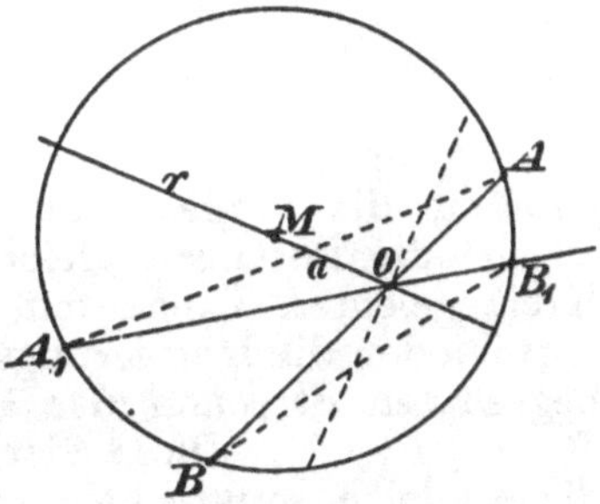

Fig. 75.

OAB_1 und OA_1B sind ähnlich, mithin verhält sich $OA : OB_1 = OA_1 : OB$, daher auch $OA \cdot OB = OA_1 \cdot OB_1$. Dieses Produkt hat mithin für alle Sekanten, die durch O gehen, denselben Wert; es heißt die Potenz des Punktes O in bezug auf den Kreis k. Kennt man die Strecke $OM = a$ (M der Mittelpunkt des Kreises) und den Radius r des Kreises k, dann ist für die Zentrale $OM : OA \cdot OB = (a - r) \cdot (a + r) = a^2 - r^2 = t^2$, wenn $OT = t$ die von O an den Kreis gelegte Tangente bedeutet. Es ist mithin die Potenz eines Punktes O in bezug auf einen Kreis gleich einer positiven Zahl. Liegt der Punkt O auf der Peripherie des Kreises, so ist $a = r$, $t = O$, daher die Potenz $a^2 - r^2 = t^2 = O$. Liegt der Punkt innerhalb des Kreises (Fig. 75), so ist wieder

$OA \cdot OB = OA_1 \cdot OB_1$, denn die Dreiecke AOA_1 und BOB_1 sind ähnlich, daher $OA : OB_1 = OA_1 : OB$ oder $OA \cdot OB = OA_1 \cdot OB_1$, doch ist der Wert dieses Produktes negativ, nämlich $= -s^2$ $= -(r-a)\cdot(r+a) = -(r^2 - a^2)$, da, wenn man neben dem absoluten Wert der Strecke auch ihre Vorzeichen berücksichtigt, sich in diesem Falle für diese entgegengesetzte Vorzeichen ergeben. Mithin kommen wir zu folgendem Resultat: Für einen Punkt außerhalb des Kreises ist die Potenz positiv, für einen Punkt der Peripherie des Kreises ist sie gleich Null, für einen Punkt innerhalb desselben ist sie negativ.

Sind in der Zeichenebene zwei Kreise k_1 und k_2 gegeben (Fig. 76), so sind offenbar die Potenzen eines beliebigen Punktes O in bezug auf diese Kreise voneinander verschieden, da auch die von O an die Kreise gelegten Tangenten ungleich lang sind. Es

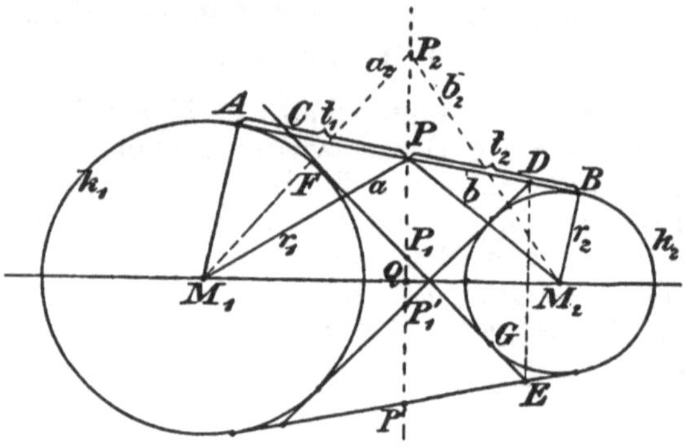

Fig. 76.

entsteht die Frage: Gibt es vielleicht auch solche Punkte, für welche die Potenzen gleich groß werden, für welche die an den Kreis gelegten Tangenten gleich lang sind? Solche Punkte sind entschieden die Halbierungspunkte der von den Berührungspunkten begrenzten Strecken der äußeren und inneren Tangenten, z. B. P, P_1, P_1', P'. Diese vier Punkte liegen aber auf einer Geraden, die zugleich senkrecht zur Zentralen $M_1 M_2$ ist. Linie $P_1 P_1'$ ist $\perp M_1 M_2$. P_1 ist aber nicht nur Halbierungspunkt von FG, sondern auch CE, und P halbiert nicht nur AB, sondern auch CD, denn es ist $AC = BD$ und $FC = GE$. In dem Dreieck CED ist daher $PP_1 \parallel DE$, letztere Linie ist aber $\perp M_1 M_2$, also bildet PP_1 die Verlängerung von $P_1 P_1'$, d. h. die vier Punkte, die in bezug auf den Kreis gleiche Potenzen haben, liegen auf einer Senkrechten zur Zentrale $M_1 M_2$. Es ist wohl möglich, daß auch die übrigen Punkte dieser Senkrechten solche Punkte sind, deren Potenzen in bezug auf die Kreise k_1 und k_2 gleich groß sind. Für Punkt P ist nun die Potenz in bezug auf den Kreis $k_1 : t_1^2 = a^2 - r_1^2$, wenn $PM_1 = a$ ist; in bezug auf k_2 ist sie $t_2^2 = b^2 - r_2^2$. Da aber in diesem Falle $t_1 = t_2$ ist, so muß auch sein: $a^2 - r_1^2 = b^2 - r_2^2$ oder $a^2 - b^2 = r_1^2 - r_2^2 =$ konst.; d. h. ist die Differenz der

Quadrate der Entfernung eines Punktes von den Mittelpunkten der Kreise gleich $r_1^2 - r_2^2$, so hat dieser Punkt in bezug auf die Kreise k_1 und k_2 dieselbe Potenz. Nun ist aber auch $a^2 = PQ^2 + M_1Q^2$, $b^2 = PQ^2 + M_2Q^2$, daher $a^2 - b^2 = M_1Q^2 - M_2Q^2 = r_1^2 - r_2^2$. Für jeden beliebigen anderen Punkt der Senkrechten, z. B. P_2, ist aber auch $a_2^2 - b_2^2 = M_1Q^2 - M_2Q^2$, mithin auch $a_2^2 - b_2^2 = r_1^2 - r_2^2$ ist, d. h. auch die Potenzen des Punktes P_2 in bezug auf k_1 und k_2 sind einander gleich, mithin besteht der Satz:

„Das von P oder P_1 dem Halbierungspunkt der äußeren bzw. inneren Tangente auf die Zentrale gefällte Lot ist der Ort der Punkte gleicher Potenzen."

Diese Senkrechte heißt Linie der gleichen Potenzen oder die Chordale der beiden Kreise (auch Potenzlinie oder Radikalachse). Man findet sie, indem man vom Halbierungspunkt der gemeinsamen äußeren oder inneren Tangente das Lot auf die Zentrale fällt.

Berühren sich die beiden Kreise, so ist ihre Chordale die gemeinschaftliche Tangente im Berührungspunkte. Schneiden sich die beiden Kreise, so ist ihre Chordale die gemeinsame Sekante. Sind die Kreise konzentrisch, so liegt die Chordale in unendlicher Entfernung.

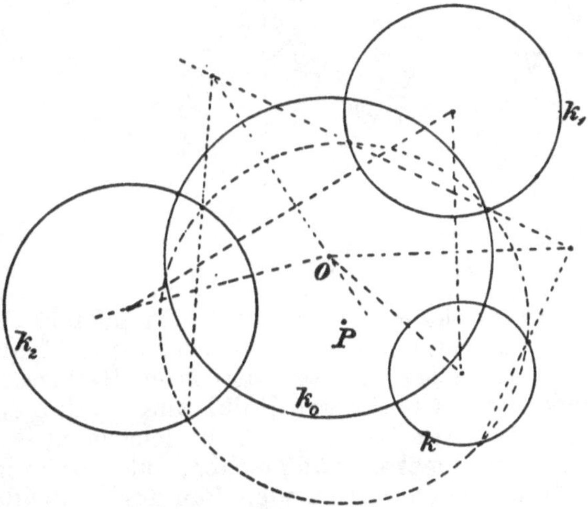

Fig. 77.

Die drei Chordalen je zweier von drei gegebenen Kreisen schneiden sich in einem Punkt O oder sind parallel (Fig. 77). Der Schnittpunkt heißt Mittelpunkt der gleichen Potenzen oder Chordalpunkt dieser Kreise (auch Radikalzentrum).

Die drei Chordalen werden parallel, wenn die Mittelpunkte der drei Kreise in gerader Linie liegen. Man findet hiernach auch die Chordale zu zwei Kreisen, z. B. k und k_1 (Fig. 77), indem man um einen beliebigen Punkt P außerhalb der Zentrale einen dritten

Kreis konstruiert, der beide schneidet, und dann die gemeinsamen Sehnen zieht; diese schneiden sich im Chordalpunkt der drei Kreise, das Lot von diesem Punkte auf die Zentrale der gegebenen Kreise gefällt stellt die gesuchte Chordale dar. Die Tangenten, die man vom Chordalpunkte dreier Kreise an diese legen kann, z. B. von O an k, k_1 und k_2, sind einander gleich und ihre Berührungspunkte liegen daher auf einem Kreise k_0, der die drei Kreise rechtwinklig schneidet. Dieser Kreis wird der Potenz- oder Orthogonalkreis derselben genannt.

Liegen zwei Kreise in einer Ebene, so kann man stets den einen Kreis als das Bild, die Zentralprojektion, des anderen ansehen. Wir haben im Kapitel I gehört, daß die Zentralprojektion eines Kreises wieder ein Kreis ist, wenn die Bildebene parallel zur Originalebene ist, wenn also die Perspektivitätsachse im Unendlichen liegt. Wegen ihrer besonderen Eigenschaften können wir aber auch die Chordale zweier Kreise als Perspektivitätsachse

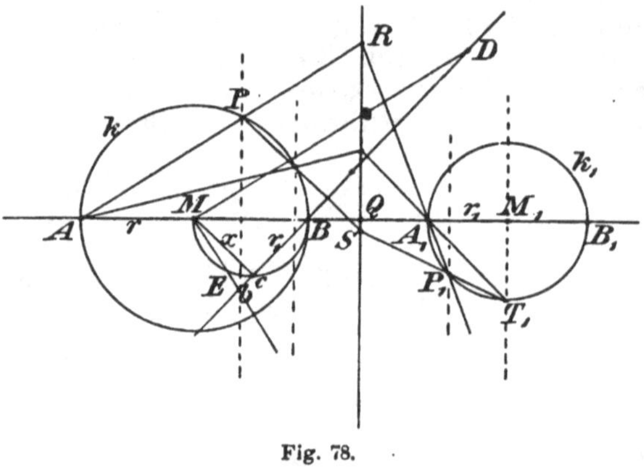

Fig. 78.

ansehen, d. h. man kann den einen Kreis mittels dieser Linie punktweise aus dem anderen herleiten (Fig. 78). Offenbar werden den zur Chordale parallelen Sehnen und ihren Halbierungspunkten wieder parallele Sehnen und deren Halbierungspunkte entsprechen, d. h. es werden sich die in der Zentrale gelegenen, $\perp$ zur Chordale stehenden Durchmesser entsprechen, oder es muß auch die Zentrale die Kreise in entsprechenden Punkten schneiden. Setzen wir also fest, daß Punkt A dem Punkte A_1 entspreche, B dem Punkte B_1, so ist damit auch die projektive Beziehung beider Kreise definiert, d. h., wenn wir annehmen, daß der Kreis k der Originalkreis sei, so läßt sich der Kreis k_1 mittels der Chordale, die auch durch die Punkte A, A_1, B und B_1 bestimmt ist, punktweise konstruieren, oder da letzterer ebenso wie der Originalkreis k über $A_1 B_1$ gezeichnet werden kann, so kann mittels der Chordale zu jedem Punkt P des Originalkreises der entsprechende auf k_1 ermittelt werden, also auch sich entsprechende zur Chordale parallel laufende Sehnen. Die Chordale ist bestimmt, wenn

Punkt Q gefunden ist. Der Punkt Q liegt nun so, daß $MQ^2 - M_1Q^2 = r^2 - r_1^2$ ist, wenn M und M_1 die Mittelpunkte der Strecken AB und A_1B_1 sind. Die Radien r und r_1 sind gegeben, daher ist auch die Länge x bestimmbar, deren Quadrat $x^2 = r^2 - r_1^2$ ist; man beschreibe über r den Halbkreis, trage r_1 von B aus als Sehne ein $= BC$, dann stellt MC die Strecke x dar. Nun soll aber auch $MQ^2 - M_1Q^2 = x^2$ sein, oder $(MQ - M_1Q)(MQ + M_1Q) = x^2$. Wenn ich daher $CD = MQ + QM_1 = MM_1$ mache und zu MD in M die Senkrechte zeichne, die die Verlängerungen von DC in E schneiden möge, dann stellt $CE = b$ die Strecke $MQ - M_1Q$ dar. Setze $CD = a$, so bestehen die Gleichungen

$$\begin{aligned} MQ + M_1Q &= a \\ MQ - M_1Q &= b \\ \hline 2\,MQ &= a + b \\ MQ &= \frac{a+b}{2} \\ M_1Q &= \frac{a-b}{2}\,. \end{aligned}$$

Hiernach ist also auch Punkt Q konstruiert, die Senkrechte in Q zu MM_1 stellt die gesuchte Chordale dar. Nehme ich jetzt auf k einen beliebigen Punkt P an, so finde ich den entsprechenden Punkt P_1

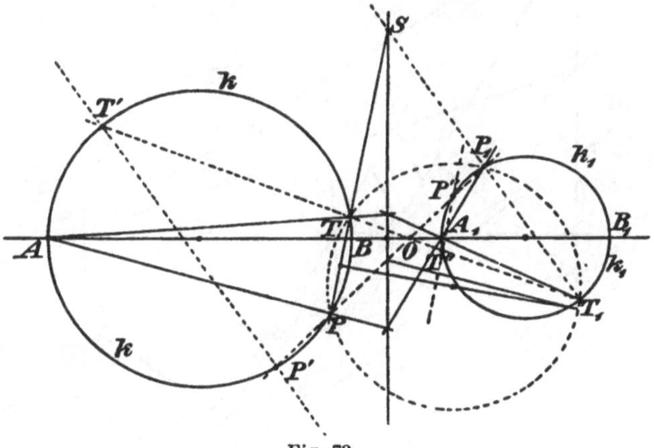

Fig. 79.

auf k_1, indem ich APR ziehe und darauf RA_1, der Schnittpunkt der Geraden RA_1 mit k_1 ist der gesuchte Punkt P_1, oder ich finde P_1, da $RP \cdot RA = RA_1 \cdot RP_1$ ist, indem ich zu den Strecken $RP_1 RA$ und RA_1 die vierte Proportionale aufsuche, denn es besteht auch die Gleichung $RA_1 : RA = RP : RP_1$. Die Mittelpunkte der Kreise sind in diesem Falle nicht entsprechende Punkte. Sind (Fig. 79) P_1 und T_1 bzw. die entsprechenden Punkte von P und T, so ist $SP \cdot ST = SP_1 \cdot ST_1$, folglich liegen die Punkte P,

T, P_1, T_1 auf einem Kreis und daher ist $\sphericalangle PTT_1 = \sphericalangle PP_1T_1$. Schneiden die Geraden PP_1 und TT_1 die Kreise k und k_1 bzw. in den Punkten P', T', P'', T'', dann ist $\sphericalangle PTT' + PTT_1 = PP_1T_1 + P''T''T_1 = 2R$, daher $PTT' = P''T''T_1$, also $P''T'' \parallel PT$. Ebenso läßt sich beweisen, daß $P'T' \parallel P_1T_1$ ist, d. h. aber der Schnittpunkt

$$O = (TT_1 \times PP_1),$$

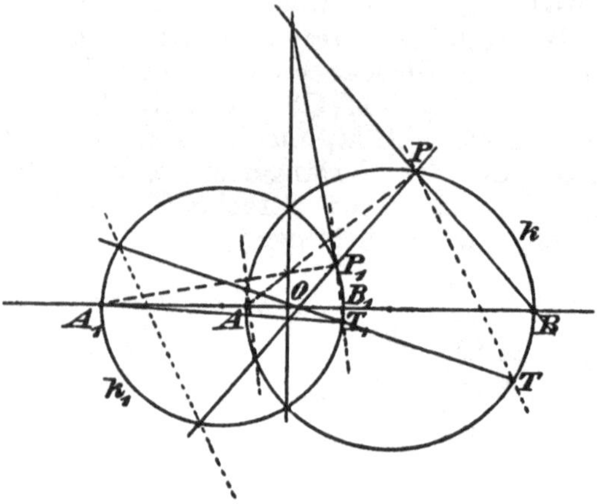

Fig. 80.

das Perspektivitätszentrum, ist ein Ähnlichkeitspunkt, denn zu irgend einer Sehne PT des einen Kreises wird durch ihn in dem anderen Kreise eine parallele Sehne bestimmt. Die Figuren 80 und 81 dienen, wie Figur 79, zur Erläuterung dieser projektiven Be-

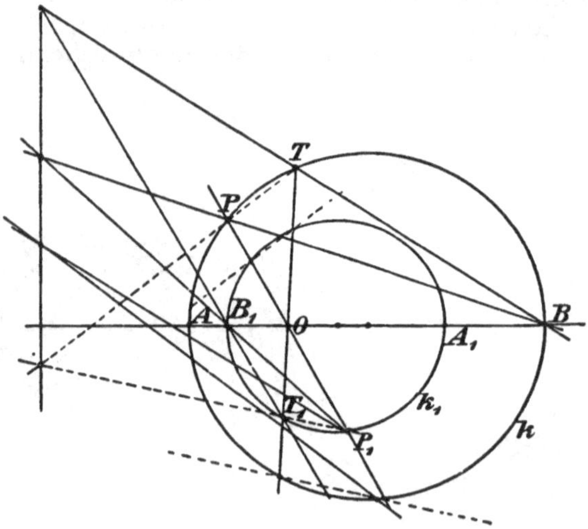

Fig. 81.

ziehungen zweier Kreise, nur sind für letztere andere Lagen gewählt.

22. In dem Fall, wo beide Kreise konzentrisch sind und der innere Kreis so groß wie der äußere wird, hören die Punkte der Chordale, die im Unendlichen liegt, auf, sich durch die Eigenschaft, daß jeder ihrer Punkte in bezug auf die beiden Kreise dieselbe Potenz besitzt, auszuzeichnen, es trifft diese Eigenschaft jetzt für jeden Punkt der Kreisebene innerhalb wie außerhalb des

Kreises zu. Es kann daher ein Kreis durch Zentralprojektion beliebig oft in sich selbst übergeführt werden; das Zentrum der Projektion O kann ganz beliebig gewählt werden. Es würde jetzt also, wenn ich OM ziehe (Fig. 82) und Punkt A als Originalpunkt ansehe, A_1 als das Bild von A und umgekehrt, sehe ich A_1 als Originalpunkt an, Punkt A als Bild von A_1 aufgefaßt werden müssen. Gleiches gilt für jede andere durch O gehende Sekante, z. B. OP_1P, und umgekehrt, es sind bei dieser Abbildung je zwei solche Kreispunkte als entsprechende anzusehen, deren Verbindungsgerade durch einen Punkt O gehen, und dabei bleibt es sich gleich, welchen Punkt man als Originalpunkt auffaßt, der eine ist immer das Bild des anderen, mit anderen Worten, es findet ein vertauschbares Entsprechen statt. Sind Punkt O und der Kreis gegeben, so ist auch die Potenz des Punktes in bezug auf diesen Kreis bekannt $= t^2$, daher kann ich zu jedem Sekantenstück einer beliebigen Sekante, z. B. OP, das andere Stück OP_1 oder umgekehrt zu OP_1 das Stück OP aus der Gleichung $OP : t = t : OP_1$ bestimmen. Zieht man in dem Viereck AA_1P_1P die Diagonalen, so ist nach Vorhergehendem im Kapitel II Punkt Q zu A, A_1 und O harmonisch gelegen, desgleichen sind PDP_1O vier harmonische Punkte, und da weiter $AP_1 \perp BA_1$, $A_1P \perp AB$, so sind offenbar die Linien AP_1, A_1P, BQ die Höhen des Dreiecks ABA_1, es ist also auch $BQ \perp AO$, und die Punkte Q und D liegen daher auf einer Senkrechten zur Zentrale, die dadurch erhalten wird, daß man zu OA_1A den vierten harmonischen Punkt bestimmt und in diesem Punkte die Senkrechte zu AO zeichnet. Das Ebengesagte gilt aber für jedes andere Viereck über AA_1, wenn die beiden anderen Viereckspunkte auf der Peripherie des Kreises und zugleich auf einer durch O gehenden Geraden liegen. Es wird daher jede durch O gehende Sekante durch diesen Punkt, die Schnittpunkte mit dem Kreise und den mit der Senkrechten in Q harmonisch geteilt, und da sich in jeder harmonischen Punktreihe ein Paar konjugierter Punkte befindet, die sich als Original und Bild einander vertauschbar entsprechen,

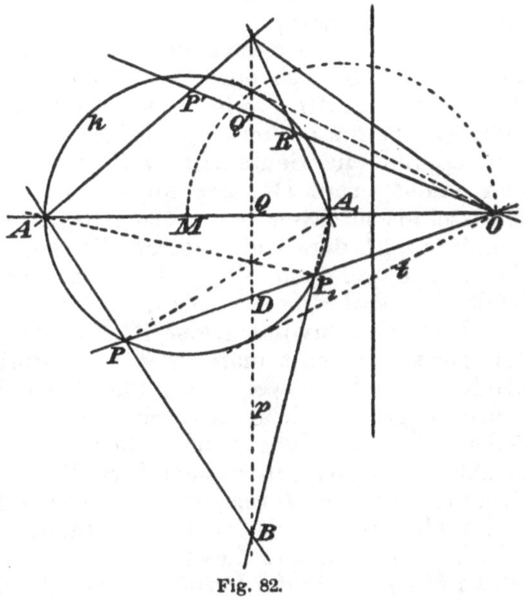

Fig. 82.

so ist jede dieser harmonischen Punktreihen eine involutorische und zwar eine ungleichlaufende, deren Doppelpunkte das Zentrum O und der Schnittpunkt mit der Senkrechten in Q sind. Diese Senkrechte, deren Punkte ebenfalls wie das Zentrum O dazu benutzt werden können, um zu irgend- einem Kreispunkt das Bild aufzufinden, ist daher eine Perspektivitätsachse, deren Lage sich nicht ändert, solange auch O seinen Ort nicht verläßt; sie heißt die Polare des Punktes O in bezug auf den Kreis. Sie schneidet den Kreis in den Berührungspunkten des von O an den Kreis gezogenen Tangentenpaares. Wird ein anderer Punkt der Ebene zum Projektionszentrum gewählt, so erhält man auch eine andere Polare.

Man kann aber auch von der Perspektivitätsachse, der Polare, ausgehen, d. h. also eine den Kreis schneidende Gerade angeben, durch welche der Kreis in sich selbst übergeführt werden soll. Man erhält dann den zugehörigen Pol, indem man vom Kreismittelpunkt die Senkrechte auf die Gerade fällt und auf dieser den Punkt ermittelt, der mit dem Achsenschnittpunkt und den Kreisschnittpunkten harmonisch liegt. Dieser Punkt ist auch der Schnittpunkt der beiden durch die Schnittpunkte des Kreises und der Achse gelegten Tangenten. Dieser so bestimmte Punkt O heißt der Pol der Geraden in bezug auf den Kreis.

Wird eine involutorische Punktreihe aus irgend einem Zentrum projiziert, so erhält man einen involutorischen Strahlbüschel. Besonders erwähnenswert sind die Büschel, deren Zentren auf der Achse liegen, welche also die Achse als Strahl enthalten. Die Achse und der Strahl nach dem Zentrum O sind die Doppelstrahlen des involutorischen Strahlbüschels. Die entsprechenden Strahlen werden durch die Doppelstrahlen harmonisch getrennt, es ist also auch $P'Q'R'O$ eine harmonische Reihe. Auch die Verschwindungslinie und Fluchtlinie lassen sich angeben; bekanntlich ist der Mittelpunkt der Involution der Punkt, der aus der Vereinigung der Gegenpunkte gebildet wird, also von V und F, daher ist auch die Verschwindungslinie V wie auch die Fluchtlinie F diejenige Parallele zur Achse, die durch den Mittelpunkt der Strecke OQ, also der von den Doppelpunkten begrenzten Strecke gezogen werden kann. Die vorangegangenen Erklärungen können wir jetzt wie folgt zusammenfassen:

Ein gegebener Kreis wird durch jede involutorische Zentralprojektion, deren Zentrum O und deren Achse p einander als Pol und Polare des Kreises entsprechen, in sich selbst übergeführt. Hieraus folgt: Eine involutorische Zentralprojektion führt alle Kreise in sich selbst über, für welche Zentrum und Achse respektive Pol und Polare bilden.

Solche Kreise, die durch eine involutorische Zentralprojektion in sich selbst übergeführt werden, lassen sich, wenn Achse und Zentrum in der Projektion gegeben sind, wie folgt konstruieren. Man fällt vom Zentrum O auf die Achse p die Senkrechte OQ

(Fig. 83), halbiert die Strecke OQ in M und konstruiert zu beliebigen zwischen M und Q bzw. MO gelegenen Punkten die zugeordneten Punkte, so daß die Punkte OQ, der gewählte und der dem letzteren zugeordnete Punkt eine harmonische Reihe bilden. Die von den beiden letzten Punkten begrenzte Strecke ist jedesmal der Durchmesser eines solchen Kreises. Auch die Punkte OMQ und der ∞ ferne Punkt bilden eine harmonische Reihe, daher ist die durch M zur Achse gezogene Parallele m ebenfalls als Kreis anzusehen; sein Radius ist ∞ groß. Außerdem deckt sich dieser Kreis mit der Flucht- und Verschwindungsgeraden. Die Punkte O und Q stellen dagegen Kreise mit ∞ kleinem Radius dar. Die Gerade m ist außerdem Chordale für sämtliche Kreise; zieht man durch O eine beliebige Gerade, die die Gerade m in P, die

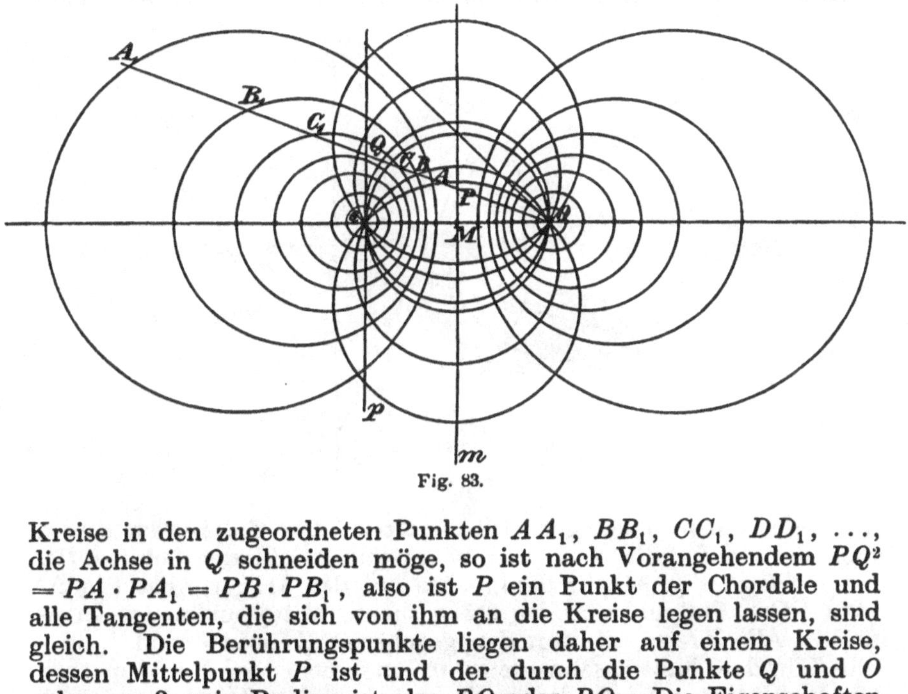

Fig. 83.

Kreise in den zugeordneten Punkten AA_1, BB_1, CC_1, DD_1, ..., die Achse in Q schneiden möge, so ist nach Vorangehendem $PQ^2 = PA \cdot PA_1 = PB \cdot PB_1$, also ist P ein Punkt der Chordale und alle Tangenten, die sich von ihm an die Kreise legen lassen, sind gleich. Die Berührungspunkte liegen daher auf einem Kreise, dessen Mittelpunkt P ist und der durch die Punkte Q und O gehen muß, sein Radius ist also PO oder PQ. Die Eigenschaften des Punktes P besitzt aber auch jeder andere Punkt der Geraden m, mithin kann auch jeder andere beliebige Punkt der Geraden zum Mittelpunkt eines durch O und Q gehenden Kreises gemacht werden und dieser Kreis schneidet die Kreise des ersten Systems alle rechtwinklig. Man erhält somit ein zweites System von Kreisen (Fig. 83), die sich gegenseitig in den Punkten O und Q und die Kreise des ersten Systems rechtwinklig schneiden. Für diese Kreise ist Linie OQ die gemeinsame Chordale, sie selbst kann als Kreis dieses zweiten Systems angesehen werden, sein Radius ist ∞ groß. Kreise mit unendlich kleinen Radien gibt es in diesem

System nicht, derartige Systeme von Kreisen nennt man auch Kreisbüschel.

23. Am Schlusse des Abschnittes 18 im Kapitel II war behauptet worden, daß eine Involution bestimmt sei, bzw. ihre Doppelpunkte konstruiert werden können, wenn man zwei Paare konjugierter Punkte, die einander vertauschbar entsprechen, kennt. Diese Aufgabe kann nunmehr auf Grund der Sätze des Abschnittes 21 und 22 gelöst werden. Sind A und A_1, B und B_1 irgend zwei Paare entsprechender Elemente einer Involution, so besteht (vgl. Linie PAA_1 der letzten Figur) für den noch unbekannten Mittelpunkt M die Relation $MA \cdot MA_1 = MB \cdot MB_1$, d. h. aber, wenn wir uns über AA_1 und BB_1 als Durchmesser die Kreise k und k_1 denken, so muß M zugleich ein Punkt der Chordale beider Kreise sein, mithin ist er konstruierbar. Man

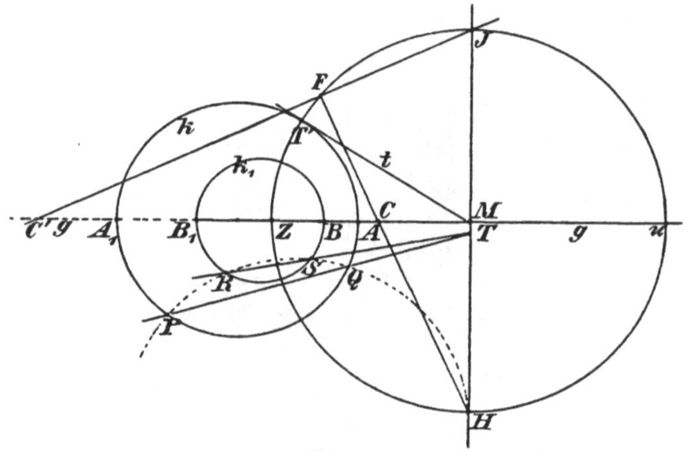

Fig. 84.

beschreibt einen beliebigen dritten Kreis, der die beiden ersten schneidet, und fällt von dem Schnittpunkte T der Sehnen PQ und RS (vgl. Fig. 84) die Senkrechte auf den Träger g der Punktreihe. Der Fußpunkt M ist der gesuchte Mittelpunkt der Involution. Alle Kreise, die mit den gegebenen Kreisen k und k_1 dieselbe Chordale haben, schneiden g in entsprechenden Punktepaaren der Involution. Sind die noch unbekannten Doppelpunkte Z und U, so besteht für diese die Relation $MU^2 = MZ^2 = MA \cdot MA_1 = MB \cdot MB_1$. Die letzteren Produkte sind aber die Potenzen des Punktes M in bezug auf k und k_1. Bekanntlich ist die Potenz eines Punktes in bezug auf einen Kreis auch gleich dem Quadrate der aus ihm an den Kreis gezogenen Tangente; mithin muß der um M mit der Tangente $MT' = t$ beschriebene Kreis die Punktreihe in den gesuchten Doppelpunkten U und Z schneiden.

Dieser Kreis kann auch dazu benutzt werden, um zu einem beliebigen Punkt der Punktreihe den konjugierten aufzusuchen.

Sind H und I seine Schnittpunkte mit der Chordale und soll zu einem Punkte C der konjugierte Punkt C' gesucht werden, so ziehe man HCF, dann schneidet IF die Punktreihe in dem gesuchten Punkt C'. Die Dreiecke $C'MI$ und CMH sind ähnlich, mithin ist $MC : MH = MI : MC'$, daher

$$MC \cdot MC' = MH \cdot MI = MU^2 = MZ^2,$$

also sind C und C' zugeordnete Punkte.

Die in Figur 84 dargestellte Involution ist eine ungleichlaufende, eine sog. hyperbolische. Bei einer elliptischen oder gleichlaufenden Involution liegt der Mittelpunkt stets zwischen zwei konjugierten Punkten (Fig. 85). Ist also AA_1 ein Paar konjugierter Punkte, so ist, wenn die darzustellende Involution eine elliptische werden soll, der Mittelpunkt zwischen beiden Punkten zu denken, und wenn ich annehme, daß B ein Punkt sei, der dem Punkt M, dem Mittelpunkt, näher liegen soll als A, so muß Punkt B_1 rechts von A_1 angenommen werden und die über den Durchmessern AA_1 und BB_1 konstruierten Kreise müssen sich in diesem Falle schneiden. Die Verbindungslinie der Schnittpunkte HI bildet die Chordale und bestimmt durch ihren Schnitt mit dem Träger der Punktreihe den Mittelpunkt M der Involution; der Kreis über dem Durchmesser HI schneidet G nicht in Doppelpunkten, solche gibt es bei einer gleichlaufenden Involution nicht, sondern in Punkten U und Z, die sich wie die anderen Punktepaare vertauschbar entsprechen; es ist auch $MU^2 = MZ^2 = MA \cdot MA_1 = MB \cdot MB_1$.

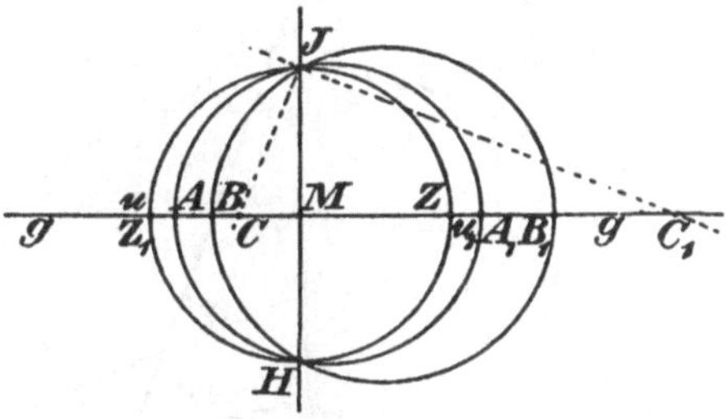

Fig. 85.

Zu einem beliebigen Punkt C findet man den konjugierten Punkt C', wenn man in I zu CI die Senkrechte bis zum Schnitt mit g in C_1 errichtet. Wird die Punktinvolution aus H oder I projiziert, so bilden die projizierenden Geraden eine Strahlinvolution, bei der jedes Paar entsprechender Strahlen einen rechten Winkel einschließt; deshalb nennt man sie auch eine Involution rechter Winkel.

24. Harmonische Pole und Polare eines Kreises. Zwei Punkte einer Sekante eines Kreises k (Fig. 86), die zu den Kreisschnittpunkten harmonisch liegen, heißen harmonische oder konjugierte Pole des Kreises; z. B. liegen O und R zu A und B harmonisch, so sind O und R harmonische Pole des Kreises. Werden aber durch O noch andere Sekanten gezogen, so liegen bekanntlich die Punkte, die mit O und den jedesmaligen Kreisschnittpunkten eine harmonische Reihe bilden, auf einer durch R gehenden Geraden, der Polare des Poles O in bezug auf den Kreis k. Diese Polare wird am einfachsten dadurch erhalten,

daß man durch O eine zweite Sekante mit den Kreisschnittpunkten C und D zieht, dann in dem Viereck $ABCD$, für welches O eine Ecke des Diagonaldreiecks ist, auch die beiden anderen Ecken des Diagonaldreiecks P und Q bestimmt. Die Verbindungslinie dieser Ecken P und Q stellt die gesuchte Polare dar, denn nach Früherem sind jetzt $CSDO$ und $ARBO$ harmonische Reihen. Es bilden aber nicht nur die Punkte R und S mit O sog. harmonische Pole, sondern jeder andere Punkt der Polare kann an die Stelle von R oder S treten, auch wollen wir Punkt O und diejenigen Punkte der Polare als konjugierte Pole des Kreises ansehen, deren Verbindungslinien den Kreis nicht schneiden, z. B. O und Q''. Die Verbindungsgeraden OT und OT' sind, wie eben-

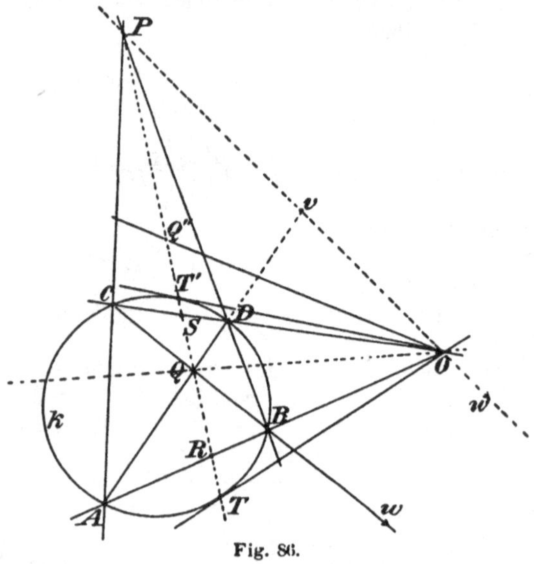

Fig. 86.

falls schon gezeigt wurde, die von O an den Kreis gelegten Tangenten. — Soll zu einem Punkt Q innerhalb des Kreises die Polare gefunden werden, so zieht man durch ihn ebenfalls zwei Sehnen, deren Enden die Ecken eines vollständigen Vierecks bilden. Konstruiert man auch das Diagonaldreieck PQO, und verlängert man die Sehnen bis zum Schnitt mit der Diagonale PO, dann sind die Punktreihen $AQDV$ und $CQBW$ harmonische, daher POW die Polare des Punktes Q, und es sind wieder die Punkte Q, V und Q, W harmonische Pole des Kreises, ebenso stellen aber auch Q und irgend ein anderer Punkt der Polare harmonische Pole dar.

Man erkennt aus diesen Konstruktionen, daß zwei harmonische Pole immer durch den Kreis getrennt werden, daher lassen sich bezüglich der Lage der Polare folgende Sätze anführen.

Zu jedem Punkte außerhalb des Kreises als Pol gibt es eine Polare, die den Kreis schneidet; zu jedem Punkte innerhalb des Kreises gibt es außerhalb eine Polare. Die Polare des Kreismittelpunktes ist die ∞ ferne Gerade. Der Pol einer Tangente ist der Berührungspunkt, umgekehrt die Polare eines Punktes der Kreisperipherie ist die Tangente im Pole.

Ist P der Pol einer Polare p, so läßt sich beweisen (Fig. 87), daß, wenn man zu den einzelnen Punkten der Polare p die Polaren konstruiert, die letzteren alle durch den Pol P gehen. Die Polare eines Punktes ist auch gegeben durch die Verbindungslinie der Berührungspunkte der aus dem Punkte an den Kreis gelegten Tangenten; es ist also AB Polare des Punktes O, des Fußpunktes des von M auf p gefällten Perpendikels. Daher O und P zu-

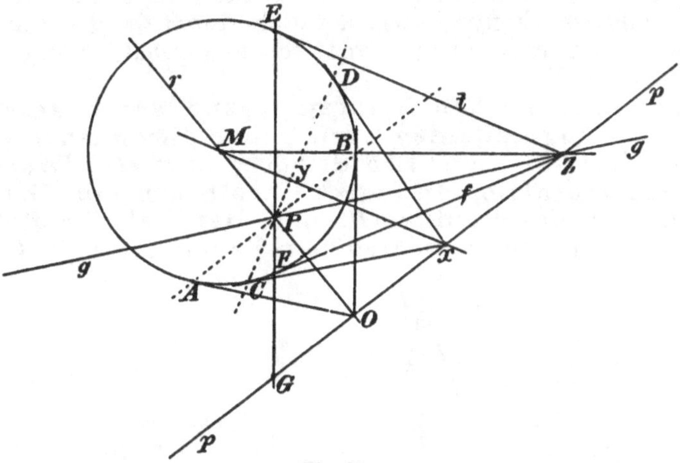

Fig. 87.

geordnete Pole, ferner ist CD Polare des Punktes X, also X und Y zugeordnete Pole, mithin ist

$$MP \cdot MO = r^2,$$

ebenso ist $$MY \cdot MX = r^2$$

folglich $$MP \cdot MO = MY \cdot MX,$$

d. h. die Punkte P, O, X, Y liegen auf einem Kreis. Da nun $\sphericalangle POX = 90^0$ ist, muß PX ein Durchmesser sein, und da auch $\sphericalangle XYP = 90^0$ ist, muß die Sehne CD durch P gehen. Damit ist also folgender Satz bewiesen. Die Polaren aller Punkte einer Geraden schneiden sich in dem Pole dieser Linie. Der Pol der Verbindungslinie zweier Punkte ist der Durchschnittspunkt der Polaren dieser Punkte. Legt man von irgend einem Punkte Z der Geraden p die Tangenten t und f an den Kreis und verbindet auch noch Z mit P, dem Pol der Geraden p, der Z angehört, dann werden offenbar die Strahlen $ZP = g$ und $ZG = p$ durch die beiden Tangenten harmonisch getrennt. Die Strahlen t, f, ZP und ZG bilden einen harmonischen Strahlbüschel. Man nennt die beiden ersten harmonische oder konjugierte Polare des Kreises. Wenn jetzt Z seinen Platz auf p ändert, so behält wohl der Strahl p seine Lage, nicht aber die drei anderen Strahlen, der konjugierte Strahl von p geht aber stets durch P, den Pol von p.

Die gleichen Eigenschaften, die soeben für die Polare p hergeleitet sind, lassen sich auch beweisen für die Polare $g = ZP$, deren Pol sich in G befindet. Ermittelt man für die verschiedenen Punkte von g die Polaren, so findet man, was sich auch beweisen läßt, daß sie alle durch G gehen. Wenn sich daher Punkt Z auf der Geraden g bewegt, und man denkt sich jedesmal von dem Punkt die Tangenten gezogen, dann bilden diese Tangenten, der Strahl g und sein konjugierter, der stets durch G, den Pol von g, gezogen werden muß, einen harmonischen Büschel; mithin besteht folgender Satz:

Die harmonischen Polaren irgend einer Geraden p oder g in bezug auf einen Kreis gehen durch einen Punkt, den Pol der Geraden, also durch P bzw. G. Dreht sich eine Gerade g um einen Punkt P, so beschreibt ihr Pol G die Polare p des Punktes P, d. h. der Ort der Pole der Geraden g in den verschiedenen Lagen ist eine Gerade.

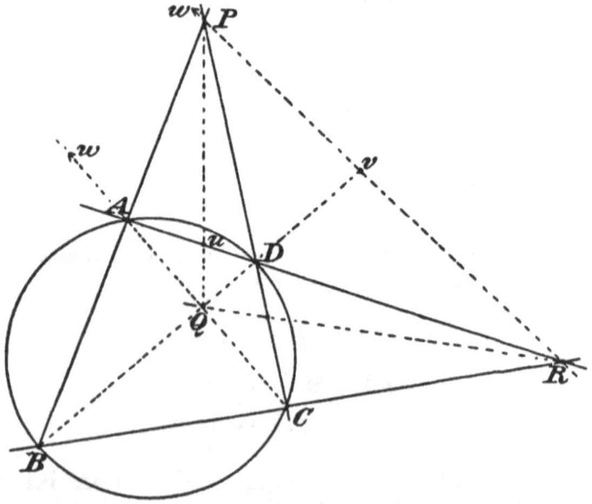

Fig. 88.

25. Polardreiecke eines Kreises; dem Kreise ein- und umgeschriebene Polygone.

In einem vollständigen Kreisviereck bildet das Diagonaldreieck ein sog. Polardreieck des Kreises, d. h. ein Dreieck, in dem jede Seite die Polare der gegenüberliegenden Ecke ist (Fig. 88). Nach Abschnitt 21, Kapitel II bilden die Punktreihen $BQDV$ und $RVPW$ harmonische Punktreihen, daher ist Q Pol der Diagonale RW. Die Polaren der

Punkte R und P müssen mithin, wie eben bewiesen worden ist, durch Q gehen. Auf AR ist aber der harmonische Pol zu R Punkt U, d. h. die Polare von R muß auch durch U gehen, mithin kann die Polare von R nur PQ sein, die von P nur QR.

In analoger Weise läßt sich auch folgender Satz beweisen:

Das Diagonaldreiseit PQR eines einem Kreise umgeschriebenen Vierseits ist ein Polardreieck des Kreises (siehe Fig. 89). Fällt eine Ecke des Diagonaldreiecks in den Mittelpunkt des Kreises, so fällt die gegenüberliegende Seite unendlich fern, die beiden anderen Seiten schneiden sich im Mittelpunkte rechtwinklig. Dieses trifft zu, wenn im ersten Falle das eingeschriebene Viereck ein Rechteck, im letzteren Falle das umgeschriebene Viereck ein Rhombus ist.

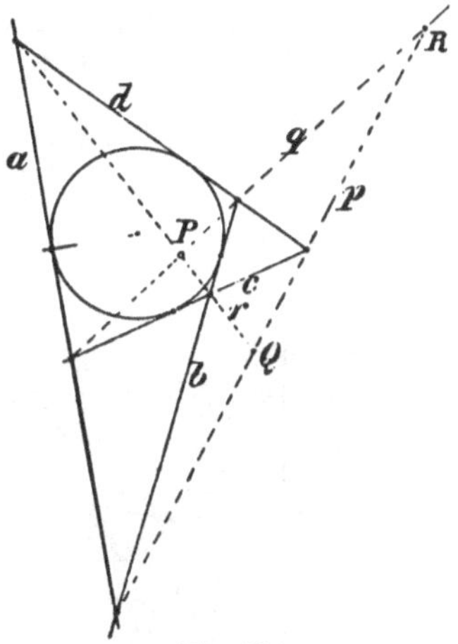

Fig. 89.

Sind die Berührungspunkte eines Tangentenvierecks die Ecken eines Sehnenvierecks desselben Kreises, so liegen die äußeren Ecken der beiden Vierecke auf einer Geraden, die Diagonalen beider Vierecke schneiden sich in einem Punkte und jede Diagonale des umgeschriebenen Vierecks enthält einen Gegenseitenschnittpunkt des eingeschriebenen Vierecks.

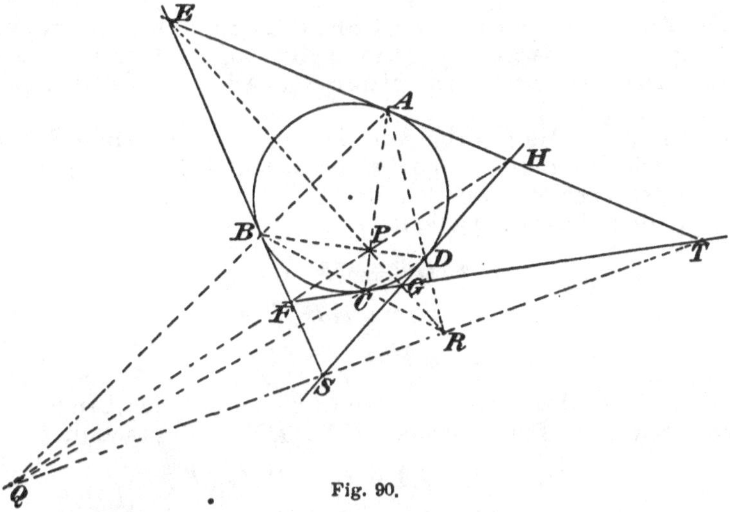

Fig. 90.

Es ist AD Polare zu H (Fig. 90), BC Polare zu F, daher ist R Pol der Diagonale FH; ebenso ist Q Pol der Diagonale EG, folglich ist der Durchschnittspunkt der Diagonalen P der Pol der Geraden QR. Wie früher gezeigt wurde, ist QR Polare zum Schnittpunkt von AC und BD, daher schneiden sich AC, BD, EG und FH in einem Punkte; auch liegen Q, S, R, T in einer Geraden, denn der Ort der Pole aller Sekanten eines Kreises, die sich in einem Punkte schneiden, ist die Polare dieses Punktes. Da ferner FH Polare zu R ist, EG Polare zu Q, nach Früherem PQR aber ein Polardreieck des Kreises ist, so müssen auch FH und EG durch Q und R gehen, PQR ist das Diagonaldreiseit des umgeschriebenen Vierseits.

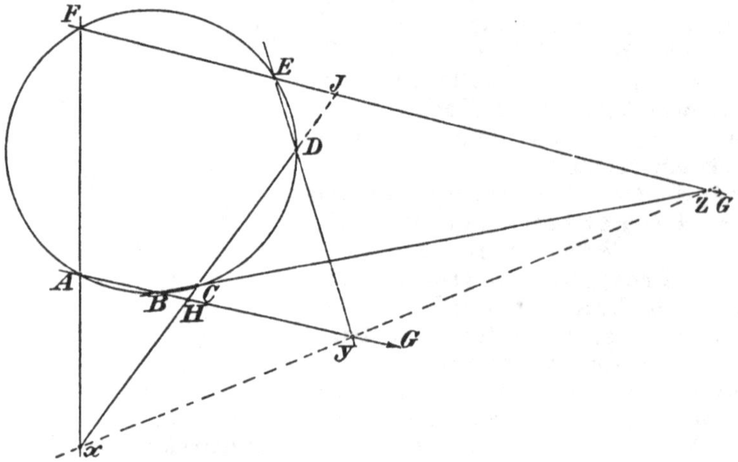

Fig. 91.

Verlängert man in einem Sehnensechseck je zwei gegenüberliegende Seiten bis zum Schnitt, so liegen die drei Durchschnittspunkte in einer Geraden. (Lehrsatz des Pascal.) (Fig. 91.)

1. Beweis. Man verlängere drei nicht anstoßende Seiten, so daß ein Dreieck entsteht, und bringe darauf jede verlängerte Seite mit ihrer Gegenseite zum Schnitt.

Nach dem Sekantensatz ist

$$GA \cdot GB = GF \cdot GE ,$$

$$HC \cdot HD = HB \cdot HA ,$$

$$IE \cdot EF = IC \cdot ID .$$

Nach dem Satze des Menelaos ist in bezug auf das Dreieck GHI, das von den drei Transversalen FX, EY, BZ geschnitten wird,

$$GF \cdot IX \cdot HA = GA \cdot HX \cdot IF ,$$

$$GE \cdot ID \cdot HY = GY \cdot HD \cdot IE ,$$

$$GZ \cdot CI \cdot HB = GB \cdot HC \cdot IZ .$$

Werden diese sechs Gleichungen miteinander multipliziert, und die gleichen Abschnitte auf beiden Seiten weggehoben, so bleibt

$$IX \cdot HY \cdot GZ = HX \cdot GY \cdot IZ ,$$

woraus nach dem Satze des Menelaos folgt, daß die Punkte XYZ in einer Geraden liegen.

2. Beweis. Man bezeichnet jeden polygonalen Linienzug, der die sechs Punkte $ABCDEF$ eines Kreises in beliebiger Reihenfolge von irgend einem Punkt aus als erste Ecke verbindet, als Pascalsches Sechseck, denn für jede dieser Figuren gilt der eben bewiesene Satz. Im ganzen lassen sich 60 verschiedene Sechsecke herstellen; und ebenso lassen sich aus sechs Geraden einer Ebene je nach der Reihenfolge, in der man sie paarweise zum Schnitt bringt, 60 verschiedene Sechsseite herstellen. Durchläuft man die Seiten eines Sechsecks oder Sechsseits von einer beliebigen Ecke aus, so bezeichnet man die Ecke, zu der man nach Überschreitung von zwei Ecken gelangt, als Gegenecke, im Sechsseit gelangt man ebenfalls von einer ersten Seite nach Überschreitung der beiden benachbarten zur Gegenseite:

In Figur 92 sind die sechs Kreispunkte A, B, C, D, E, F nicht der Reihe nach verbunden, das Sechseck lautet jetzt $ACEBDFA$. Gegenecken sind mithin A und B, C und D, E und F. Gegenseiten AC und BD, CE und DF, BE und FA, daher die Durchschnittspunkte der gegenüberliegenden Seiten: X, Y, Z, die ebenfalls auf einer Geraden, der Pascalschen Geraden, liegen sollen. Der Beweis könnte wie vorhin geführt werden, doch führen auch folgende Überlegungen zum Ziele. Der Strahlbüschel, dessen Scheitel in A liegt und dessen Strahlen die nach den Punkten C, B, D, F gezogenen Geraden bilden, schneidet die Sechseckseite BD in den Punkten H, B, D, X. Dieser Strahlbüschel ist aber dem mit dem Scheitel E, dessen Strahlen nach denselben Punkten gehen, kongruent (wegen der Gleichheit der Peripheriewinkel über denselben Bogen). Die letzteren Strahlen schneiden aber DF in den Punkten Y, L, D, F; mithin sind H, B, D, X und Y, L, D, F projektive Punktreihen, sie befinden sich aber auch, da ihre Träger sich schneiden und im Schnittpunkt den Punkt D entsprechend gemein haben, in perspektiver Lage. Es müssen sich mithin die Verbindungsgeraden entsprechender Punkte, also die Geraden XY, BL und HF in einem Punkte, nämlich in Z schneiden, wodurch die Behauptung bewiesen ist.

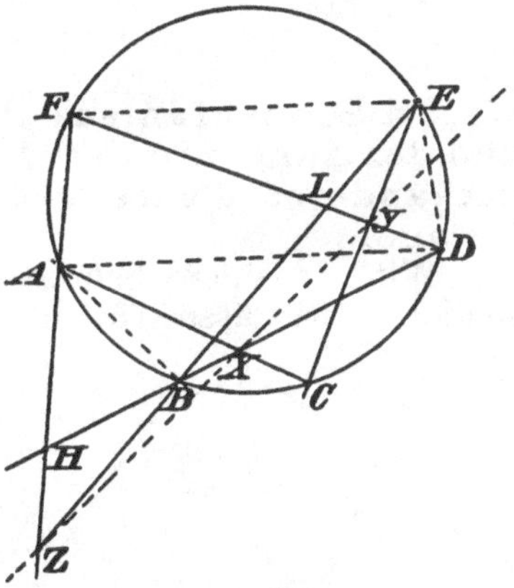

Fig. 92.

Wird eine Seite eines Sehnensechsecks unendlich klein, so geht das Sechseck in ein Fünfeck über; man kann sich daher jedes Sehnenfünfeck als Sehnensechseck denken, dessen eine Seite, die in einer beliebigen Ecke anzunehmen ist, ∞ klein ist und deren Richtung durch die Tangente in diesem Punkte angegeben wird. Dann gilt aber auch für das Sehnenfünfeck folgender Satz (Fig. 93).

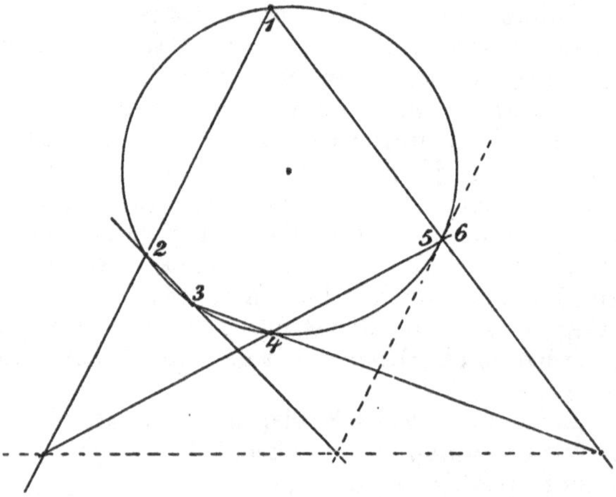

Fig. 93.

Im Sehnenfünfeck liegt der Schnittpunkt einer Seite und der Tangente der Gegenecke mit den Schnittpunkten der anderen Paare gegenüberliegender Seiten in einer Geraden.

Wird in einem Sehnensechseck nicht nur eine Seite ∞ klein, sondern tritt dieses für drei nicht benachbarte Seiten ein, so geht das Sehnensechseck in ein dem Kreise eingeschriebenes Dreieck über und die unendlich kleinen Seiten sind die Kreistangenten in den Ecken dieses Dreiecks (Fig. 94). Für ein solches Dreieck besteht dann folgender Satz:

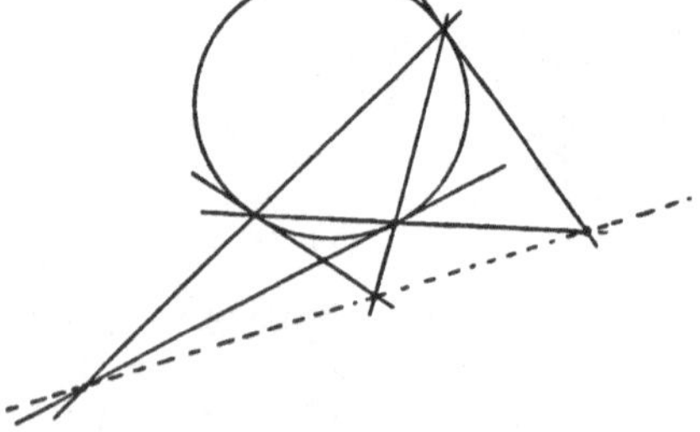
Fig. 94.

Die Tangenten in den Ecken eines einem Kreise einbeschriebenen Dreiecks schneiden die gegenüberliegenden Seiten in Punkten einer Geraden.

Der 2. Beweis des Pascalschen Lehrsatzes lieferte zugleich ein Verfahren, kongruente Strahlbüschel zu entwerfen. Man hat nämlich, um solche zu zeichnen, nur nötig, auf der Peripherie eines Kreises vier Punkte beliebig zu wählen und diese vier Punkte mit beliebigen fünften Punkten der Peripherie zu verbinden, dann sind die so erzeugten Strahlbüschel kongruent, weil die Winkel der Strahlen bezüglich einander gleich sind (Fig. 95). Diese Strahlbüschel haben daher dasselbe Doppelverhältnis; man bezeichnet es mit $(ABCD)$ und spricht auch von dem Doppelverhältnis von vier Punkten eines Kreises, womit selbstverständlich nur das Doppelverhältnis der Strahlen, die sich nach einem fünften Peripheriepunkt ziehen lassen, gemeint sein kann. Mittels eines Kreises lassen sich aber nicht nur kongruente Strahlbüschel, sondern auch projektive bzw. kongruente Punktreihen bilden. Zieht man nämlich vier beliebige Kreistangenten, so sind alle Punktreihen, die von diesen auf einer beliebigen fünften Tangente des Kreises aus geschnitten werden, projektiv, d. h. sie haben dasselbe Doppelverhältnis. Sind die vier beliebigen

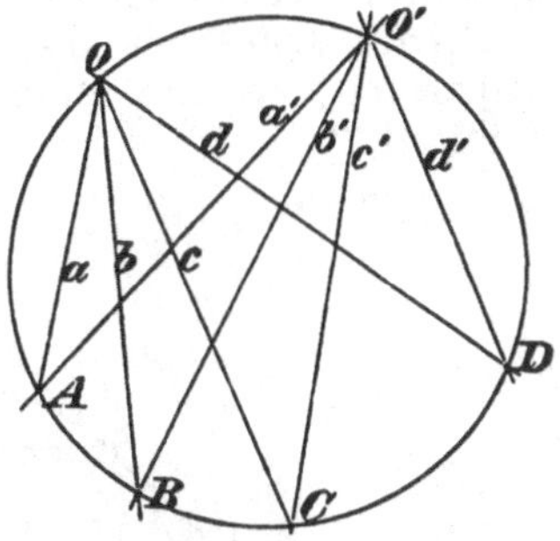

Fig. 95.

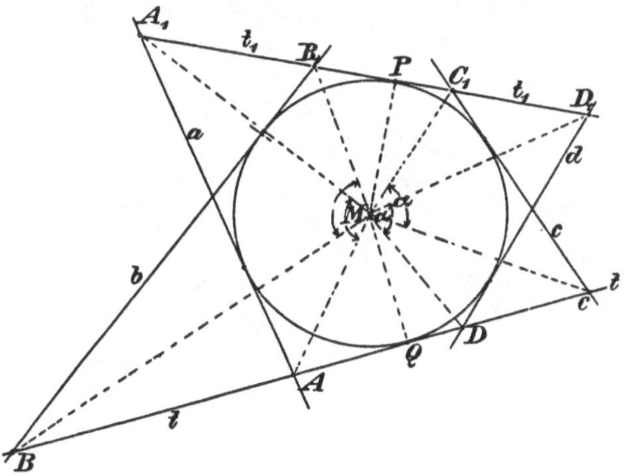

Fig. 96.

Tangenten a, b, c, d (Fig. 96), die fünften Tangenten t und t_1, so soll sein $(ABCD) = (A_1B_1C_1D_1)$.

Beweis. Es ist

$$\sphericalangle DMD_1 = CMC_1 = \tfrac{1}{2} PMQ = \tfrac{1}{2}\, 2\alpha = \alpha\,,$$

ferner $$\sphericalangle AMA_1 = BMB_1 = \tfrac{1}{2}(4R - 2\alpha) = 2R - \alpha\,.$$

Die Nebenwinkel der beiden letzteren sind daher $2R - (2R - \alpha) = \alpha$. Wenn ich jetzt den Büschel der von M nach A_1, B_1, C_1, D_1 gezogenen Strahlen um seinen Scheitel nach rechts (oder links) um Winkel α drehe, so muß MD_1 auf MD, MC_1 auf MC, MB in die Verlängerung von MB_1, und MA_1 in die Verlängerung MA fallen, d. h. beide Büschel werden durch diese Drehung zur Deckung gebracht. Hiermit ist die Behauptung bewiesen. Es wird das Doppelverhältnis $(ABCD)$ oder $(A_1B_1C_1D_1)$ auch als das der vier Tangenten bezeichnet. Umgekehrt versteht man unter dem Doppelverhältnis von vier Tangenten das Doppelverhältnis derjenigen Punktreihe, in der eine fünfte Tangente diese vier Tangenten schneidet.

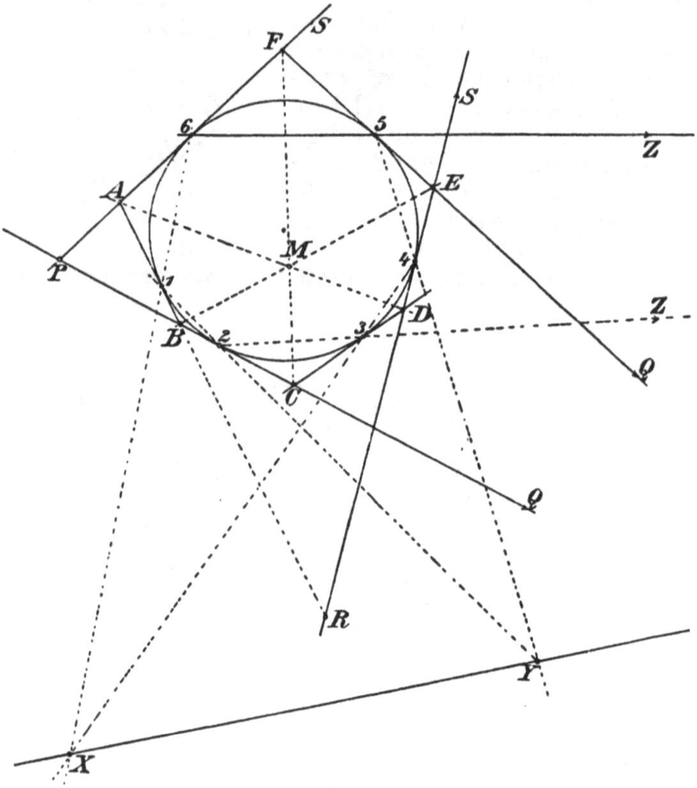

Fig. 97.

Auf Grund dieser Sätze können schließlich noch folgende Sätze bewiesen werden:

(Satz des Brianchon.) Die Verbindungslinien der Gegenecken eines Tangentensechsecks (die Diagonalen) schneiden sich in einem Punkte (Punkt des Brianchon) (Fig. 97).

1. Beweis. Die Tangenten *1*, *3*, *5*, *6* schneiden Seite *2* in der Punktreihe $BCQP$. Diese muß projektiv sein zu derjenigen, die dieselben durch ihren Schnitt auch mit der Seite *4* erzeugen; diese ist $RDES$, es ist also $(BCQP) = (RDES)$. Die Verbindungs-

linien der ersten Punktreihe mit F bilden daher einen Strahlbüschel, der dem Büschel der von A nach den Punkten der zweiten Punktreihe gezogenen Strahlen projektiv sein muß; da diese beiden Büschel aber so liegen, daß sich zwei entsprechende Strahlen decken, nämlich die Strahlen FP und AS, so liegen sie zugleich perspektiv, d. h. es müssen sich auch die anderen entsprechenden Strahlen in Punkten einer Geraden schneiden, diese Strahlen sind:

FB und AR-Schnittpunkt B, FC und AD-Schnittpunkt M, FQ und AE-Schnittpunkt E, d. h. also B, M und E liegen auf einer Geraden, oder die Diagonale BE geht durch den Schnittpunkt der Diagonalen AD und CF.

2. **Beweis.** Konstruiert man für das Sehnensechseck, dessen Ecken die Berührungspunkte der Seiten des Tangentensechsecks sind, die **Pascalsche** Gerade (vgl. Fig. 97), so ist nach Abschnitt 23 dieses Kapitels Punkt X Pol der Diagonale AD, denn A ist Pol von *1*, *6*, D Pol von *3*, *4*, daher X der Pol von AD.

Ebenso ist Y Pol von BE, Z Pol von CF. X, Y, Z sind aber die Punkte einer Geraden. Die Polaren solcher Punkte schneiden sich aber in einem Punkte, nämlich dem Pol der Geraden.

Lehrsatz: Die Ecktransversalen eines Dreiecks nach den Berührungspunkten des einbeschriebenen Kreises schneiden sich in einem Punkte.

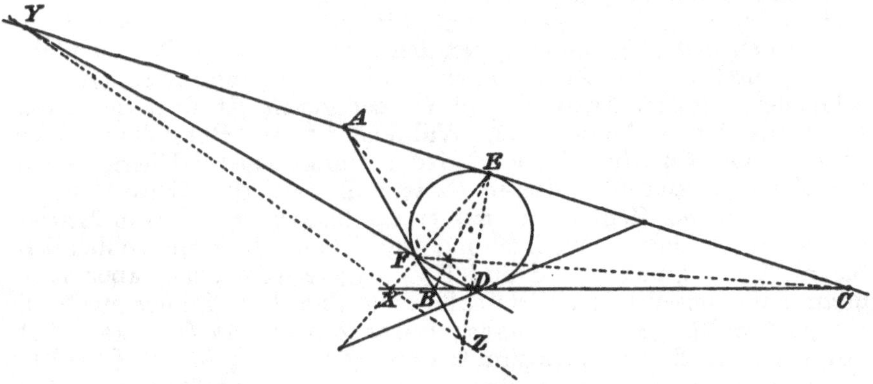

Fig. 98.

Beweis. Man konstruiere für das Dreieck DEF (Fig. 98) die **Pascalsche** Gerade XYZ. Nun ist XE Polare von A, XC Polare von D, daher X Pol von AD, ebenso Y Pol von BE und Z Pol von CF; diese schneiden sich in einem Punkte, dieser Punkt ist für Dreieck ABC der Punkt des **Brianchon.**

Entstehung der Kegelschnitte aus der Zentralprojektion des Kreises.

26. Wenn wir noch einmal das in den Abschnitten 9 und 10 über die Zentralprojektion Gesagte kurz zusammenfassen, so ist folgendes hervorzuheben. Wird eine Ebene 𝔈, die Originalebene auf eine Ebene 𝔓, die Bild- oder Projektionsebene, aus einem Zentrum O projiziert, so können nicht alle Bilder der Punkte der räumlichen Ebene 𝔈 (vgl. Fig. 99) im Endlichen liegen; die Punkte, deren Bilder im Unendlichen liegen, sind die der Verschwindungsgeraden V der Originalebene, die bestimmt ist durch den Schnitt der Originalebene 𝔈 und der durch das Zentrum O parallel zur Projektionsebene 𝔓 angenommenen Ebene. Die Punkte der Geraden 𝔄 in der Bildebene, d. i. der Schnittgeraden von 𝔓 und 𝔈, der sog. Projektionsachse, entsprechen sich selbst, und schließlich die Bilder der ∞ fernen Punkte der Originalebene 𝔈 bzw. das Bild der ∞ fernen Geraden der Ebene 𝔈 liegt in der Fluchtlinie F der Projektionsebene 𝔓, d. i. deren Schnitt mit der durch das Projektionszentrum parallel zu 𝔈 gelegenen Ebene.

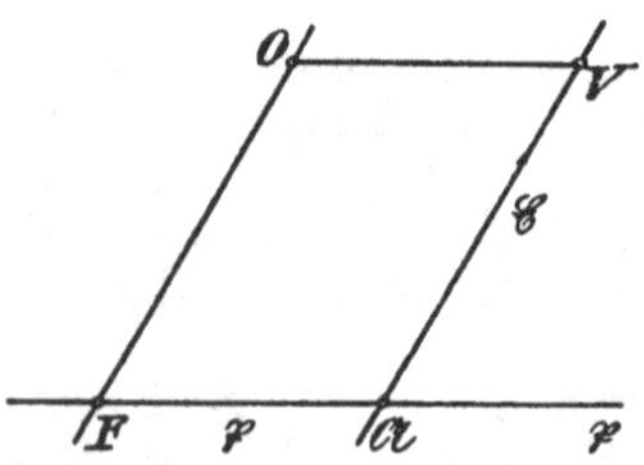

Fig. 99.

Ist zu irgend einer Figur in 𝔈 das Bild in 𝔓 konstruiert, so wird die perspektive Lage dieser Figuren nicht aufgehoben, wenn man der Originalebene 𝔈 durch Drehung um die Achse 𝔄 eine andere Neigung zu 𝔓 gibt (vgl. Fig. 36). In der neuen Lage jedoch gehen die Verbindungsgeraden entsprechender Punkte nicht wieder durch das alte Zentrum, sie werden sich in einem Zentrum O' schneiden, dessen Abstand von F aber gleich ist dem des alten Zentrums O von dieser Linie. Während also bei Herstellung einer neuen Lage für die Ebene 𝔈 jeder Punkt dieser Ebene einen Kreisbogen beschreibt, dessen Mittelpunkt auf der Achse 𝔄 liegt, bewegt sich das Zentrum O auf einem Kreisbogen, dessen Mittelpunkt in F liegt. Die Drehung der Ebene E kann schließlich bis zur Vereinigung von 𝔈 und 𝔓 durchgeführt werden, aber auch dann befinden sich die Originalfiguren und Bild immer noch in perspektiver Lage, der Abstand des Zentrums O, das jetzt ebenfalls in der Ebene von 𝔈 bzw. 𝔓 liegt, von der Fluchtlinie muß gleich dem der Verschwindungslinie von der Achse sein. Damit sind wir von der räumlichen Zentralprojektion zu der in der Ebene übergegangen, und die letztere ist definiert (vgl. noch einmal die Abschnitte 9 und 10 des Kapitels I), wenn das Projektionszentrum, die Projektionsachse und ein Paar einander entsprechender Punkte A und A_1 (deren Verbindungslinie also durch das Zentrum O gehen muß) gegeben sind. Dann kann zu jedem weiteren Punkt B das Bild B' wie auch die Flucht- und Verschwindungslinie konstruiert werden (vgl. Fig. 37 und 38). Wir erkennen aus den Figuren 38—40, daß das Bild einer in 𝔈 gelegenen Figur auch im Endlichen in der Zeichenebene erhalten wird, wenn die Figur die Verschwindungsgerade V der Ebene nicht schneidet. Ist letzteres der Fall, so fallen die Bilder der auf der Geraden V gelegenen Punkte ins Unendliche, es würde sich also das Bild ins Unendliche erstrecken: während der eine Teil des Bildes in der Bildebene rechts von der Fluchtlinie liegt und sich bis ins Unendliche erstreckt, liegt der andere Teil links von der Geraden, ebenfalls sich bis ins Unendliche erstreckend. Man kann daher auch das Bild einer geschlossenen Figur in 𝔈, die aber von der Verschwindungsgeraden V geschnitten wird, als ein geschlossenes ansehen; beide Teile enthalten die unendlich ferne Gerade der Bildebene 𝔓.

Von allen Figuren, die sich in der Originalebene 𝔈 zeichnen lassen, interessiert uns aber keine mehr als der Kreis. In Beziehung auf die Gerade V sind drei verschiedene Lagen denkbar:

a) der Kreis hat mit der Verschwindungslinie V keine Punkte gemein;
b) der Kreis hat mit ihr einen Punkt gemein; V ist eine Tangente des Kreises;
c) der Kreis hat mit ihr zwei Punkte gemein; V ist eine Sekante des Kreises.

Da die vom räumlichen Zentrum O nach den Kreispunkten gezogenen Strahlen dem Mantel eines schiefen Kreiskegels angehören, so können wir die Bilder des Kreises auch ansehen als ebene Schnitte eines Kreiskegels. Im Falle a) liegt die Projektionsebene 𝔓, die Schnittebene, so, daß alle Kegelkanten geschnitten werden, die Projektion des Kreises ist also eine im Endlichen geschlossene Kurve, sie heißt: Ellipse. Daß diese Kurve mit der Ellipse, die wir im Kapitel I als affine Figur des Kreises betrachteten, übereinstimmt, wird das Folgende ergeben.

Im Falle b) liegt von allen projizierenden Strahlen einer der Projektionsebene parallel, d. i. der Strahl, der durch den Berührungspunkt der Verschwindungsgeraden geht, das Bild dieses Punktes liegt daher im Unendlichen, und da das Bild der Verschwindungslinie die ∞ ferne Gerade der Ebene 𝔓 ist, so können wir auch sagen, das Bild des Kreises berührt diese Gerade, es heißt in diesem Falle Parabel.

Im Falle c) haben sogar zwei Punkte der Kreislinie ihr Bild auf der ∞ fernen Geraden der Projektionsebene, in diesem Falle sind zwei Kegelmantellinien der Projektionsebene parallel, dieses Bild heißt Hyperbel. Aber auch diese müssen wir als eine geschlossene Linie ansehen; wenn ein Punkt den Originalkreis durchläuft, so wird sich ihm sein projizierender Strahl und dessen Spurpunkt bewegen und hierbei muß der letztere Punkt die Bildkurve ebenso wie der erstere Punkt den Kreis, d. i. in einem unterbrochenen Zuge durchlaufen. Bei dieser Bewegung wird aber der projizierende Strahl zweimal der Bildebene parallel, daher muß die Hyperbel die ∞ ferne Gerade in zwei getrennten Punkten schneiden. Im Falle a) kann es auch eintreten, daß das Bild des Kreises wieder ein Kreis ist. Daher bilden die Kurven Kreis, Ellipse, Parabel und Hyperbel die Kegelschnitte, die entstehen, wenn ein Kreiskegel, gleichviel ob schief oder gerade, von Ebenen geschnitten wird. Denkt man sich durch die Spitze des Kegels

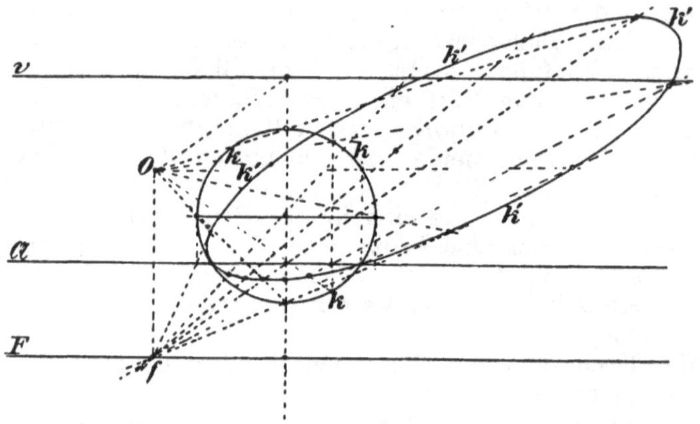

Fig. 100.

eine Parallelebene zur Schnittebene, so muß letztere eine Ellipse (oder einen Kreis) erzeugen, wenn erstere keine Kegelkante enthält; sie erzeugt eine Parabel, wenn die Parallelebene durch die

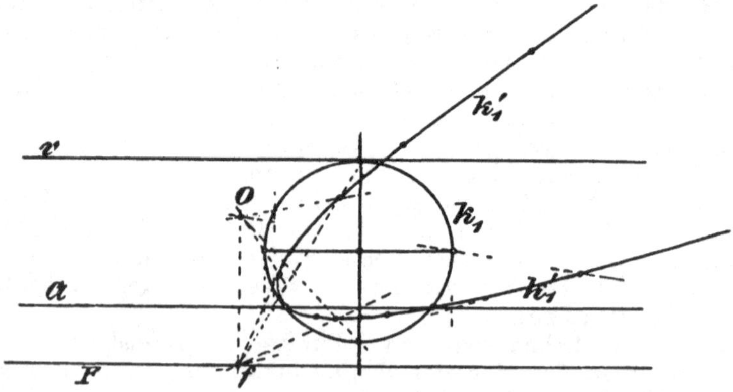

Fig. 101.

Spitze den Kegel berührt, also mit ihm eine Kante gemein hat; sie erzeugt eine Hyperbel, wenn jene Ebene den Kegel schneidet, also mit ihr zwei Kanten gemein hat! In den Figuren 100—102 sind Zentralprojektionen von Kreisen dargestellt und zwar in der Ebene auf Grund der in Abschnitt 10 über die Zentralkollineation in der Ebene gegebenen Fundamentalkonstruktionen. Das Bild des Kreises k, der die Verschwindungslinie V nicht schneidet, ist die Ellipse k'; das Bild des Kreises k_1, der V berührt, ist die Parabel k_1'; das Bild des Kreises k_2, der V schneidet, die Hyperbel k_2'.

27. Eigenschaften des Kreises sind auch Eigenschaften der Kegelschnitte; Pol und Polare des Kegelschnittes, konjugierte Pole und Polare der Kegelschnitte. Nach Vorhergehendem sind wir berechtigt, einen Kegelschnitt stets als eine aus einem Kreise durch Zentralprojektion entstandene Kurve anzusehen, und da wir früher bei Betrachtung der projektiven Grundgebilde gehört haben, daß diese gewisser Eigenschaften

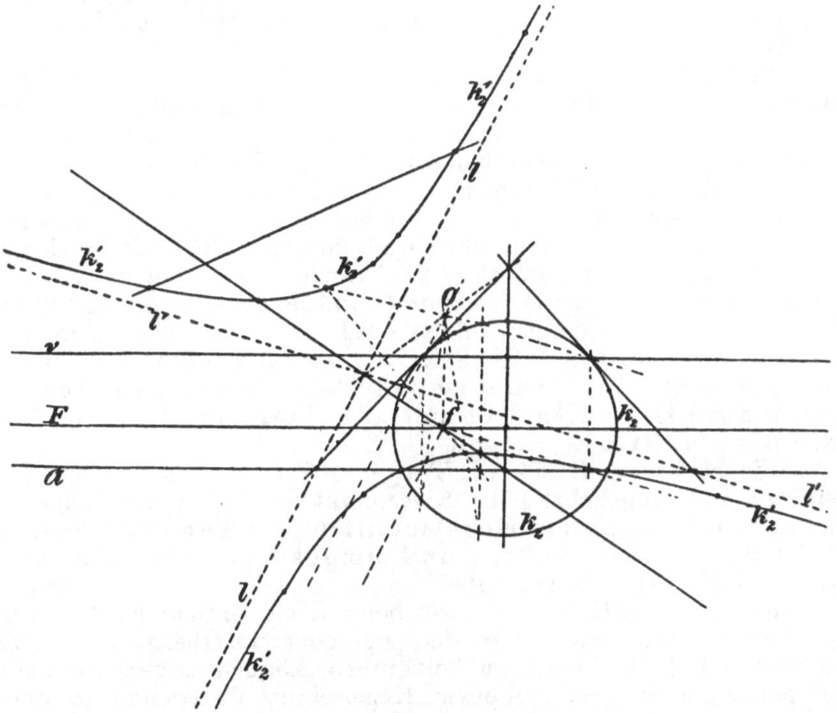

Fig. 102

durch das Verfahren des Projizierens oder Schneidens nicht verlustig gehen, so müssen auch gewisse Eigenschaften des Kreises für jeden Kegelschnitt gelten. Wir wissen z. B., ein Kreis kann von einer Geraden immer nur in höchstens zwei Punkten geschnitten werden; das gleiche muß offenbar auch für jeden Kegelschnitt gelten. Liegen die beiden Schnittpunkte des Kreises unendlich nahe, so ist aus der Sekante eine Tangente geworden. Das Bild einer Tangente kann stets nur wieder eine Tangente des Kegelschnittes sein; wenn wir uns in den Schnittpunkten des gegebenen Kreises und der Verschwindungslinie Tangenten denken, so müssen die Bilder dieser Tangenten wieder Tangenten sein, und zwar in diesem Falle Tangenten der Hyperbel; die Bilder

der Berührungspunkte liegen, wie wir hörten, auf der ∞ fernen Geraden, mithin berühren die Tangenten l und l' die Hyperbel im Unendlichen, d. h. in den Schnittpunkten der Hyperbel mit der ∞ fernen Geraden; sie heißen die Asymptoten der Hyperbel (siehe Fig. 102). Weiter lassen sich auf Grund der in den Abschnitten 20—24 hergeleiteten Eigenschaften des Kreises folgende Sätze für die Kegelschnitte aussprechen.

Wir bezeichnen zwei Punkte einer Geraden, die den Kreis schneidet, als harmonische oder konjugierte Pole des Kreises, wenn diese Punkte mit den Kreisschnittpunkten der Geraden eine harmonische Reihe bilden (vgl. Fig. 86).

Wird eine solche Gerade mit dem Kreise projiziert, so bilden die durch die vier Punkte gehenden projizierenden Strahlen einen harmonischen Strahlbüschel, der von jeder anderen Geraden bzw. Ebene wieder in harmonischen Punkten geschnitten wird. Daher bilden auch die Projektionen der vier Punkte eine harmonische Reihe, und wir bezeichnen jetzt die Punkte O' und Q' als harmonische (konjugierte) Pole des Kegelschnittes. Beim Kreise liegen bekanntlich, wenn wir durch O noch andere Sekanten ziehen, die Punkte, die auf einer Sekante mit O und den Kreisschnittpunkten den vierten harmonischen bilden, auf der Polare des Punktes. Es müssen daher auch für alle Kegelschnittsekanten durch einen Pol O die harmonischen Pole dieses Punktes in bezug auf diesen Kegelschnitt auf einer Geraden, der Polare des Punktes O, liegen.

Wie bei einem Kreise die Tangente Polare ihres Berührungspunktes und umgekehrt jeder Kreispunkt der Pol seiner Tangente ist, ist auch bei einem Kegelschnitte jede Tangente Polare ihres Berührungspunktes und umgekehrt jeder Kurvenpunkt Pol seiner Tangente.

Alle Konstruktionen, die wir beim Kreis kennen lernten, um zu einer Geraden als Polare den Pol oder umgekehrt zu einem gegebenen Pol die Polare zu bestimmen, können unverändert für entsprechende Aufgaben an einem Kegelschnitt angewendet werden. Die Polare eines Punktes außerhalb des Kegelschnittes ist die Verbindungslinie der Berührungspunkte der durch den Pol gehenden Kegelschnitttangenten. Umgekehrt schneiden sich die Tangenten in den Schnittpunkten einer Polare mit dem Kegelschnitte im Pole.

Harmonische (konjugierte) Polare eines Kreises heißen zwei solche Strahlen, die mit den aus ihrem Schnittpunkte an den Kreis gezogenen Tangenten einen harmonischen Büschel bilden. Wird ein solcher Büschel projiziert, so bilden sämtliche projizierende Strahlen einen harmonischen Ebenenbüschel, der von jeder weiteren Ebene stets in harmonischen Strahlen geschnitten wird. Es muß daher die Projektion des harmonischen Büschels wieder ein harmonischer Büschel sein, und da Kreistangenten zu Kegelschnitttangenten werden, so definieren wir harmonische (konjugierte)

Polare eines Kegelschnittes als solche Gerade, die zu den von ihrem Schnittpunkte aus an den Kegelschnitt gelegten Tangenten harmonisch liegen. Auch die Hauptsätze von den harmonischen Polaren einer Polare in bezug auf einen Kreis (vgl. Abschnitt 25) gelten für jeden beliebigen Kegelschnitt in unveränderter Weise, mithin: Die harmonischen Polaren einer gegebenen Polare g in bezug auf einen Kegelschnitt schneiden sich in einem Punkte, dem Pole G von g. Die Polaren aller Punkte einer Geraden in bezug auf einen Kegelschnitt schneiden sich in dem Pol dieser Geraden. — Der Pol der Verbindungslinie zweier Punkte in bezug auf einen Kegelschnitt ist der Durchschnittpunkt der Polaren dieser Punkte. — Dreht sich eine Gerade g um einen Punkt Q, so beschreibt ihr Pol G eine Gerade q, die Polare des Punktes Q in bezug auf den Kegelschnitt.

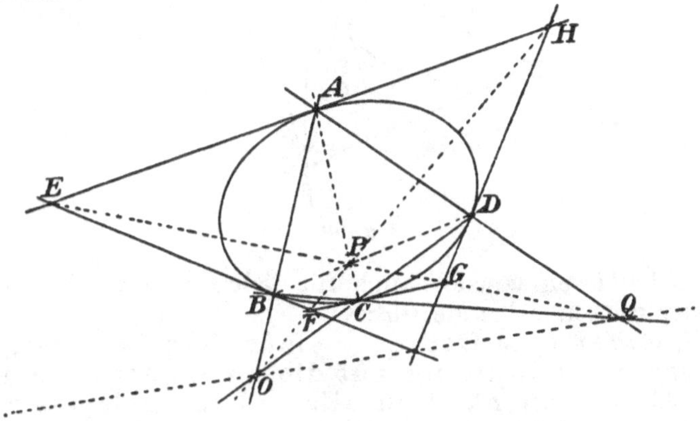

Fig. 103.

Zu einem gegebenen Pol O konstruiert man die Polare in bezug auf einen Kegelschnitt am einfachsten dadurch, daß man von ihm aus zwei Sekanten zieht und die Kurvenpunkte als Ecken eines vollständigen Vierecks betrachtet. Der Pol selbst ist dann ein Diagonalpunkt dieses Vierecks und die Verbindungslinie der beiden anderen Diagonalpunkte muß, gerade so wie beim Kreis, Polare des Punktes O sein. Dies gilt aber von jedem Diagonalpunkte, es gibt daher auch bei dem Kegelschnitte Polardreiecke bzw. Diagonaldreiseite. So ist in Figur 103 Dreieck OPQ Diagonaldreieck des eingeschriebenen Vierecks $ABCD$, zugleich ist es Diagonaldreiseit des umgeschriebenen Vierecks $EFGH$.

28. Schneidet eine Gerade g einen Kreis in den Punkten Z und U (Fig. 104), und denkt man sich zu beliebigen dritten Punkten A, B, C der Geraden die zugeordneten Punkte A_1, B_1, C_1, ... konstruiert, d. h. die, die jedesmal die vierten harmonischen Punkte bilden, so stellen die Punktreihen zwei ungleichlaufende involutorische Punktreihen dar. Es ist der Pol der Geraden g

Punkt G, die Polare a des Punktes A geht durch den zugeordneten Punkt A_1 und den Pol G, die Polare b von B durch die Punkte B_1 und G. Umgekehrt sind die zugeordneten Punkte von A_1 und B_1 bzw. die Punkte A und B, und die Polaren bezüglich GA und GB. Man erkennt also, daß hier zwischen den Elementen der einfachen Grundgebilde ein vertauschbares Entsprechen stattfindet. Da aber die Eigenschaften unserer Figur bei einer Zentralprojektion erhalten bleiben, so gilt das, was für

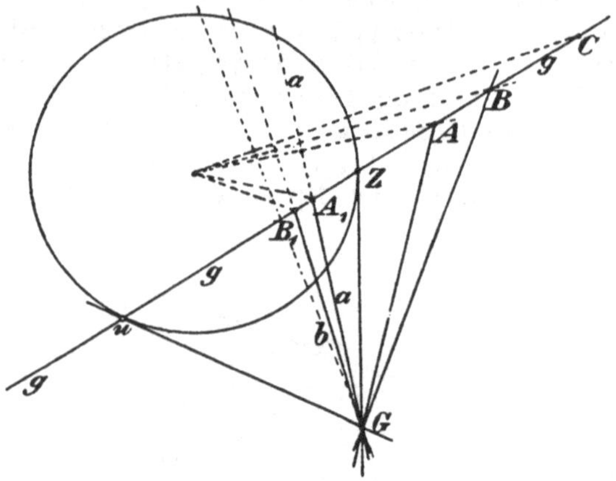

Fig. 104.

den Kreis bewiesen wurde, auch für jeden anderen Kegelschnitt. Wir haben mithin folgende Sätze:

„Schneidet eine Gerade g einen Kegelschnitt, so ist sie Träger einer in bezug auf diesen zugeordneten Involution. Es bilden nämlich alle auf ihr gelegenen Paare harmonischer Pole zwei ungleichlaufende involutorische Punktreihen, die Doppelpunkte derselben sind die Schnittpunkte des Trägers g mit dem Kegelschnitt."

Der gleichen Figur entnehmen wir auch folgenden Satz:

„Für einen außerhalb des Kegelschnittes gelegenen Punkt G bilden alle durch ihn gezogenen Paare harmonischer Strahlen zwei ungleichlaufende involutorische Strahlbüschel. Die Doppelstrahlen sind die von G an den Kegelschnitt gelegten Tangenten."

Für eine Gerade, die den Kreis nicht schneidet, lassen sich ganz gleiche Betrachtungen anstellen (Fig. 105); die sich ergebende Involution ist eine gleichlaufende. Wir haben mithin folgende Sätze:

„Die Paare harmonischer Pole auf einer den Kegelschnitt nicht schneidenden Geraden bilden zwei gleichlaufende involutorische Punktreihen. — Für einen inneren Punkt eines Kegelschnittes bilden alle durch ihn gezogenen Paare harmonischer Polaren zwei gleichlaufende involutorische Strahlbüschel.

Ist also g die Polare von G und sind A, A_1, B, B_1 Paare harmonischer Pole, so müssen, wenn ich durch G eine beliebige Sekante $XGYZ$ ziehe, sich immer Vierecke angeben lassen, für welche diese Linie Seite und die Punktgruppen GAA_1, GBB_1 usw. Ecken des zugehörigen Diagonaldreiecks sind. Ein derartiges Viereck erhält man dadurch, daß man z. B. A mit x und y verbindet, dann schneiden diese Verbindungslinien die Kreislinie in Punkten, die mit y und x verbunden Linien liefern, deren Schnittpunkt sich in A_1 befindet; auf gleiche Weise erhält man das Viereck für Punkt B, und es ist damit bewiesen, daß sich die Punkte A und A_1, B und B_1 usw. entsprechen und zwar vertauschbar als Pole des Kreises, ebenso auch die Strahlen $GA = a_1$ und $GA_1 = a$, $GB_1 = b$ und $GB = b_1$. Die Figur lehrt uns aber

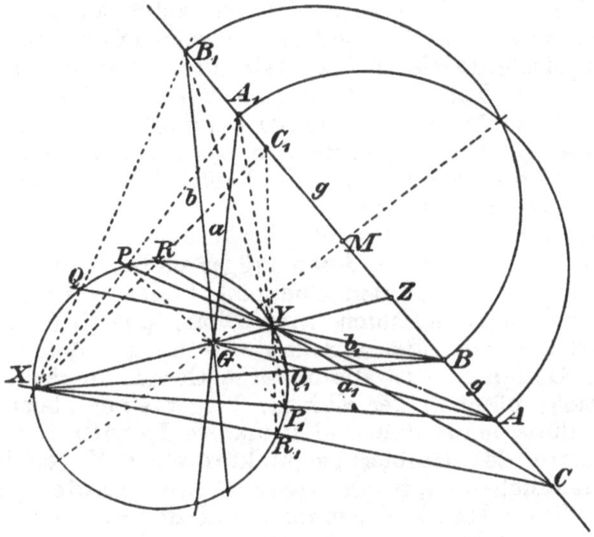

Fig. 105.

weiter, daß diese Punktreihen A, B, C, ... und A_1, B_1, C_1, ... auch perspektiv liegen, denn es sind die beiden Büschel, deren Scheitel in y und x liegen und durch deren Schnitt mit der Polaren beide Punktreihen erzeugt worden, kongruent; sie stehen jedesmal über derselben Punktreihe des Kreises, über P, Q, R, ... bezw. über P_1, Q_1, R_1, ..., der Mittelpunkt der Involution ist M. Folgende einfache Konstruktion für harmonische zugeordnete Pole entnehmen wir der Figur:

Ist g eine Polare und G der Pol dieser Polare in bezug auf einen Kegelschnitt, so braucht man nur durch G eine beliebige Sekante xy zu ziehen, dann schneiden, wenn P, Q, R usw. Punkte des Kegelschnittes sind, die Geraden: Px, Py, Qx, Qy, Rx, Ry usw. die Polare in zugeordneten harmonischen Polen des Kegelschnittes. Oder allgemeiner: Denkt man sich auf einem Kegelschnitte zwei feste Punkte x und y und zu den verschiedenen Punkten der Verbindungslinie von xy die Polaren konstruiert, so werden alle diese Polaren von den genannten Linien in harmonischen Polen des Kegelschnittes geschnitten. Wird aus der Kreis- bzw. Kegelschnittsekante eine Tangente, so fallen die Doppelpunkte der Involution im Berührungspunkte zusammen; desgleichen liegen die Doppelstrahlen der Involution harmonischer Polaren eines Kreis- bzw. Kegelschnittpunktes in der Tangente dieses Punktes.

Nach diesen Ausführungen können wir jede Gerade der Ebene eines Kegelschnittes ansehen als Träger einer Involution harmonischer Pole und jeden Punkt als Scheitel einer Involution harmonischer Polaren. Zu diesen Geraden zählt auch die ∞ ferne Gerade der Ebene, also das Bild der Verschwindungslinie V, wenn wir den Kegelschnitt als die zentrale Projektion des Kreises ansehen. War die Verschwindungslinie Sekante des abgebildeten Kreises, so ist sie Träger einer ungleichlaufenden Involution, deren Doppelpunkte die Schnittpunkte der Hyperbel mit der ∞ fernen Geraden sind; aus diesem Grunde heißt diese Involution auch hyperbolische Involution.

War die Gerade V Tangente des Kreises, so heißt die Involution der ∞ fernen Geraden, deren Träger sie ist, und die nur einen Doppelpunkt besitzt und den Übergang bildet von der ungleichlaufenden zur gleichlaufenden Involution, parabolische Involution. Bildet V eine ideelle Sekante, d. h. eine den Kreis nicht schneidende Gerade, so ist die ∞ ferne Gerade in der Ebene des Kegelschnittes, nämlich der Ellipse, Träger einer gleichlaufenden Involution; diese heißt daher elliptische Involution.

Die Polare des Halbierungspunktes einer Kegelschnittsehne liegt im Unendlichen, d. h. ist die ∞ ferne Gerade der Ebene; daher sind dieser Halbierungspunkt und der ∞ ferne Punkt der Sehne harmonische Pole des Kegelschnittes. Der harmonische Pol des Halbierungspunktes einer parallelen Sehne liegt ebenfalls im ∞ fernen Punkt der ersten Sehne; daher müssen die Halbierungspunkte paralleler Sehnen eines Kegelschnittes auf einer Geraden liegen, nämlich auf der Polare des ∞ fernen Punktes dieser Sehne. Diese Gerade heißt Durchmesser des Kegelschnittes. Ein Durchmesser wird hiernach erhalten, wenn der Kegelschnitt gezeichnet vorliegt, indem man zwei parallele Sehnen zieht und alsdann entweder deren Halbierungspunkte verbindet, oder die Schnittpunkte der noch fehlenden Gegenseitenpaare des durch die Endpunkte der Sehnen bestimmten allgemeinen Vierecks verbindet (Fig. 106 und 107).

Jedem Punkt der ∞ fernen Geraden entspricht umgekehrt ein Parallelbüschel von Kegelschnittsehnen und immer liegen die Halbierungspunkte der Sehnen auf einer Geraden, der Polare des ∞ fernen Punktes, einem Durchmesser des Kegelschnittes. Da sich aber die Polaren der Punkte einer Geraden in einem Punkte schneiden, so müssen sich auch alle Durchmesser eines Kegelschnittes als Polare der Punkte der unendlich fernen Geraden in einem Punkte schneiden. Dieser Punkt ist der Mittelpunkt des Kegelschnittes, er ist also zugleich der Pol der ∞ fernen Geraden.

Bei einer Ellipse liegt der Mittelpunkt M im Innern der Kurve; denn die ∞ ferne Gerade hat mit der Kurve keinen Punkt gemein, daher muß jeder Durchmesser eine die Ellipse schneidende Gerade sein (Fig. 106).

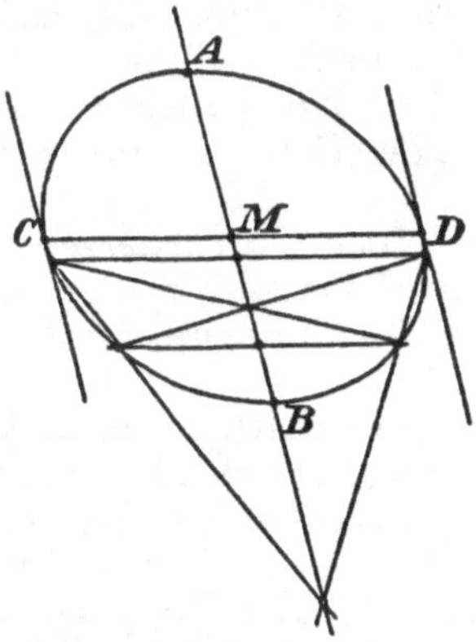

Fig. 106.

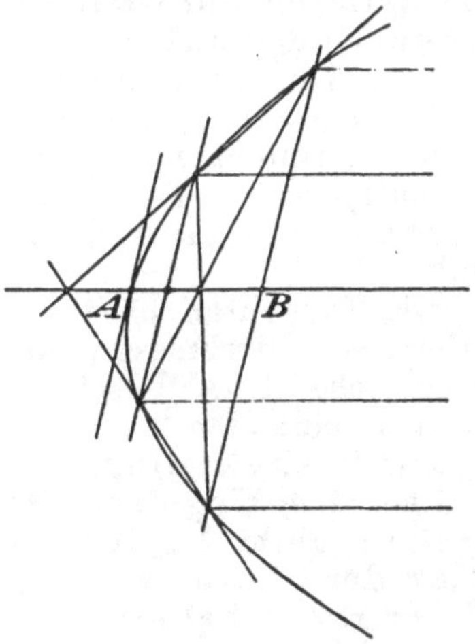

Fig. 107.

Die Parabel dagegen hat mit der ∞ fernen Geraden einen Punkt gemein. Die letztere ist Tangente, mithin ihr Pol der Berührungspunkt. Hiernach hat die Parabel einen Mittelpunkt, der im Unendlichen liegt. Die Parabeldurchmesser sind sämtlich, da sie sich in ihm schneiden müssen, nach ihm gerichtet, also parallel (Fig. 107).

Für die Hyperbel ist die ∞ ferne Gerade eine Sekante; ihr Pol ist daher der Schnittpunkt der Tangenten in den ∞ fernen Punkten der Kurve, das heißt der Schnittpunkt der Asymptoten. Er ist also ein äußerer Punkt der Kurve (vgl. Fig. 102 und 109).

Die Durchmesser eines Kegelschnittes können hiernach Linien sein, die den Kegelschnitt schneiden und daher eine begrenzte Strecke darstellen, und solche, die ihn nicht schneiden, also unbegrenzt sind (imaginäre Durchmesser). Bei der Hyperbel finden sich beide Arten von Durchmessern, den Übergang von der einen Art zur anderen bilden die Asymptoten. Die Durchmesser der Parabel sind nur auf der einen Seite durch einen Kurvenpunkt begrenzt, sie sind unendlich lang und erstrecken sich bis zu ihrem ∞ fernen Punkte. Die Ellipse hat nur reelle Durchmesser. Die reellen Durchmesser eines Kegelschnittes werden stets durch den

Mittelpunkt desselben halbiert. **Zwei Durchmesser eines Kegelschnittes, von denen jeder den Pol des anderen enthält, heißen konjugierte Durchmesser**, z. B. AB und CD (Fig. 106). Bei einem Büschel paralleler Sehnen eines Kegelschnittes ist der im Unendlichen liegende Schnittpunkt dieser Sehnen Pol desjenigen Durchmessers, der die Mittelpunkte aller dieser Sehnen verbindet. Dieser Durchmesser und die Sehne des Büschels, die durch den Mittelpunkt des Kegelschnittes geht, sind konjugierte Durchmesser. Wir können daher auch sagen: **Zwei Kegelschnittdurchmesser sind konjugiert, wenn der eine Durchmesser die zum anderen parallelen Sehnen halbiert.** Die Tangenten in den Endpunkten eines Durchmessers schneiden sich im Pole des Durchmessers; da dieser aber mit dem ∞ fernen Punkte seines konjugierten Durchmessers zusammenfällt, so sind sie diesem Durchmesser parallel (Fig. 106); mithin können wir den Satz aussprechen: **Die Tangenten in den Endpunkten eines Durchmessers sind dem konjugierten Durchmesser parallel.**

Die Tangenten in den Endpunkten eines Durchmessers, der konjugierte Durchmesser und die ∞ ferne Gerade bilden einen harmonischen Strahlbüschel. Konjugierte Durchmesser des Kreises stehen aufeinander $\perp$.

Die Paare konjugierter Durchmesser bilden am Mittelpunkte des Kegelschnittes zwei involutorische Strahlbüschel; beim Kreise und bei der Ellipse ist die Involution der konjugierten Durchmesser eine gleichlaufende, bei der Hyperbel eine ungleichlaufende. Die Doppelstrahlen der Involution sind die Asymptoten, daher liegen diese mit jedem Paare konjugierter Durchmesser harmonisch.

Bei der Parabel ist zu irgend einem Durchmesser, die alle parallel sind und nach dem ∞ fernen Mittelpunkt laufen, die ∞ ferne Gerade als konjugierter anzusehen. Ein solcher, ∞ langer Durchmesser kann nicht halbiert werden, auch der Halbierungspunkt muß als im Unendlichen liegend angenommen werden. Wenn nun die Tangenten in den verschiedenen Parabelpunkten ungleich gerichtet sind, so müssen wir auch die ∞ fernen Tangenten im anderen Endpunkte ∥ hierzu denken. Die ∞ ferne Gerade einer Ebene kann daher keine Gerade von **bestimmter Richtung** sein, sie enthält eben alle ∞ fernen Punkte der Ebene, daher bleibt ihre Richtung unbestimmt.

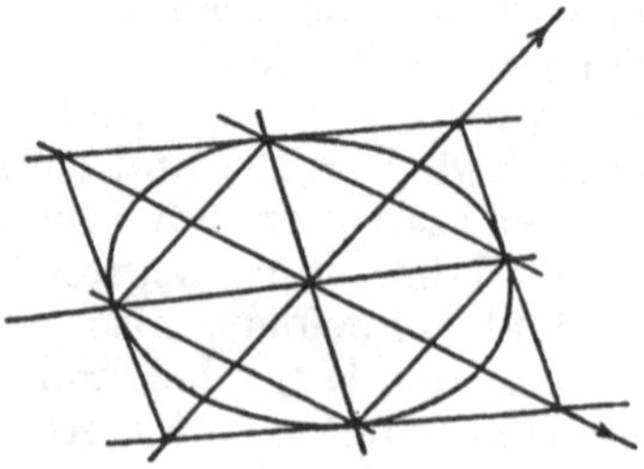

Fig. 108.

Wie für den Kreis, so lassen sich auch für die Ellipse und Hyperbel Polardreiecke mittels ein- oder umgeschriebener Vierecke konstruieren (vgl. Fig. 103, Abschnitt 28). Werden statt der beliebigen Vierecke Parallelogramme gezeichnet (Fig. 108 und 109), so fällt die eine Seite des Polardreiecks ins Unendliche, aus den beiden anderen aber werden **konjugierte Durchmesser.** Daher bestehen folgende Sätze:

Die Diagonalen eines einem Kegelschnitte einbeschriebenen Parallelogramms schneiden sich im Mittelpunkte. Die Parallelen zu den Seiten des Parallelogramms durch den Mittelpunkt geben konjugierte Durchmesser an. Die Gegenseitenpaare laufen allemal zwei konjugierten Durchmessern parallel.

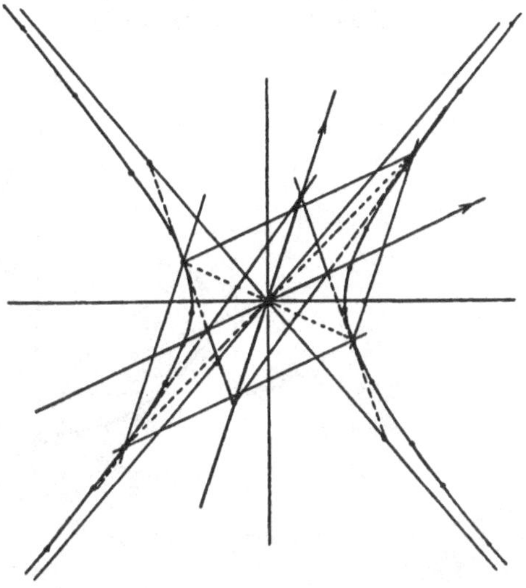

Fig. 109.

In einem einem Kegelschnitte umgeschriebenen Parallelogramm geben dessen Diagonalen zugleich konjugierte Durchmesser an.

Noch ein Satz, auf den die umbeschriebenen Vierecke eines Kegelschnittes führen und von dem wir öfters Anwendung machen werden, sei hier angeführt. Bei Betrachtung der Figur 90 im Abschnitt 26 oder Figur 103, Abschnitt 28 erkennt man, daß die Diagonalen eines umgeschriebenen Vierseits zugleich die Seiten des Polardreiseits sind und die dritte Seite des Polardreiseits die Verbindungslinie der Schnittpunkte der Gegenseiten des umgeschriebenen Vierecks ist. Die beiden ersteren Seiten schneiden daher diese dritte Seite in zugeordneten Punkten, sie selbst sind zugeordnete harmonische Polare in bezug auf den Kegelschnitt und zugleich vertauschbar. Hat man einen Kegelschnitt und eine Gerade g und außerdem eine Tangente t des Kegelschnittes (Fig. 110), die die Gerade g in P schneiden möge, dann lassen sich von den verschiedenen Punkten der Geraden g, von A, B, C, ... Tangentenpaare an den Kegelschnitt legen, die mit dem von P stets ein umgeschriebenes Vierseit bilden; die Diagonalen aller Vierseite bilden mithin am Punkt O zwei involutorische Strahlbüschel, und daher sind auch ihre Schnittpunkte mit der Tangente, die eine Viereckseite für alle Vierseite ist, Punkte einer Involution. Diese Punkte, nämlich A_0, A_0^1, B_0, B_0^1 usw. sind aber zugleich die Ecken der Vierseite, mithin folgt der Satz:

Legt man von den Punkten einer Geraden g in der Ebene eines Kegelschnittes die Tangentenpaare an den letzteren, so schneiden diese eine beliebige Tangente des Kegelschnittes in Punkten einer Involution.

Unter den unzähligen Paaren konjugierter Durchmesser befindet sich bei jedem Kegelschnitte ein Paar senkrechter Durchmesser, diese heißen Achsen, sie sind Symmetrielinien des Kegelschnittes und ihre Schnitte mit der Kurve die Scheitel desselben. Zugleich sind sie die Rechtwinkelstrahlen der Involution, die zwei Paare konjugierter Durchmesser bestimmen. Die Doppelstrahlen derselben stellen die Asymptoten dar. Über die Ermittlung dieser Strahlen siehe Abschnitt 31 dieses Kapitels.

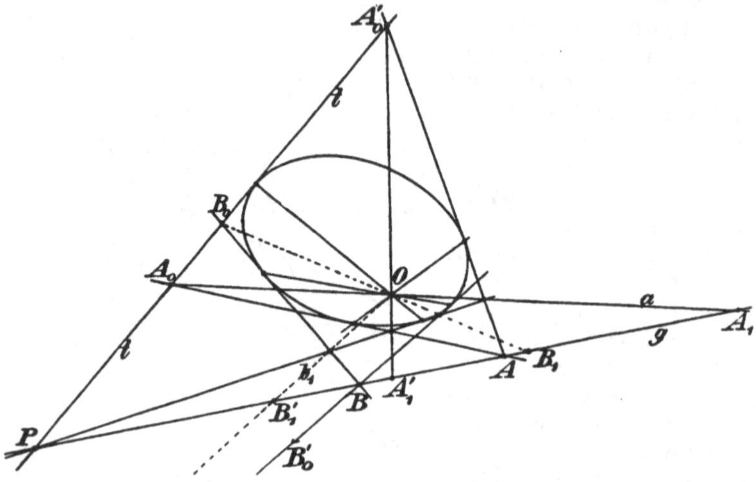

Fig. 110.

Die Achsen der Hyperbel halbieren die Winkel der Asymptoten (Fig. 109). Die eine Achse ist ein imaginärer Durchmesser, d. h. unbegrenzt; die andere ist ein reeller Durchmesser. Bei der Parabel läßt sich nur eine Achse angeben; sie ist der Durchmesser, der zu der im Scheitel konstruierten Tangente senkrecht ist. Die Konstruktion der Tangenten in Kegelschnittpunkten, der Tangentenpaare äußerer Punkte eines Kegelschnittes sowie der Achsen, wird an anderer Stelle gezeigt werden (vgl. hierüber auch Abschnitt 8, Kapitel I).

Erzeugung der Kegelschnitte durch projektivisch verwandte Punktreihen und Strahlbüschel.

29. Eine ebene Kurve kann man sich auf zwei Arten entstanden denken:

1. durch Konstruktion einer genügend großen Anzahl von Punkten;
2. durch Konstruktion einer genügend großen Anzahl von Tangenten.

Die konstruierten Punkte bilden eine Punktreihe, die konstruierten Tangenten bilden einen Strahlbüschel in der Ebene der Kurve. Die Ausdrücke Punktreihe und Strahlbüschel sind uns nicht fremd, bisher gehörten die Punktreihen einer Geraden an und die betrachteten Strahlbüschel gingen stets durch einen Punkt. Wir sagten, die Gerade sei der Träger der Punktreihe, der Punkt der Träger des Strahlbüschels. Wir erkannten, daß man diese einfachen Gebilde zueinander in Beziehung setzen kann, derart, daß jedem Element des einen Gebildes ein ganz bestimmtes des anderen Gebildes zugeordnet ist, so daß letzteres durch Konstruktion bestimmt werden kann.

Nach Abschnitt 8 des Kapitels I erhalte ich z. B. Punkte einer Kurve und zwar einer Ellipse, wenn ich durch den Mittelpunkt zweier konzentrischer Kreise einen Radius lege, durch dessen Schnittpunkt mit dem größeren Kreise die lotrechte Gerade, mit dem kleineren die horizontale Gerade ziehe. Der Schnittpunkt dieser beiden Geraden ist ein Punkt der Ellipse, dessen große Achse gleich dem Durchmesser des großen Kreises, dessen kleine Achse gleich dem des kleinen Kreises ist. Je kleiner die Winkel sind, die die gewählten Radien einschließen, desto näher liegen auch die konstruierten Ellipsenpunkte; man kann sich die Winkel der Radien schließlich so klein denken, daß auch die Ellipsenpunkte ∞ nahe aneinander zu liegen kommen, wir haben dann offenbar eine stetige Aufeinanderfolge von Punkten, deren Träger die Linie ist, die diese Punkte kontinuierlich verbindet, d. i. in diesem Falle die Ellipse; oder wir sagen auch: die Ellipse sei in diesem Falle erzeugt als Punktreihe; jedem Radius entspricht ein Ellipsenpunkt.

Wenn eine gegebene Punktreihe $A, B, C, \ldots$ einer Geraden g einer anderen Punktreihe $A', B', C', \ldots$, die auf einer Geraden g' liege, projektiv ist, so wissen wir aus Früherem, daß jedem beliebigen Punkte der Geraden g, z. B. x nur ein ganz bestimmter Punkt x' der Geraden g' entspricht; letzterer kann stets ermittelt werden, wenn wir z. B. festsetzen, daß den drei beliebig gewählten Punkten A, B, C auf g bzw. die beliebig gewählten Punkte A', B', C' auf g' entsprechen sollen, denn damit ist bekanntlich die projektive Verwandtschaft der beiden Punktreihen definiert. Jedem Punkte von g entspricht ein Punkt der Geraden g', und denken wir alle konstruiert, so haben wir zu den ∞ nahe gelegenen Punkten der Geraden g in der Ebene wieder eine entsprechende Schar von Punkten, die in diesem Falle auf einer Geraden liegen; die Gerade g' ist in diesem Falle der Träger dieser Punktreihe.

Diese Beispiele zeigen, daß wir Kurven dadurch konstruieren können, daß wir ihre Punkte, deren Träger sie sind, konstruieren; im letzteren Falle erhielten wir als Kurve eine Gerade, im ersteren eine Ellipse, d. h., wenn wir nach irgend einem Bildungsgesetz eine stetige Aufeinanderfolge von Punkten herstellen, so entsteht allgemein eine Kurve, die eine Gerade, eine Ellipse oder irgend eine andere Kurve sein kann; und um diese Kurven zu unterscheiden, sagen wir, wenn auf die eben geschilderte Weise eine Kurve konstruiert wird, die Kurven werden erzeugt als eine Punktreihe von beliebiger Ordnung, oder als Punktkurve, oder Ordnungskurve. Gerade und Ellipsen sind Kurven von ungleicher Ordnung; die Gerade ist, was sich aus dem Nachfolgenden ergeben wird, eine Kurve erster, die Ellipse eine Kurve zweiter Ordnung. Zu Anfang dieses Abschnittes wurde gesagt, daß man sich eine Kurve auch durch Konstruktion einer genügend großen Anzahl von Tangenten entstanden denken kann. Betrachten wir z. B. den Kreis (Fig. 111). Dieser ist in diesem Falle mit dem Zirkel beschrieben worden. Wenn man sich aber in verschiedenen Punkten der Peripherie Tangenten denkt, so ist doch klar, daß man den Kreis auch ohne Zirkel hätte zeichnen können, wenn man in der Lage gewesen wäre, vorweg die Tangenten zu konstruieren; dann ist der Kreis eine Kurve, die sich diesen Linien anschmiegt, d. h. jede in einem Punkt berührt. Je mehr Punkte und je näher wir diese auf dem Kreise annehmen, desto näher liegen auch die Tangenten, d. h. desto kleiner wird der Winkel zweier benachbarter Tangenten.

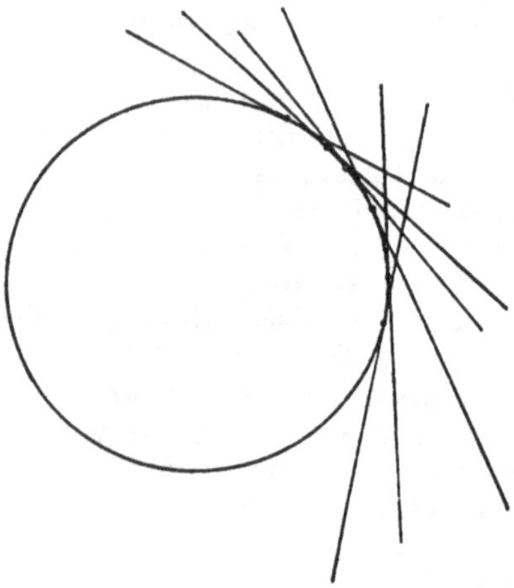

Fig. 111.

Die Schar der Tangenten bildet einen Strahlbüschel; der ist aber in diesem Fall ein Büschel, dessen Strahlen nicht durch einen Punkt gehen. Oder, wenn ich in einem Rechteck $ABCD$ (Fig. 112) die Mittellinien EF und GH ziehe und F mit H verbinde, und ich ziehe durch die Punkte dieser Geraden FH Strahlen nach D und außerdem Parallele zu FE, dann ist die Punktreihe y, y', y'', ... auf FC der Punktreihe Z, Z', Z'', auf CH projektiv und werden jetzt entsprechende Punkte miteinander verbunden, also y mit Z, y' mit Z' usw., so erhalte ich eine Schar von Linien, einen Strahlbüschel; die einzelnen Linien sind in diesem Falle die Tangenten einer Ellipse. Je näher die Punkte x liegen, desto näher liegen auch die Tangenten, es ist also durch dieses Verfahren möglich, eine stetige Aufeinanderfolge von Geraden, einen Strahlbüschel, zu konstruieren, die zugleich Tangenten einer Ellipse sind, die also eine Kurve bestimmen. Die Kurve ist der Träger dieses Strahlbüschels. Man kann sich die Entstehung der Kurve auch derart denken, daß eine Gerade sich in der Ebene so bewegt, daß sie die einzelnen Lagen der Tangente durchläuft.

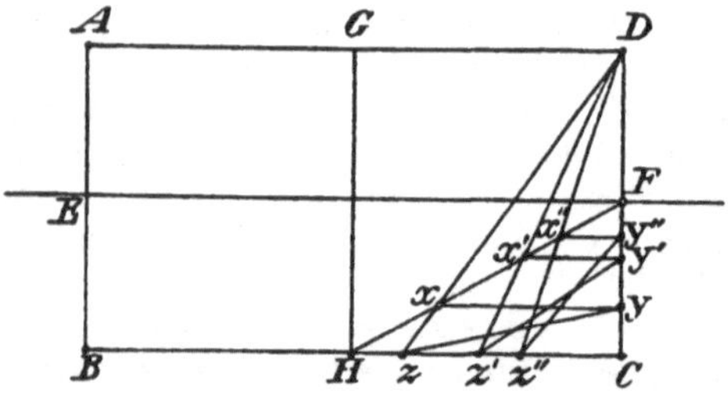

Fig. 112.

Dann ist diese Ellipse anzusehen als die Einhüllungsfigur oder Enveloppe dieses veränderlichen Strahles. Wir erkennen hieraus, daß die Einhüllungskurven nicht immer gleich zu sein brauchen, einmal war sie ein Kreis, das andere Mal eine Ellipse; wenn auf diese Weise irgend eine Kurve bestimmt ist, so sagt man auch, sie sei erzeugt als Strahlbüschel von beliebiger Klasse, als Strahlenkurve oder Klassenkurve. Die Elemente der Kurve sind die Strahlen oder Geraden, die die Kurve berühren oder einhüllen. Es sind mithin auch die Strahlbüschel zu unterscheiden; bei dem bisher betrachteten Strahlbüschel gingen die Strahlen sämtlich durch einen Punkt, bei den in Figur 111 und 112 betrachteten dagegen nicht. Der erstere ist ein Strahlbüschel erster Klasse, die beiden letzteren sind Strahlbüschel zweiter Klasse.

Man bezeichnet also die Gerade als Träger einer Punktreihe, als gerade Punktreihe erster Ordnung. Andere Punktreihen gelten als Punktreihen höherer Ordnung. Die Ordnung einer Punktreihe richtet sich im allgemeinen nach der Zahl derjenigen Punkte, die diese Punktreihe mit einer Punktreihe erster Ordnung gemeinsam haben kann, oder mit anderen Worten, nach der Zahl derjenigen Punkte, in denen die Kurve von einer Geraden geschnitten werden kann. Die Kegelschnitte können von einer Geraden immer nur in zwei Punkten geschnitten werden, daher sind die Punktreihen der Kegelschnitte von der zweiten Ordnung. Unter einem Strahlbüschel verstehen wir im allgemeinen die Gesamtheit der eine Kurve einhüllenden Tangenten. Ist aber die Kurve ein Punkt, d. h. gehen alle Geraden durch einen Punkt, so haben wir es mit einem Strahlbüschel erster Klasse zu tun; solche sollen auch in Zukunft gemeint sein, wenn kurz von einem Strahlbüschel die Rede ist. Die Klasse eines anderen Strahlbüschels richtet sich nach der Zahl derjenigen Strahlen, die er mit einem Strahlbüschel erster Klasse gemeinsam haben kann, oder mit anderen Worten, nach der Zahl der Tangenten, die sich von einem Punkte außerhalb der Kurve an diese ziehen lassen. Die Strahlbüschel der Kegelschnitte sind daher solche zweiter Klasse. Sieht man von der Entstehung der Kurven ab, so unterscheidet man sie weder nach Ordnung noch nach Klassen, sondern nach Graden; die Gerade ist eine Kurve ersten Grades, die Kegelschnitte dagegen Kurven zweiten Grades.

An den in den Figuren 111 und 112 dargestellten Strahlbüscheln zweiter Klasse erkennt man deutlich, daß die Schnittpunkte der einzelnen aufeinanderfolgenden Strahlen nicht der Kurve angehören. Bewegt sich aber der Berührungspunkt eines Strahles nach dem Berührungspunkte eines anderen Strahles hin und zwar auf der Kurve, so wird sich hierbei die Tangente immer mehr in ihrer Richtung jenem Strahl nähern, und liegen die Punkte ∞ nahe, fallen sie also in einen Punkt, so liegen auch die zugehörigen Tangenten ∞ nahe, d. h. auch sie fallen zusammen; der Schnittpunkt solcher unendlich nahen benachbarten Strahlen ist ein Punkt, von dem man an die Kurve zwei ∞ nahe benachbarte, zusammenfallende Tangenten legen kann. Ein solcher Punkt kann aber nur ein Punkt der Kurve sein, d. h. der Schnittpunkt ∞ nahe liegender Strahlen eines Strahlenbüschels zweiter Klasse ist ein Kurvenpunkt. Ein solcher Kurvenpunkt muß mithin auf jedem Strahl des Büschels sein; wie die Tangenten, so müssen auch diese Punkte eine stetige Aufeinanderfolge bilden, und mithin können wir eine Strahlenkurve erzeugt denken nicht nur als Gebilde ihrer Tangenten, sondern auch als Linienzug ihrer Berührungspunkte.

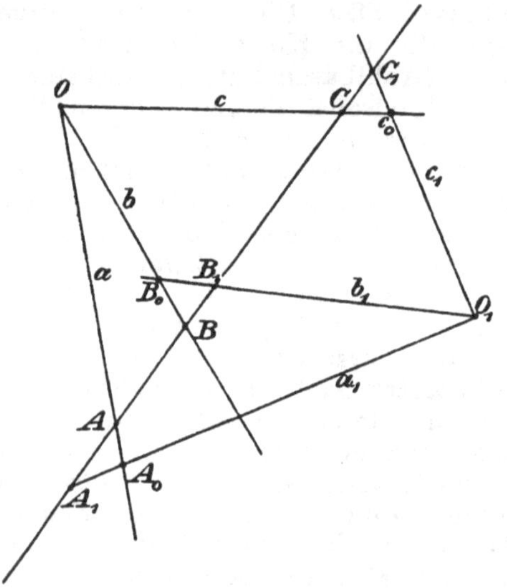

Fig. 113.

30. Es soll jetzt untersucht werden, welcher Ordnung die Punktreihe ist, die durch den Schnitt der entsprechenden Strahlen zweier projektiver Strahlbüschel entsteht, und ebenso, welcher Klasse der Strahlbüschel ist, den die Verbindungslinien der entsprechenden Punkte zweier projektiver Punktreihen bilden. Es seien O und O_1 Träger zweier Strahlbüschel; wir bestimmen, daß Strahl a dem Strahl a_1 entspreche, ferner sich entsprechen b und b_1, c und c_1, sämtliche Linien beliebig gewählt. Die projektive Beziehung der beiden Büschel ist damit definiert (vgl. die Fig. 113 und 114). Werden jetzt die Büschel von irgend einer Geraden geschnitten, so entstehen auf dieser Geraden zwei Punktreihen, $A, B, C, \ldots, A_1, B_1, C_1, \ldots$ die, da die Büschel projektiv sind, auch wieder projektiv sind. In Figur 113 sind diese Punktreihen gleichlaufend, in Figur 114 dagegen ungleichlaufend. Nun ist im Abschnitt 18 des Kapitels II dargelegt worden, daß bei ungleichlaufenden, projektiven, aufeinanderliegenden Punktreihen stets zwei Doppelpunkte vorhanden sind (sie liegen außerhalb der von den Gegenpunkten der Punktreihe begrenzten Strecke), daß dagegen bei

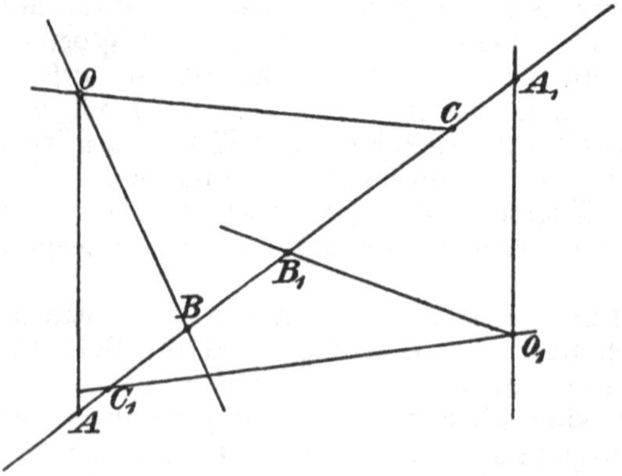

Fig. 114.

aufeinanderliegenden gleichlaufenden Punktreihen nicht immer solche Doppelpunkte aufzutreten brauchen. Entweder tritt kein Doppelpunkt auf, oder aber es tritt ein Doppelpunkt auf, oder zwei Doppelpunkte. Drei Doppelpunkte treten aber in keinem Falle auf; wenn die Punktreihen drei Doppelpunkte aufweisen, was möglich ist, so würde das heißen, drei entsprechende Strahlen schneiden sich in Punkten einer Geraden, es liegen dann die Büschel perspektiv, nicht projektiv, auch die Schnittpunkte aller übrigen entsprechenden Geraden würden auf dieser Geraden, der Perspektivitätsachse, liegen.

Das Erzeugnis der beiden Strahlbüschel wird in diesem Fall eine Punktreihe erster Ordnung sein. Liegen aber die Strahlbüschel

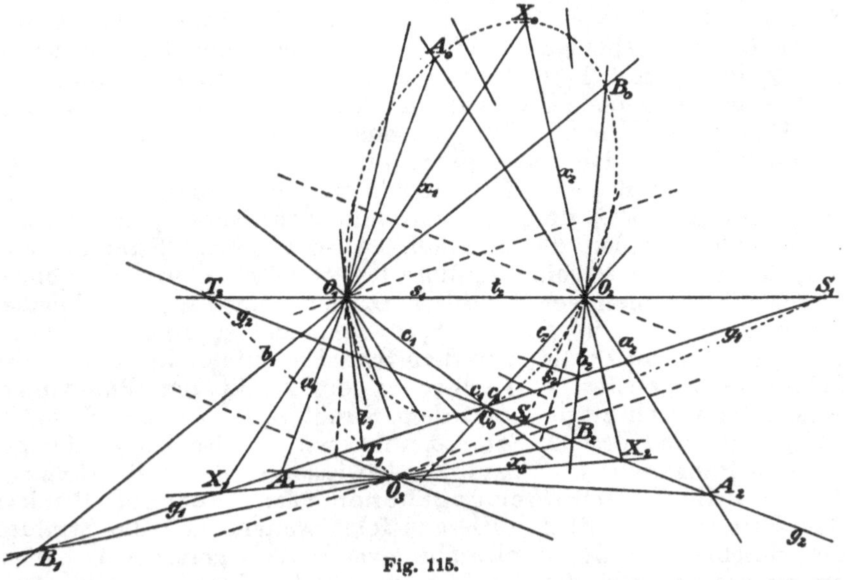

Fig. 115.

projektiv, so können die Punktreihen, die die Büschel mit dieser Geraden erzeugen, in Maximum nur zwei Doppelpunkte haben, diese Doppelpunkte sind aber Schnittpunkte entsprechender Strahlen, mithin kann eine Gerade die von zwei projektiven Strahlbüscheln erzeugte Punktreihe niemals in mehr als zwei Punkten schneiden, daher ist diese Punktreihe von der zweiten Ordnung. Nur bei den gleichlaufenden Punktreihen liegt die Möglichkeit vor, daß eine beide Büschel schneidende Gerade zwei Doppelpunkte, oder einen, oder keinen Doppelpunkt besitzt, im ersten Falle ist sie Sekante der Punktreihe, im zweiten Falle Tangente derselben oder ihres Trägers, im dritten Falle ideelle Sekante derselben. Es entsteht die Frage: Wie lassen sich zu den drei Punkten A_0, B_0, C_0 der Punktreihe, die durch den Schnitt der drei beliebig gewählten Strahlenpaare entstehen, noch weitere Punkte ermitteln, und sind etwa die Scheitel O_1 und O_2 der Strahlbüschel auch Kurvenpunkte? (vgl. Fig. 115). Da durch die Wahl von drei Strahlenpaaren die projektive Verwandtschaft der beiden Büschel festgelegt ist, so muß sich auch zu jedem weiteren Strahl des einen Büschels der entsprechende des anderen Büschels ermitteln lassen und damit auch ein weiterer Punkt der Punktreihe. Man kommt am schnellsten zum Ziele, wenn man durch einen der gegebenen Punkte, z. B. C_0 zwei beliebige Gerade g_1 und g_2 zieht; dann sind die Punktreihen $A_1B_1C_1$ und $A_2B_2C_2$ auch projektiv, und da zwei entsprechende Punkte, nämlich C_1 und C_2, zusammenfallen, so befinden sie sich sogar in perspektiver Lage; daher müssen sich die Verbindungsgeraden entsprechender Punkte: A_1 und A_2, B_1 und B_2 in einem Punkte O_3 schneiden. Mit Hilfe dieses Punktes lassen sich leicht weitere entsprechende Strahlen der Büschel O_1 und O_2 auffinden: Man braucht nur durch O_3 eine beliebige Gerade X_3 zu ziehen, die die Geraden g_1 und g_2 in X_1 und X_2 schneiden mögen, dann sind die Linien x_1 und x_2 entsprechende Strahlen und der Schnittpunkt beider, X_0, ein Punkt der Kurve. Oder zu einem gegebenen Strahl x_1 des Büschels O_1 finde ich den zugeordneten Strahl x_2 des Büschels O_2, indem ich x_1 mit g_1 in X_1 schneide und den Schnittpunkt von X_1O_3 mit g_2 mit O_2 durch x_2 verbinde, dann sind x_1 und x_2 entsprechende Strahlen der Büschel. Ausgezeichnete Strahlen sind die, die mit der Verbindungslinie der Scheitel O_1 und O_2 koinzidieren. Zieht man von O_1 durch O_2 den Strahl s_1, so schneidet dieser g_1 in S_1, die Gerade S_1O_3 schneidet g_2 und S_2, daher ist $O_2S_2 = s_2$ der Strahl, der dem Strahl s_1 entspricht, mithin der Schnittpunkt beider, d. i. aber O_2 ein Punkt der Punktreihe. Ebenso läßt sich zeigen, daß dem Strahl $O_2T_2 = t_2$ der Strahl t_1 entspricht, und daß O_1 Schnittpunkt beider, also Punkt der gesuchten Punktreihe ist. Damit ist bewiesen, daß die Punkte O_1, O_2, also die Scheitel der gegebenen Strahlbüschel, Punkte der Punktreihe sind. Hieraus folgt weiter, daß alle Strahlen des Büschels mit der Punktreihe zwei Punkte gemeinsam haben, ausgenommen sind die Strahlen s_2 und t_1; diese enthalten nur einen Punkt der Punktreihe, denn der Strahl a_1 schneidet die Punktreihe in O_1 und A_0, b_1 in O_1 und B_0, a_2 in O_2 und A_0, b_2 in O_2 und B_0 usw. Der Strahl t_1 enthält dagegen von der Punktreihe nur den Pnnkt O_1, s_2 nur O_2, daher müssen diese beiden Strahlen Tangenten des Trägers der ermittelten Punktreihe sein. Dem mit der Verbindungslinie der Scheitel zusammenfallenden Strahl des einen Büschels entspricht somit die Tangente der Punktreihe im Scheitel des anderen Büschels.

Die Konstruktion läßt sich vereinfachen, wenn man die von einem der gegebenen Punkte $A_0B_0C_0$ beliebig gezogenen Geraden g_1 und g_2 mit den Linien zusammenfallen läßt, die ihn mit den beiden anderen Punkten verbinden; also wenn wir z. B. $A_0B_0 = g_2$ und $A_0C_0 = g_1$ wählen (vgl. Fig. 116). Der Scheitel O_3 ist jetzt Schnittpunkt der Geraden O_1B_0 und O_2C_0. Man erhält einen beliebigen Kurvenpunkt P bzw. irgend zwei zugeordnete Strahlen der Büschel O_1 und O_2, indem man die Schnittpunkte einer durch O_3 gezogenen beliebigen Geraden mit g_1 und g_2 bestimmt und diese bzw. mit O_1 und O_2 verbindet.

Sind l_1 und l_2 die Geraden, die einen Kurvenpunkt P bestimmen und wird jetzt statt A_0 ein anderer, benachbarter Kurvenpunkt gewählt und vertreten wieder seine Verbindungslinien mit B_0 und C_0 die Geraden g_1 und g_2, sie mögen jetzt g_1' und g_2' heißen, so muß die Verbindungslinie der Schnittpunkte dieser Geraden mit l_1 und l_2 wieder durch O_3 gehen. Dieses gilt auch für andere Kurvenpunkte, und man erkennt aus Figur 116, daß

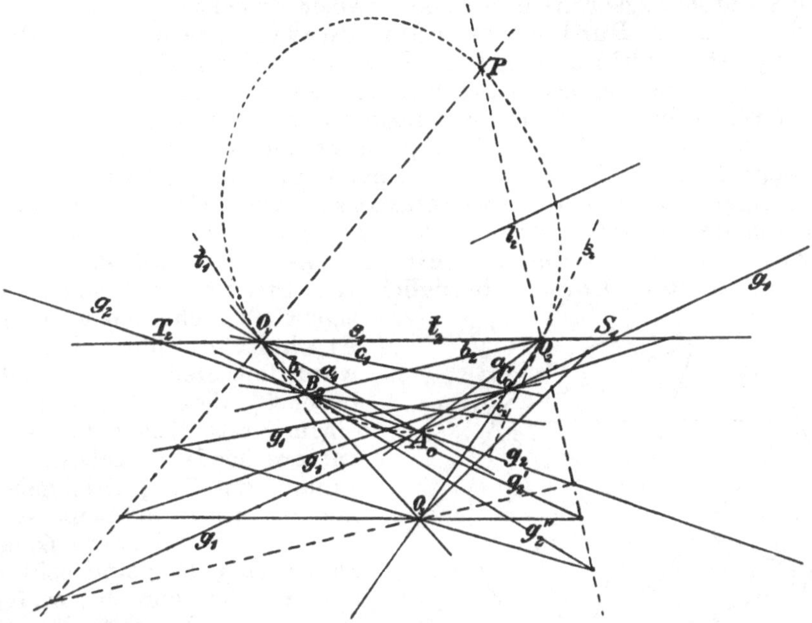

Fig. 116.

die durch O_3 gehenden Geraden auf l_1 und l_2 projektive Punktreihen ausschneiden, und da die Punkte auf l_1 mit C_0, die auf l_2 mit B_0 verbunden sind, so sind damit zwei projektive Strahlbüschel ermittelt, deren Träger nicht in O_1 und O_2, sondern in B_0 und C_0 liegen, und von denen auch behauptet werden kann, daß die Schnittpunkte ihrer entsprechenden Strahlen Punkte derselben Punktreihe sind. Damit ist bewiesen, daß an die Stelle der Punkte O_1 und O_2 zwei andere Punkte der gegebenen $A_0 C_0 B_0$ treten können, z. B. B_0 und C_0 oder A_0 und C_0 usw., und wenn dann der dritte dieser Punkte die Punktreihe durchläuft, so bilden die von diesem veränderlichen Punkte aus nach den beiden anderen Punkten gezogenen Strahlen zwei projektive Strahlbüschel; oder noch allgemeiner: Wählt man in der Ebene fünf Punkte, von denen drei nicht in einer Geraden liegen, und verbindet man zwei derselben mit den übrigen dreien, so sind dadurch zwei projektive Strahlbüschel bestimmt, und mittels dieser Strahlbüschel können noch weitere Punkte in beliebiger Zahl ermittelt werden, die mit den fünf gegebenen Punkten einer Punktreihe zweiter Ordnung angehören müssen; umgekehrt, werden auf einer Punktreihe zweiter Ordnung drei beliebige veränderliche Punkte mit zwei beliebigen anderen, aber festen Punkten verbunden, so sind die dadurch bestimmten Strahlbüschel stets projektiv, die Schnittpunkte aller zugeordneten Strahlen gehören der gegebenen Punktreihe an, oder ein veränderlicher Punkt der Kurve zweiter Ordnung wird aus zwei beliebigen festen Punkten derselben Kurve stets durch zugeordnete Strahlen zweier projektiver Büschel projiziert. Eine Punktreihe oder Punktkurve zweiter Ordnung ist mithin durch fünf Punkte vollständig bestimmt. Wird der eine der sechs Strahlen so gewählt, daß er die beiden Scheitel verbindet, so ist sein zugeordneter Strahl eine Tangente der Punktkurve, der Berührungspunkt ist der auf ihr liegende andere Scheitel. Daher ist eine Punktkurve zweiter Ordnung auch bestimmt durch vier Kurvenpunkte und die Tangente in einem derselben, oder durch drei Kurvenpunkte und die Tangenten in zweien derselben. Die Eigenschaft der Punktreihen zweiter Ordnung bezüglich der Strahlbüschel sollte uns eigentlich nicht neu sein. Im Abschnitt 25 dieses Kapitels wurde bewiesen, daß die Strahlbüschel, deren Scheitel auf einem Kreise liegen und deren entsprechende Strahlen durch Punkte der Peripherie gehen, kongruent sein müssen. Wird Punkt D dem Punkte O_1 genähert (Fig. 117) und schließlich ∞ nahe gebracht, so fällt der Strahl OD mit OO_1 zusammen, aus O_1D ist aber die Tangente geworden. Es entspricht also im Kreise dem Strahle OO_1 die Tangente O_1, dem Strahl O_1O die Tangente in O. Wird jetzt der Kreis mit seinen Büscheln der Zentralprojektion unterworfen, so kann sich das Doppelverhältnis des Strahlbüschels niemals ändern, d. h. die Büschel sind wieder projektiv, und da der Kreis zentral projiziert nur einen Kegelschnitt liefern kann, so müssen wir daraus schließen, daß die Punktreihen zweiter Ordnung, die projektive Strahlbüschel erzeugen, nur Kegelschnitte sein können.

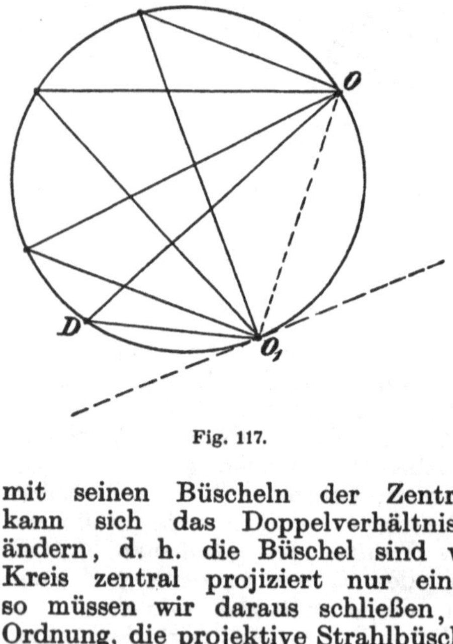

Fig. 117.

Um festzustellen, welcher Art von Kegelschnitten das Erzeugnis zweier projektiver Büschel angehört, hat man nur zu prüfen, ob es keinmal, oder einmal, oder zweimal vorkommen kann, daß ein Kurvenpunkt ins Unendliche fällt.

Es ist nur bei zwei gleichlaufenden Büscheln möglich, daß zugeordnete Strahlen nicht parallel werden, also kein Punkt in das Unendliche fällt. Es können also nur Strahlbüschel dieser Art Ellipsen erzeugen. Sind solche Strahlbüschel kongruent, so ist das Erzeugnis ein Kreis (vgl. Fig. 117). In diesem Falle sind nicht nur die Winkel an den Scheiteln gleich, sondern auch an den Schnittpunkten der zugeordneten Strahlen. Sie sind sämtlich Winkel über OO_1 und ihr Ort ist konstruierbar, wenn man außer den Scheiteln nur den Schnittpunkt von zwei zugeordneten Strahlen kennt, d. h.: Der Kreis ist durch drei Punkte bestimmt.

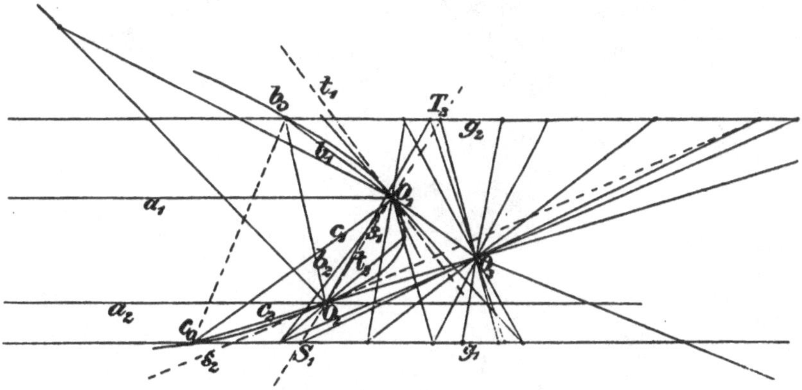

Fig. 118.

Werden zwei gleichlaufende Büschel so entworfen, daß zwei zugeordnete Strahlen parallel laufen, so muß das Erzeugnis auch den Schnittpunkt dieser beiden Strahlen im Unendlichen zu liegen haben, d. h. die Kurve ist eine Parabel (Fig. 118). Die Parallelstrahlen sind a_1 und a_2.

Entwirft man schließlich zwei gleichlaufende Büschel derart, daß zwei Paare zugeordneter Parallelstrahlen ($b_1 \parallel b_2$), ($c_1 \parallel c_2$) vorhanden sind, so gibt es auch zwei ∞ ferne Punkte; die Kurve ist eine Hyperbel, die Scheitel liegen hierbei auf demselben Kurvenast (Fig. 119). Ungleichlaufende Strahlbüschel liefern stets Hyperbeln, denn jede Gerade der Ebene schneidet solche Strahlbüschel in ungleichlaufenden Punktreihen, die stets Doppelpunkte haben. Da die unendlich ferne Gerade keine Ausnahme macht, so müssen sich auch auf dieser Doppelpunkte befinden. Die Strahlen nach diesem Punkte müssen aber parallel sein, d. h. umgekehrt, in zwei ungleichlaufenden projektiven Strahlbüscheln sind stets zwei Paare zugeordneter Parallelstrahlen vorhanden, daher ist das Erzeugnis derselben eine Hyperbel (Fig. 120). Auch zwei ungleichlaufende, aber gleiche Strahlbüschel können nur Hyperbeln erzeugen (Fig. 121). Bei solchen ist $(a_1 b_1) = (a_2 b_2)$, $(b_1 c_1) = (b_2 c_2)$ usw. Es müssen bei solchen Strahlbüscheln, wie oben bewiesen, zwei Paare entsprechender Parallelstrahlen, z. B. u_1, u_2 und z_1, z_2 bestehen,

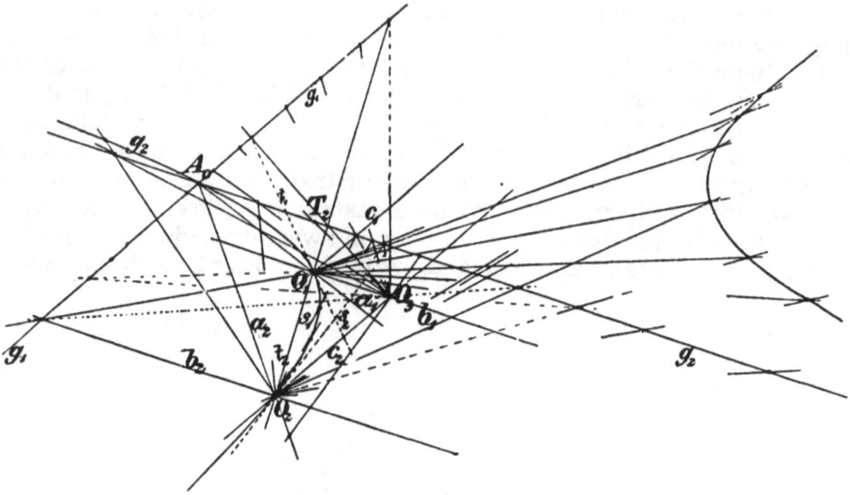

Fig. 119.

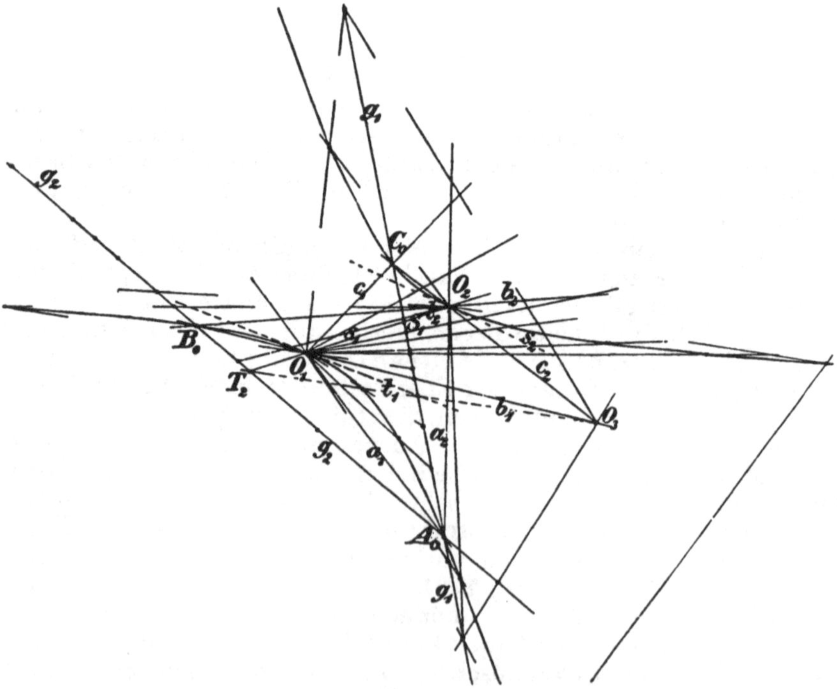

Fig. 120.

da aber auch die Winkel an den Scheiteln der beiden Strahlen in jedem Büschel gleich sein müssen, d. h. $(u_1 z_1) = (u_2 z_2)$, so aber, daß die Winkel entgegengesetzte Richtung haben, so ist das nur möglich, wenn dieser Winkel 90° ist. Die Schnittpunkte liegen im Unendlichen, daher ist die Richtung nach diesen Punkten auch die Richtung der Tangenten dieser Punkte, d. h. der Asymptoten. Es entstehen hiernach durch gleiche Büschel von entgegengesetzter Umlaufsrichtung Hyperbeln mit senkrechten Asymptoten, die gleichseitige Hyperbeln genannt werden. Wollte man derartige Strahlbüschel entwerfen, so ist darauf zu achten, daß die Verbindungslinie der Scheitel O_1 und O_2, die die beiden

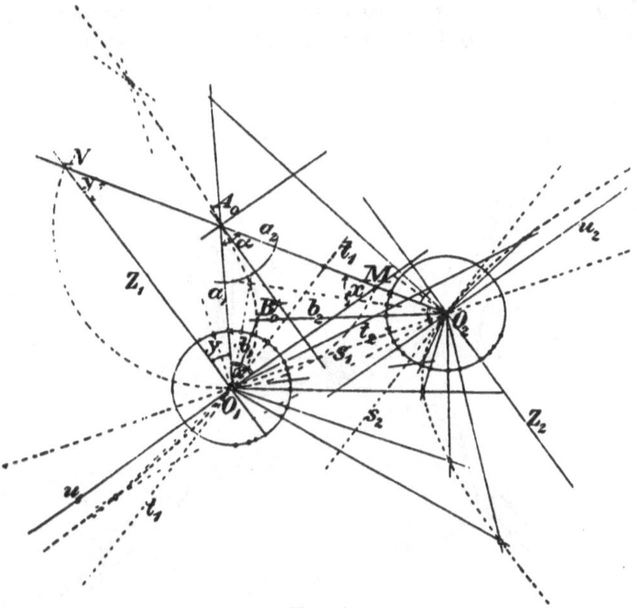

Fig. 121.

Strahlen s_1 und t_2 darstellen möge, zwei Strahlen s_2 und t_1 entsprechen, die ebenfalls gleiche Winkel mit der Geraden $O_1 O_2$ einschließen müssen; da diese Linien aber zugleich die Tangenten von O_1 und O_2 darstellen, so folgt daraus, daß auch diese parallel laufen müssen.

Wird jetzt noch ein dritter Kurvenpunkt A gegeben, so sind alsdann die Richtungen der Asymptoten und weitere Punkte der Kurve konstruierbar. Aus dem Winkel α der beiden zugeordneten Strahlen a_1 und a_2, die sich in A schneiden und mit t_1 bzw. t_2 in vorgeschriebener Weise gleiche Winkel einschließen, lassen sich die Richtungen der Asymptoten angeben; d. h. die Winkel bestimmen, die die Strahlen u_1 und u_2 und z_1 und z_2 bzw. mit a_1 und a_2 bilden. Es muß offenbar sein: $(a_2 u_2) = (u_1 a_1)$. Bezeichnen wir diesen Winkel mit x und ist $(z_1 a_1) = y$, so bestehen im Dreieck $O_1 M N$ die Beziehungen

$$x + x + y + y = 2 \text{ Rechten},$$
$$y + y = \alpha,$$

denn die Dreiecke $O_1 A_0 N$ und $O_1 A_0 M$ sind gleichschenklig. Aus den Gleichungen aber folgt:

$$y = \alpha/_2 \quad \text{und} \quad x = R - \alpha/_2,$$

also sind beide Winkel konstruierbar; beide Winkel zusammen sind:

$$x + y = R - \alpha/_2 + \alpha/_2 = R,$$

d. h. die beiden Richtungen müssen aufeinander senkrecht stehen; denkt man sich $\sphericalangle \alpha$ bei A und seinen Nebenwinkel halbiert, so

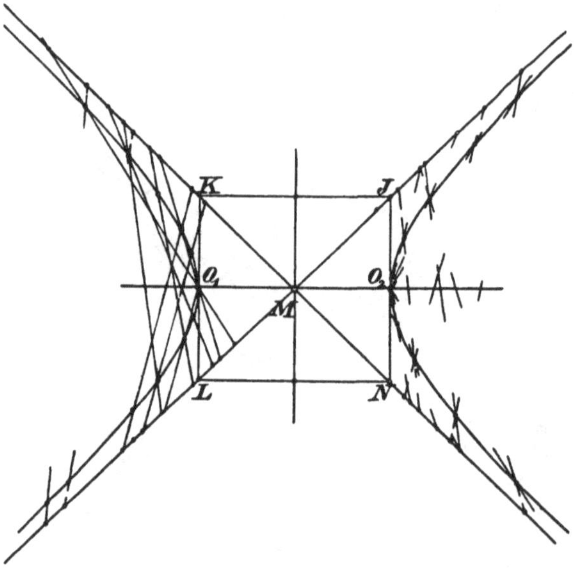

Fig. 122.

sind die Asymptoten diesen beiden Winkelhalbierenden parallel. Dies gilt natürlich nicht nur für Punkt A, sondern auch für jeden anderen Punkt der Kurve, daher allgemein:

Die Asymptoten einer gleichseitigen Hyperbel sind parallel zu den Winkelhalbierenden des Winkels, den die Verbindungslinie eines beliebigen Kurvenpunktes mit dem Berührungspunkte zweier paralleler Tangenten einschließen. Man nennt die so erzeugte Hyperbel gleichseitige Hyperbel, weil das Rechteck gebildet aus den Halbmessern MO_2 und O_2I (Fig. 122), für das die Richtungen der Asymptoten die Diagonalen sind, in diesem Fall zu einem Quadrat würde. Z. B. ist in Figur 122 $\triangle MO_2I$ die Hälfte eines Quadrates oder noch besser der vierte Teil des Quadrates $IKLN$. Bei der allgemeinen Hyperbel ist das rechtwinklige Dreieck nicht gleichschenklig.

Entwirft man die Strahlbüschel, so kann man, nachdem man die Scheitel festgelegt hat, entweder ein beliebiges Strahlenpaar, oder auch die zueinander senkrechten Asymptotenrichtungen, oder schließlich die Tangenten in den Scheiteln, die ‖ sein müssen, wählen. Es kann auch der Fall eintreten, daß die Verbindungslinie der Scheitel $O_1 O_2$ die Richtungen der Asymptoten halbiert (Fig. 122); sie ist dann auch $\perp$ zu den Tangenten in den Scheitelpunkten. Die Linie $O_1 O_2$, wie auch deren Mittelsenkrechte sind in diesem Falle Symmetrielinien der Hyperbel; $O_1 O_2$ heißt auch Hauptachse, deren Mittelsenkrechte Nebenachse, die Scheitel der Strahlbüschel sind zugleich Scheitelpunkte der Kurve.

Wenn wir auch durch diese Erörterungen erkannt haben, daß gleiche Strahlbüschel bei entgegengesetzter Umlaufsrichtung gleichseitige Hyperbeln erzeugen, so folgt umgekehrt nicht hieraus, daß die Verbindungslinien von beliebigen Punkten der Kurve mit zwei festen Kurvenpunkten gleiche Büschel bilden, dieses trifft nur dann zu, wenn die gewählten festen Punkte zugleich Berührungspunkte paralleler Tangenten sind (Fig. 121); in jedem anderen Falle entstehen einfache projektive Büschel, insbesondere dann, wenn sie auf demselben Kurvenaste liegen. Die gleichseitige Hyperbel ist eine solche mit senkrecht stehenden Asymptoten; demnach ist sie im allgemeinen durch vier willkürliche Bestimmungsstücke bestimmt. Wird jedoch ihre Erzeugung durch gleiche Büschel verlangt, so genügen drei Punkte, wenn man zwei von diesen zu Scheiteln der Büschel macht.

31. Im letzten Abschnitt wurde bewiesen, daß die Verbindungsgeraden von zwei festen Punkten eines Kegelschnittes mit drei beliebigen Punkten desselben projektive Büschel darstellen. Wir benutzen diesen Satz, um die Doppelstrahlen und Rechtwinkelstrahlen zweier aufeinanderliegender Büschel zu ermitteln (vgl. Abschnitt 17). Die in Figur 123 dargestellten Büschel sind gleichlaufend, die in Figur 124 dargestellten ungleichlaufend. Die projektiven Büschel sollen durch die sich entsprechenden, beliebig gewählten Strahlen a, b, c und a_1, b_1, c_1 gegeben sein. Man legt jetzt durch den Scheitel O einen beliebigen Kegelschnitt, z. B. einen Kreis, der die sechs Strahlen schneiden möge in A, B, C und A_1, B_1, C_1. Wird jetzt ein Punkt der ersten Gruppe, z. B. A mit den drei Punkten der letzten Gruppe, sein entsprechender Punkt A_1 mit den Punkten der ersten Gruppe verbunden, so erhält man zwei Büschel, die mit den gegebenen Büscheln projektiv sind und daher auch selbst projektiv sein müssen; da sie sich ferner mit einem entsprechenden Strahle, nämlich AA_1 decken, so liegen sie perspektiv, die Perspektivitätsachse ist g. Zu den beiden Büscheln A und A_1 bzw. den gegebenen aufeinanderliegenden Büscheln können jetzt weitere entsprechende Strahlen leicht ermittelt werden. Man wählt auf g einen beliebigen

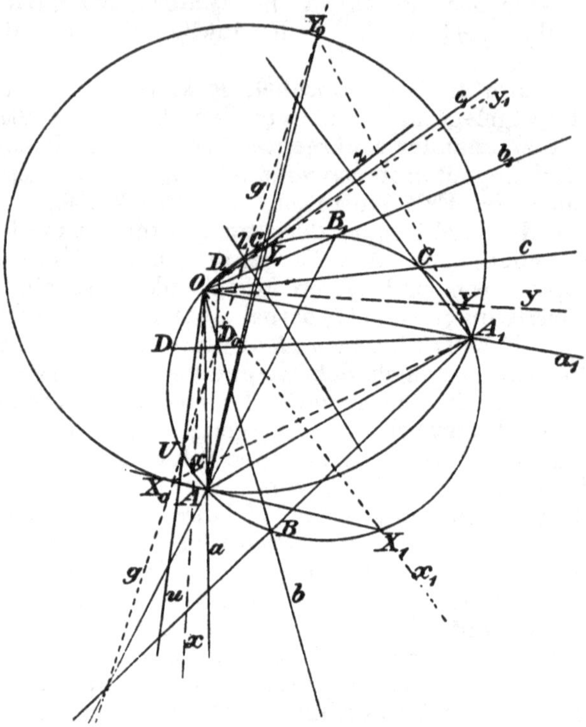

Fig. 123.

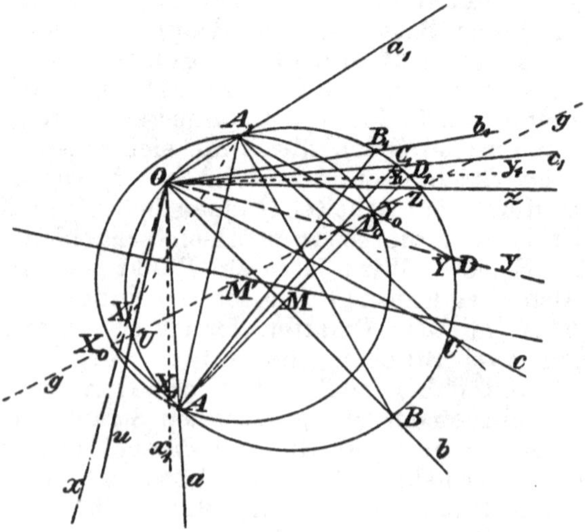

Fig. 124.

Punkt D_0, dann schneiden die Verbindungslinien dieses Punktes mit A und A_1 den Kreis in sich entsprechenden Punkten D_1 und D, die mit O verbunden die zugeordneten Strahlen d_1 und d bestimmen! Jeder Punkt der Achse bestimmt mithin zwei sich entsprechende Kreispunkte, für die Schnittpunkte der Achse mit dem Hilfskreis, nämlich U und Z, fallen aber diese Punkte in die Punkte von U und Z selbst hinein, daher sind die Strahlen $OU = u$ und $OZ = z$ Doppelstrahlen der aufeinanderliegenden projektiven Büschel. Diese sind immer vorhanden (vgl. Abschnitt 17 in Fig. 62), wenn die Büschel ungleichlaufend sind, sie können vorhanden sein bei gleichlaufenden Büscheln (Fig. 123). Doppelstrahlen kommen zweimal vor, wenn die Achse g den Hilfskreis schneidet, einmal, wenn g den Kreis berührt, es gibt schließlich keinen Doppelstrahl, wenn g den Kreis nicht schneidet. Der Kreis k_1 durch A und A_1, der seinen Mittelpunkt auf g hat, schneidet g in den Punkten x_0 und y_0, deren Verbindungsstrahlen mit A und A_1 die Rechtwinkelstrahlen dieser Büschel angeben. Werden diese bis zum Schnitt mit dem Hilfskreise verlängert, so erhält man die Punkte $x_1 x$ und $y y_1$, daher sind $Ox = x$, $Oy = y$, $Ox_1 = x_1$, $Oy_1 = y_1$ die entsprechenden Rechtwinkelpaare der zugehörigen projektiven Büschel.

32. Den Untersuchungen über das Erzeugnis zweier projektiver Strahlbüschel mögen solche über das Erzeugnis zweier projektiver Punktreihen folgen. Denkt man sich zwei projektive Punktreihen und jeden Punkt der einen Punktreihe mit dem zugeordneten Punkte der anderen verbunden, so erhält man eine stetige Aufeinanderfolge von Verbindungsgeraden, einen Strahlbüschel. Die von einem beliebigen Punkte O der Ebene nach den Punkten der beiden Punktreihen gezogenen Strahlen bilden zwei konzentrische Strahlbüschel. Solche müssen nach Abschnitt 18 des II. Kapitels und Abschnitt 31 des III. Kapitels, wenn sie ungleichlaufend sind, zwei zusammenfallende Strahlen, sog. Doppelstrahlen haben, wenn sie gleichlaufend sind, können sie keinen, oder einen, oder zwei Doppelstrahlen haben. Sollten drei zugeordnete Strahlen zusammenfallen, so liegen die Punktreihen perspektiv, dann fallen auch alle übrigen zugeordneten Strahlen zusammen; der Scheitel ist das Perspektivitätszentrum. Diese Lage soll aber hier ausgeschlossen sein. Mithin können in jeder anderen Lage höchstens zwei Doppelstrahlen vorhanden sein, d. h., da die Doppelstrahlen stets Verbindungsgeraden entsprechender Punkte sind, es gehören diese Strahlen den Strahlbüscheln an, bzw. es sind diese Strahlen Tangenten des Trägers dieses Strahlbüschels, der daher von der zweiten Klasse sein muß, der gewählte Scheitel der Strahlbüschel liegt in diesem Falle außerhalb der Klassenkurve. Ist nur ein Doppelstrahl vorhanden, so ist dieser Tangente der Klassenkurve, und der gemeinsame Scheitel der beiden Strahlbüschel ist zugleich Berührungs-, also Kurvenpunkt. Existiert kein Doppelstrahl, so auch keine Tangente; der gewählte Scheitel liegt innerhalb der Klassenkurve. Auch hier entsteht die Frage:

Wie lassen sich am einfachsten weitere Tangenten konstruieren, wenn die Verwandtschaft der Punktreihen durch drei Punktepaare $A_1 A_2$, $B_1 B_2$, $C_1 C_2$ bzw. durch drei sich schneidende Gerade $A_1 A_2$, $B_1 B_2$, $C_1 C_2$ festgelegt ist, und welche Rolle spielen die gegebenen Träger g_1 und g_2 der projektiven Punktreihen in dem Strahlbüschel? Wie kann man, mit andern Worten, am einfachsten zu jedem weiteren Punkte des einen Trägers den zugeordneten auf dem andern Träger finden?

Zu diesem Zwecke wählt man auf einer der drei Tangenten, z. B. $C_1 C_2$ zwei beliebige Punkte O_1 und O_2 als Scheitel zweier Büschel, durch welche die Punktreihen g_1 und g_2 bezüglich projiziert werden (Fig. 125). Diese Büschel sind aber nicht nur

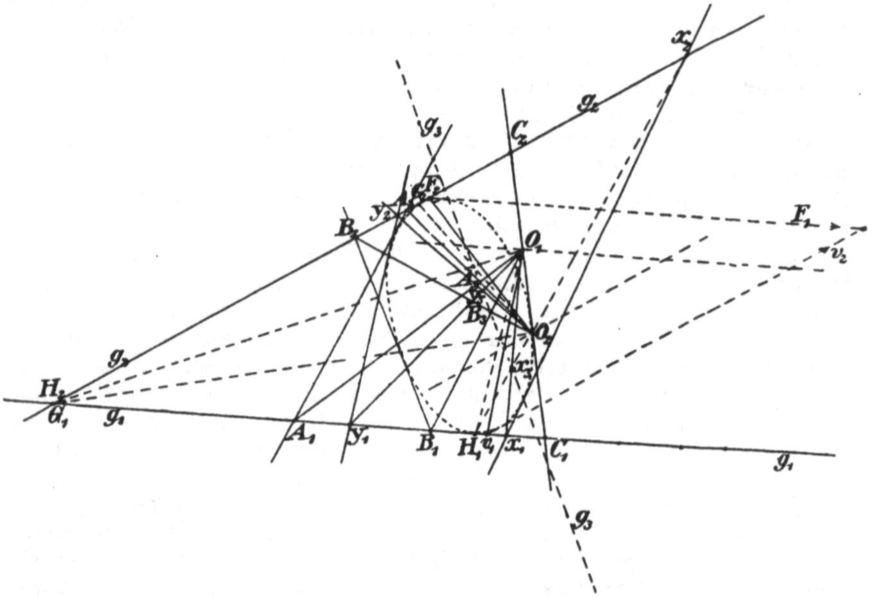

Fig. 125.

projektiv verwandt, sondern perspektiv, weil zwei einander entsprechende Strahlen, nämlich $O_1 C_1$ und $O_2 C_2$, in eine Gerade zusammenfallen. Daher müssen die Schnittpunkte der übrigen zugeordneten Strahlen auf einer Geraden liegen; diese ist konstruierbar, da ich zwei ihrer Punkte konstruieren kann; es schneiden sich $O_1 A_1$ und $O_2 A_2$ in A_3, $O_1 B_1$ und $O_2 B_2$ in B_3, daher $A_3 B_3$ gleich g_3 die Schnittgerade beider Büschel. Mittels dieser Geraden g_3 lassen sich bequem weitere Tangenten ermitteln; wählt man auf ihr einen Punkt X_3, so schneidet $O_1 X_3$ den Träger g_1 in X_1, $O_2 X_3$ den Träger g_2 in X_2, mithin ist $X_1 X_2$ ein weiterer Strahl des Strahlbüschels, oder: ich wähle auf einem der gegebenen Träger, z. B. g_1 einen Punkt y_1, ziehe $O_1 y_1$ bis zum Schnitt mit g_3 in y_3, dann schneidet $O_2 y_3$ den Träger g_2 in y_2 und es ist $y_1 y_2$ ein weiterer Strahl. Dem ∞ fernen Punkte auf g_1 entspricht F_2

auf g_2, dem auf g_2 entspricht V_1 auf g_1; V_1 und F_2 sind die Gegenpunkte der beiden Punktreihen. Auch zu dem Schnittpunkte der Träger g_1 und g_2, der einmal als Punkt von $g_1 = G_1$, das andere Mal als Punkt von $g_2 = H_2$ angesehen werden kann, erhält man in gleicher Weise die entsprechenden Punkte; da der entsprechende von G_1 auf g_2, der von H_2 auf g_1 liegen muß, so heißt das, auch die Träger g_1 und g_2 sind selbst Tangenten, also Strahlen des Strahlenbüschels, weil sie Verbindungsgeraden entsprechender Punkte sind. Wir erkennen ohne weiteres, daß durch jeden Punkt einer Punktreihe zwei Tangenten gehen, oder jeder Schnittpunkt zweier Tangenten ist, z. B. in A_1 schneiden sich A_1A_2 und g_1, in $B_1 - B_1B_2$ und g_1, in $C_2 - C_2C_1$ und g_2 usw. Nur die Punkte H_1 und G_2 machen eine Ausnahme, durch H_1 gehen die Tangenten H_1H_2 und g_1, die aber zusammenfallen, durch $G_2 - G_1G_2$ und g_2, die ebenfalls zusammenfallen, daher müssen die Punkte die Berührungspunkte auf g_1 bzw. g_2 sein.

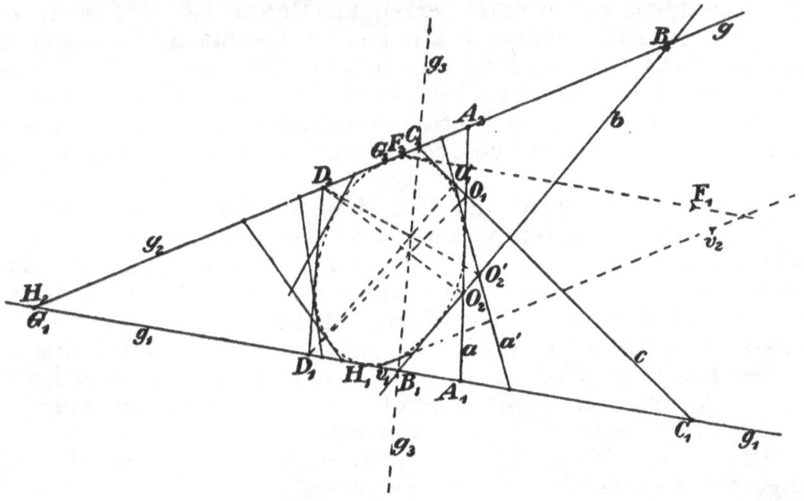

Fig. 126.

Man vereinfacht die Konstruktion, wenn man zu Scheiteln die Punkte auf einer der gegebenen drei Tangenten wählt, in welchen diese von den beiden anderen Tangenten geschnitten wird (Fig. 126).

Man kann die Entstehung einer Kurve zweiter Klasse noch wie folgt erklären. Sind zwei feste Gerade als Träger zweier projektiver Punktreihen gegeben, und wird eine dritte Gerade so bewegt, daß sie in allen ihren Lagen die festen Geraden nur in zugeordneten Punkten schneidet, so umfährt sie hierbei eine Kurve zweiter Klasse und in jeder Lage ist sie Tangente dieser Kurve, und daß die beiden festen Geraden mit zu den Tangenten zählen, ist schon nachgewiesen worden; es würde also die veränderliche Gerade bei ihrer Bewegung auch die Lagen der festen Geraden mit durchlaufen, die festen Geraden sind ein Tangentenpaar.

Die Figur 126 lehrt uns, daß an Stelle der festen Geraden jedes andere Tangentenpaar, z. B. $B_1 B_2 = b$, $C_1 C_2 = c$ treten kann, und daß letzteres von der beweglichen Geraden $A_1 A_2 = a$ ebenfalls immer in zugeordneten Punkten geschnitten wird; es ist das bewiesen, wenn sich nachweisen läßt, daß die Punktreihen auf b und c, die Gerade a in den verschiedenen Lagen durch ihren Schnitt mit b und c erzeugt, projektiv sind. Ermittele ich nämlich irgend eine andere Lage von a, z. B. a', und wähle ich wieder zu Zentren ihre Schnittpunkte mit b und c, nämlich O_1' und O_2', so bleibt dennoch Gerade g_3 in ihrer Lage, und daher müssen, wenn $D_1 D_2$ irgend eine vierte Tangente der Kurve ist, die Strahlen $O_1' D_1$ und $O_2' D_2$ sich wieder auf g_3 schneiden. Das gleiche gilt auch für andere Lagen, und es entstehen auf diese Weise in D_1 und D_2 zwei perspektive Strahlbüschel, die von den Tangenten b und c nur in projektiven Punktreihen geschnitten werden können. Diese Punkte waren aber zugleich die, welche die Gerade a bei ihrer Bewegung mit b und c erzeugt. Damit ist bewiesen, daß jedes andere Tangentenpaar die gleiche Bedeutung hat, wie das gegebene Paar, und daß es ebenfalls zu Trägern gewählt werden kann, denn die bewegliche Gerade bildet hiernach auf jedem beliebigen Tangentenpaar projektive Punktreihen, deren entsprechende Punkte zu Verbindungsgeraden Strahlen des Strahlenbüschels zweiter Klasse haben.

Man muß hiernach, um das Bewegungsgesetz der veränderlichen Geraden anzugeben, zwei feste Gerade g_1 und g_2 und die veränderliche Gerade in drei bestimmten Lagen zeichnen; dann lassen sich weitere Tangenten konstruieren, d. h. eine Kurve zweiter Klasse oder eine Tangentenkurve ist durch fünf Gerade (Tangenten) vollständig bestimmt. Wird die eine der Geraden so gewählt, daß sie einer der anderen unendlich nahe liegt, d. h. mit ihr zusammenfällt, so gibt in dieser Lage der Schnittpunkt beider den Berührungspunkt an.

In gleicher Weise können auch noch zwei andere der fünf Tangenten dargestellt werden, daher bestehen folgende Sätze:

Eine Tangentenkurve ist auch bestimmt

a) durch vier Tangenten und den Berührungspunkt auf einer derselben und

b) durch drei Tangenten und den Berührungspunkt auf zweien derselben.

Die Eigenschaft der veränderlichen Geraden, irgend zwei Tangenten stets nur in projektiven Punktreihen zu schneiden, sollte dem Leser nicht unbekannt sein. Sie entspricht einem im Abschnitt 25 dieses Kapitels angegebenen Satze, nach welchem auch Tangenten des Kreises, die man sich veränderlich denken kann, zwei feste Tangenten in projektiven Punktreihen schneiden. Wird jetzt das System, der Kreis mit den Tangenten und seinen Punktreihen (Fig. 127) einer Zentralprojektion unterworfen, so müssen die Punktreihen $A_1, B_1, C_1, D_1, \ldots$ und $A_2, B_2, C_2, D_2, \ldots$ stets projektiv bleiben, ebenso bleiben es auch die Tangenten, und der

Kreis wird in einen Kegelschnitt übergeführt. Wir müssen hieraus schließen, daß die in diesem Abschnitt betrachteten Strahlbüschel mit diesen aus der Zentralprojektion des Kreises entstandenen identisch seien, daß mithin die Kurven zweiter Klasse Kegelschnitte sein müssen.

Hat jede Tangente einer Tangentenkurve ihren Berührungspunkt im Endlichen, so ist die Kurve eine Ellipse bzw. ein Kreis. Es trifft dieses zu, wenn bei keinem Paare fester Tangenten die dem Schnittpunkt dieser Tangenten entsprechenden Punkte, also ihre Berührungspunkte oder die Gegenpunkte der projektiven Punktreihen auf diesen Tangenten ins Unendliche fallen. Auf jeder Punktreihe muß aber ihr Berührungspunkt zwischen dem Gegenpunkt und dem Schnittpunkt mit der anderen Punktreihe liegen (vgl. Fig. 125 und 126). In diesem Falle liegt die Ellipse in dem von den beiden Punktreihen g_1 und g_2 und den durch die Gegenpunkte gezogenen Parallelen F_1, F_2 und V_1, V_2 gebildeten Parallelogramm. Auch der Kreis kann das Erzeugnis zweier projektiver Punktreihen sein. Die Punktreihen müssen gleichlaufend sein, doch ist eine besondere Lage der Punktreihen herzustellen. Um diese zu bekommen, hat man zunächst beide Punktreihen auf einem gemeinsamen Träger so anzuordnen, daß keine Doppelpunkte vorhanden sind. Von solchen Punktreihen läßt sich beweisen, daß sie aus zwei kongruenten Strahlbüscheln ebenfalls in vereinigter Lage projiziert werden können. Das Zentrum S liegt auf der Mittelsenkrechten der von den Gegenpunkten begrenzten Strecke. Dreht man jetzt die eine der Reihen um S um einen solchen Winkel, daß der eine der die Gegenpunkte projizierenden Strahlen, z. B. SF_2 in die Verlängerung des anderen SV_1 fällt, dann ist das Erzeugnis dieser Reihen in dieser neuen Lage ein Kreis um den Mittelpunkt S.

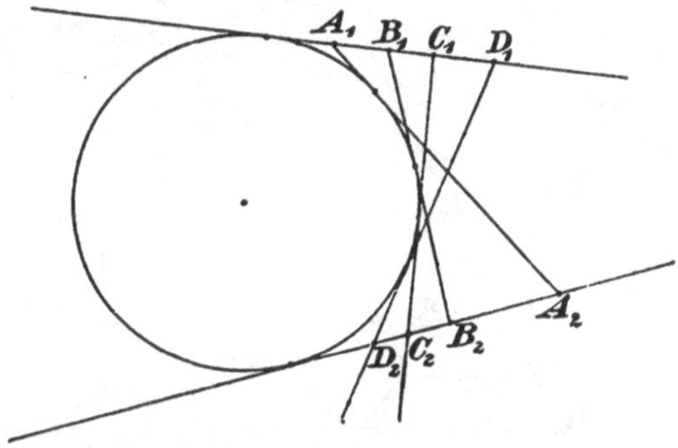

Fig. 127.

Das Erzeugnis zweier Punktreihen wird eine Parabel sein, wenn diese Reihen ihre Gegenpunkte im Unendlichen haben. Um das zu verstehen, denke man an die Zentralprojektion des Kreises, die eine Parabel liefert; bekanntlich geht der Kreis in eine Parabel über, wenn ein Punkt, mithin also auch, wenn eine Tangente ins Unendliche fällt. Wenn wir nun uns zwei beliebige Kreistangenten g_1 und g_2 denken, und eine bewegliche, so wird letztere bei ihrer Bewegung auch einmal die Lage derjenigen Tangente einnehmen, die bei der Zentralprojektion ins Unendliche fällt, wenn eine Parabel entsteht. Es muß mithin in der Projektion dem ∞ fernen Punkt, der einen Punktreihe V_1 auf g_1 der Punkt F_2 entsprechen, der jetzt aber auch im Unendlichen liegt, und dem ∞ fernen Punkt F_2 auf g_2 der Punkt V_1, der ebenfalls im Unendlichen liegt. $V_1 F_2$ ist eben die ∞ ferne Tangente, die Tangenten $F_1 F_2$ und $V_1 V_2$ fallen auch ins Unendliche.

Ähnliche und auch kongruente Punktreihen erzeugen Parabeln, da bei beiden die ∞ fernen Punkte einander zugeordnet sind. Unter den Verbindungsgeraden zugeordneter Punkte ist mithin auch die ∞ ferne Gerade enthalten, daher die Kurve eine Parabel (Fig. 128). Offenbar sind entsprechende Strecken die zwischen

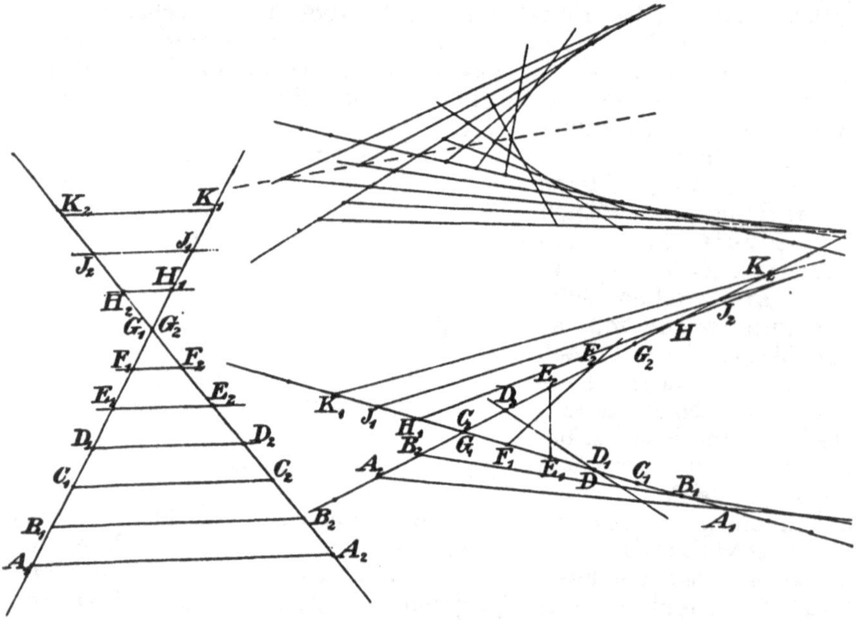

Fig. 128.

dem Schnittpunkt und den Berührungspunkten der Träger. Werden diese gleich lang, so sind die Punktreihen **kongruent**; dann liegen auch alle übrigen entsprechenden Punktepaare symmetrisch zur Winkelhalbierenden der beiden gegebenen Punktreihen. Die Winkelhalbierende ist Symmetrieachse für alle Tangenten der Kurve und für die **Parabel**. In beiden Fällen entstehen nicht nur auf den Trägern der gegebenen Punktreihen, sondern auch auf jeder anderen Tangente Abschnitte, die unter sich gleich groß sind. Umgekehrt müssen für irgend zwei feste Tangenten einer Parabel die Punktreihen stets ähnlich sein. Die Parabel hat weder ein ein- noch ein umgeschriebenes Parallelogramm. Ellipse und Hyperbel sind durch fünf unabhängige Stücke bestimmt, bei der Parabel aber bildet stets die ∞ ferne Gerade eine Tangente, also ist diese, wenn eine Parabel verlangt wird, stets als schon gegeben anzusehen. Mithin können zur Bestimmung der Parabel nur noch vier beliebige Stücke gewählt werden.

Wenn die dem Schnittpunkte der Träger entsprechenden Punkte nicht auf der von diesem Schnittpunkte und dem Gegenpunkte der Punktreihe begrenzten Strecke liegen, dann ist das Erzeugnis der Punktreihen eine Hyperbel. Es trifft das eben Gesagte ein, wenn man auf g_1 und g_2 gleichlaufende Punktreihen wählt (vgl. Fig. 129).

In dem Strahlbüschel gibt es dann immer zwei Tangenten, die sich dadurch auszeichnen, daß sie als Träger zweier Punktreihen ihre Berührungspunkte, d. s. die ihrem Schnittpunkte entsprechenden Punkte im Unendlichen haben, daß also deren Ver-

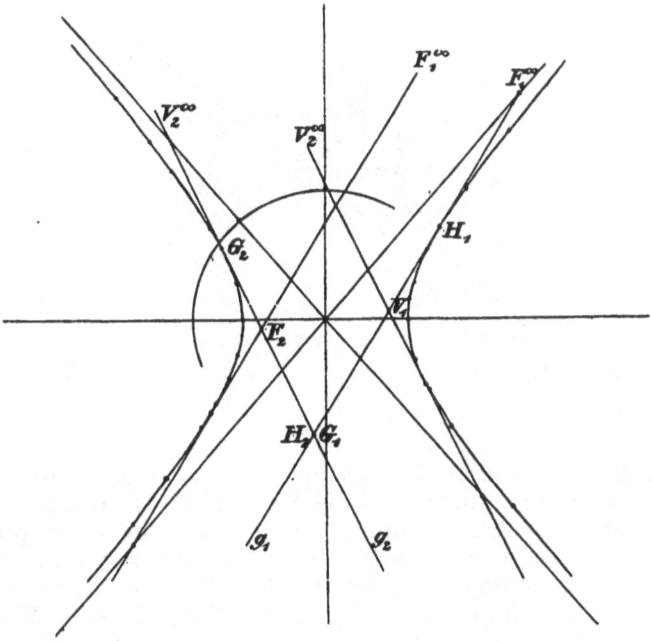

Fig. 129.

bindungslinien mit der ∞ fernen Geraden zusammenfällt. Diese beiden ausgezeichneten Träger sind die Asymptoten (Fig. 130). Die ∞ ferne Gerade schneidet die Kurve in den Berührungspunkten der Asymptoten, man unterscheidet auf ihr einen innerhalb und einen außerhalb der Kurve liegenden Teil. Zu den Asymptoten gibt es keine parallelen Tangenten, auch lassen sich nur zu solchen Geraden ihres Schnittpunktes parallele Tangenten an die Hyperbel legen, die die ∞ ferne Gerade in Punkten des äußeren Teiles schneiden. Die Gegenpunkte der Asymptoten fallen mit ihrem Schnittpunkt zusammen. Die Kurve kann kein Tangentenparallelogramm einschließen, es gibt nur angeschriebene, nicht umgeschriebene Tangentenparallelogramme, die Berührungspunkte der Parallelogrammseiten liegen auf den Verlängerungen der Seiten (Fig. 129).

Stehen die Träger zweier Punktreihen, deren Berührungspunkte im Unendlichen liegen, aufeinander senkrecht, so erzeugen sie eine gleichseitige Hyperbel. Sie kann auch hergestellt werden durch zwei beliebige projektive Punktreihen, denen man jedoch eine bestimmte Lage geben muß. Die gleichseitige Hyperbel liefert auf ihren Tangenten allgemein projektive Punktreihen.

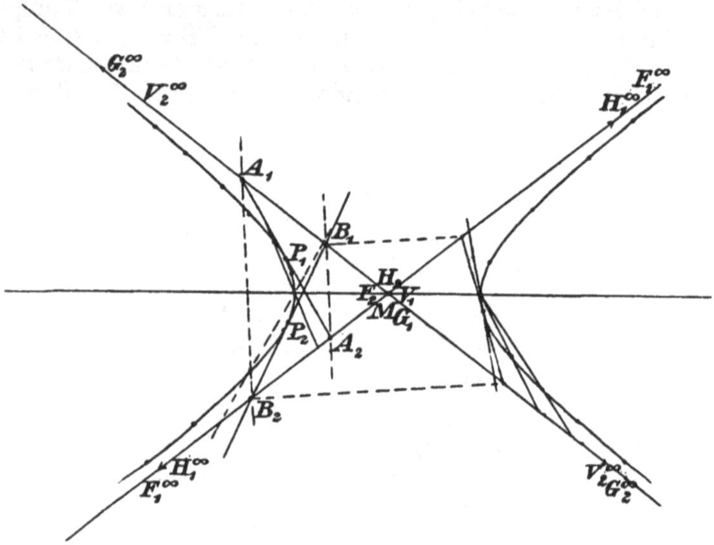

Fig. 130.

Bei einer Hyperbel sind die Asymptoten Tangenten mit ∞ fernen Berührungspunkten; diese sind die Punkte, die dem Schnittpunkte der Asymptoten entsprechen, zugleich fallen die Gegenpunkte in diesen Punkt. Da aber jede Tangente der Hyperbel zugleich Verbindungslinie entsprechender Punkte der Punktreihen ist, so besteht die Gleichung (vgl. Fig. 130) $MA_1 \cdot MA_2 = MB_1 \cdot MB_2$ usw. Der Wert dieses Produktes führt bekanntlich den Namen Potenz der projektiven Beziehung, er wird in diesem Falle auch Potenz der Hyperbel genannt.

Legt man von einem Punkte P an einen Kreis die Tangenten (Fig. 131) und zeichnet die Berührungssehne, dann schneidet eine dritte Tangente diese drei Linien in Punkten, die mit ihrem Berührungspunkte eine harmonische Reihe bilden. $ABCD$ sollen also harmonische Punkte sein. Zieht man auch die Tangenten AD', dann müssen sich die Diagonalen des eingeschriebenen Vierecks $D'ECF$ mit den Diagonalen des Tangentenvierecks in einem Punkte I schneiden (vgl. Fig. 90, Abschnitt 25). Nun ist aber DC Polare von A, mithin liegen die Punkte $EIFA$ harmonisch und die Punktreihe $ABCD$ ist nichts anderes als die Zentralprojektion der Reihe $AFIE$ auf die Tangente AD aus dem Zentrum P.

Diese Eigenschaft, die für die Tangente AD bewiesen ist, gilt für jede andere Tangente des Kreises, sie muß daher auch für jeden Kegelschnitt gelten, da harmonische Reihen durch eine Zentralprojektion immer wieder harmonische Reihen liefern.

Die Asymptoten einer Hyperbel sind nun Tangenten, die die Hyperbel erst im Unendlichen berühren, die Berührungssehne ist daher die ∞ ferne Gerade der Ebene. Wenn man daher an die Hyperbel eine Tangente legt (Fig. 130), so müssen der Berührungspunkt, die Schnittpunkte mit den Asymptoten und der ∞ fernen Geraden eine harmonische Reihe bilden; liegt aber bei einer solchen ein Punkt im Unendlichen, so liegt der zugeordnete in der Mitte der von dem anderen Paare zugeordneter Punkte begrenzten Strecke, d. h. auf jeder Hyperbeltangente ist der Berührungspunkt

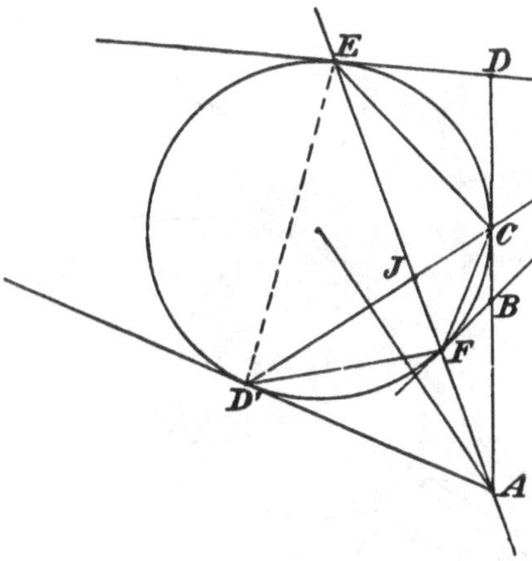

Fig. 131.

Mittelpunkt des Tangentenschnittes zwischen den Asymptoten.

Es ist also $A_1P_1 = P_1A_2$, $B_1P_2 = P_2B_2$.

Aus dieser letzteren Eigenschaft, sowie aus der Potenz der Hyperbel folgt offenbar, daß die Hyperbel — gleichviel, ob wir sie als Tangentengebilde oder Punktgebilde ansehen — sowohl zu den Halbierungslinien der Asymptoten wie auch zum Schnittpunkt derselben, also zu M symmetrisch ist (sie besitzt also die Eigenschaft der achsigen und zentrischen Symmetrie). Die gleichen Produkte $MA_1 \cdot MA_2 = MB_1 \cdot MB_2$ usw. stellen, geometrisch gedeutet, Rechtecke dar. Nun verhalten sich aber Parallelogramme und Dreiecke, wenn sie stets einen gleichen Winkel haben, wie die Produkte der diesen Winkel einschließenden Seiten; sind umgekehrt diese Produkte gleich, so müssen es auch die Flächeninhalte dieser Figuren sein, daher sind bei der Hyperbel alle Dreiecke, welche die veränderliche Tangente mit den Asymptoten bildet, inhaltsgleich. Aus diesen Eigenschaften lassen sich Hyperbelkonstruktionen herleiten. Wenn $MA_1 \cdot MA_2 = MB_1 \cdot MB_2$ ist, so ist auch $MA_1 : MB_1 = MB_2 : MA_2$, d. h. aber $A_1 B_2$ ist parallel $B_1 A_2$ (vgl. Fig. 130). Kennt man eine Hyperbeltangente, und zieht man durch die Schnittpunkte mit den Asymptoten Parallele, so schneiden diese wieder die Asymptoten in Punkten, deren Verbindungsgerade eine Tangente ist; der Halbierungspunkt derselben ist ein Punkt der Hyperbel. Auf diese Weise lassen sich beliebig viele Tangenten bzw. Kurvenpunkte auffinden.

33. Dem vorigen Abschnitte entnehmen wir den Satz:

Zwei Tangenten eines Kegelschnittes werden von anderen Tangenten stets in projektiven Punktreihen geschnitten. Wir benutzen diesen Satz, um zu aufeinanderliegenden, gleichlaufenden oder ungleichlaufenden Punktreihen die Doppelpunkte und Gegenpunkte zu konstruieren (Fig. 132).

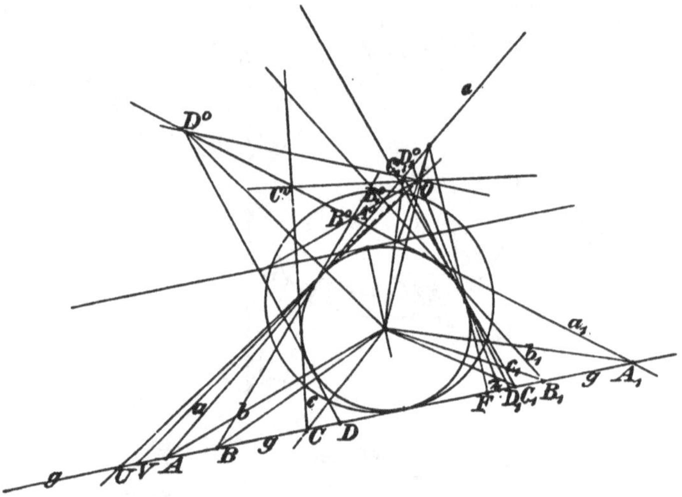

Fig. 132.

Es seien A, B, C und A_1, B_1, C_1 entsprechende Punkte zweier projektiver Punktreihen, wir zeichnen irgend einen Kegelschnitt, z. B. einen Kreis, der den Träger der Punktreihen an beliebiger Stelle berühren möge. Legt man jetzt von den sechs Punkten die Tangenten a, b, c, a_1, b_1, c_1 an den Kreis, dann wird die Punktreihe, die die Tangenten der einen Gruppe auf einer beliebigen Tangente der anderen Gruppe, z. B. a ausschneidet, projektiv sein müssen zu der Punktreihe, die die letztere Tangentengruppe mit der Tangente a_1 erzeugt. Da beiden Punktreihen, nämlich $A^0 B^0 C^0$ und $A_1^0 B_1^0 C_1^0$, der Punkt A^0 gemeinsam ist, so liegen sie auch perspektiv, das Perspektivitätszentrum ist $O = (B^0 B_1^0 \times C^0 C_1^0)$. Man erhält neue Paare zugeordneter Punkte auf g, wenn man durch O eine Gerade zieht, die die Träger a und a_1 in entsprechenden Punkten D_0 und D_1 schneidet, dann erzeugen die von diesen Schnittpunkten an den Hilfskreis gelegten Tangenten mit g zugeordnete Punkte (vgl. Fig. 132). Unter all den Geraden, die sich durch O ziehen lassen, werden auch zwei sein, die mit den Tangenten koinzidieren, diese schneiden aber auf a und a_1 Punkte aus, deren Tangenten ebenfalls mit diesen Linien zusammenfallen, daher entsprechen sich die Tangenten selbst und schneiden Gerade g in den gesuchten Doppelpunkten U und Z. Liegt das Zentrum O auf der Peripherie des Hilfskreises, so gibt es nur eine Tangente und daher auch nur einen Doppelpunkt; liegt O innerhalb des Kreises, so besitzen die Punktreihen auf g keinen Doppelpunkt.

Um die Gegenpunkte zu erhalten, lege man an den Kreis die zu g parallele Tangente und bestimme zu ihren Schnittpunkten mit a und a_1 die perspektiven Punkte. Die von letzteren an den Kreis gelegten Tangenten schneiden g in den gesuchten Gegenpunkten V und F.

34. Auf Grund der Ausführungen der Abschnitte 30 und 32 können folgende Aufgaben gelöst werden:

a) Ein Kegelschnitt sei durch fünf Punkte A, B, C, D, E gegeben; es sollen seine Schnittpunkte mit einer Geraden g ermittelt werden, ohne daß der durch die fünf Punkte definierte Kegelschnitt selbst gezeichnet wird. (Fig. 133.)

Bekanntlich stellen die von A und B nach C, D und E gezogenen Strahlen Büschel dar, deren entsprechende Strahlen sich nur in Punkten des Kegelschnittes treffen können. Die Punktreihen C_1, D_1, E_1 und C_2, D_2 und E_2, die die Strahlen mit g erzeugen, müssen daher auch projektiv sein. Ein Punkt der Ellipse entsteht nun dadurch, daß wir von zwei sich entsprechenden Punkten der auf g vereinigten Punktreihen jeden mit seinem Scheitel verbinden und diese Strahlen bis zu ihrem Schnitte verlängern. Schneidet nun die Kurve die Gerade g, so müssen in diesem Punkte zwei sich entsprechende Punkte vereinigt liegen, d. h. diese Punkte können nur die Doppelpunkte U und Z der auf g befindlichen projektiven Punktreihen sein. Diese lassen sich aber nach Abschnitt 33 ermitteln.

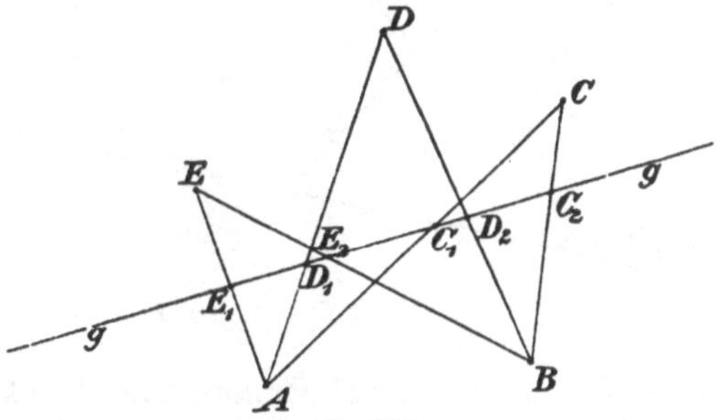

Fig. 133.

b) Ein Kegelschnitt sei durch fünf Tangenten a, b, c, d, e gegeben; es sollen von einem Punkte S zwei Tangenten an denselben gelegt werden, ohne daß er selbst gezeichnet wird (Fig. 134).

Die Punkte, welche auf zweien der Tangenten, z. B. a und b, durch die übrigen drei ausgeschnitten werden, bilden die erzeugenden Punktreihen. Die Strahlen von dem gegebenen Punkte S, nämlich c, d, e und c_1, d_1, e_1, nach diesen Punkten bilden zwei aufeinanderliegende Büschel. Zwei entsprechende Strahlen des Büschels schneiden also die bezüglichen Punktreihen in Punkten, deren Verbindungsgerade Tangenten sind, oder zwei entsprechende Punkte der Punktreihen bestimmen eine Tangente, mit S verbunden, aber zwei entsprechende Strahlen der in S vereinigten Büschel. Nun ist es doch wohl möglich, daß zwei entsprechende Punkte so liegen, daß ihre Verbindungsgerade, die Tangente ist, zugleich durch S geht; dann bilden die beiden zusammenfallenden Strahlen eben einen Doppelstrahl. Die Doppelstrahlen der beiden projektiven aufeinanderliegenden Strahlbüschel sind mithin die gesuchten Tangenten. Ihre Konstruktion lehrt Abschnitt 31.

Beide Aufgaben lassen sich auch mittels involutorischer Punktreihen und Strahlbüschel an den Kegelschnitten, die wir im Abschnitt 28 kennen lernten, lösen.

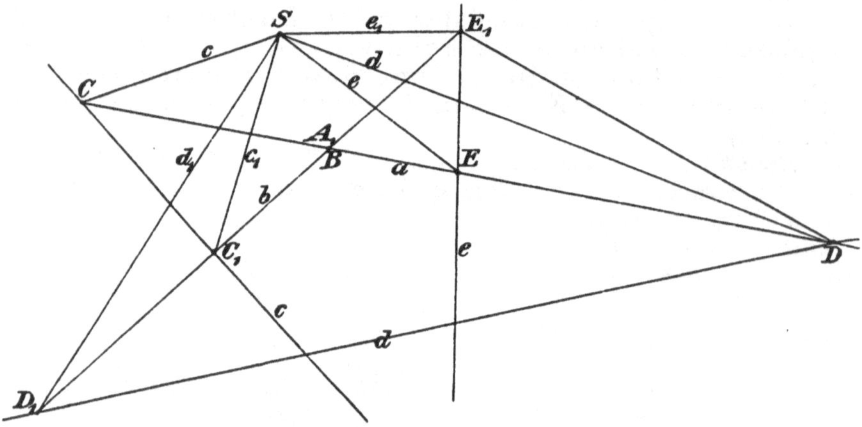

Fig. 134.

Wir nennen zwei Reihen von Punkten auf einem Kegelschnitt projektiv bzw. involutorisch, wenn sie aus jedem anderen Punkte des Kegelschnittes durch projektive bzw. involutorische Strahlbüschel projiziert werden, und ebenso heißen zwei Tangentenbüschel eines Kegelschnittes projektiv bzw. involutorisch, wenn sie auf jeder weiteren Tangente desselben projektive bzw. involutorische Punktreihen ausschneiden.

Nun ist im Abschnitt 28 gezeigt worden, wie man auf einem gezeichneten Kegelschnitt k solche involutorischen Punktreihen konstruieren kann (Fig. 135). Wählt man nämlich auf k zwei feste Punkte x und y und verbindet man beliebige Punkte P, Q, R des Kegelschnittes mit diesen Punkten, so schneiden diese die Polare jedes beliebigen Punktes von xy in involutorischen Punktreihen, z. B. die Punktreihen A, B, C und A', B', C' auf g, der Polaren von G, sind involutorische Reihen. Wenn ich diese Punkte aus x projiziere, so schneiden die projizierenden Strahlen den Kegelschnitt in den Punkten P, Q, R, P', Q', R', diese Punktreihen auf k sind mithin involutorische, sie liegen, wie in 28 bewiesen worden ist, so, daß die Verbindungsgeraden entsprechender Punkte, also die Linien PP', QQ', RR' sich im Pole G der Geraden g schneiden. Wähle ich als Projektionspunkt z. B. Y auf k, so sind auch die neuen Büschel involutorisch, und konstruiere ich in Y die Tangente, so muß letztere von den Tangenten aus P, Q, R usw. wieder in involutorischen Punktreihen P_1, Q_1, R_1 und P'_1, Q'_1, R'_1 geschnitten werden.

Daß diese Punkte $P_1P'_1$, $Q_1Q'_1$, $R_1R'_1$ Punkte einer Involution sind, ist bereits in Abschnitt 28, Figur 110 bewiesen worden, denn die sich entsprechenden Tangenten schneiden sich auf einer Geraden, auf der Polaren g. Mithin kann folgender Satz ausgesprochen werden:

Sind zwei Punktreihen auf einem Kegelschnitt projektiv bzw. involutorisch, so sind es auch die Tangentenbüschel, deren Berührungspunkte sie bilden.

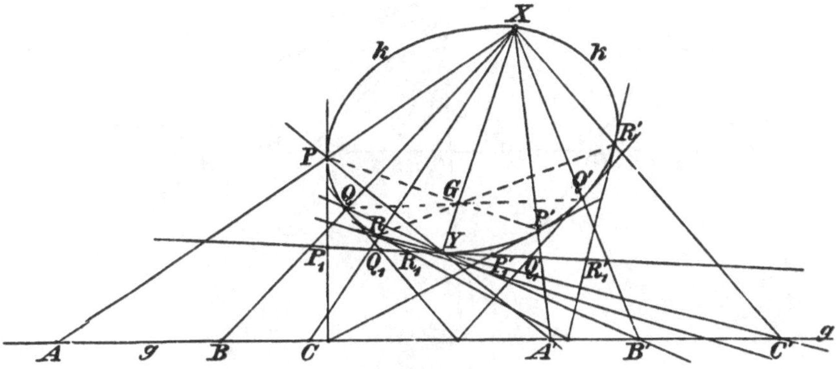

Fig. 135.

Umgekehrt, wenn eine Tangente eines Kegelschnittes Träger zweier involutorischer Punktreihen ist (eine Involution ist durch zwei Paare konjugierter Punkte bestimmt) und von den Punkten der Involution Tangenten an den Kegelschnitt gelegt werden, so bilden die Berührungspunkte wieder eine Involution von Punkten auf dem Kegelschnitt. Die Verbindungsgeraden entsprechender Punkte schneiden sich in einem Punkte G, dem Mittelpunkte der Involution, und die Schnittpunkte der entsprechenden Strahlen des involutorischen Tangentenbüschels liegen auf einer Geraden, der Achse der Involution. Letztere ist die Polare des Mittelpunktes der Involution in bezug auf den Kegelschnitt k.

Diese Darlegungen bieten uns nicht nur neue Lösungen der zu Anfang dieses Kapitels gestellten Aufgaben, sondern auch Lösungen solcher Aufgaben, die zum Teil schon früher gelöst bzw. angedeutet wurden.

Diese Aufgaben sind:

1. Auf einer Geraden ist eine Involution von Punkten durch zwei Paare sich doppelt entsprechender Punkte A und A_1, B und B_1 gegeben; es sind weitere Paare, die Doppelpunkte und der Mittelpunkt derselben zu bestimmen.

Auflösung: Man legt an die Gerade g einen berührenden Kegelschnitt, z. B. Kreis und zieht durch die gegebenen Punkte die Kreistangenten (vgl. Fig. 136), dann ist A_0B_0 die Achse, Punkt M der Mittelpunkt der Involution. Zu einem Punkte C findet man den zugeordneten, indem man durch C die Tangente bis zum Schnitt mit A_0B_0 in C_0 zieht, die Kreistangente durch C_0

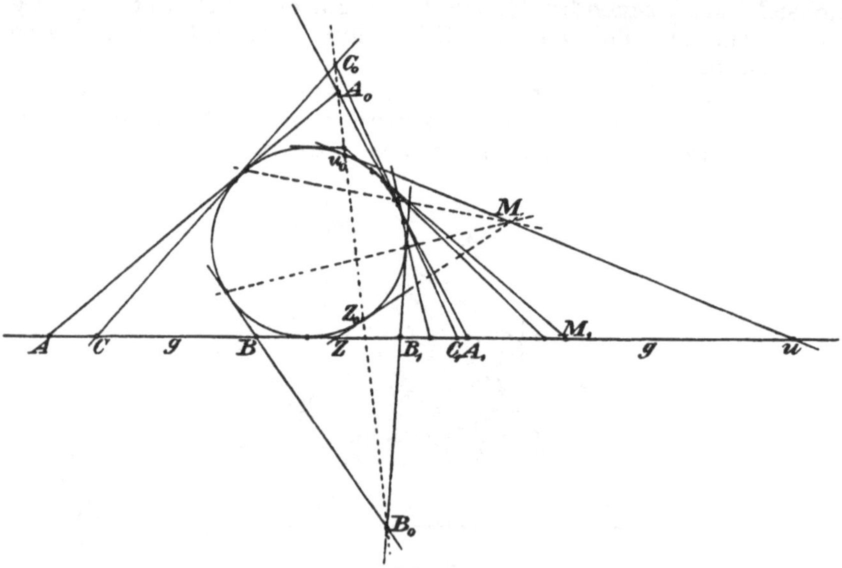

Fig. 136.

schneidet den Träger g in C_1. Die Kreistangenten in U_0 und Z_0, den Schnittpunkten von Kreis und Achse, schneiden die Gerade g in den Doppelpunkten U und Z der Involution. Halbiert man die Strecke UZ, so ist dieser Punkt der Mittelpunkt der Involution, den man auch dadurch erhalten kann, daß man die zu g parallele Kreistangente und durch deren Schnittpunkt mit A_0B_0 die Kreistangente zieht, die g in M_1, dem Mittelpunkte der Involution auf g, schneidet.

2. Der Punkt O ist Träger einer Strahleninvolution, die durch zwei Paare sich doppelt entsprechender Strahlen a und a_1, b und b_1 bestimmt ist. Es sind weitere Paare konjugierter Strahlen, ferner die Doppelstrahlen und die Rechtwinkelpaare zu konstruieren.

Auflösung: Man legt durch O (Fig. 137) einen beliebigen Kegelschnitt, z. B. Kreis, dann sind A, B, A_1, B_1 Punkte der Kreisinvolution, M der Mittelpunkt der Kreisinvolution. Schneidet ein beliebiger dritter Strahl c den Kreis in C, so muß der zugeordnete Strahl c_1 den Kreis in C_1 auf MC treffen. Zieht man Mm, die Zentrale, die den Kreis in X und X_1 schneidet, dann sind x und x_1 die sich entsprechenden rechtwinkligen Strahlen. Sind schließlich U und Z die Berührungspunkte der Tangente aus M, so u und z die Doppelstrahlen der Strahleninvolution. Die Recht-

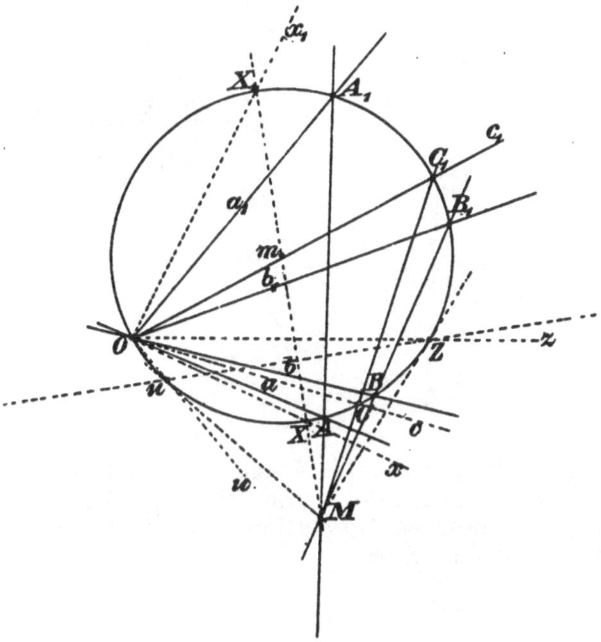

Fig. 187.

winkelstrahlen x und x_1 halbieren die Winkel der Doppelstrahlen u und z, die Polare von M in bezug auf den Kreis ist die Achse der Involution.

3. Es soll noch einmal die unter a) dieses Abschnittes angegebene Aufgabe unter Benutzung involutorischer Punktreihen gelöst werden.

Auflösung: Sind A, B, C, D, E fünf Punkte der Kurve (Fig. 138) und g die Gerade, welche sie schneidet, so bestimmt man zunächst zu zwei beliebigen Punkten von g, z. B. P und Q zwei zugeordnete P_1 und Q_1, so daß diese vier eine harmonische Reihe bilden, also die erforderliche Involution bestimmen.

Die Punkte P_1 und Q_1 erhält man dadurch, daß man zu P und Q die Polaren p und q in bezug auf den Kegelschnitt konstruiert, diese schneiden g in P_1 und Q_1. Man findet z. B. die Polare zu P, indem man P mit zwei Punkten, z. B. A und E verbindet und auf diesen Verbindungslinien die zwei Kurvenpunkte F und G aufsucht mittels des Pascalschen Sechsecks (diese Konstruktion ist hier nicht ausgeführt, sie ist bereits als vollzogen angenommen, vgl. Abschnitt 35).

AEFG bestimmen jetzt ein Viereck, in dem P ein Diagonalschnittpunkt ist. Die diesem Punkte P gegenüberliegende Seite des Diagonaldreiecks ist die Polare von P in bezug auf den Kegel-

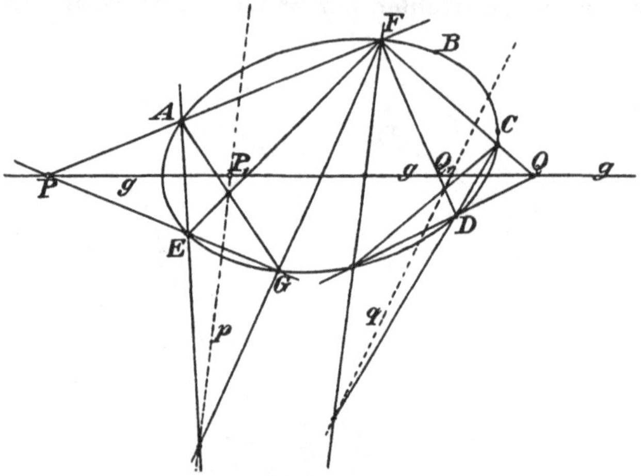

Fig. 138.

schnitt, die g in P_1 schneidet. Ebenso ermittelt man die Polare von Q, die g in Q_1 schneidet. Die Doppelpunkte der durch P, Q und P_1, Q_1 bestimmten Involution sind die gesuchten Schnittpunkte von g und der Kurve.

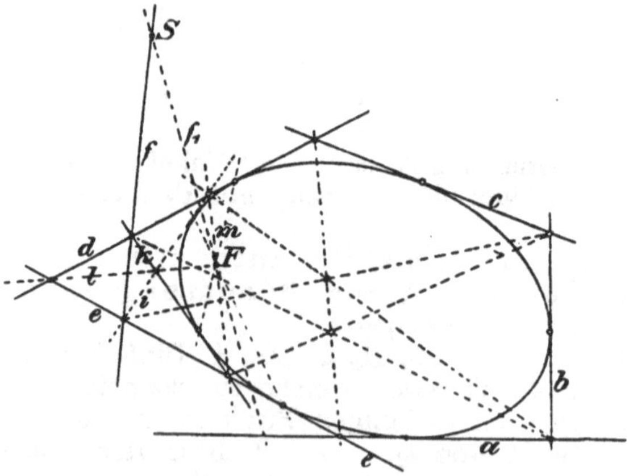

Fig. 139.

4. In entsprechender Weise löst man auch die Aufgabe b) dieses Abschnittes. Um von einem Punkte S aus die beiden Tangenten zu konstruieren, die den durch fünf Tangenten gegebenen Kegelschnitt berühren, ziehe man durch S zwei beliebige Gerade f und g (Fig. 139) und konstruiere ihre Pole F und

G in bezug auf den Kegelschnitt. Die Verbindungslinien mit S: $f_1 = SF$, $g_1 = SG$ bilden mit f und g einen involutorischen Büschel, dessen Doppelstrahlen die gesuchten Tangenten sind.

Den Pol einer Geraden f in bezug auf einen nicht gezeichneten, durch fünf Gerade bestimmten Kegelschnitt findet man, indem man zwei der Tangenten, z. B. d und e mit der Geraden schneidet und mittels des Brianchonschen Satzes die durch die Schnittpunkte gehenden Tangenten i und k des Kegelschnittes ermittelt. Jetzt lassen sich aber d und i, e und k als Gegenseitenpaare eines vollständigen Vierseits ansehen, der Schnittpunkt des dritten Gegenseitenpaares l und m ist der gesuchte Pol F der Geraden f.

5. Ein Kegelschnitt liegt
a) gezeichnet vor, oder ist
b) durch fünf Punkte,
c) durch fünf Tangenten gegeben.

Zu konstruieren sind die Achsen:

Man ermittelt jedesmal zwei Paare konjugierter Durchmesser und sucht die Rechtwinkelstrahlen der durch sie bestimmten Involution.

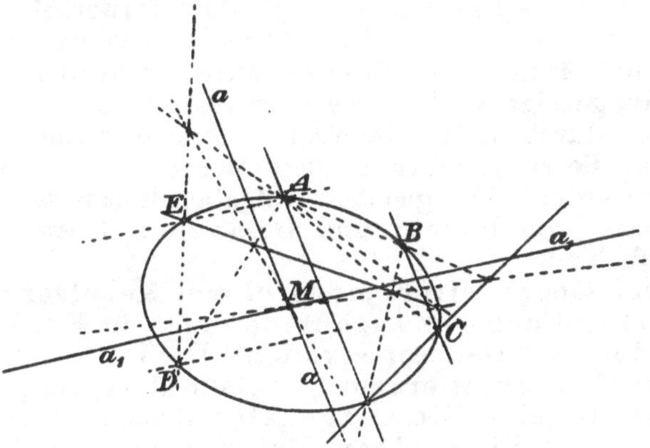

Fig. 140.

Der erste Fall bietet keine Schwierigkeiten. Im Falle b) (Fig. 140) verbindet man zwei der gegebenen Punkte, z. B. B und C und legt durch einen dritten Punkt, z. B. A die Parallele, sucht auf dieser den zweiten Kurvenpunkt (mittels des Pascalschen Sechsecks). Diese beiden parallelen Sehnen bestimmen jetzt ein Sehnenviereck, die Verbindungsgerade der beiden im Endlichen liegenden Schnittpunkte der Gegenseitenpaare ist ein Durchmesser des Kegelschnittes. Ermittelt man auf gleiche Weise einen zweiten Durchmesser, so ist der Mittelpunkt M des Kegelschnittes bestimmt. Nun bildet aber in jedem Viereck der Durchmesser mit der durch M zu den parallelen Seiten des Vierecks gezogenen Parallelen ein Paar konjugierter Durchmesser des Kegelschnittes. Durch die beiden ermittelten Paare ist aber die Involution des Mittelpunktes M bestimmt; die Rechtwinkelstrahlen derselben sind die Achsen des Kegelschnittes.

Im Falle c) (Fig. 141) ermittelt man zunächst mittels des Brianchonschen Punktes zu zweien der gegebenen Tangenten a und b die Paralleltangenten f und g, dann bestimmen diese Tangentenpaare ein dem Kegelschnitte umgeschriebenes Parallelogramm, dessen Diagonalen d und d_1 bekanntlich ein Paar konjugierter Durchmesser bilden. Ermittelt man auf gleiche Weise ein zweites Paar konjugierter Durchmesser, so ist die Involution bestimmt, damit auch die Achsen beziehungsweise Asymptoten (falls eine Hyperbel angenommen wurde).

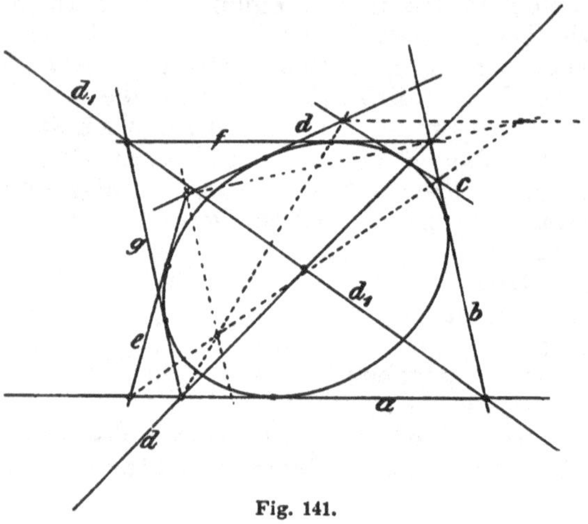

Fig. 141.

35. Die Sätze von Pascal und Brianchon. Im Abschnitt 30 ist gezeigt worden, wie man aus fünf beliebig gewählten Punkten den durch sie bestimmten Kegelschnitt finden kann, im Abschnitt 32 die Konstruktion eines solchen aus fünf beliebig gewählten Tangenten. Die gleichen Aufgaben lassen sich auch mittels der Sätze von Pascal und Brianchon lösen. Die Sätze lauten nämlich:

Je zwei Gegenseiten eines einem Kegelschnitte eingeschriebenen Sechsecks schneiden sich in Punkten einer Geraden (der Pascalschen Geraden). Die Verbindungslinien der Gegenecken eines einem Kegelschnitte umgeschriebenen Sechsecks (also die Diagonalen desselben) schneiden sich in einem Punkte (einem Brianchonschen Punkte).

Um diese Sätze zu beweisen, betrachten wir noch einmal die Figuren 116 und 126 des Abschnittes 30 und 32. Schneiden wir die gegebenen Strahlbüschel durch die Geraden $A_0B_0 = g_1$ und $A_0C_0 = g_2$ (Fig. 142), so sind die Punktreihen auf diesen Geraden perspektiv, daher gehen die Verbindungslinien von entsprechenden Punkten der Träger g_1 und g_2 durch einen Punkt O_3. Zu irgend einem Strahl p_1 des Büschels O_1 wird der entsprechende des Büschels O_2 und damit ein Punkt des Kegelschnittes gefunden, indem man Linie $P_1O_3P_2$ zieht und P_2 mit O_2 verbindet; die Verbindungslinie $O_2P_2 = p_2$ schneidet p_1 in P. Die Punkte P, O_1, O_2, A_0, B_0, C_0 liegen aber auf einem Kegelschnitte, sie sind daher die Ecken eines diesem Kegelschnitte eingeschriebenen Sechsecks, von dem nunmehr bewiesen ist, daß sich die Gegenseiten, nämlich p_1 und g_1, b_2 und c_1, p_2 und g_2 in Punkten einer durch O_3 gehenden Geraden schneiden; es würde sich kein anderes

Resultat ergeben, wenn wir statt O_1 und O_2 irgend zwei andere Punkte zu Trägern der projektiven Büschel machten.

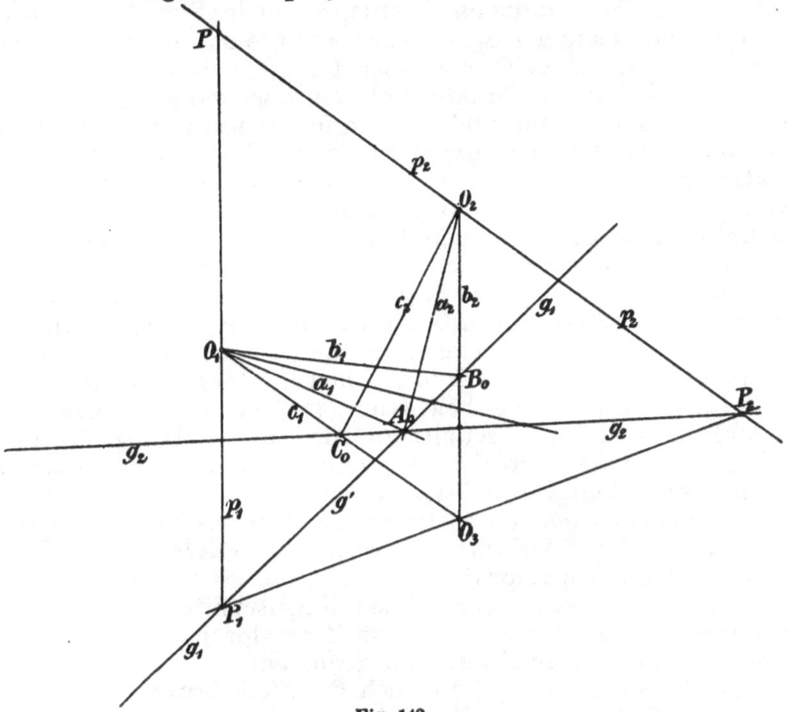

Fig. 142.

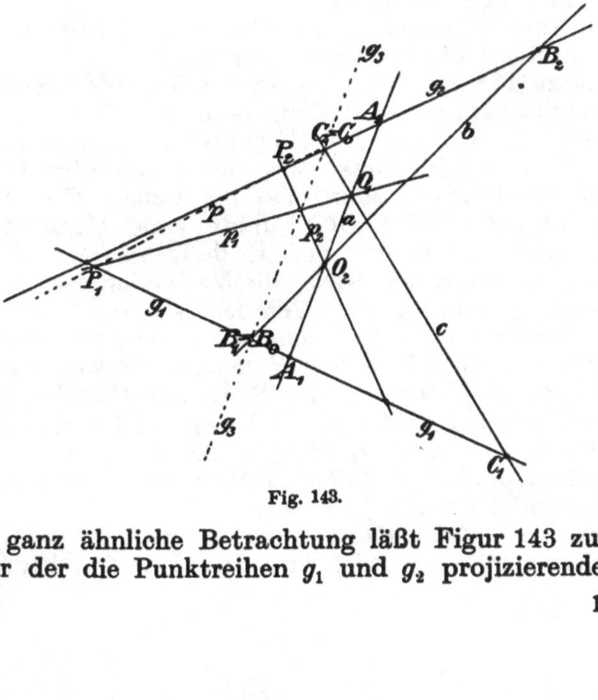

Fig. 143.

Eine ganz ähnliche Betrachtung läßt Figur 143 zu. Werden die Träger der die Punktreihen g_1 und g_2 projizierenden Büschel auf der Verbindungsgeraden zweier gegebener entsprechender Punkte, z. B. A_1 und A_2 gewählt, so liegen diese Büschel perspektiv, d. h. die Schnittpunkte entsprechender Strahlen schneiden sich auf einer Geraden g_3. Jedem Punkte P_1 auf g_1 entspricht auf g_2 stets ein Punkt P_2 von solcher Lage, daß die Verbindungsgeraden p_1, p_2 dieser Punkte mit den zugehörigen Zentren sich auf g_3 schneiden. Nun sind aber, wie bewiesen worden ist, die Verbindungsgeraden der zugeordneten Punkte zweier projektiver Punktreihen Tangenten eines Kegelschnittes, daher müssen die Geraden g_1, c, a, b, g_2 und p zugleich die Seiten eines einem Kegelschnitte umgeschriebenen Sechsecks sein, und die Figur lehrt, daß die Diagonalen desselben, auch dann, wenn p eine andere Lage einnimmt, sich immer auf g_3, d. h. in einem Punkte schneiden müssen. Das Ergebnis würde kein anderes sein, wenn wir statt der Träger g_1 und g_2 irgend zwei andere der sechs Linien zu Trägern zweier projektiver Punktreihen machten. Damit ist auch der Brianchonsche Satz bewiesen. Die Sätze von Pascal und Brianchon sind in Abschnitt 25 für den Kreis bewiesen, da die Erzeugnisse von projektiven Punktreihen und Strahlbüscheln aber mit den Zentralprojektionen eines Kreises übereinstimmen, so folgt auch aus den Beweisen des Abschnittes 25 die Gültigkeit der eben für die Kegelschnitte bewiesenen Sätze. Jeder Kegelschnitt kann als Zentralprojektion eines Kreises angesehen werden, daher kann man auch jedes einem Kegelschnitte ein- oder umgeschriebene Sechseck ansehen als die Zentralprojektion eines einem Kreise ein- oder umgeschriebenen Sechsecks.

Von diesen Sätzen gelten auch die Umkehrungen:

1. Die Ecken eines Pascalschen Sechsecks liegen auf einem Kegelschnitte.
2. Die Seiten eines Brianchonschen Sechsecks sind Tangenten eines Kegelschnittes.

Diese Sätze (Fig. 142 und 143) ergeben folgende Konstruktionen von Kegelschnittpunkten und Tangenten.

Es seien A, B, C, D, E (Fig. 144) fünf feste Punkte der Ebene; ist F noch ein Punkt des durch die fünf Punkte bestimmten Kegelschnittes, dann sind die Punkte $G = AF \times CD$, $H = AB \times DE$, $I = FE \times BC$ Punkte einer Geraden. Es ist nun schon früher bewiesen worden, daß, wo auch F auf dem Kegelschnitte angenommen wird, die Verbindungsstrahlen mit A und E, also f_1 und f_2 die Geraden $CD = g_1$ und $BC = g_2$ in solchen Punkten G und I schneiden, die, miteinander verbunden, stets eine Gerade durch H liefern. Bewegt sich also F auf der Kurve, so bleiben in der Figur alle Geraden fest liegen bis auf drei, nämlich $FA = f_1$, $FE = f_2$, $GI = f_3$. Nur diese drei bewegen sich, d. h. f_1 dreht sich um A, f_2 um E, f_3 um H und ihre Schnittpunkte G und I bleiben auf g_1 und g_2. Daher gilt auch folgender Satz:

Drehen sich drei Gerade f_1, f_2 und f_3 je um einen ihrer Punkte (A, E und H) und durchlaufen hierbei zwei ihrer Schnittpunkte G und I je eine Gerade (g_1 und g_2), dann beschreibt der dritte Schnittpunkt F einen Kegelschnitt, der die Drehpunkte von f_1 und f_2 enthält, den Schnittpunkt von g_1 und g_2 und auch die Punkte, in welchen sich die Verbindungslinien der ebenerwähnten Drehpunkte mit dem von f_3 und die Geraden g_1 und g_2 schneiden.

Verlängert man AE bis zum Schnittpunkt g_1 und g_2 und verbindet die Schnittpunkte mit H (der eine dieser Punkte fällt weit

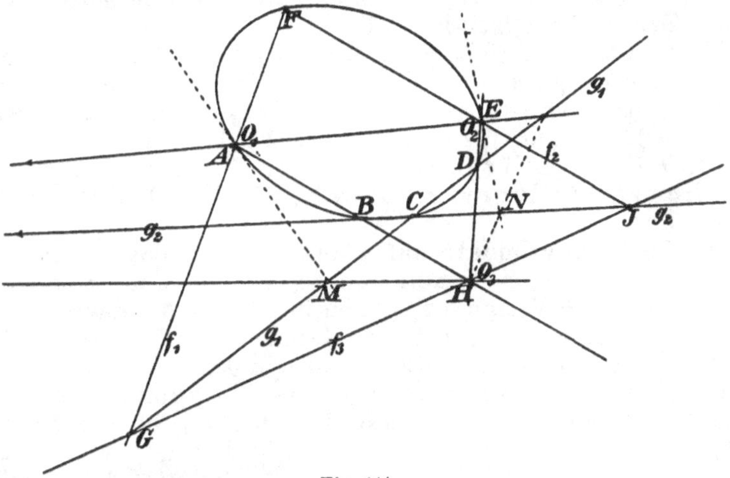

Fig. 144.

weg), dann werden von diesen Verbindungslinien g_1 und g_2 in Punkten M und N geschnitten, die den Kegelschnitttangenten in A und E angehören; also ist MA Tangente in A, und NE Tangente in E.

In Figur 145 stellen a, b, c, d, e fünf beliebige, aber feste Gerade der Ebene dar; bekanntlich bestimmen diese einen Kegelschnitt, dessen Tangenten sie sind, durch diese Geraden ist aber nur eine Diagonale des Sechsecks AD gegeben, welches entsteht, wenn noch eine sechste Tangente ermittelt wird. Ist f eine solche, so bilden die sechs Tangenten ein **Brianchon**sches Sechseck, die Diagonalen schneiden sich in einem Punkte G, d. h. in einem Punkte auf AD. Wird an Stelle von f eine andere Tangente gewählt, $E'F'$, dann schneiden sich die Diagonalen in G', also in

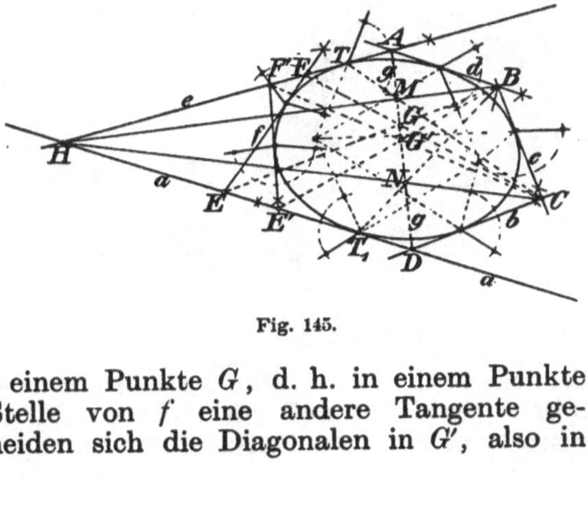

Fig. 145.

einem anderen Punkt von AD, die beiden anderen Diagonalen gehen stets von den festen Punkten B und C aus. Man findet hiernach eine sechste Tangente, wenn man die von B und C nach irgend einem Punkte von AD gezogenen Strahlen bzw. mit e, der fünften Tangente, und mit a, der ersten, zum Schnitt bringt, die Verbindungsgerade dieser Schnittpunkte ist eine sechste Tangente. Ändert G auf AD seinen Platz, so erhält man sowohl auf e wie auf a einen neuen Punkt, die Verbindungslinien der beiden letzteren mit dem ersteren gehen aber stets durch B bzw. C, die sie selbst verbindende Gerade ist die gesuchte Tangente. Daher gilt folgender Satz:

Bewegen sich (Fig. 145) drei Punkte G, E, F je auf einer Geraden g, e, a und drehen sich hierbei zwei ihrer Verbindungsgeraden (GE und GF) je um einen Punkt (B bzw. C), so umhüllt die dritte Verbindungsgerade der Punkte EF einen Kegelschnitt, der die Geraden a und e, und die Verbindungslinien AB, BC und CD zu Tangenten hat.

Die Berührungspunkte auf a und e findet man, wenn man B und C mit H, dem Schnittpunkte von a und e verbindet. Schneidet AD die Verbindungslinien in M und N, dann schneidet CM die Gerade e in T, BN die Gerade a in T_1, die Punkte T und T_1 sind die gesuchten Berührungspunkte.

36. Ein- und umgeschriebene Polygone der Kegelschnitte. Wenn in einem Pascalschen Sechseck ein Eckpunkt bewegt wird, z. B. Punkt *6* (Fig. 146), so drehen sich zugleich die Geraden *1*, *6* und *6*, *5* bzw. um die Punkte *1* und *5* derartig, daß in jeder Lage von *6* die Schnittpunkte der Gegenseiten auf einer Geraden liegen. Wird jetzt Punkt *5* einem seiner benachbarten Punkte, z. B. *6* ∞ nahe gebracht, so geht das Sechseck in ein Fünfeck über, indem die Seite *6*, *5* unendlich klein wird; ihre Richtung ist jedoch die der Tangente in diesem Doppelpunkt. Wir können hiernach ein Fünfeck als ein Sechseck auffassen, was dadurch geschieht, daß wir einen Punkt doppelt bezeichnen, der doppelt bezeichnete Punkt stellt die ∞ kleine Sechsecksseite dar,

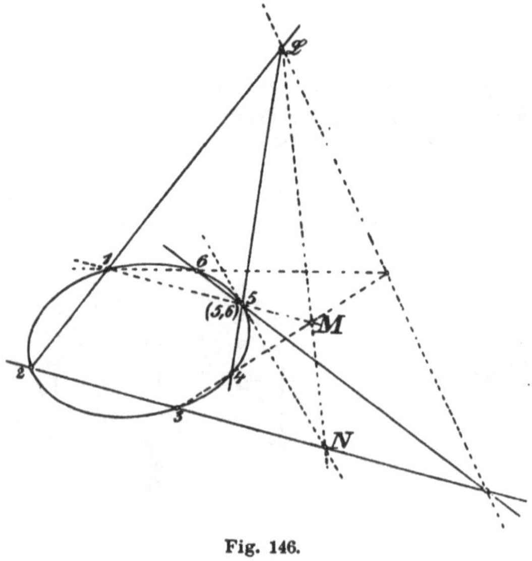

Fig. 146.

deren Richtung die Tangente in diesem Kurvenpunkte ist. Letztere ist jetzt konstruierbar, denn die Seiten *1*, *2* und *4*, *5* schneiden sich in *L*, die Gegenseiten *2*, *3* und *1*, *6* in *M*, also müssen sich *3*, *4* und *5*, *6* in *N*, einem Punkte der Geraden *LM* treffen; wenn ich daher *2*, *3* *N* ziehe, dann ist *N* *5* die Tangente der Kurve im Punkte *5* bzw. *6*. Man erhält hiernach folgenden Satz:

In jedem einem Kegelschnitte eingeschriebenen Fünfeck liegen der Schnittpunkt einer Seite mit der Tangente in ihrer Gegenecke und die Schnittpunkte der anderen Paare von Gegenseiten auf einer Geraden.

Ein ähnlicher Satz besteht auch für das Tangentenfünfeck eines Kegelschnittes, das aus einem umgeschriebenen Sechseck hergestellt werden kann. Wird nämlich eine Seite, z. B. Seite *6* so bewegt, daß sie immer Tangente der Kurve ist, so wird man sie auch einer benachbarten Seite, z. B. *5* (oder einer anderen) ∞ nahe bringen können (Fig. 147). In dieser Lage liegt aber ihr Schnittpunkt mit *5*, d. i. *V* nicht mehr außerhalb der Kurve, sondern auf der Kurve, er ist der Berührungspunkt von Seite *5*. Wir können mithin ein einem Kegelschnitte umgeschriebenes Fünfeck als Sechseck auffassen, es ist nur eine Seite doppelt zu zählen, desgleichen ist ihr Berührungspunkt mit als Eckpunkt zu zählen. Da nun die Diagonalen eines solchen Sechsecks sich in einem Punkte schneiden, so müssen in diesem Falle die Linien *I*, *IV*, *II*, *V* und *III*, *VI* durch einen Punkt gehen. Da dieser Punkt *P* schon durch die Linien *I*, *IV* und *III*, *VI* bestimmt ist, so können wir auf der fünften Seite den Berührungspunkt *V* bestimmen, wenn man Seite *5* mit der Geraden *II P* schneidet. Es kann mithin folgender Satz ausgesprochen werden:

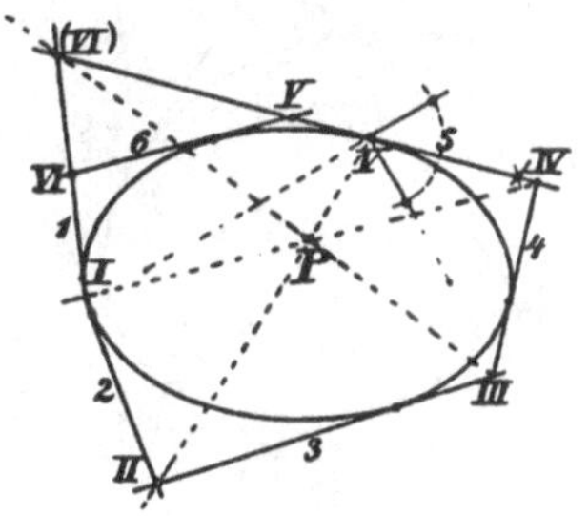

Fig. 147.

In jedem einem Kegelschnitte umgeschriebenen Fünfseit gehen die Verbindungsgerade einer Ecke mit dem Berührungspunkte der Gegenseite und die Verbindungsgeraden der beiden übrigen Paare von Gegenecken durch einen Punkt.

Aus dem eingeschriebenen Fünfeck bzw. umgeschriebenen Fünfseit werden bezüglich Viereck und Vierseit, wenn in ersterem Polygon zwei weitere Eckpunkte so nahe gebracht werden, daß wir sie als einen Punkt, in letzterem zwei andere Seiten so nahe, daß wir sie als eine einzige Gerade ansehen können. Mit anderen Worten, Viereck und Vierseit können ebenfalls als Sechseck bzw. Sechsseit aufgefaßt werden, in ersterem sind nur zwei Ecken als Doppelpunkte zu zählen, die Tangenten in diesen Punkten bilden die fehlenden Sechseckseiten, in letzterem zwei Tangenten als Doppeltangenten, ihre Berührungspunkte sind die fehlenden Sechsseitpunkte (vgl. Fig. 148 und 149). Man hat hier zwei Fälle zu unterscheiden: entweder sind zwei benachbarte Ecken bzw. Seiten doppelt zu denken, oder zwei sich gegenüberliegende Ecken bzw. Seiten. Berücksichtigt man weiter, daß bei dem eingeschriebenen Sechseck stets die Schnittpunkte der Seiten *1*, *2* und *4*, *5*; *2*, *3* und *5*, *6*; *3*, *4* und *1*, *6* auf einer Pascalschen Geraden, bei dem umgeschriebenen Sechseck die Verbindungsgeraden der Ecken (*1*, *2*) und (*4*, *5*), (*2*, *3*) und (*5*, *6*), (*3*, *4*)

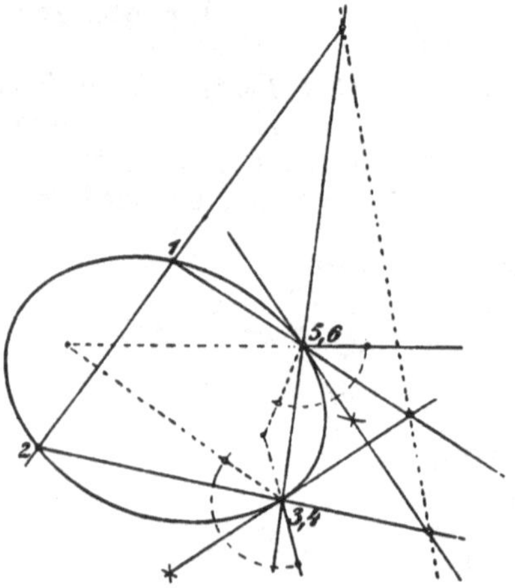

Fig. 148.

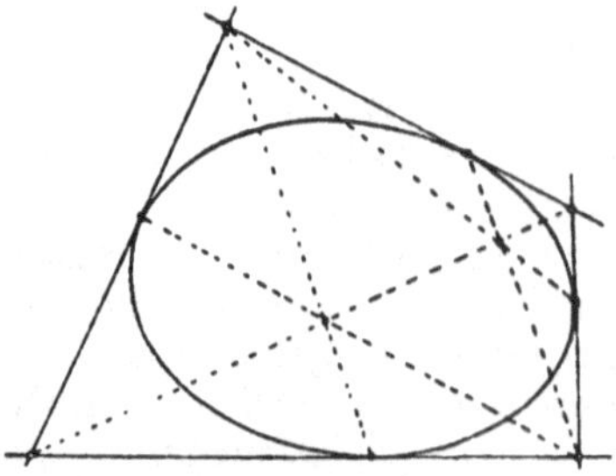

Fig. 149.

und (*6*, *1*) sich stets in einem Brianchonschen Punkte schneiden müssen, so ergeben sich folgende Sätze für Vierecke und Vierseite:

a) Wenn man die Doppelelemente benachbart annimmt:

In jedem einem Kegelschnitte eingeschriebenen Viereck liegen auf einer Geraden der Schnittpunkt zweier Gegenseiten und die Schnittpunkte, die die dritte und vierte Seite durch ihren Schnitt mit den Tangenten in den Ecken auf einer der Gegenseiten erzeugen (Fig. 148).

In jedem einem Kegelschnitte umgeschriebenen Vierseit schneiden sich in einem Punkte eine Diagonale und die Geraden, die sich von den unverbundenen Ecken nach den Berührungspunkten solcher Seiten ziehen lassen, die sich in einem Endpunkte der Diagonale schneiden (Fig. 149).

b) Wenn man die Doppelelemente gegenüberliegend annimmt:

In jedem einem Kegelschnitte eingeschriebenen Viereck liegen die Schnittpunkte der Gegenseiten und die Schnittpunkte der Tangenten in den Gegenecken auf einer Geraden (Fig. 150).

In jedem einem Kegelschnitte umgeschriebenen Vierseit schneiden sich die Diagonalen und die Verbindungsgeraden der Berührungspunkte der Gegenseiten in einem Punkte (Fig. 151).

Daß wir auch hiernach jedes einem Kegelschnitte eingeschriebene Dreieck als Sechseck und jedes umgeschriebene Dreiseit als Sechsseit ansehen können, ist klar. Man braucht in ersterem Falle nur jede Ecke als Doppelpunkt anzunehmen und in letzterem Falle jede Seite als Doppeltangente. Es gelten mithin folgende Sätze:

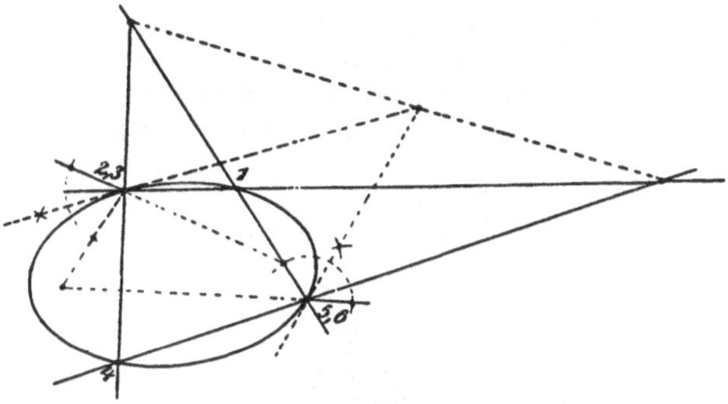

Fig. 150.

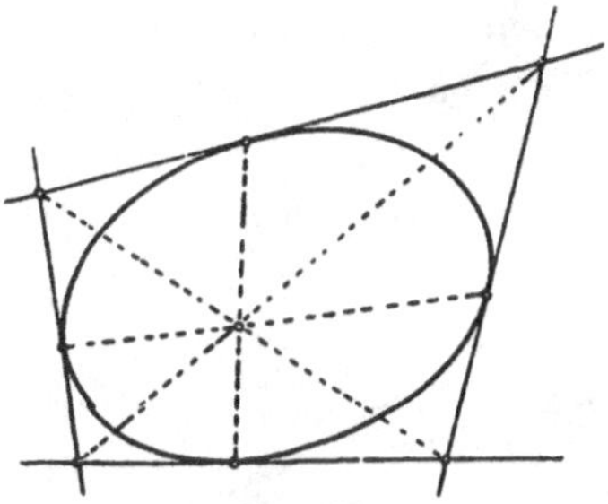

Fig. 151.

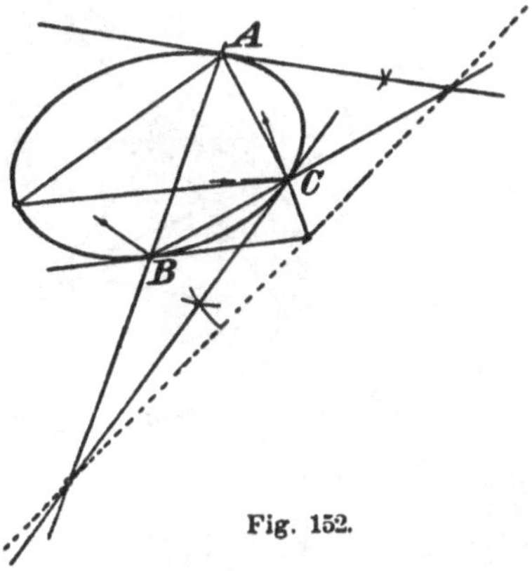

Fig. 152.

In jedem einem Kegelschnitte eingeschriebenen Dreieck liegen die Schnittpunkte der Seiten mit den Tangenten in den Gegenecken auf einer Geraden (Fig. 152).

In jedem einem Kegelschnitte umgeschriebenen Dreiseit gehen die Verbindungsgeraden der Ecken mit den Berührungspunkten der Gegenseiten durch einen Punkt.

Kegelschnittbüschel und Kegelschnittschar.

37. Kegelschnittbüschel. Bekanntlich wird durch fünf Punkte, die in der Ebene ganz beliebig gewählt werden können, ein Kegelschnitt bestimmt. Vier Punkte bestimmen ihn noch nicht, erst mit der Wahl des fünften Punktes ist der Kegelschnitt vollständig und eindeutig festgelegt; wird zu den ersten vier Punkten ein anderer fünfter Punkt gewählt, so erhält man einen neuen Kegelschnitt, mithin gibt es eine große Zahl von Kegelschnitten, die alle durch die vier ersten Punkte gehen müssen. Die Zahl dieser Kegelschnitte ist, da sich ∞ viele Lagen des fünften Punktes angeben lassen, ∞ groß; die Gesamtheit aller durch vier Punkte gehenden Kegelschnitte heißt Kegelschnittbüschel. Welcher Art nun der durch die Annahme des fünften Punktes bestimmte Kegelschnitt ist, ob Ellipse, Hyperbel usw., wird im Abschnitt 39 erklärt werden. — Dieser Kegelschnittbüschel kann auch wie folgt entstanden gedacht werden. Ein Kegelschnitt ist auch durch vier Punkte und die Tangente in einem dieser Punkte bestimmt. Hat man hiernach vier Punkte A, B, C, D beliebig gewählt (Fig. 153) und zieht durch einen derselben, z. B. A eine Gerade, die für den zu konstruierenden Kegelschnitt eine Tangente bilden soll,

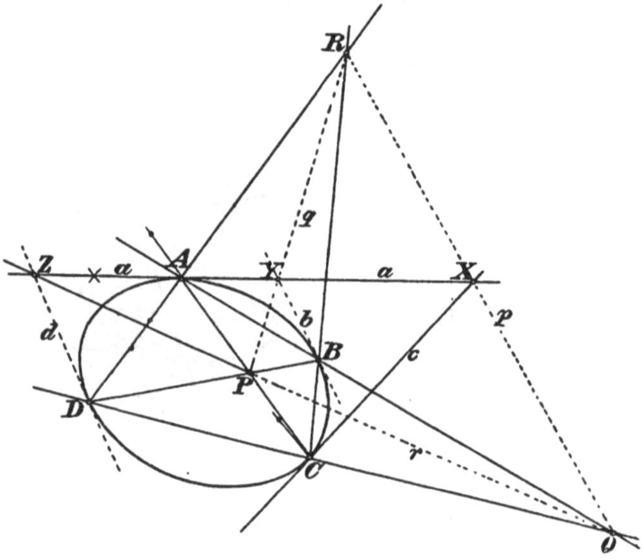

Fig. 153.

so hat man damit einen Kegelschnitt festgelegt, er geht durch die Punkte A, B, C, D und berührt zugleich in A die durch A gezogene Gerade, sowie aber diese Gerade ihre Lage ändert, ist ebenfalls ein anderer Kegelschnitt konstruierbar, von dem sich genau dasselbe sagen läßt; mithin gehen durch die vier Punkte A, B, C, D so viel Kegelschnitte, als Gerade durch den Punkt A gezogen werden können; die gegebenen Punkte sind die Grund- oder Mittelpunkte des Kegelschnittbüschels.

Nehmen wir an, daß in Figur 153 der gezeichnete Kegelschnitt dem Büschel angehöre, der durch die vier Punkte A, B, C, D bestimmt ist, und daß diesen Kegelschnitt zugleich die gegebene Gerade a durch A berühre, so lassen sich auch für die anderen Punkte B, C und D die Tangenten dadurch bestimmen, daß man zu dem eingeschriebenen vollständigen Viereck $ABCD$ das Diagonaldreieck PQR zeichnet; die Seiten des letzteren p, q

und r werden von der Tangente Aa bzw. in x, y und z geschnitten; zieht man die Geraden zD, yB, xC, so sind diese die gesuchten Tangenten der Punkte D, B, C. Die Punkte D, B und C, ferner P, Q und R und ebenso die sie verbindenden Geraden liegen fest. Damit ist folgender Satz bewiesen: Das Diagonaldreieck PQR des allen Kegelschnitten des Büschels eingeschriebenen Vierecks $ABCD$ ist ein allen gemeinsames Polardreieck. Wird jetzt Tangente a um A gedreht und in irgend einer anderen Lage festgehalten, so ist ein neuer Kegelschnitt bestimmt; es haben auch die Punkte x, y, z ihren Platz geändert, sie sind aber auf den Geraden p, q und r geblieben. Mithin nehmen die Tangenten d, b und c auch eine neue Lage ein; wir können annehmen, daß sie sich auch gedreht haben, und zwar jede um ihren Berührungspunkt. Durchläuft nun Tangente a bei ihrer Drehung um A alle Lagen, oder durchläuft der Kegelschnitt alle Lagen des Büschels, dem er angehört, so drehen sich auch die Tangenten in den anderen Grundpunkten und beschreiben wie a Strahlbüschel; diese Strahlbüschel sind aber mit dem von A perspektiv, denn die entsprechenden Tangenten von A und D schneiden sich auf r, die von B und A auf q, und die von C und A auf p, mithin kann folgender Satz ausgesprochen werden:

Durchläuft ein Kegelschnitt den ganzen Kegelschnittbüschel, so beschreiben die Tangenten in irgend zweien der vier Grundpunkte zwei projektive, perspektiv liegende Strahlbüschel; die Perspektivitätsachse ist eine der drei Diagonalen des von den vier Grundpunkten gebildeten vollständigen Vierecks.

38. Kegelschnittschar. Das polare Gebilde des Kegelschnittbüschels ist die Kegelschnittschar, d. h. sämtliche Kegelschnitte, welche vier gemeinschaftliche Tangenten haben. Wir gelangen zu einer Kegelschnittschar, indem wir uns zunächst zwei projektive Punktreihen in perspektiver Lage mit dem Zentrum O denken (Fig. 154a). Wird die perspektive Lage der Punktreihen in der Weise aufgehoben, daß wir ihre Träger liegen lassen, die Punktreihen aber auf ihnen verschieben (Fig. 154b), so ist das Erzeugnis beider Punktreihen in der neuen Lage ein Kegelschnitt, der die Geraden g, g_1 und $GG_1 = \mathfrak{G}$ berührt. Diese Geraden entstehen für jede Lage von O, wenn die Punktreihen jedesmal um dieselben Strecken verschoben werden. Bei derselben Verschiebung der Punktreihen entsprechen somit sämtlichen Punkten O der Ebene ∞ viele Kegelschnitte, die alle drei feste Tangenten g, g_1 und $GG_1 = \mathfrak{G}$ haben. Wird aber das Zentrum O nicht willkürlich verlegt, sondern bestimmen wir, daß die Zentra auf einer Geraden $DD_1 = \mathfrak{d}$ bleiben sollen, so erhalten wir eine Schar von Kegelschnitten, die bei derselben Verschiebung der Punktreihen nicht nur die Geraden g, g_1 und $GG_1 = (\mathfrak{G})$, sondern auch die Gerade $DD_1 = \mathfrak{d}$ berühren; demnach entspricht den Punkten einer Geraden eine Kegelschnittschar mit vier festen Tangenten. In Figur 154a ist O so gewählt worden, daß als

Kegelschnitt sich eine Ellipse ergibt. Die Punkte, die nach der Verschiebung den Schnittpunkt von g und g_1 bilden, sind die Punkte E_1 und E. Die diesen Punkten entsprechenden Punkte seien e und e_1, und die Gegenpunkte der Punktreihen F und V. Auch nach der Verschiebung liegen daher die dem Schnittpunkte von g und $g_1 = (E, E_1)$ entsprechenden Punkte e und e_1, in denen der Kegelschnitt g und g_1 berührt, zwischen dem Punkte (E, E_1) und dem Gegenpunkte der Reihe, mithin ist der Kegelschnitt eine Ellipse (Fig. 154b, vgl. Abschnitt 31). Ändert O auf $\mathfrak{b}$ seinen Platz, rückt z. B. O nach O', so liegen wieder die Berührungspunkte von g und g_1 zwischen Gegenpunkt und Schnittpunkt von g und g_1, der

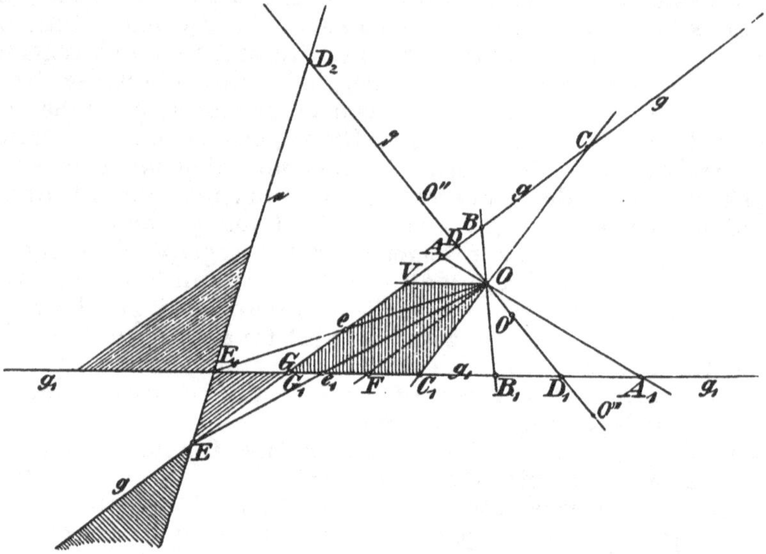

Fig. 154a.

Kegelschnitt ist daher wieder eine Ellipse. Für alle Punkte der Strecke DD_1 erhalte ich mithin Ellipsen, und ist die Verschiebung jedesmal dieselbe, so berühren alle diese Ellipsen die vier festen Geraden g, g_1, $\mathfrak{G}$ und $\mathfrak{b}$, sie bilden eine sog. Ellipsenschar. Überschreitet aber Punkt O bei seiner Bewegung auf $\mathfrak{b}$ den Punkt D oder D_1, so liegt in jeder Reihe der dem Schnittpunkte von g und g_1 nach der Verschiebung entsprechende, nicht zwischen dem gemeinsamen Punkte der Träger und dem Gegenpunkte, daher sind die neuen Kegelschnitte, die den Punkten O'' und O''' in Figur 154a entsprechen, Hyperbeln. Wenn wir in Figur 154a die Punkte E_1 und E, die nach der Verschiebung den gemeinsamen Punkt der Träger bilden, durch die Gerade $\mathfrak{e}$ verbinden, so bilden diese mit g und g_1 ein Dreieck. Durch diese drei Geraden und die ∞ ferne Gerade der Ebene wird die letztere in sieben Teile geteilt, nämlich in den endlichen Dreiecksraum E_1, E, G, die drei ∞ Winkelräume (diese vier sind durch Schraffur hervorgehoben worden), und die drei den Dreiecksseiten anliegenden ∞ Flächen. Man kann nun feststellen, daß, wenn O in einer der schraffierten Flächen liegt, das Erzeugnis der Punktreihe eine Ellipse sein muß; liegt aber O in einem von den noch übrig bleibenden Flächenteilen, so ist das Erzeugnis eine Hyperbel. Die ersteren Teile heißen daher auch elliptische, die letzteren hyperbolische Räume. Die Übergänge von Hyperbel zu Ellipse liefern die Zentra, die auf den Geraden g, g_1, $\mathfrak{e}$ und der ∞ fernen Geraden liegen.

Auch die Gerade $\mathfrak{d}$ schneidet diese vier Geraden, die Schnittpunkte seien D_1, D, D_2 und D^∞. Werden diese Punkte

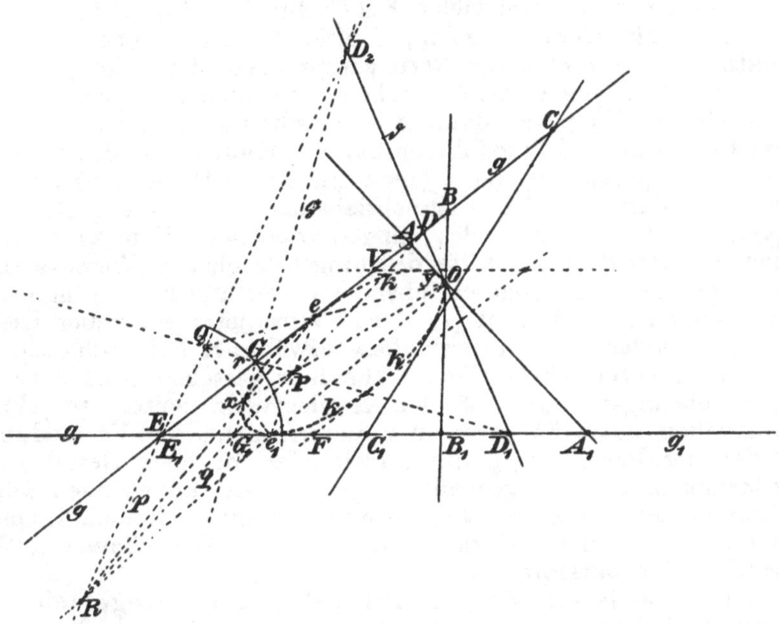

Fig. 154 b.

als Zentren gewählt, so werden die Kegelschnitte weder Ellipsen noch Hyperbeln sein. Fällt z. B. O mit D zusammen, so entspricht jedem Punkte von g_1 der Punkt D auf g, und allen Punkten von g entspricht der Schnittpunkt der Geraden g und g_1, d. i. G_1. An dieser Beziehung wird durch die Verschiebung nichts geändert, d. h. der Kegelschnitt löst sich in die beiden Punkte auf, die in Figur 154b, d. h. also nach der Verschiebung, von O und G_1 eingenommen werden; die Strecke OG_1 ist als eine ∞ schmale Ellipse, die beiden anderen Strecken der Verbindungsgeraden OG sind als ∞ schmale Hyperbeln aufzufassen. Zu dem gleichen Ergebnis führen auch die Erörterungen betreffend das Erzeugnis der Punktreihen, wenn das Zentrum auf $\mathfrak{e}$ in D_2 angenommen wird. O kann auch schließlich mit dem ∞ fernen Punkte von $\mathfrak{d}$ zusammenfallen, dann sind die projizierenden Strahlen parallel, also die Punktreihen **ähnlich**; solche Punktreihen erzeugen aber stets eine **Parabel**. Wir kommen mithin zu folgendem Ergebnis:

Die sämtlichen Kegelschnitte einer Schar von vier gemeinsamen Tangenten zerfallen in zwei Reihen von Ellipsen und zwei Reihen von Hyperbeln, die miteinander abwechseln. (Denn die Gerade 𝔡 muß immer, wie sie auch liegen mag, in zwei hyperbolischen und zwei elliptischen Räumen enthalten sein.) **Der Übergang von einer Gruppe zur anderen geschieht dreimal durch ein Punktepaar, nämlich die drei Paare Gegenecken** D **und** G_1, D_1 **und** G, D_2 **und** E_1, **und nur einmal durch eine Parabel.**

Ist k einer von den vielen Kegelschnitten (Fig. 154b), die zu Tangenten die Geraden g, g_1, 𝔊 und 𝔡 haben, und sind die Punkte e, e_1, x und y die Berührungspunkte der Seiten, die wir auch auffassen können als die Ecken eines dem Kegelschnitte eingeschriebenen Vierecks, dann gelten bekanntlich die in den Abschnitten 25 und 36 angeführten Sätze. Hiernach z. B. schneiden sich die Diagonalen beider Vierecke in einem Punkte, nämlich P, und jede Diagonale des umgeschriebenen Vierecks enthält einen Gegenseitenschnittpunkt des eingeschriebenen Vierecks, dessen Ecken die Berührungspunkte des umgeschriebenen Vierecks sind. Nun liegen fest das umgeschriebene Viereck und seine Diagonalen bzw. sein Diagonaldreiseit p, q, r. Wird jetzt ein neuer Kegelschnitt k_1 gedacht, so müssen diese erwähnten Eigenschaften für das neue eingeschriebene Viereck ebenfalls bestehen, mithin stellen die Berührungspunkte auf den festliegenden Seiten projektive Punktreihen dar, die perspektiv liegen, denn die Verbindungsgeraden der Berührungspunkte, gleichviel, ob diese Geraden die Berührungspunkte von gegenüberliegenden oder anliegenden Seiten verbinden, schneiden sich stets in einem Punkte, nämlich in einem Diagonalpunkte des vollständigen Vierseits. Wir können mithin folgenden Satz aussprechen:

Durchläuft ein Kegelschnitt die ganze Kegelschnittschar, so bilden die Berührungspunkte auf irgend zweien der vier festen Tangenten projektive, perspektiv liegende Punktreihen. Das Perspektivitätszentrum ist einer der drei Diagonalpunkte des von den vier festen Tangenten gebildeten, vollständigen Vierseits und zwar desjenigen, das der Diagonale gegenüberliegt, die durch den Schnittpunkt der beiden Tangenten geht. Den Ausführungen entnehmen wir noch folgenden Satz: **Das Diagonaldreiseit des allen Kegelschnitten der Schar umgeschriebenen, von den Grundstrahlen gebildeten Vierseits ist ein allen gemeinsames Polardreiseit.**

39. Um zu entscheiden, in welcher Lage vier feste Punkte im Verein mit einem fünften Punkte eine Ellipse, Hyperbel usw. erzeugen, sei kurz die Entstehung eines Kegelschnittbüschels aus zwei perspektiven Strahlbüscheln erklärt. (Vgl. **Steiners** Vorlesungen über synthetische Geometrie, Abschnitt 162.)

Es seien O und O_1 die Zentren zweier perspektiver Strahlbüschel und a die Perspektivitätsachse (Fig. 155). Wir bestimmen zwei neue Strahlbüschel mit denselben Zentren, indem wir eine neue Achse a' ziehen; der Schnittpunkt beider Achsen sei P. Wir können auch sagen, die neue Achse a' sei eine besondere Lage von a, Achse a sei um P durch Drehung in die Lage a' gebracht worden. Jeder Lage von a, die sich durch Drehung um P herstellen läßt, entsprechen mithin zwei perspektive Strahlbüschel; alle diese Strahlbüschel zeichnen sich aber dadurch aus, daß sie in der Verbindungsgeraden der Zentren zwei sich entsprechende Strahlen q und q_1 enthalten, und daß ebenso die von den Zentren nach P gezogenen Strahlen p und p_1 sich ebenfalls in jedem Büschel entsprechen. Wir wissen, werden zwei perspektive Strahlbüschel aus der perspektiven Lage gebracht, so wird aus der Perspektivitätsachse ein Kegelschnitt. Werden die erwähnten Strahlbüschel durch Drehung um ihre Zentren zu projektiven Büscheln gemacht, und ist jedesmal der Drehwinkel für den Büschel mit dem Zentrum O der $\sphericalangle \alpha$, für den mit dem Zentrum O' der $\sphericalangle \beta$, so erhalten wir einen Kegelschnittbüschel, der durch vier feste Punkte gehen muß, nämlich durch die Punkte O und O_1, ferner durch den Punkt $Q = (q \times q_1)$ und $P_1 = (p \times p_1)$; dieser Kegelschnittbüschel ist aus dem von a um P beschriebenen Strahlbüschel hervorgegangen, indem jeder Strahl zu einem Kegelschnitte wurde. Dieser Kegelschnittbüschel enthält aber drei Geradenpaare, denn wenn sich a um P dreht, wird sich a auch mal mit PO, dann wieder mit PO_1, und schließlich müssen zwei Strahlen nach der Drehung sich mit der Verbindungsgeraden OO_1 decken, nämlich der Strahl r des Büschels O, der mit OO_1 den $\sphericalangle \alpha$, und der Strahl r_1 von O_1, der mit OO_1 den $\sphericalangle \beta$ bildet. Die Strahlen r und r_1 sind durch punktierte Linien dargestellt (Fig. 155). Deckt sich z. B. a mit PO, so entspricht allen Strahlen des Büschels O_1 der einzige Strahl OP von O_1, und allen Strahlen des Büschels O der einzige Strahl q_1 des Büschels O_1; an dieser Beziehung ändert aber die Drehung nichts. Schneiden sich die Strahlen r und r_1 in P_2, so müssen die beiden Strahlbüschel, deren Perspektivitätsachse $PP_2 = a'$ ist, nach der Verschiebung der Strahlbüschel wieder perspektiv liegen, ihr Erzeugnis ist mithin das Geradenpaar OO_1 und QP_1. Aus Achse a wird also kein Kegelschnitt, wenn sie sich mit p, a' oder p_1 deckt; in allen anderen Lagen liefert a aber Kegelschnitte.

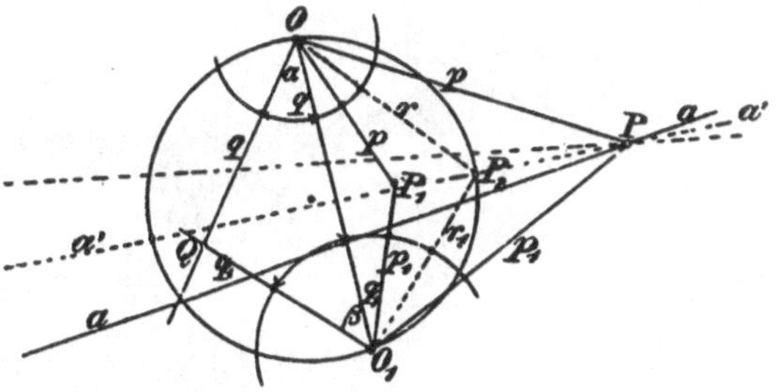

Fig. 155.

Um zu entscheiden, ob der Kegelschnitt eine Ellipse, Hyperbel oder Parabel ist, müssen wir feststellen, ob es Strahlbüschel gibt, bei denen sich nach der Drehung ein oder zwei Paare paralleler Strahlen einstellen, deren Schnittpunkte im Unendlichen, auf der ∞ fernen Geraden liegen, denn die Ellipse hat alle Punkte im Endlichen, die Parabel einen Punkt auf der ∞ fernen Geraden, die Hyperbel aber zwei Punkte auf dieser. Die Strahlen, die wir suchen, sind zugleich Strahlen zweier kongruenter, d. h. gleicher und gleichlaufender Strahlbüschel, deren Zentren sich in O und O_1 befinden, und deren Erzeugnis die ∞ ferne Gerade ist. Wenn solche Strahlbüschel aber gedreht werden, so geht die ∞ ferne Gerade in einen Kreis über. Der Punkt P_2 ist entschieden ein Punkt eines solchen Kreises, denn die Strahlen, die nach ihm von O und O_1 gezogen sind, werden nach der Drehung der Strahlbüschel parallel; sie fallen nämlich in die Gerade OO_1. Da dieser Kreis auch durch O und O_1 gehen muß, so ist er konstruierbar.

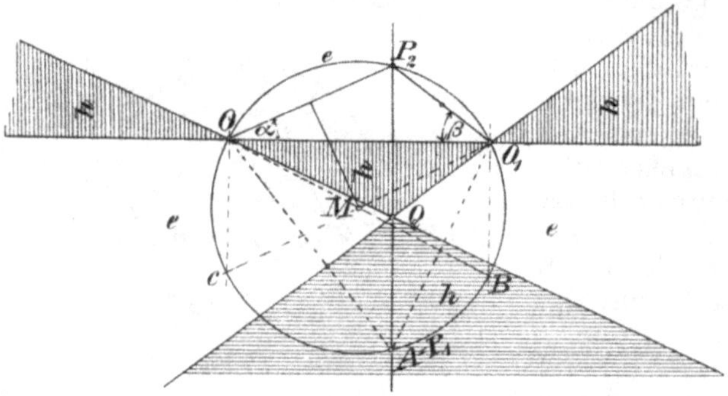

Fig. 156.

Die Punkte Q und P_2 liegen zu OO_1 symmetrisch. Somit kommen wir zu folgendem Resultat:

Ist P ein Punkt außerhalb dieses Kreises, so erzeugt jede Gerade a, die diesen Kreis zweimal schneidet, Hyperbeln; der Strahl a durch den Mittelpunkt erzeugt eine gleichseitige Hyperbel. Die beiden Strahlen a, welche den Kreis berühren, erzeugen Parabeln und die, welche den Kreis nicht schneiden, erzeugen Ellipsen.

Liegt P innerhalb des Kreises, der auch Drehkreis genannt wird, so besteht der Büschel aus lauter Hyperbeln, unter denen sich eine gleichseitige befindet; liegt P im Mittelpunkt des Drehkreises, so besteht er aus lauter gleichseitigen Hyperbeln; liegt P schließlich auf der Peripherie des Drehkreises, so gibt es unter den Kegelschnitten nur eine Parabel, sonst nur Hyperbeln.

Durch das Dreieck OO_1P_2 wird die Fläche des Drehkreises in vier Teile, die Dreiecksfläche und drei Segmente über den Seiten (Fig. 156) geteilt; während das anstoßende Dreieck OO_1Q die Ebene in sieben Teile, in vier Teile h (hyperbolische) und drei Teile e

(elliptische) teilt. Die Lage des Punktes P_1 ergibt sich aus der Lage des Punktes P, indem wir die von O und O_1 nach ihm gezogenen Strahlen um die $\sphericalangle \alpha$ und β in vorgeschriebener Weise um die Mittelpunkte O und O_1 drehen. Man kann nun nachweisen, daß, wenn P in einem der vier Teile des Drehkreises liegt, d. h. also innerhalb des Drehkreises, der Punkt P_1, d. i. der vierte Grundpunkt (vgl. Fig. 155), immer in einen mit h bezeichneten Raum fällt; liegt aber P außerhalb des Drehkreises, so liegt der Punkt P_1 in einem elliptischen Raume. Im ersteren Falle liegen also die vier Grundpunkte so, daß ein Punkt sich innerhalb des von den drei anderen gebildeten Dreiecks befindet, die vier Punkte bilden ein konkaves Viereck; im letzteren Falle aber liegen die vier Grundpunkte so, daß jeder sich außerhalb des von den anderen gebildeten Dreiecks befindet, die vier Grundpunkte bilden ein konvexes Viereck. Man pflegt auch die erstere Lage der vier Grundpunkte bzw. das Viereck hyperbolisch, die letztere Lage bzw. das konvexe Viereck elliptisch zu nennen. Wir kommen nunmehr mit Rücksicht auf die ersten Ausführungen dieses Abschnittes zu folgendem Ergebnis.

Wenn vier gegebene Punkte O, O_1, Q und P_1 ein konvexes Viereck bilden, so zerfallen die Kegelschnitte des Büschels in eine Reihe von Ellipsen, zwei Parabeln und in eine Reihe von Hyperbeln; unter letzteren befindet sich eine gleichseitige und drei Geradenpaare. Bilden aber die vier Punkte ein konkaves Viereck, so besteht der Büschel aus lauter Hyperbeln, darunter eine gleichseitige und drei Geradenpaare.

Wenn Punkt P mit dem Mittelpunkte des Drehkreises koinzidiert, so sind alle Kegelschnitte gleichseitige Hyperbeln; es soll untersucht werden, in welcher Lage die vier Grundpunkte O, O_1, Q, P_1 nur gleichseitige Hyperbeln bestimmen; zu dieser Gruppe der Kegelschnitte gehören auch die drei Geradenpaare, die wir ebenfalls als gleichseitige Hyperbeln aufzufassen haben, zugleich sind sie identisch mit deren Asymptoten. Solche aber stehen bekanntlich senkrecht aufeinander, und umgekehrt, wenn sie senkrecht aufeinander stehen, wenn also $P_1Q \perp OO_1$, $P_1O \perp O_1Q$, $P_1Q_1 \perp OQ$ ist, dann bestehen alle Kegelschnitte aus gleichseitigen Hyperbeln. Es trifft dies zu, wenn P_1 mit dem Höhenpunkt des Dreiecks OQO_1 zusammenfällt. Dieser Punkt ist in der Figur 156 der Punkt A, es muß sich daher beweisen lassen, daß, wenn P in M angenommen wird, die beiden Strahlen OM und O_1M durch Drehung nach OA und O_1A gelangen oder, was dasselbe ist, $\sphericalangle MOA = \alpha$ und $\sphericalangle MO_1A = \beta$ ist. Verlängert man MO und MO_1 bis zum Schnitt mit dem Kreise in B und C (Fig. 157), so sind die

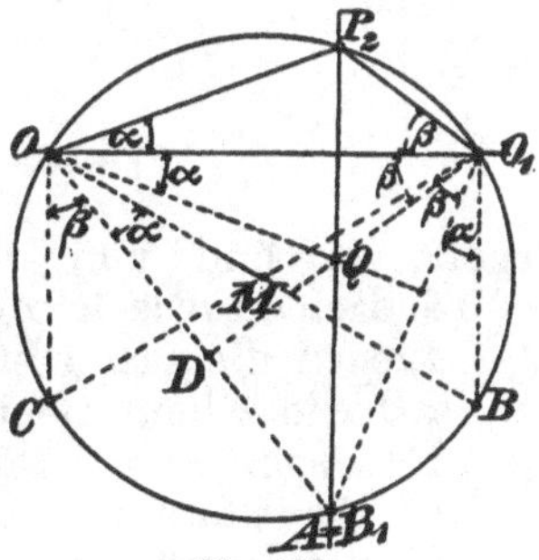

Fig. 157.

$\sphericalangle COO_1$ und $BO_1O = 90^0$, daher $CO \parallel AQ \parallel BO_1$ und $\sphericalangle COA = CO_1A = \beta$ und $\sphericalangle BO_1A = BOA = \alpha$. Trifft O_1Q die Gerade OA in D, dann ist im Dreieck DO_1A $\sphericalangle A = \alpha + \beta$, $\sphericalangle O_1 = 90 - (\alpha + \beta)$, also sind beide zusammen $= 90^0$, daher auch der dritte Winkel des Dreiecks $\sphericalangle D = 90^0$, mithin ist $OA \perp O_1D_1$, daher $O_1A \perp OQ$, also ist A der Höhenpunkt des Dreiecks OQO_1, mithin jeder andere der vier Grundpunkte Höhenpunkt des aus den drei anderen gebildeten Dreiecks und es kann folgender Satz ausgesprochen werden:

„Liegen die vier Grundpunkte so, daß jeder der Höhenpunkt des von den drei anderen gebildeten Dreiecks ist, so besteht das Büschel aus lauter gleichseitigen Hyperbeln, zu denen auch die drei Paare rechtwinkliger Gegenseiten des durch die Grundpunkte bestimmten vollständigen Vierecks zu rechnen sind.“

Die Ausführungen dieses Abschnittes lassen nunmehr auch die Beantwortung der Frage zu, wann fünf Punkte der Ebene eine Ellipse oder eine Hyperbel bestimmen. Wir nehmen zunächst an, daß sich die vier Punkte *1*, *2*, *3*, *4* in hyperbolischer Lage befinden (vgl. Fig. 158). Durch die Seiten des allgemeinen Vierecks *1*, *2*, *3*, *4* wird die Ebene in achtzehn Teile geteilt, nämlich sechs im Innern des Dreiecks *1 2 3*, sechs Scheitelräume und sechs Außenräume an den Seiten. Ist nun Punkt *5* in einem der sechs Außenräume gelegen, so sind von den vier Vierecken *1425*, *1345*, *2345*, *1235* drei elliptisch und eins hyperbolisch.

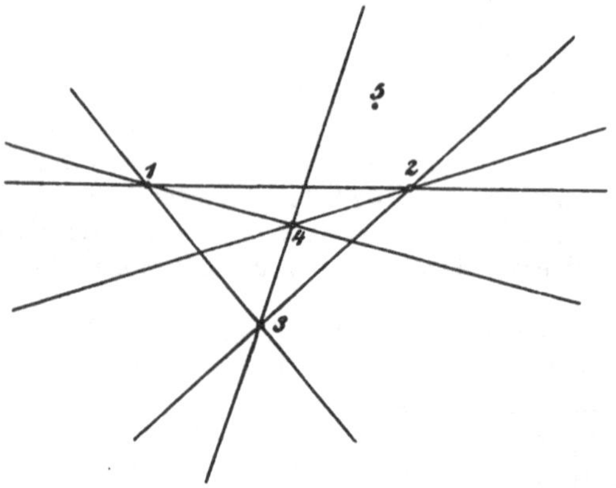

Fig. 158.

Liegen die vier ersten Punkte *1*, *2*, *3*, *4* elliptisch (Fig. 159), so wird die Ebene ebenfalls in achtzehn Räume geteilt.

Es liegen

a) die Räume *I—IV* im Viereck,
b) die Räume *V—XII* an den vier Ecken *1*, *2*, *3*, *4*,
c) die Räume *XIII* und *XIV* an den Schnittpunkten der Gegenseiten des Vierecks,
d) die Räume *XV—XVIII* an den Seiten des Vierecks.

Wird Punkt *5* in einem der Räume *I—XII* angenommen, so sind von den fünf Vierecken *1234*, *1245*, *1235*, *2345*, *1435* drei elliptisch, zwei hyperbolisch; wird Punkt *5* in einem der Räume c) angenommen, so ist nur das erste der eben aufgezählten Vierecke elliptisch, alle anderen sind hyperbolisch; liegt Punkt *5* in einem der Räume *XV—XVIII*, so sind alle Vierecke elliptisch. Hierdurch ist also gezeigt, daß, wenn in der Ebene fünf Punkte A, B, C, D, E gegeben sind, sich immer vier Punkte angeben lassen, die elliptisch liegen. Nun haben wir erst in diesem Abschnitt gehört, daß der Kegelschnittbüschel von vier elliptischen Punkten in eine Reihe von Ellipsen, in zwei Parabeln und in eine Reihe von Hyperbeln zerfällt. Die Parabeln bilden den Übergang von der einen Reihe zur anderen; durch sie wird die Ebene in vier Teile geteilt: den Raum außerhalb der beiden Teile, den Raum innerhalb beider, und die beiden Räume außerhalb der einen und innerhalb der anderen. Die letzteren haben nur einen ∞ fernen Punkt, daher können Hyperbeln nur in den ersten Räumen liegen. Ist z. B. $ABCD$ das **elliptische** Viereck, dann bestimmen die fünf Punkte A, B, C, D, E eine Hyperbel,

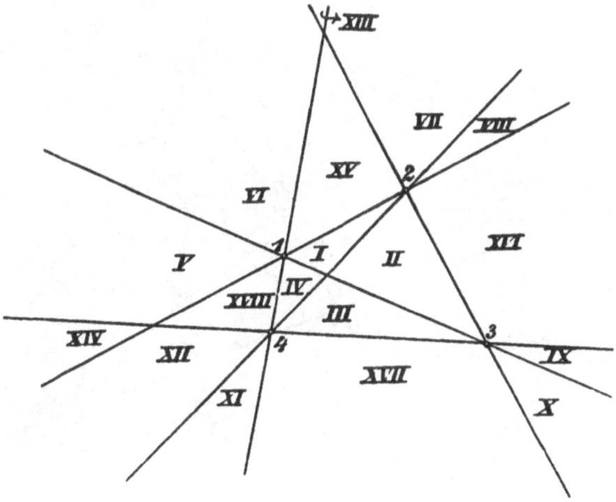

Fig. 159.

wenn E außerhalb oder innerhalb der beiden Parabeln liegt, sie bestimmen eine Ellipse, wenn er außerhalb der einen und innerhalb der anderen liegt.

40. Wir beweisen vom Kegelschnittbüschel bzw. von der Kegelschnittschar folgende Sätze: Jede Gerade in der Ebene eines Kegelschnittbüschels, die durch keinen Grundpunkt geht, wird von den Kegelschnitten desselben in Punktepaaren einer Involution geschnitten.

Ist die Gerade g (Fig. 160) die Schnittgerade und sind die Schnittpunkte mit den Gegenseiten des Vierecks $ABCD$, dessen Ecken die Grundpunkte des Büschels seien, $\mathfrak{A}$, $\mathfrak{A}_1$, $\mathfrak{B}$, $\mathfrak{B}_1$, $\mathfrak{C}$, $\mathfrak{C}_1$ und die Schnittpunkte mit irgend einem Kegelschnitte E und E_1, dann sind die Strahlbüschel, deren Zentren in D und C liegen und deren Strahlen die Verbindungslinien der Zentren mit den Punkten A, E_1, B und E bilden, projektiv und daher schneiden sie g in projektiven Punktreihen, nämlich in den Punktreihen

$\mathfrak{A}\mathfrak{C}EE_1$ und $\mathfrak{C}_1\mathfrak{A}_1EE_1$. Wenn man im ersteren die Punkte der Paare $\mathfrak{A}_1\mathfrak{C}$ und gleichzeitig die der Paare EE_1 miteinander vertauscht, so ist die neue Reihe $\mathfrak{C}\mathfrak{A}E_1E$ ebenfalls zu $\mathfrak{C}_1\mathfrak{A}_1EE_1$ projektiv, mithin bilden je zwei Punkte E, E_1 ein Paar der Involution, in der sich $\mathfrak{A}$ und $\mathfrak{A}_1$, $\mathfrak{C}$ und $\mathfrak{C}_1$ wechselseitig entsprechen. Dem oben bewiesenen Satz steht dual gegenüber der Satz:

Die von einem Punkte P der Ebene einer Kegelschnittschar, der auf keinem Grundstrahle liegt, an die Kegelschnitte gelegten Tangentenpaare bilden eine Involution. Beweis: In Abschnitt 38 ist die Entstehung einer Kegelschnittschar besprochen worden. Denken wir uns in der Ebene der Kegelschnittschar (Fig. 154b) einen Punkt P und von ihm aus

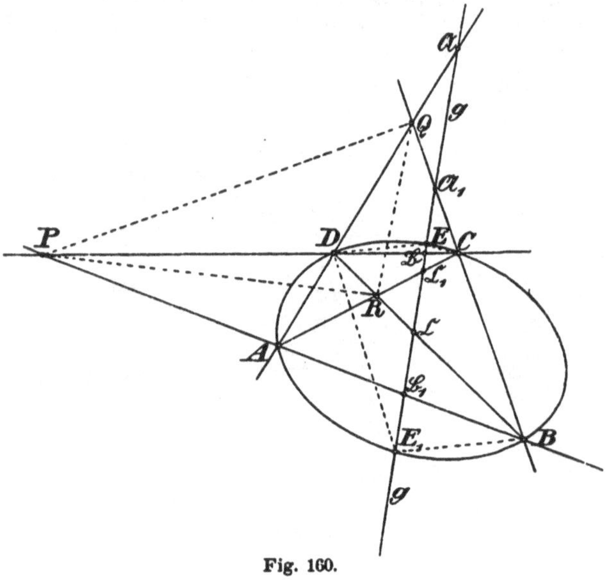

Fig. 160.

sämtliche Tangentenpaare an die Kegelschnitte der Schar gezogen, so schneiden diese Tangenten die Geraden g und g_1 in perspektiven Punktreihen. Wenn wir jetzt die Punktreihen zurückschieben, d. h. die Punktreihe auf g nach unten um die Strecke GE, so daß G nach E kommt, auf g_1 die Punktreihe nach links um die Strecke G_1E_1, so daß G_1 nach E_1 kommt und mit G zusammenfällt, so werden die Punktreihen auf g und g_1 nicht mehr perspektiv liegen, ihr Erzeugnis ist daher in der neuen Lage ein Kegelschnitt, d. h. die Verbindungsgeraden der entsprechenden Punkte sind Tangenten eines Kegelschnittes $\mathfrak{K}$, der nicht zur Schar gehört, der aber g und g_1 berührt. Dieser Kegelschnitt enthält nun in seiner Ebene auch die Gerade $\mathfrak{d}$, die Träger derjenigen Zentren ist, mittels deren auf g und g_1 die Punktreihen für die Erzeugung der Kegelschnittschar hergestellt wurden. Jedem Punkte O der Geraden $\mathfrak{d}$ entspricht also ein Kegelschnitt der Schar, und lassen sich von ihm auch Tangenten an den Kegelschnitt $\mathfrak{K}$ legen, so müssen diese, wenn wir die alte Lage der Punktreihen wiederherstellen, durch P gehen und zugleich Tangenten des Kegelschnitts der Schar sein, der dem Punkte O entspricht. Es besteht nun der im Abschnitt 28 bewiesene Satz:

Alle Tangentenpaare aus den Punkten O einer Geraden $\mathfrak{b}$ an einen Kegelschnitt legen auf einer Tangente des Kegelschnittes Punktepaare einer Involution fest; diese Involution wird aber durch die Verschiebung nicht aufgehoben; da aber diese Tangenten nach der Verschiebung sämtlich durch P gehen und Tangenten der Kegelschnitte der Schar sind, so bilden auch diese eine Involution.

Mit dem zu Anfang dieses Abschnittes bewiesenen Satze sind auch die folgenden beiden Sätze bewiesen:

Die Gegenseitenpaare eines vollständigen Vierecks werden von jeder Geraden seiner Ebene, die durch keine Ecke geht, in Punktepaaren einer Involution geschnitten.

Die Gegeneckenpaare eines vollständigen Vierseits werden mit jedem Punkte der Ebene des Vierseits, der auf keiner Seite liegt, durch Strahlenpaare einer Involution verbunden.

In den Abschnitten 38 und 39 ist gezeigt worden, daß jedes Gegeneckenpaar des vollständigen Vierseits und ebenso die Gegenseiten des vollständigen Vierecks spezielle zerfallende Kurven der Schar bzw. des Büschels sind, daher die obigen Sätze auch auf sie Anwendung finden. Nach dem zu Anfang dieses Abschnittes angeführten Satze wird jede Gerade von den Kegelschnitten eines Büschels in Punktepaaren einer Involution geschnitten. Nun kann, wie im Abschnitt 18 gezeigt worden ist, eine Involution keine, zwei getrennte oder zwei vereinte Doppelelemente haben. Die Involution hat Doppelelemente, heißt, sie hat Punkte, in denen zwei Schnittpunkte eines Kegelschnittes zusammenfallen. Wenn die Gerade der Ebene so liegt, daß von den vier Grundpunkten, die die elliptische Lage haben mögen, eine gerade Anzahl von Punkten zu beiden Seiten der Transversalen liegt, so ist die Involution auf der Transversalen hyperbolisch, d. h. sie hat zwei getrennte Doppelelemente; liegt zu beiden Seiten der Transversalen eine ungerade Zahl von Grundpunkten, so ist die Involution elliptisch, d. h. es gibt keine Doppelelemente. Liegen die vier Grundpunkte hyperbolisch, so findet das Umgekehrte statt. Wir kommen mithin zu folgendem Satz: Eine Gerade in der Ebene eines Kegelschnittbüschels berührt entweder zwei oder keine Kurven. Ferner: Durch einen Punkt in der Ebene einer Kegelschnittschar gehen entweder zwei oder keine Kurven. Bei der elliptischen Lage der Grundpunkte wird auch die ∞ ferne Gerade von zwei Kurven berührt, nämlich von den beiden Parabeln des Kegelschnittbüschels. Geht die Transversale durch einen der Grundpunkte, so ist die auf ihr bestimmte Involution parabolisch, d. h. die Doppelelemente sind in diesem

Grundpunkte vereinigt. In diesem Falle gibt es nur einen Kegelschnitt, der die Transversale berührt; der Berührungspunkt ist der Grundpunkt. Liegt in der Ebene einer Kegelschnittschar ein Punkt auf einem der Grundstrahlen, so gibt es auch nur einen Kegelschnitt der Schar, der durch den Punkt geht und in diesem Punkt den Grundstrahl berührt.

Diese Betrachtungen führen zur Lösung der Aufgabe:

„Einen Kegelschnitt zu konstruieren, der durch vier gegebene Punkte geht und eine gegebene Gerade berührt."

Die Aufgabe ist lösbar, wenn die Involution, die die durch die vier Punkte gehenden Kegelschnitte auf der Geraden erzeugen und die durch die Schnittpunkte zweier Gegenseitenpaare des von den vier gegebenen Punkten gebildeten vollständigen Vierecks bestimmt wird, reelle Doppelpunkte besitzt, also eine hyperbolische ist; diese Punkte sind offenbar Berührungspunkte von Kegelschnitten des Büschels und der Geraden. Die Aufgabe läßt mithin zwei Lösungen zu, denn jeder Doppelpunkt bildet mit den vier Punkten ein System von fünf Punkten, durch die aber der Kegelschnitt vollständig bestimmt ist.

Schließlich werde noch folgender Satz bewiesen:

Die Polaren eines Punktes P in bezug auf die Kegelschnitte eines Büschels mit vier festen Grundpunkten A, B, C, D gehen durch einen festen Punkt Q und umgekehrt liegt P auf allen Polaren von Q, so daß P und Q in bezug auf die Kegelschnitte des Büschels konjugiert sind.

Es seien in Figur 161 A, B, C, D die Grundpunkte und das Dreieck QRS das allen Kegelschnitten des Büschels gemeinsame Polardreieck, P ein beliebiger Punkt, dessen Polare in bezug auf sämtliche Kegelschnitte des Büschels bestimmt werden sollen. Unter den ∞ vielen Kegelschnitten, die sich durch die vier Grundpunkte legen lassen, wird sicher auch einer sein, der die beliebig gewählte Linie AE zur Tangente hat; die Tangente dieses Kegelschnittes in B muß dann eine Gerade EB sein (vgl. Abschnitt 35), und werden EA und EB bis zum Schnitt mit der Diagonale RS in M und N verlängert und M mit D, N mit C verbunden, so sind die letzteren Linien ebenfalls Tangenten des Kegelschnittes und der Schnittpunkt muß in F auf der Diagonale QR liegen, und schließlich sind $QERF$ harmonisch, d. h. E und F liegen zu Q und R harmonisch (vgl. Abschnitt 20), auch schneiden sich die Tangenten in A und C und B und D auf QS.

Um nun zu P die Polare in bezug auf den Kegelschnitt, dessen Tangenten in $ABCD$ gezeichnet sind, zu bestimmen, zieht man zunächst Gerade PE, die sich mit AB in G schneiden möge, und konstruiert zu G, A und B den vierten harmonischen Punkt g. Nun ist E Pol von AB, daher g Pol von PE. Schneiden sich PF und CD in H und ist h der vierte harmonische Punkt zu H, D und C, dann ist h Pol von PF, daher gh Polare von P. Wir bestimmen einen anderen Kegelschnitt des Büschels, wenn wir in A eine neue Tangente annehmen, z. B. AE', oder Punkt E

auf QR fortrücken und nun die Konstruktion wiederholen. Wir erkennen, daß die Punkte Q, E, R, F immer harmonisch liegen müssen, d. h. es beschreiben die Punkte E und F eine Involution, deren Doppelelemente die Punkte Q und R sind. Das gleiche gilt von den Punkten G und g, H und h; auch sie beschreiben Involutionen, die Doppelelemente derselben sind bzw. A und B, C und D. Die Punktreihen, die die Punkte E und F, G und g, H und h erzeugen, sind projektive Reihen; da nun aber die Reihen E und G perspektiv liegen, denn die Verbindungslinien entsprechender Strahlen schneiden sich stets in P, desgleichen die Reihen F und H, das Perspektivitätszentrum der letzteren ist

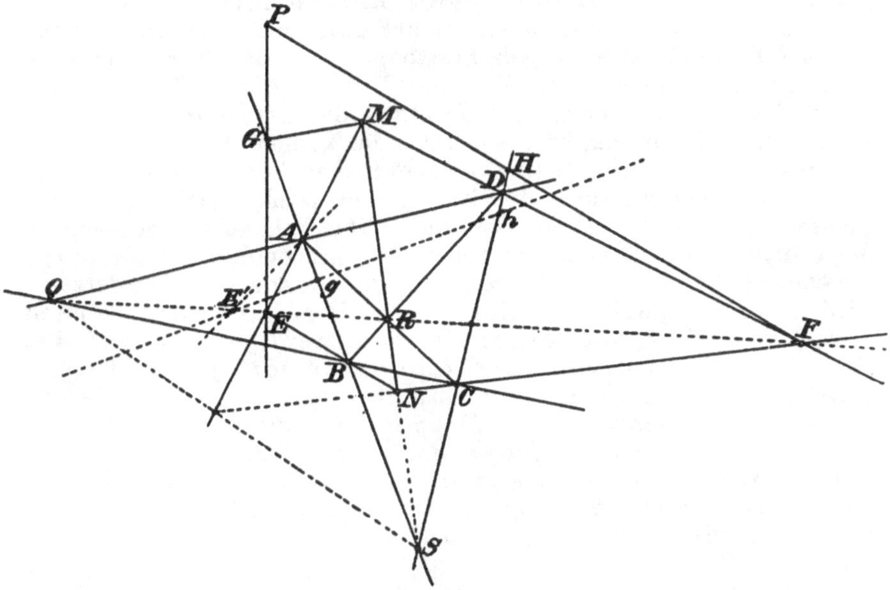

Fig. 161.

auch P, so müssen auch die Reihen g und h projektiv sein; da aber der Schnittpunkt der Träger dieser Reihen S ein sich selbst entsprechender Punkt ist — g und h fallen mit S zusammen, wenn Punkt E auf AB liegt, F auf CD —, so liegen diese Reihen auch perspektiv, d. h.: Die Verbindungslinien entsprechender Punkte der Reihen g und h, das sind aber die Polaren von P in bezug auf die Kegelschnitte eines Büschels, gehen durch einen Punkt T. Die Punkte P und T heißen konjugierte Punkte in bezug auf den Kegelschnittbüschel, denn nach Früherem (vgl. Abschnitt 24 und 27) gehen auch die Polaren des Punktes T durch Punkt P. Hiernach bilden die Polaren des Punktes P einen Strahlbüschel, der mit dem von den Tangenten der Kegelschnitte des Büschels in einem der vier Grundpunkte gebildeten projektiv ist. Den Punkt T findet man, wenn man für zwei Tangenten in A zwei entsprechende Punkte g und h aufsucht, oder indem man P

mit den Ecken des Diagonaldreiseits verbindet und in jedem Diagonalpunkte zu dieser Verbindungsgeraden und dem sich in diesem Punkt schneidenden Tangentenpaare den vierten harmonischen Strahl konstruiert; diese drei Strahlen, d. s. die Polaren von P nach den drei Tangentenpaaren (Geradenpaare), müssen sich in dem gesuchten Punkt T schneiden.

Wir beweisen schließlich noch den Satz:

Die Pole einer Geraden a in bezug auf die Kegelschnitte einer Schar liegen auf einer Geraden b; und umgekehrt liegen die Pole der Geraden b auf a oder a geht durch alle Pole von b. Die Geraden a und b heißen konjugiert in bezug auf die Kegelschnittschar.

Sind P und F konjugierte Punkte eines Kegelschnittbüschels, so wird es auch zwei Kegelschnitte geben, von denen der eine durch P, der andere durch F geht. Nun ist die Polare eines auf einem Kegelschnitt gelegenen Punktes die Tangente des Kegelschnittes in diesem Punkte, also muß die Tangente des Punktes P in bezug auf den durch ihn gehenden Kegelschnitt seine Polare sein, die außerdem noch durch T gehen muß; ebenso muß die Polare von T in bezug auf den durch ihn gehenden Kegelschnitt die Tangente des Kegelschnittes in T sein, auch muß sie durch P gehen, daher fallen beide Polare in die Gerade PT. Die letztere wird daher von zwei Kegelschnitten des Büschels in den Punkten P und T berührt, da ferner die Punkte P und T auf der Geraden PT zu deren Schnittpunkten mit jedem Kegelschnitte des Büschels harmonisch liegen, so ist die Gerade Träger einer Involution, deren Doppelpunkte die Punkte P und T, also reell sind. Es gilt ferner der Satz: Zwei in bezug auf eine Kegelschnittschar konjugierte Gerade a und b liegen harmonisch zu den Tangenten aus ihrem Schnittpunkte an jedem einzelnen Kegelschnitt.

Brennpunkte und Leitlinien der Kegelschnitte. Krümmungshalbmesser der Kegelschnitte. Konstruktionen von Kegelschnitten, ihren Tangenten und Normalen.

41. In Abschnitt 20 war folgender Satz erwähnt und verwendet worden: Je zwei beliebige ebene Vierecke können stets in perspektive Lage gebracht werden oder das eine derselben kann immer als die Zentralprojektion des anderen angesehen werden. Wir hatten weiter gehört, daß durch vier beliebige Punkte bzw. vier beliebige Gerade in einer Ebene ein Kegelschnittbüschel bzw. eine Kegelschnittschar bestimmt ist; mithin können wir weiter behaupten, daß je zwei Kegelschnittbüschel bzw. zwei Kegelschnittscharen gleicher Art in perspektive Lage gebracht werden können, da dies von ihren Grundpunkten bzw. Grundstrahlen gilt, und daß zwei Kegelschnitte einer Ebene stets zueinander perspektiv liegen. Von der Beweisführung der letzten Behauptung und den Untersuchungen über die verschiedenen Arten der perspektiven Lagen zweier Kegelschnitte soll hier abgesehen werden; es sei nur bemerkt, daß zwei Kegelschnitte, wenn ihre gemeinsamen Punkte und Tangenten sämtlich reell sind, auf zwölf Arten, in jedem anderen Falle aber auf vier Arten perspektiv liegen. Erinnern wir uns schließlich noch daran, daß die verschiedenen Kegelschnitte sämtlich als Zentralprojektionen des Kreises angesehen werden können, und

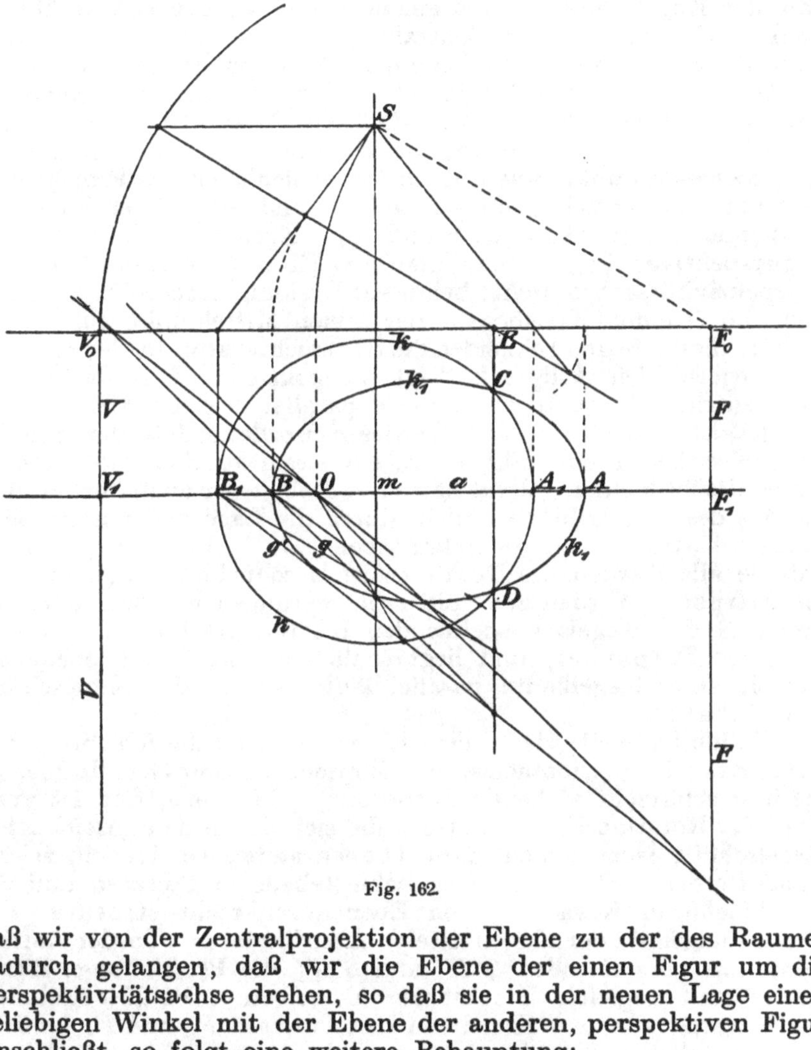

Fig. 162.

daß wir von der Zentralprojektion der Ebene zu der des Raumes dadurch gelangen, daß wir die Ebene der einen Figur um die Perspektivitätsachse drehen, so daß sie in der neuen Lage einen beliebigen Winkel mit der Ebene der anderen, perspektiven Figur einschließt, so folgt eine weitere Behauptung:

Satz: Durch jeden gegebenen Kegelschnitt lassen sich unendlich viele Rotationskegel legen.

Wir nehmen an, daß die große Achse a des Kegelschnittes k_1 gegeben sei (Fig. 162); die Spitze eines der gesuchten Rotationskegel muß offenbar in der Ebene liegen, die in a senkrecht zur Kegelschnittebene steht; diese ist eine der Symmetrieebenen des gesuchten Kegels. Der Kegelschnitt liege in der Grundrißebene $\mathfrak{E}_1$ und es sei die Symmetrieebene, d. i. die Ebene $\mathfrak{E}_2 \perp$ zu $\mathfrak{E}_1$ in a, zugleich Aufrißebene, dann ist nur anzugeben, wie im Aufriß die Spitze eines solchen Kegels gefunden wird: die Aufrißebene sei ein Stück in die Höhe gerückt. Wird nun weiter angenommen, daß der Kegelschnitt k_1 aus einem Kreise k, der seinen Mittelpunkt auf a habe, durch Zentralprojektion entstanden sei, dann wird die Senkrechte, errichtet zu a im Mittelpunkte m des Kreises, ein Ort für die Spitze des gesuchten Kegels sein. Der Kegel ist bestimmt, wenn ich festsetze, daß die Perspektivitätsachse die gemeinschaftliche Sehne, die Punkte A und A_1, B und B_1 entsprechende Punkte seien; dann lassen sich auch das Projektionszentrum, die Verschwindungslinie VV und die Fluchtlinie FF konstruieren (vgl. Abschnitt 9 und 10). Kreis und Ellipse bleiben in perspektiver Lage, wenn man die Ebene der Ellipse um die Perspektivitätsachse dreht; bei dieser Drehung beschreibt aber das Zentrum O einen Kreisbogen, der seinen Mittelpunkt auf FF in F_0 hat; dieser Bogen schneidet die Senkrechte in m in der Spitze S des Kegels. Die Ellipse k_1 liegt perspektiv zu k in bezug auf das Zentrum S, wenn die Achse a parallel liegt zu SF_0.

Es ist hiermit zugleich bewiesen worden, daß der Schnitt eines Kreiskegels eine Ellipse ist, ein Resultat, daß wir schon in Abschnitt 26 kennen gelernt hatten, woselbst wir auch hörten, daß die Art des Kegelschnittes allein durch die Lage der Schnittebene bestimmt wird. Liegt die Schnittebene wie in Figur 162, d. h. so, daß sie alle Kanten des Rotationskegels schneidet, dann entsteht die Ellipse. Werden auch die Verlängerungen der sich über die Spitze S des Kegels ausdehnenden Kanten geschnitten, so entsteht die Hyperbel, und liegt schließlich die Schnittebene so, daß sie einer Kegelkante parallel läuft, so ist der Kegelschnitt eine Parabel.

Wähle ich z. B. wieder eine Ellipse, und mache ich ihre große Achse a zur Projektionsachse, die Ellipsenebene zur Grundrißebene, die in a senkrecht stehende Ebene zur Aufrißebene, und ist auch einer der Rotationskegel ermittelt, die sich durch den gezeichneten Kegelschnitt legen lassen, dann können stets zwei Kugeln so gewählt werden, daß sie die Kegelschnittebene in Punkten und die Kegelfläche in Kreisen, deren Ebenen senkrecht stehen zu der Verbindungslinie der Kugelmittelpunkte, berühren. In der Aufrißebene sind die Geraden $Q''R''$ und $S''T''$ die Projektionen dieser Kreise und zugleich Durchmesser derselben. Die Kegelschnittebene werde von den Kugeln in den Punkten F_1 und F_2 berührt und eine beliebige Kegelkante habe mit den Kugelkreisen QR und ST die Punkte P_1 und P_2 (vgl. Fig. 163), mit dem Kegelschnitte den Punkt P gemein. Wird P mit F_1 und F_2 verbunden, dann ist $PF_1 = PP_1$ und $PF_2 = PP_2$, daher $PF_1 + PF_2 = PP_1 + PP_2 = P_1P_2$, also konstant. Diese Gleichung besteht für jeden

Ellipsenpunkt; die Strahlen PF_1 und PF_2 heißen **Brennstrahlen**, die Punkte F_1 und F_2 **Brennpunkte**. Mithin können wir folgenden Satz angeben: **Alle Punkte einer Ellipse haben dieselbe Summe der Entfernungen von zwei festen Punkten der großen Achse, den sog. Brennpunkten; die Summe der Entfernungen ist gleich der großen Achse, also** $= 2a$, **wenn die halbe große Achse mit** a **bezeichnet wird.**

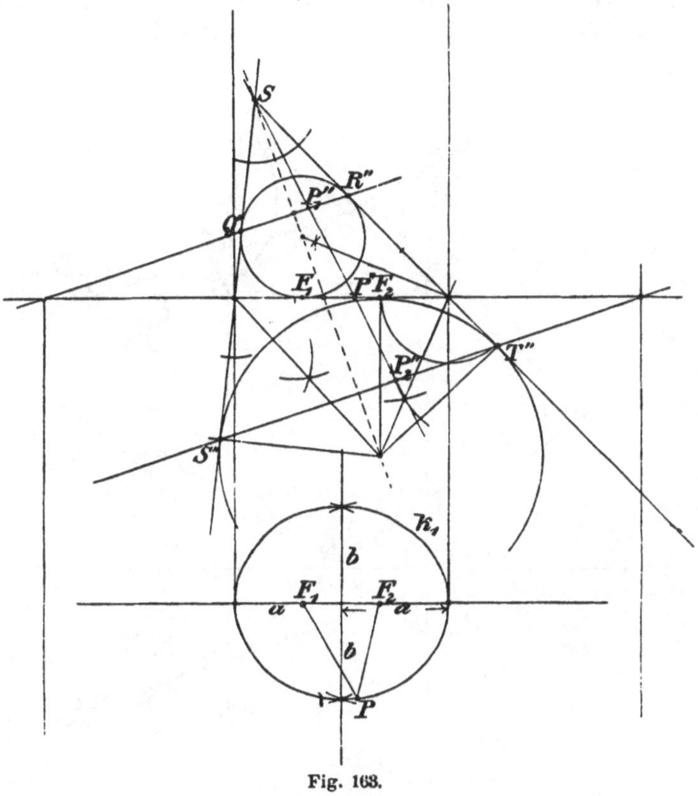

Fig. 163.

Statt der Ellipse kann nun auch eine Hyperbel oder Parabel angenommen werden (vgl. Fig. 164 und 165).

Die Hyperbelebene sei wieder Grundrißebene, die reelle Achse der Hyperbel Projektionsachse, die Aufrißebene, wie vorhin, ein Stück nach oben verschoben. Ist nun ein Rotationskegel ermittelt, dann können in diesen zwei Kugeln so gelegt werden, daß diese die Kegelfläche in Kreisen, die Kegelschnittebene in Punkten der reellen Achse der Hyperbel berühren. Die Projektionen der Berührungskreise im Aufriß sind gerade Linien; sie seien wieder mit QR und ST bezeichnet, die Berührungspunkte der Hyperbelebene mit F_1 und F_2 und die Punkte, in denen eine beliebig gewählte Kegelkante die Berührungskreise und den Kegelschnitt schneidet, mit P_1, P_2 und P. Nun ist, wenn wir P mit F_1 und F_2 verbinden,

$$PF_1 = PP_1\,,\quad PF_2 = PP_2\,,$$

mithin: $PF_1 - PF_2 = PP_1 - PP_2 = P_1P_2 = P_1S + P_2S\,,$

also **konstant**; daraus resultiert folgende Definition der Hyperbel:

Für alle Punkte einer Hyperbel hat die Differenz der Abstände von zwei festen Punkten, den Brennpunkten, denselben Wert, der gleich der Hauptachse ist. Die von

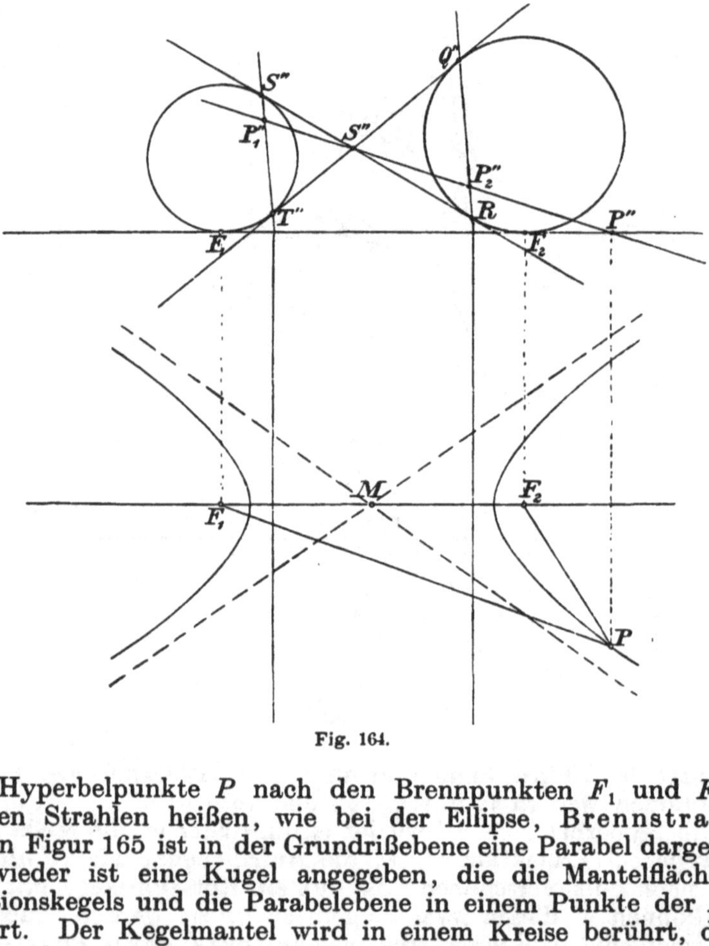

Fig. 164.

dem Hyperbelpunkte P nach den Brennpunkten F_1 und F_2 gezogenen Strahlen heißen, wie bei der Ellipse, **Brennstrahlen.**

In Figur 165 ist in der Grundrißebene eine Parabel dargestellt, und wieder ist eine Kugel angegeben, die die Mantelfläche des Rotationskegels und die Parabelebene in einem Punkte der Achse berührt. Der Kegelmantel wird in einem Kreise berührt, dessen Ebene gehörig ausgedehnt die Grundrißebene in l schneiden möge. Es sei wieder eine beliebige Kegelkante gezeichnet; schneidet diese den Berührungskreis in P_1, die Parabel in P, und ist F der Berührungspunkt der Parabelebene und der Kugel, dann ist:

$$PF = PP_1\,,\quad ST = SP_1\,,$$

daher $$PF:ST = PP_1:SP_1,$$
ferner ist
$$PP_1:SP_1 = P''P_1'':P_1''S = P''D:TS = PE:TS,$$
also $$PF:ST = PE:ST,$$
daher $$\boldsymbol{PF = PE},$$
mithin folgende Definition:

Für alle Punkte der Parabel ist die Entfernung von einem festen Punkte ihrer Achse, ihrem Brennpunkte, gleich der von einer zu der Achse senkrechten Geraden (der Leitlinie oder Direktrix).

Von diesen drei Sätzen gelten selbstverständlich auch die Umkehrungen:

Der Ort aller Punkte, für welche

a) die Summe der Abstände von zwei festen Punkten F und F_1 denselben Wert hat, ist die Ellipse; die festen Punkte sind die Brennpunkte der Ellipse, die große Achse der Ellipse ist die gegebene Summe;

b) die Differenz der Abstände von zwei festen Punkten F und F_1 denselben Wert hat, ist die Hyperbel; die festen Punkte sind die Brennpunkte der Hyperbel, die Hauptachse der Hyperbel ist gleich der konstanten Differenz;

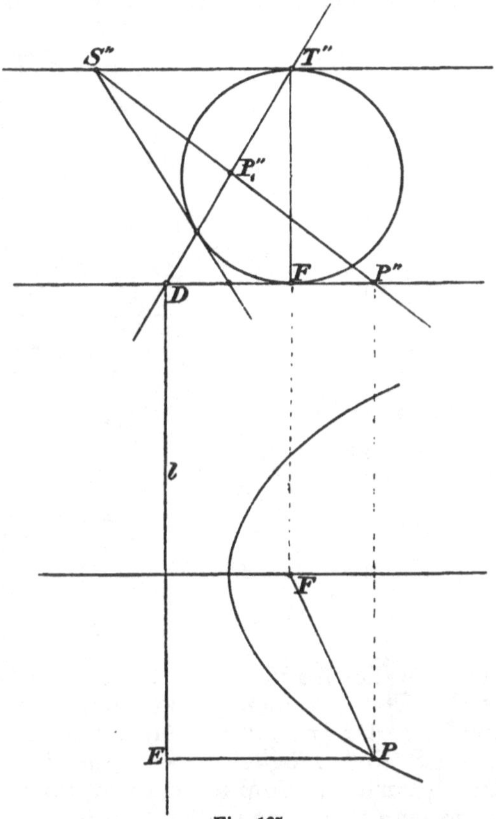

Fig. 165.

c) die Abstände von einem festen Punkte und einer festen Geraden gleich sind, ist eine Parabel; der feste Punkt ist der Brennpunkt, die Gerade die Leitlinie der Parabel.

42. Die Brennpunkte sind Träger orthogonaler Involutionen. Im Abschnitt 28 ist dargelegt worden, daß jeder Punkt in der Ebene eines Kegelschnittes angesehen werden kann als Träger eines Strahlbüschels und zwar eines **involutorischen** Strahlbüschels. Alle Punkte außerhalb des Kegelschnittes sind Träger ungleichlaufender oder hyperbolischer, involutorischer Strahlbüschel, alle Punkte innerhalb des Kegelschnittes aber Träger gleichlaufender, involutorischer Strahlbüschel. Wohl ist es möglich, daß es in der Ebene des Kegelschnittes auch Punkte gibt, die Träger rechtwinkliger Involutionen sind, d. h. an denen die harmonischen Polaren eines Kegelschnittes eine Involution rechter Winkel bilden. Solche Punkte dürfen nur im Innern des Kegelschnittes gesucht werden, denn die Involution rechter Winkel ist ein Spezialfall der elliptischen Involution. Wenn

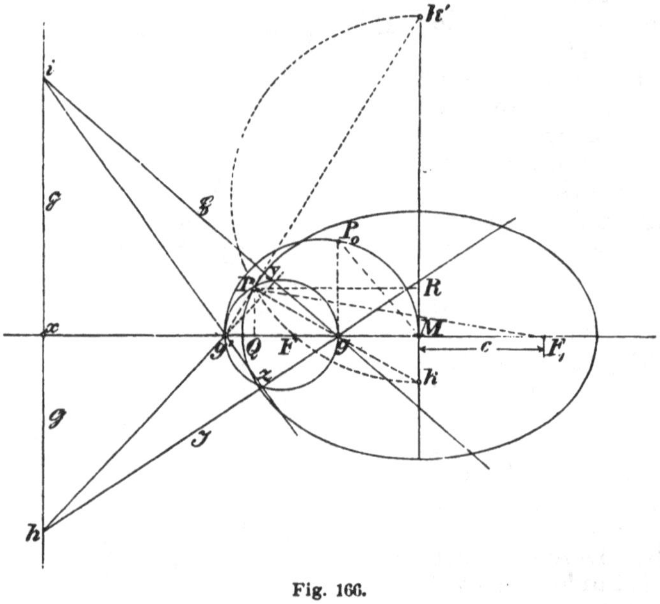

Fig. 166.

eine Gerade Träger einer hyperbolischen Involution ist, gibt es in der Ebene keinen Punkt, von dem sich nach den konjugierten Punkten der Involution nur rechtwinklige Strahlen ziehen lassen; das ist aber möglich, wenn die Involution eine elliptische ist. Die gesuchten Punkte können auch nur auf einer Achse des Kegelschnittes liegen, denn, so oft man einen anderen Punkt des Kegelschnittes mit dem Mittelpunkt desselben verbindet, findet man, daß dieser Durchmesser mit seinem konjugierten einen stumpfen bzw. spitzen Winkel einschließt. In Figur 166 sei ein Kegelschnitt mit seinen Achsen gezeichnet und außerdem zu einem beliebigen Punkt g der Achse innerhalb des Kegelschnittes die Polare $\mathfrak{G}$, die die Achse in x schneiden möge. Ziehe ich durch g eine beliebige Gerade $\mathfrak{H}$, dann muß diese Gerade ihren Pol h auf $\mathfrak{G}$ haben, und die Gerade $gh = \mathfrak{J}$ ist Polare des Schnittpunktes i von $\mathfrak{G}$ und $\mathfrak{H}$. Fällt man schließlich in dem Dreieck ghi die Höhen, die sich in g' schneiden mögen, dann läßt sich beweisen, daß die Punkte g und g' zugeordnete Punkte einer hyperbolischen Involution sind, deren Doppelpunkte die gesuchten Punkte sind. Die Punkte h und i auf $\mathfrak{G}$ sind Punkte der der Geraden $\mathfrak{G}$ zugehörigen Involution mit dem Mittelpunkte x, daher auch $\mathfrak{H}$ und $\mathfrak{J}$ Strahlen der Involution des Punktes g, deren Achsen gx und die Senkrechte zu gx in g sind. Wenn nun der Winkel der beiden konjugierten Strahlen $\mathfrak{H}$ und $\mathfrak{J}$ auch ein rechter wäre, dann hätte die Involution von g zwei rechtwinklige Paare und wäre orthogonal. Ein zweiter rechter Winkel bei g entsteht aber auch dann nicht, wenn ich einen neuen Strahl $\mathfrak{H}'$ ziehe; denn für jedes zugeordnete Punktepaar hi auf $\mathfrak{G}$ ist $xh \cdot xi =$ konst. Da aber $\triangle xhg' \sim \triangle igx$ ist, so ist $xh : xg' = xg : xi$, daher $xh \cdot xi = xg \cdot xg' =$ konst., d. h., wenn ich auch neue konjugierte Strahlen $\mathfrak{H}'$ und $\mathfrak{J}'$ ziehe, das Produkt $xg \cdot xg'$ bleibt konstant, oder solange Punkt g seine Lage nicht ändert, bleibt auch g' Schnittpunkt der Höhen der Dreiecke ghi, $gh'i'$, $gh''i''$ usw. Für eine bestimmte Lage von g ist aber auch der Winkel ($\mathfrak{H}\mathfrak{J}$) ein rechter, dann fällt aber g' mit g zusammen; sowie g sich auf der Achse fortbewegt, ändert auch g' seinen Platz.

Für jeden Punkt g gibt es einen zugeordneten Punkt g', der gefunden wird, indem man von dem Pol h einer beliebigen durch g gezogenen Geraden $\mathfrak{H}$ auf $\mathfrak{H}$ die Senkrechte fällt, diese schneidet dann die Achse xg und g'. Die Fußpunkte der Höhen y und z sind ebenfalls Träger von Involutionen, die Achsen dieser Involutionen sind offenbar die Verbindungsgeraden von y und z mit g und g'. Ich bekomme neue Höhenfußpunkte, wenn ich von g aus neue zugeordnete Strahlen ziehe, aber alle diese Fußpunkte müssen auf dem Kreise liegen, dessen Durchmesser gg' ist. Die Involutionen aller Punkte dieser Kreisperipherie haben mithin Rechtwinkelstrahlen, die durch g und g' gehen, und schneidet dieser Kreis den Kegelschnitt in P, dann muß $g'P$ Tangente, gP Normale des Kegelschnittes in P sein. Mithin gibt es auch auf dem Kegelschnitte einen Punkt P (oder zwei, wenn der symmetrisch gelegene Punkt von P in bezug auf xg mitgerechnet wird), dessen Polare, d. i. die Ellipsentangente in P durch g', und, wenn man zu dieser in P die Normale, d. i. die Ellipsennormale konstruiert, die letztere durch g gehen muß. Diese beiden Linien aber sind rechtwinklig und zugleich konjugiert, dies sind aber reziproke Eigenschaften, d. h. jede von beiden kann aus der anderen konstruiert werden, und wenn also g' zu g konstruiert ist, und g bewegt sich nach g' hin, dann hat sich g' nach g bewegt; d. h. die von g und g' beschriebenen Punktreihen liegen involutorisch. Der Mittelpunkt der Involution ist offenbar der Mittelpunkt des Kegelschnittes M.

Eine Involution ist durch zwei zugeordnete Punktepaare bestimmt. Zwei solche Paare werden gefunden, indem man entweder von zwei beliebigen Punkten der Ebene die Rechtwinkelpaare der ihnen in bezug auf den Kegelschnitt zugehörigen Involutionen ermittelt oder in zwei Kegelschnittpunkten P und P_1 Tangente und Normale zur Ellipse konstruiert, dann schneiden die Tangente und Normale die Achse xg des Kegelschnittes in den gesuchten Punktepaaren (Fig. 166). Diese Involution ist eine hyperbolische, denn beide Paare liegen auf einer Seite des Mittelpunktes M. Die Strahlen, gehörig verlängert, schneiden aber die andere Achse des Kegelschnittes so, daß M zwischen den konjugierten Punkten liegt, daher ist diese Involution eine elliptische.

Die Achsen eines Kegelschnittes sind Träger von Involutionen, der sogenannten Fokalinvolutionen oder Brennpunktsinvolutionen. Die eine Involution ist stets eine hyperbolische oder ungleichlaufende, die andere eine elliptische oder gleichlaufende. Die Doppelpunkte dieser Involutionen sind die Brennpunkte der Kegelschnitte; jeder Kegelschnitt hat daher vier Brennpunkte, zwei reelle F und F_1 und zwei imaginäre.

Sind g und g' zugeordnete Punkte der hyperbolischen Involution, und k und k' solche der elliptischen Involution, schließlich F ein Brennpunkt (Fk und Fk' müssen einen rechten Winkel bei F bilden), so ist die Potenz der hyperbolischen Involution $Mg \cdot Mg^1 = MF^2$, die der elliptischen $Mk \cdot Mk' = -MF^2 = c^2$ bzw. $-c^2$; mithin folgender Satz:

Die beiden Fokalinvolutionen haben entgegengesetzt gleiche Potenz c^2 bzw. $-c^2$, wo c die halbe Entfernung der beiden reellen Brennpunkte ist. Die Entfernung c nennt man die Exzentrizität des Kegelschnittes.

43. Ist P ein Punkt des Kegelschnittes und sind Tangente und Normale des Kegelschnittes in P gezeichnet, außerdem auch die Lote PQ, PR auf die Achsen des Kegelschnittes konstruiert (Fig. 166), dann ist PQ Polare von g', daher $Mg' \cdot MQ = a^2$; ebenso würde PR Polare von k' in bezug auf die Ellipse sein, also $Mk' \cdot MR = b^2$. Nun ist aber

$$MQ^2 = PR^2 = kR \cdot k'R\,,$$

und da die Dreiecke $g'Mk'$ und PRk' ähnlich sind:

$$\frac{Mg'}{Mk'} = \frac{MQ}{Rk'}\,,$$

multipliziert man diese Gleichungen:

$$Mg' \cdot MQ = Mk' \cdot kR = Mk'(kM + MR)\,,$$

$$Mg' \cdot MQ = Mk' \cdot kM + Mk' \cdot MR$$

oder

$$\text{(I)} \qquad a^2 - b^2 = c^2$$

für den Fall der Ellipse, d. h. $c < a$.

Ist der Kegelschnitt aber eine Hyperbel und ist Pgk Tangente, $g'Pk'$ Normale der Kurve in P, dann ist (Fig. 167)

$$Mg \cdot MQ = Mk \cdot Rk',$$

denn es ist

$$\frac{Mg}{MQ} = \frac{Mk}{Rk} \quad \text{und} \quad MQ^2 = kR \cdot Rk'.$$

Beide Gleichungen, miteinander multipliziert, ergeben die erstere, mithin auch

$$Mg \cdot MQ = Mk \cdot (k'M + MR),$$

$$Mg \cdot MQ - Mk \cdot MR = Mk \cdot k'M,$$

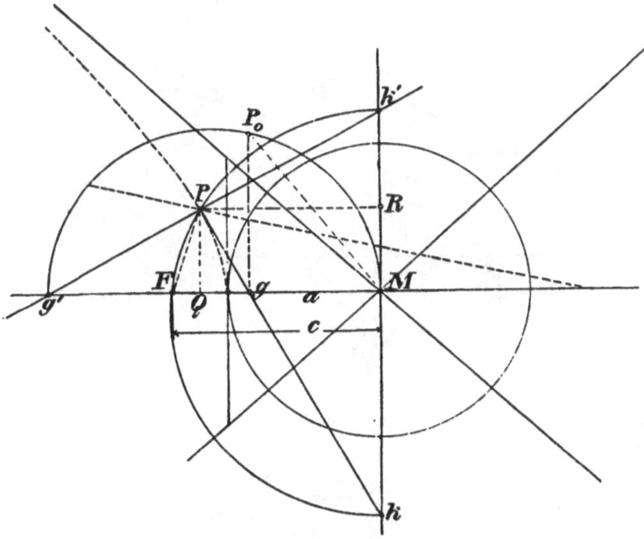

Fig. 167.

und da $Mk \cdot MR = -b^2$,

(II) $$a^2 + b^2 = c^2$$

für den Fall der Hyperbel, d. h. $c > a$.

Aus den Gleichungen (I) und (II) folgt, daß $a > b$ ist und a die reellen Brennpunkte enthalten muß. Diese Achse heißt daher Hauptachse, sowohl bei der Ellipse wie bei der Hyperbel ist ihr Quadrat das größere. Zwei entsprechende Punkte der Brennpunktsinvolution auf der Hauptachse des Kegelschnittes liegen mit den Brennpunkten harmonisch.

Bei der Ellipse ist $c = \pm\sqrt{a^2 - b^2}$, bei der Hyperbel $c = \pm\sqrt{a^2 + b^2}$. Auf Grund dieser Formeln und der gegebenen Konstruktionen für die Brennpunktsinvolutionen ergeben sich folgende Fundamentalkonstruktionen:

Kennt man die Achsen a und b, so findet man bei der Ellipse die Brennpunkte, indem man um die Scheitel der Achse b oder einen derselben mit a einen Kreisbogen beschreibt; dieser schneidet a in den Brennpunkten F und F_1, oder: Ist die Ellipse oder die Hyperbel gezeichnet und hat man auf der großen Achse ein Paar entsprechender Punkte g und g' der Brennpunktsinvolution ermittelt, so läßt sich aus der Relation $Mg \cdot Mg' = MF^2$ eine Konstruktion für die Brennpunkte herleiten. Man beschreibe über Mg' als Durchmesser den Halbkreis, errichte in g die Senkrechte zur Hauptachse, die den Halbkreis in P_0 schneiden möge,

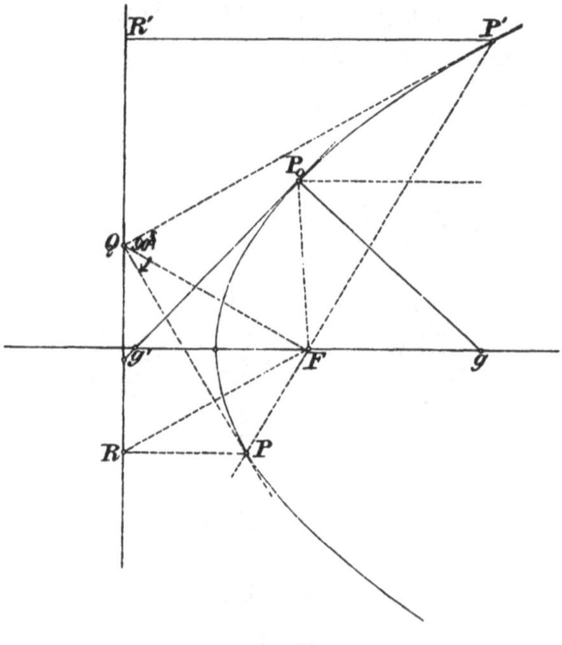

Fig. 168.

und mache schließlich $M_0F = MP_0 = MF$ (Fig. 166 und 167). Sind k und k' ein Paar entsprechender Punkte auf der Nebenachse, dann schneidet der Kreis über kk' auf der Hauptachse die Brennpunkte F und F_1 aus; und waren die Punkte k und k' mittels der Brennpunkte ermittelt worden, so schneidet der Kreis über kk' die Kurve in Punkten P, deren Verbindungsgerade mit k und k' Tangente und Normale der Kurve in P bilden.

Bei der Parabel liegt, da der Mittelpunkt der Kurve im Unendlichen liegt, auch ein Brennpunkt im Unendlichen. Die Leitlinie der Parabel (vgl. Fig. 168) ist offenbar die Polare des Brennpunktes in bezug auf den Kegelschnitt; auch bei der Hyperbel und der Ellipse könnte man sich die Polaren der Brennpunkte konstruiert denken, die man als Leitlinien bezeichnet. Ellipse und Hyperbel besitzen daher je zwei reelle Leitlinien, bei der

Parabel jedoch sind nur ein Brennpunkt und eine Leitlinie erreichbar. Die Tangente in einem beliebigen Parabelpunkte P_0 und die Normale im Berührungspunkte schneiden die Hauptachse in Punkten, die vom Brennpunkte gleichen Abstand haben, denn die beiden Schnittpunkte liegen mit den Brennpunkten harmonisch. Da aber der eine Brennpunkt im Unendlichen liegt, muß der andere die Strecke der zugeordneten Schnittpunkte halbieren.

Für irgend einen Punkt Q der Leitlinie ist die Polare das Lot zu QF in F. Schneidet diese Polare die Parabel in P und P', dann sind die Geraden QP und QP' Tangenten der Parabel, und ziehen wir durch P und P' Parallelen zur Achse (oder Senkrechte zur Leitlinie), dann sind die Dreiecke (vgl. Fig. 168) PRQ und PQF kongruent, daher sind die Winkel bei Q einander gleich; ebenso ist Dreieck $P'R'Q' \cong \triangle FQP'$, daher auch in diesen Dreiecken die Winkel bei Q einander gleich, mithin muß der Winkel $PQP' = 90^{0}$ sein. Mithin besteht folgender Satz:

Die Tangenten von den Punkten der Leitlinie einer Parabel stehen aufeinander senkrecht.

Bei einem Kreise fallen die beiden Brennpunkte in den Mittelpunkt des Kreises; denn durch diesen gehen alle in den Berührungspunkten der Kreistangenten errichteten Normalen. Die Leitlinie des Kreises ist die ∞ entfernte Gerade; die Rechtwinkelinvolution des Mittelpunktes ist zugleich die der konjugierten Durchmesser.

44. Durch Tangente und Normale eines Kegelschnittpunktes P wird die Hauptachse in zugeordneten Punkten der Brennpunktsinvolution geschnitten, d. h. in Punkten, die mit den Brennpunkten harmonisch liegen. Zieht man von dem Punkte P aus auch noch die Brennstrahlen, so bilden diese mit der Tangente und Normalen dieses Punktes vier harmonische Strahlen, und da Tangente und Normale, die einander zugeordnet sind, senkrecht stehen, so müssen sie die Winkel zwischen den Brennstrahlen halbieren (Fig. 166—168). Es besteht mithin folgender Satz:

1. Die Tangente (oder Normale) in jedem Punkte eines Kegelschnittes bildet gleiche Winkel mit den beiden Strahlen, die von diesem Punkte nach den Brennpunkten gehen (mit den Brennstrahlen).

Schneidet die Tangente in P die Leitlinie des Kegelschnittes in D (Fig. 169) und wird der Schnittpunkt mit dem Brennpunkte F verbunden, so ist der Schnittpunkt Pol des Brennstrahles PF; also müssen FD und FP konjugierte Polare bilden, und da sie sich im Brennpunkte schneiden, kann der Winkel bei F (vgl. Abschnitt 42) nur ein rechter Winkel sein; mithin

2. Satz. Von einem Brennpunkte aus gesehen erscheint das Stück einer Tangente von ihrem Schnittpunkt mit der Leitlinie bis zum Berührungspunkte unter einem rechten Winkel. Dieser Satz führt zu einer sehr einfachen Tangentenkonstruktion in gegebenen Kegelschnittpunkten, wenn man die Brennpunkte und Leitlinien desselben kennt. Soll man

in einem Punkte P die Tangente konstruieren, so braucht man nur in F zu PF die Normale zu errichten; die Verbindungslinie des Schnittpunktes dieser Normalen und der Leitlinie mit dem Punkte P ist die gesuchte Kegelschnitttangente.

Die Leitlinien der Ellipse und Hyperbel schneiden die Hauptachse des Kegelschnittes in Punkten, deren Abstand vom Mittelpunkte $M = \frac{a^2}{c}$ ist (Fig. 169); denn es ist $MF \cdot MA = MB^2$, oder, wenn ich MA mit x bezeichne, $c \cdot x = a^2$,

mithin
$$x = \frac{a^2}{c}.$$

Ist D ein beliebiger Punkt der Leitlinie l, dann ist bekanntlich das Lot zu DF in F die Polare des Punktes D, und ziehe

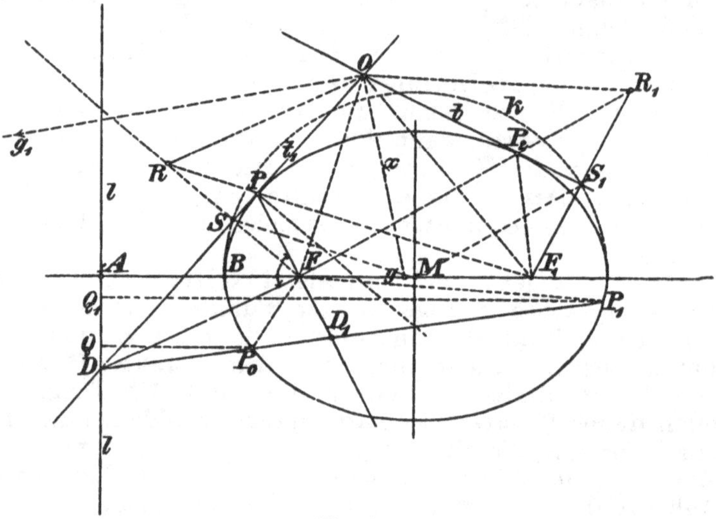

Fig. 169.

ich durch D eine beliebige Sekante, die den Kegelschnitt in P_0 und P_1, die Polare in D_1 schneidet, dann sind die vier Punkte D, P_0, D_1, P_1 harmonisch, und da D_1F den Winkel der Strahlen P_0F und P_1F halbiert, muß sein:

$$P_0F : P_1F = D_1P_0 : D_1P_1 = DP_0 : DP_1 = P_0Q : P_1Q_1,$$

wenn die beiden letzten Längen die Abstände der Punkte P_0 und P_1 von der Leitlinie darstellen. Es ist also auch:

$$\frac{P_0F}{P_0Q} = \frac{P_1F}{P_1Q_1} = \text{konst.,} \quad \text{d. h.:}$$

3. Das Verhältnis der Entfernungen der Punkte eines Kegelschnittes von einem Brennpunkte und seiner Leitlinie ist konstant.

Der Wert des Verhältnisses wird gefunden, wenn ich die Werte der Strecken für einen beliebigen Kurvenpunkt, z. B. den Scheitel B ermittele. Für diesen ist $BF = a - c$, $BA = x - a = \frac{a^2}{c} - a$,

mithin $$\frac{BF}{BA} = \frac{a-c}{a^2/c - a} = \frac{c(a-c)}{a(a-c)} = \frac{c}{a} = e\,.$$

Den Koeffizienten c/a nennt man auch **numerische Exzentrizität** und bezeichnet ihn mit e. Die Zahl e ist also das Verhältnis der linearen Exzentrizität zur Hauptachse. Bei der Ellipse ist $e < 1$, bei der Hyperbel $e > 1$, bei der Parabel $e = 1$. Wir können mithin folgenden Satz aussprechen:

4. **Der Ort derjenigen Punkte, deren Abstände von einem festen Punkte und einer festen Geraden in einem gegebenen Verhältnisse stehen, ist ein Kegelschnitt, der den Punkt zum Brennpunkt und die Gerade zu der ihm zugehörigen Leitlinie hat. Er ist Hyperbel, Parabel, Ellipse, je nachdem das gegebene Verhältnis > 1, $= 1$ oder < 1 ist.**

Wir legen unseren weiteren Betrachtungen für einen Augenblick eine Ellipse zugrunde. Ist P ein Punkt der Ellipse und sind F und F_1 ihre Brennpunkte (Fig. 169), dann sind Tangente und Normale in P und die Strahlen PF und PF_1 vier harmonische Strahlen, erstere zugleich die Halbierenden der von den beiden anderen Strahlen gebildeten Winkel. Das von F auf die Tangente gefällte Lot schneidet PF_1 in R; das Dreieck RPF ist daher gleichschenklig, was auch für Dreieck ROF gilt, wenn O ein Punkt der Tangente ist. Wir können nach Abschnitt 28 jeden Punkt der Ebene außerhalb des Kegelschnittes als Träger einer hyperbolischen Involution ansehen. Für Punkt O sind nun die Doppelstrahlen der ihr zugehörigen Involution die von O an die Ellipse gelegten Tangenten, das sich entsprechende Rechtwinkelpaar aber die Halbierungslinien der Winkel dieser Tangenten. Diese Linien schneiden aber die Hauptachse der Ellipse in den Punkten g und g_1, die zu F und F_1 harmonisch liegen, also liegen auch die Rechtwinkelstrahlen der Involution von O mit den Strahlen OF und OF_1 harmonisch, und da erstere aufeinander senkrecht stehen, sind sie zugleich die Halbierungslinien der Winkel der Strahlen OF und OF_1. Hieraus resultiert folgender Satz, der auch für die Parabel und Hyperbel gilt:

5. **Die von einem beliebigen Punkte O an einen Kegelschnitt gelegten Tangenten und seine Verbindungsgeraden mit den Brennpunkten des Kegelschnittes bilden Winkel, deren Halbierungslinien zusammenfallen.**

6. **Ein Kegelschnitt ist durch seine beiden Brennpunkte und eine Tangente t vollständig bestimmt** (Fig. 169).

Aus diesen drei Stücken können beliebig viele neue Tangenten des Kegelschnittes konstruiert werden. Wähle ich auf t einen Punkt O, so finde ich die andere durch O gehende Tangente t_1, indem ich die Halbierungslinie x des Winkels FOF_1 zeichne und $(t_1 x) = (t x)$ mache, dann ist t_1 die gesuchte Tangente. Die Berührungspunkte der Tangenten t und t_1 erhält man, wenn man die Senkrechten FS und F_1S_1 zu t bzw. t_1 um sich selbst verlängert bis R bzw. R_1, dann schneiden die Verbindungsgeraden F_1R und FR_1 die Tangenten t und t_1 in den Berührungspunkten P und P_2.

Da ferner $OR=OF$, $OR_1=OF_1$, außerdem $\sphericalangle ROF_1=\sphericalangle FOR_1$, so muß $\triangle ROF_1 \cong \triangle FOR_1$ sein, mithin $RF_1=FR_1$ oder $PF+PF_1 = P_2F + P_2F_1 =$ konst., woraus folgt, daß die Summe der Entfernungen von den beiden Brennpunkten für alle Ellipsenpunkte dieselbe ist; man erkennt, daß, wenn der Ellipsenpunkt mit einem Scheitel der großen Achse koinzidiert, diese Summe $=2a$, der großen Achse der Ellipse ist. Damit ist der Beweis geführt, daß die Brennpunkte mit den Punkten identisch sind, in welchen eine Schnittebene eines Rotationskegels von den Kugeln berührt wird, die zugleich die Kegelfläche berühren (vgl. Abschnitt 41).

Ganz ähnlich gestalten sich die Untersuchungen für Hyperbelpunkte; man hat nur nötig, in Figur 169 die Tangente t_1 als Normale und die Normale zu t_1 als Tangente aufzufassen, und kann dann nachweisen, daß $PF - PF_1 = P_2F - P_2F_1 =$ konst. ist (die Werte können sich nur durch das Vorzeichen unterscheiden). Damit sind die Definitionen der Kegelschnitte, wie sie im Abschnitt 41 gegeben sind, zum zweiten Male bewiesen.

Es ist $RF_1=R_1F=2a$, daher $MS=MS_1=\frac{1}{2}RF_1=\frac{1}{2}\cdot 2a=a$. Mithin können wir folgenden Satz für die Ellipse und Hyperbel angeben:

7. **Die Fußpunkte der aus den Brennpunkten auf die Tangenten eines Kegelschnittes gefällten Lote liegen auf einem Kreise, der die Hauptachse desselben zum Durchmesser hat, also den Kegelschnitt in deren Scheiteln berührt.** Für die Parabel gilt der Satz nicht; aus dem Kreise wird eine Gerade, nämlich die Scheiteltangente. Wenn hiernach der Scheitelpunkt eines rechten Winkels einen Kreis k durchläuft, während der eine Schenkel desselben stets durch einen festen Punkt geht, so umhüllt der andere Schenkel eine Ellipse oder Hyperbel, je nachdem der Kreis den festen Punkt ein- oder ausschließt; der Punkt ist ein Brennpunkt des Kegelschnittes. Geht der Kreis k durch die beiden Brennpunkte F und F_1 eines Kegelschnittes, so zerfällt der Tangentenbüschel des Kegelschnittes in die beiden Strahlbüschel von F und F_1, der Kegelschnitt in die beiden Brennpunkte. Tritt an Stelle des Kreises k eine Gerade, so entsteht eine Parabel.

Aus der Kongruenz der Dreiecke ROF_1 und OFR_1 folgt: $\sphericalangle ORF_1=OFR_1$, und da $\sphericalangle ORP=PFO$, so ist auch $\sphericalangle PFO=OFP_2$, mithin folgender für alle Kegelschnitte gültiger Satz:

8. **Aus einem Brennpunkte erscheinen die Stücke zweier Tangenten von den Berührungspunkten bis zum Schnittpunkt unter gleichem Winkel** oder der Strahl, gezogen

vom Brennpunkt F nach dem Schnittpunkt zweier Tangenten, ist Halbierungslinie des Winkels der von F nach den Berührungspunkten gezogenen Strahlen. Aus diesem Satz folgt:

9. **Die von zwei festen Tangenten auf einer dritten beweglichen Tangente abgeschnittene Strecke erscheint aus einem Brennpunkte gesehen stets unter dem gleichen Winkel.**

Dieser Satz könnte dazu benutzt werden, um zu zwei Brennpunkten und drei gegebenen Tangenten eines Kegelschnittes beliebig viele neue Tangenten zu konstruieren.

45. Konfokale Kegelschnitte. Zwei oder mehrere Kegelschnitte, die in einer Ebene liegen und dieselben Brennpunkte haben, heißen konfokal. Bei solchen Kegelschnitten fallen so-

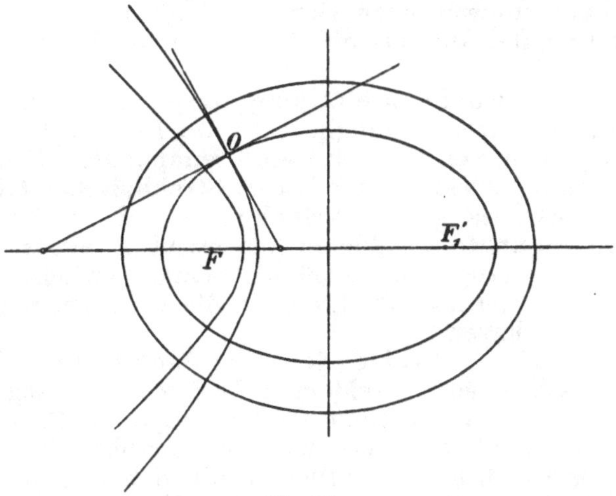

Fig. 170.

wohl Hauptachsen wie Nebenachsen und Mittelpunkte zusammen (Fig. 170). Liegt ein Brennpunkt unendlich fern, so sind die konfokalen Kegelschnitte Parabeln.

Die Konstruktion solcher konfokalen Kegelschnitte ergibt sich aus dem im letzten Abschnitte aus Satz 7 hergeleiteten und daselbst geschilderten Verfahren. Man hat nur nötig, wenn ein Kegelschnitt gezeichnet ist, einen beliebigen konzentrischen Kreis zu zeichnen und einen rechten Winkel, wie daselbst geschildert ist, zu bewegen. Werden statt der Kreise k zur Hauptachse normale Gerade gewählt, so entstehen konfokale Parabeln; die Scheitel der Parabeln können entweder rechts oder links vom gemeinsamen Brennpunkte liegen. **Ein Kegelschnitt bestimmt also die konfokale Kegelschnittschar der gleichen Art; durch einen Punkt der Ebene geht nur ein Kegelschnitt dieser Schar, jede Gerade der Ebene berührt nur einen dieser konfokalen Kegelschnitte.**

Die Kurven einer konfokalen Kegelschnittschar der gleichen Art schneiden sich nicht; die Kurven verschiedener Art schneiden sich aber, und zwar stets unter rechten Winkeln. Jeder Punkt O der Ebene eines Kegelschnittes ist Träger einer Involution, deren entsprechende Rechtwinkelpaare die Hauptachse in Punktepaaren der Brennpunktsinvolution schneiden, d. h. in Punkten, die mit den Brennpunkten harmonisch liegen. Durch Punkt O wird einmal eine Ellipse gehen, für die die Rechtwinkelstrahlen von O Tangente und Normale bilden. Durch O geht aber auch eine der Hyperbeln, die ebenfalls F und F_1 zu Brennpunkten haben, daher sind die gleichen Rechtwinkelstrahlen zugleich Tangente und Normale dieser Hyperbel, also schneiden sich Ellipse und Hyperbel in O rechtwinklig. Die ganze Ebene wird demnach durch die Ellipsen und Hyperbeln in ∞ viele und ∞ kleine Rechtecke geteilt; auch die Parabeln schneiden sich unter rechten Winkeln, wenn die Scheitelpunkte auf verschiedenen Seiten des Brennpunktes liegen.

Zwei von einem Punkte O ausgehende, zueinander normale Gerade sind konjugiert bezüglich der konfokalen Kegelschnitte, wenn sie mit den von O nach den Brennpunkten F und F_1 gezogenen Strahlen einen harmonischen Strahlbüschel bilden. Die Geraden müssen, da sie rechtwinklig sind, die von den Brennstrahlen dieses Punktes gebildeten Nebenwinkel halbieren, und wie früher erkannt worden ist, auch die Winkel zwischen den Tangenten, die sich von dem Punkte O an die einzelnen Kegelschnitte der Schar legen lassen.

46. Krümmungskreise der Kegelschnitte. Unter dem Krümmungshalbmesser versteht man die Strecke auf der Normalen einer Kurve in einem bestimmten Kurvenpunkt P, welche von diesem Kurvenpunkt reicht bis zum Schnittpunkt mit der benachbarten Normalen, d. h. der Normalen, die sich in dem Punkt der Kurve konstruieren läßt, der dem ersten Kurvenpunkt unendlich nahe liegt. Der Schnittpunkt der beiden Normalen heißt der Krümmungsmittelpunkt und der mit dem Krümmungshalbmesser um ihn beschriebene Kreis Krümmungskreis. Von allen Kreisen, die die Tangente der Kurve in P berühren und ihren Mittelpunkt auf der Normalen in P haben, schließt sich der Kurve keiner mehr an als der Krümmungskreis; der letztere geht aber nicht nur durch Punkt P, sondern auch durch dessen benachbarten Punkt; man sagt von diesem Kreise, er oskuliert die Kurve im Punkte P, d. h. er berührt und schneidet die Kurve in P. Denkt man sich in jedem Kurvenpunkt die Normale konstruiert, so werden letztere eine neue Kurve einhüllen, die sogenannte „Evolute“ der gegebenen Kurve. Sie ist, wenn die gegebene Kurve ein Kegelschnitt ist, nicht von der Klasse des Kegelschnittes, gewöhnlich von der vierten Klasse. Für die Parabel ergibt sich als Evolute eine Kurve dritter Klasse. In jedem Punkt der Evolute schneiden sich je zwei benachbarte Normale der gegebenen Kurve k, daher ist die Evolute der Ort der Krümmungszentren der Kurve k. Die Achsen der Kurve k sind Symmetrielinien der Evolute. Der reziproke Wert des Krümmungshalbmessers ϱ, also $1/\varrho$, heißt die Krümmung oder das Krümmungsmaß der Kurve.

Die Kurve k sei eine Ellipse (Fig. 171); hat man in einem Punkte P derselben die Normale konstruiert, die die beiden Achsen

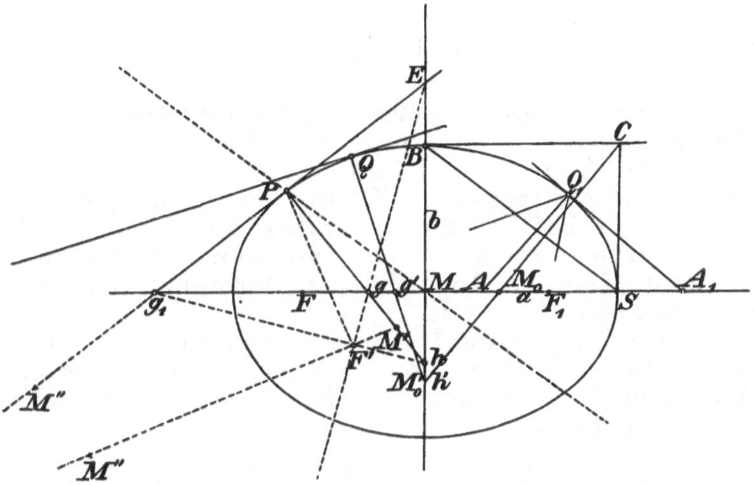

Fig. 171.

in g und h schneiden möge, dann ist das Verhältnis der beiden Strecken Pg und Ph konstant; es ist $\frac{Pg}{Ph} = \frac{b^2}{a^2}$. Es ist nämlich (vgl. Kapitel I, Abschnitt 8 und die in Figur 172 noch einmal wieder gegebene Konstruktion der Figur 31, wenn MA und MB (Fig. 172) die gegebenen konjugierten Durchmesser sind, Linie AEF die Ellipsennormale in A, ferner $AD = AC = MB$, $MD = a - b$, $MC = a + b$; es ist aber, wenn ich durch A Parallele zu den ermittelten Achsen ziehe und mit MD in I und K schneide:

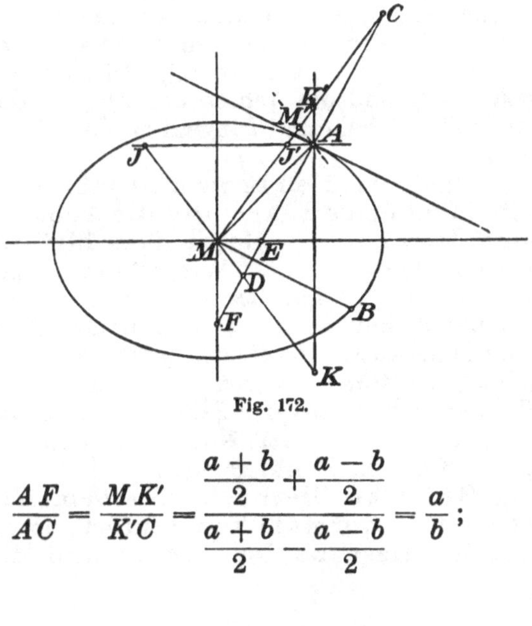

Fig. 172.

$$\frac{AE}{AD} = \frac{MI}{DI} = \frac{b}{a}; \quad \frac{AF}{AC} = \frac{MK'}{K'C} = \frac{\frac{a+b}{2} + \frac{a-b}{2}}{\frac{a+b}{2} - \frac{a-b}{2}} = \frac{a}{b};$$

denn es ist

$$IK = a + b\,, \quad I'K' = a - b\,, \quad MI = b\,, \quad MK = a\,,$$

$$AM' \parallel IK \quad \text{und} \quad MM' = \frac{a+b}{2}\,;$$

hieraus folgt schließlich

$$\frac{AE}{AF} = \frac{b^2}{a^2} \quad \text{und} \quad AE \cdot AF = MB^2\,.$$

Es können mithin folgende Sätze angegeben werden:

Die Normale in einem beliebigen Punkte A der Ellipse schneidet die Achse in solchen Punkten E und F, daß das Verhältnis der Strecken AE und AF konstant bleibt, gleich dem Verhältnis der Quadrate der Achsen. — Das Rechteck aus den gleichen Strecken ist gleich dem Quadrate desjenigen Halbmessers, der dem nach Punkt A gezogenen konjugiert ist.

Kehren wir zur Figur 171 zurück, und hat man auch noch in einem zweiten Punkte Q die Ellipsennormale gezeichnet, die die Achsen in g' und h' schneide, dann bestehen, wie jetzt bewiesen ist, die Relationen

$$\frac{Pg}{Ph} = \frac{b^2}{a^2}\,, \quad \frac{Qg'}{Qh'} = \frac{b^2}{a^2}\,,$$

und es ist also

$$\frac{Pg}{Ph} = \frac{Qg'}{Qh'}\,,$$

welche Gleichung dartut, daß die Punktreihen Pgh und $Qg'h'$ ähnliche sind, sie befinden sich nur nicht in ähnlicher Lage, daher müssen die Verbindungsgeraden entsprechender Punkte eine Parabel einhüllen (vgl. Abschnitt 32). Diese Verbindungsgeraden sind die Sehne PQ und die Achsen der Ellipse; die Träger der Punktreihen sind aber ebenfalls Tangenten der Parabel, mithin besteht der Satz:

Die Normalen in zwei beliebigen Punkten einer Ellipse, die zugehörige Sehne und die Achsen der Ellipse umhüllen eine Parabel $\mathfrak{P}$. Durch diese fünf Tangenten ist die Parabel vollständig bestimmt. Wir nehmen jetzt an, daß sich Q auf der Ellipse nach P hin bewege und schließlich in P hineinrücke; im Grenzfall sind dann aus den beiden Normalen zwei benachbarte oder konsekutive Parabeltangenten geworden, die, da sie zusammenfallen, zu ihrem Schnittpunkt den Berührungspunkt mit dieser Parabel haben; aus der Sehne PQ aber die Tangente in P. Dieser Berührungspunkt der Normalen muß offenbar der Krümmungspunkt für den Punkt P sein.

Hat man hiernach in einem Ellipsenpunkte P Tangente und Normale konstruiert, so gibt es eine Parabel $\mathfrak{P}$, welche diese beiden Linien und die Achsen der Ellipse berührt. Der Berührungspunkt der Normalen und der Parabel $\mathfrak{P}$ ist der Krümmungsmittelpunkt für den Ellipsenpunkt P.

Diese Parabel kann gezeichnet werden. Es bilden nämlich die Tangente und Normale einen rechten Winkel bei P, und ebenso die beiden Achsen in M, daher liegen nach Abschnitt 44 die beiden Punkte P und M auf der Leitlinie der Parabel. Die Leitlinie PM können wir aber auffassen als die Diagonale des der Parabel umgeschriebenen Vierecks, dessen Seiten die Achsen der Ellipse und die zu P gehörige Tangente und Normale sind. In einem solchen Viereck ist aber der Schnittpunkt der beiden anderen Diagonalen Eg und $g_1 h = F'$ der Pol der ersten Diagonale; also ist F' der Pol der Leitlinie MP in bezug auf die Parabel. Nach Satz 2 des Abschnitts 44 erscheint aber das Stück einer Tangente zwischen Leitlinie und Berührungspunkt vom Brennpunkt aus unter einem rechten Winkel; mithin erhalte ich den Berührungspunkt der Normalen in P mit der Parabel, wenn ich den Brennpunkt F' der Parabel mit Punkt P, der zugleich auf der Leitlinie liegt, verbinde und zu dieser Verbindungslinie PF' in F' die Senkrechte errichte; diese Senkrechte schneidet die Normale in P in dem gesuchten Krümmungsmittelpunkt M'.

Für die Hyperbel läßt sich in ganz gleicher Weise der Krümmungsmittelpunkt bestimmen. Bei der Hyperbel ist $\frac{Pg}{Ph} = -\frac{b^2}{a^2}$ und nicht Punkt M', sondern Punkt M'' Krümmungsmittelpunkt, denn soll die Figur 171 zugleich die Konstruktion für den Krümmungsmittelpunkt einer Hyperbel angeben, so ist Pg_1 als Normale, Ph als Tangente anzusehen.

Für einen Scheitelpunkt S der Ellipse (oder Hyperbel) läßt sich direkt der Krümmungsmittelpunkt angeben. Schneidet die Hauptachse der Ellipse Tangente und Normale im Punkte Q_1 in den Punkten A, A_1, so liegen die letzteren mit den Brennpunkten F und F_1 harmonisch, und ist M der Mittelpunkt und c die Exzentrizität, so ist $MA \cdot MA' = c^2$. Nähert sich jetzt Q_1 dem Scheitel S, dann fällt auch A_1 mit S zusammen, Punkt A muß sich aber mit dem Krümmungszentrum S' von S vereinigen, daher

$$MS' = \frac{c^2}{MS}; \qquad MS' = \frac{c^2}{a},$$

also der Krümmungsradius

$$SS' = a - \frac{c^2}{a} = \pm b^2/a.$$

(Das negative Vorzeichen gilt für die Hyperbel, bei der SS' und $MS = a$ entgegengesetzten Sinn haben.) Für die Scheitelpunkte der Nebenachse bei der Ellipse ist der Krümmungsradius $= \frac{a^2}{b}$. Die Längen $\frac{b^2}{a}$ und $\frac{a^2}{b}$ sind aber leicht konstruierbar. Kennt man die Achsen $MS = a$ und $MB = b$ und ist (Fig. 171) Punkt C der vierte Punkt des Rechtecks $BMSC$, dann schneidet die von C auf die Diagonale BS gefällte Senkrechte die Achsen in den gesuchten Krümmungsmittelpunkten M_0 und M'_0 der Scheitelpunkte S und B. Es ist nämlich $\triangle BMS \sim SCM_0$, mithin verhält sich $a : b = b : SM_0$, wenn ich $SM_0 = \varrho$ setze, daher $\varrho = b^2/a$. Setze ich $M'_0B = \varrho_1$, so verhält sich, da auch $\triangle BM'_0C \sim BMS$ ist, $b : a = a : \varrho_1$, mithin

$$\varrho_1 = \frac{a^2}{b}.$$

Um den Krümmungsmittelpunkt des Punktes einer Parabel k zu bestimmen, beweisen wir zunächst, daß die Normalen in zwei beliebigen Punkten P und Q, die zugehörige Parabelsehne und die Achse der Parabel eine neue Parabel $\mathfrak{P}$ berühren.

Sind die Leitlinie l und der Brennpunkt F einer Parabel gegeben (Fig. 173), so erhält man am einfachsten Punkte dieser Parabel, indem man von F aus Strahlen zieht, die die Leitlinie schneiden, und alsdann in den Schnittpunkten mit der Leitlinie zu dieser das Lot und in den Schnittpunkten der Strahlen und der Scheiteltangente jedesmal zum Strahl das Lot konstruiert; der Schnittpunkt der beiden Lote, die zu einem Strahle gehören, ist ein Punkt P der Parabel. Die letzteren Lote sind zugleich Tangenten der Parabel in P, Q usw., die Normale der Parabel in P läuft daher parallel mit dem zugehörigen Strahl durch F, der zugleich durch den Fußpunkt des von P auf die Leitlinie gefällten Lotes geht; weiter erkennen wir: Wenn ein rechter Winkel sich so bewegt, daß sein Scheitel auf einer festen Geraden fortrückt, während der eine Schenkel stets durch einen festen Punkt geht, so umhüllt der andere Schenkel eine Parabel, deren Scheiteltangente die feste Gerade, deren Brennpunkt der feste Punkt ist (vgl. Abschnitt 44).

Es sei jetzt (Fig. 173) k die gegebene Parabel, l die Leitlinie derselben, u die Achse, F der Brennpunkt und P und Q beliebige Punkte der Parabel; von P und Q seien die Senkrechten auf l und u gefällt, die Fußpunkte der Senkrechten seien auf l P' und Q', auf u — p' und q', dann ist die Normale in P Linie $Pp'' \parallel FP'$ und die Normale in Q Linie $Qq'' \parallel FQ'$. Wegen der ebengenannten Parallelität ist $PP' = Fp'' = Op'$ und $QQ' = Fq'' = Oq'$; fügen wir in ersterer Gleichung $p'F$, in letzterer $q'F$ hinzu auf beiden Seiten der Gleichung, so erhalten wir rechts jedesmal OF, links $p'p''$ bzw. $q'q''$, daher ist $OF = p'p'' = q'q'' =$ konst. Linie OF wird der Parameter der Parabel genannt, die Längen $p'p''$, $q'q''$ sind offenbar die Projektionen der Parabelnormalen vom Kurvenpunkt bis zum Schnittpunkt mit der Achse der Parabel auf diese Achse, daher besteht der Satz:

Die Subnormale der Parabel ist gleich dem Parameter.

Ziehen wir die Parabelsehne PQ und schneidet sie die Achse u in R, dann schneiden sich die Senkrechten $RS \perp PR$ und $p''S \perp Pp''$

in einem Punkte S, der mit R, P und p'' auf einem Kreise liegt, dessen Durchmesser PS sein muß. Rp' ist eine Sekante des Kreises, und nach dem Satze: „Wenn man von den beiden Endpunkten eines Durchmessers Lote auf eine Sekante fällt, so sind die Abschnitte dieser Sekante zwischen der Peripherie und den Fußpunkten gleich", ist $Rp' = sp''$. Da weiter $p'q' = p''q''$ ist, ist auch $Rq' = sq''$, d. h. aber, auch die Punkte Q, R, S und q'' liegen auf einem Kreise, dessen Durchmesser QS ist, und der Winkel $Qq''S$ ist $= 90^0$ oder mit anderen Worten, die Senkrechte zu Qq'' in q'' geht auch durch S. Mithin haben wir in den Punkten R, s, q'', p'' die Scheitelpunkte von vier rechten Winkeln, deren einer Schenkel durch einen festen Punkt S geht. Die freien

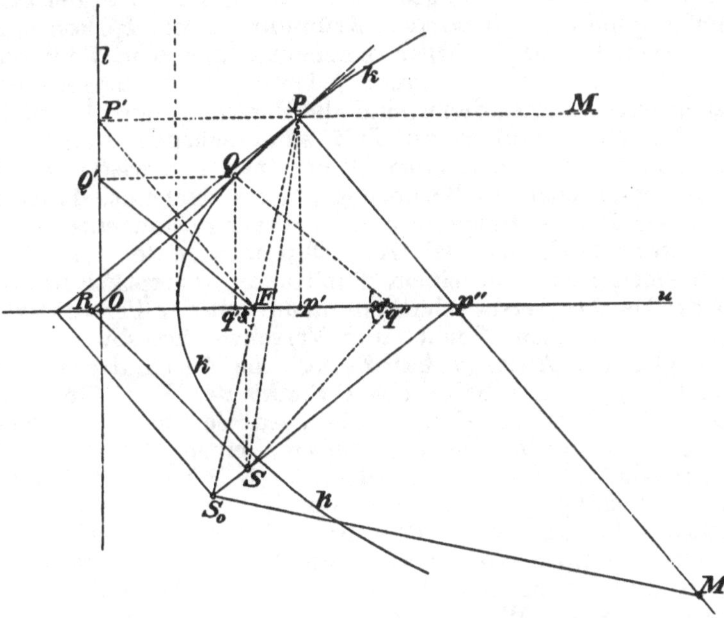

Fig. 173.

Schenkel dieser Winkel umhüllen, wie wir oben gehört haben, eine Parabel, deren Scheitellinie die Achse u und deren Brennpunkt Punkt S ist. Hiermit ist die aufgestellte Behauptung bewiesen; aus ihr geht die Konstruktion des Krümmungsmittelpunktes für jeden Punkt der Parabel hervor; wir haben nur nötig, die beiden Parabelpunkte P und Q unendlich nahe auf der Parabel anzunehmen. Rückt z. B. Q nach P, dann liegen auch die Normalen ∞ nahe und ihr Schnittpunkt, d. i. der Berührungspunkt mit der Parabel, ist der Krümmungsmittelpunkt der Parabel in P. Aus der Parabelsehne ist jetzt aber eine Tangente geworden, mithin haben wir folgenden Satz:

Die Tangente und Normale in einem Punkte P einer Parabel k, sowie die Parabelachse umhüllen eine Parabel $\mathfrak{P}$;

die Normale berührt diese Parabel $\mathfrak{P}$ im Krümmungsmittelpunkte.

Fällt (Fig. 173) Q mit P zusammen, dann wird aus dem Kreisviereck $PRSp''$ ein Rechteck, der Kreisdurchmesser PS geht durch F und man findet daher S_0, den Brennpunkt der Parabel $\mathfrak{P}$, wenn man PF zieht und $S_0F = PF$ macht, den Krümmungsmittelpunkt M', wenn man Winkel $PS_0M' = 90^0$ macht. Die Leitlinie der Parabel ist die Gerade $PM \parallel u$.

Wir erhalten neue Konstruktionen des Krümmungsmittelpunktes für einen Punkt P des Kegelschnittes k, wenn wir annehmen, daß der Krümmungskreis aus dem Kegelschnitt durch Zentralprojektion entstanden sei (Fig. 174).

k sei eine gegebene Ellipse, auch sei für Punkt P der Krümmungsmittelpunkt M' bzw. der Krümmungskreis k_1 konstruiert. Beide Kurven k und k_1 liegen perspektiv aus dem Zentrum P. Wenn P Zentrum ist, muß auch jeder durch P gezogene Strahl sich selbst entsprechen, daher sind die Punkte A und A_1 auf PM', und die Punkte B und B_1 auf PM entsprechende Punkte. Wir wissen, daß die Tangente einer Kurve im Bilde wieder als Tangente im entsprechenden Berührungspunkte erscheint, daher muß das Bild der Ellipsentangente g in A die Kreistangente g' in A_1 sein, letztere läuft parallel zur Ellipsentangente t in P und schneidet sich mit g in einem Punkte der Perspektivitätsachse $P_0P = e$. Da das Perspektivitätszentrum auf der Perspektivitätsachse e liegt, müssen Flucht- und Verschwindungslinie von der Achse e gleichen Abstand haben (vgl. die Abschnitte 9 und 10 im Kapitel I). Ich erhalte einen Punkt der Fluchtlinie, wenn ich durch das Zentrum P zu g die Parallele ziehe, die letztere schneidet g' in einem solchen Punkte; einen Punkt der Verschwindungslinie liefert die Parallele durch P zu g', d. i. t durch ihren Schnitt mit g. Die Parallelen durch die konstruierten Punkte zur Achse e bilden die Flucht- bzw. Verschwindungslinie. Wir hätten auch zu ihrer Konstruktion die Tangente $h \parallel t$ im Ellipsenpunkt B und deren Bild h', d. i. die Kreistangente h' in B_1 benutzen können. Wir erkennen, daß mit der einen Linie zugleich die andere konstruiert ist, denn beide müssen von e gleichen Abstand haben. Wenn diese Linien die Tangente t in P bzw. in den Punkten F_1 und V_1 schneiden, so muß $V_1P = PF_1$ sein; V_1, der Verschwindungspunkt von t, ist Pol der Ellipsennormale n in P, auf der der Krümmungsmittelpunkt M' liegt; F_1, der Fluchtpunkt von t, ist Pol der Kreissehne PMB_1. Die Gerade F_1M' steht senkrecht zur Kreissehne PB_1 und halbiert sie. Schneidet die Normale n die kleine Achse der Ellipse in D, und die Tangente t die große Achse in C, die kleine in C_1, und ist $MW \parallel n$, so folgt Dreieck $CMW \sim \triangle DPC_1$, mithin

$$\frac{DP}{PC_1} = \frac{CW}{MW}, \quad \text{daher} \quad DP = \frac{PC_1 \cdot CW}{WM}.$$

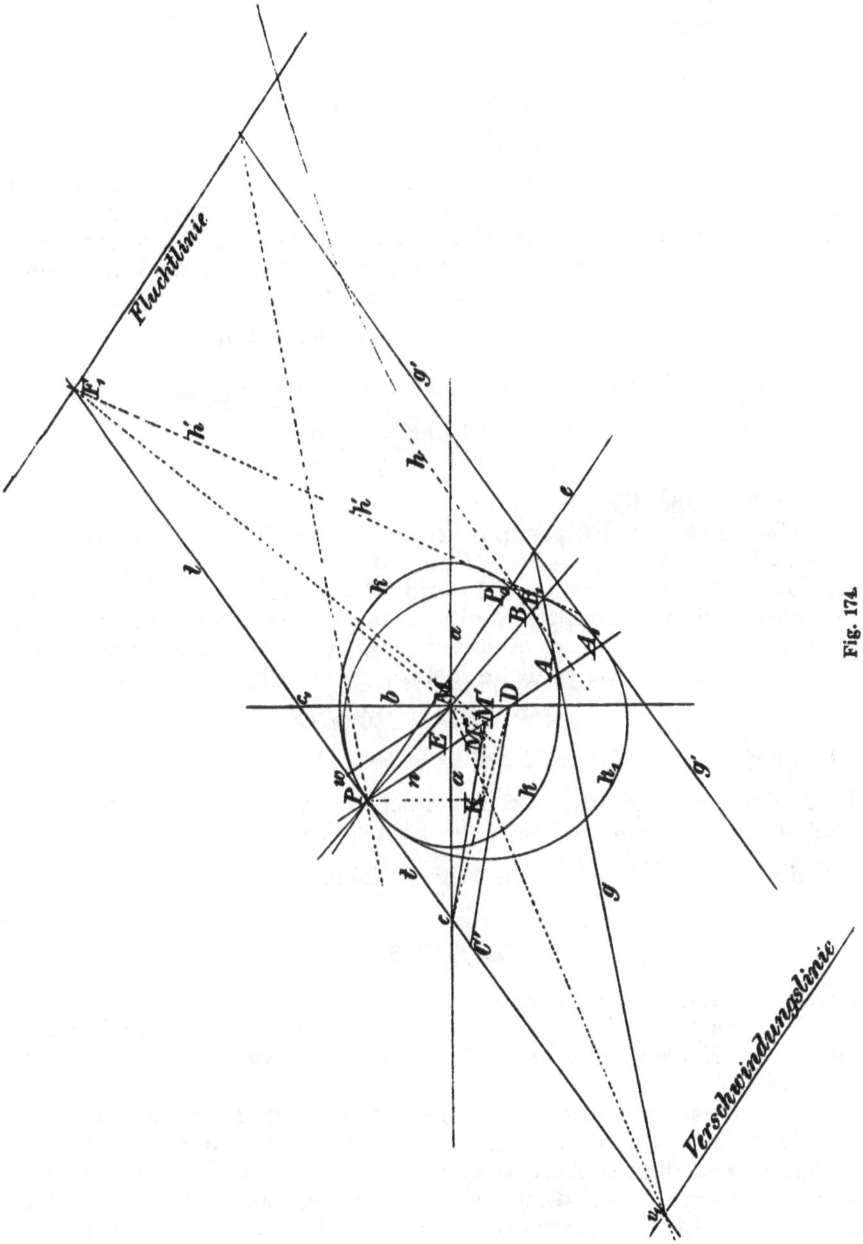

Fig. 174.

Es ist auch $\triangle PM'F_1 \sim PMW$, daher:

$$\frac{M'P}{PF_1} = \frac{PW}{MW}, \quad \text{daher} \quad M'P = \frac{PF_1 \cdot PW}{MW},$$

woraus weiter folgt:

$$\frac{DP}{M'P} = \frac{PC_1 \cdot WC}{PF_1 \cdot PW}.$$

Nun ist aber M Träger eines involutorischen Strahlbüschels, dessen entsprechende Elemente die konjugierten Durchmesser sind; solche Durchmesser sind V_1M und MW, ferner die Achsen; daher schneidet die Tangente t diese Involution in einer involutorischen Punktreihe, deren Mittelpunkt P ist; mithin ist auch

$$PC \cdot PC_1 = PV_1 \cdot PW = PF_1 \cdot PW.$$

Werden diese Werte in die letzte Gleichung eingesetzt, so folgt:

$$\frac{DP}{M'P} = \frac{PC_1 \cdot WC}{PC \cdot PC_1} = \frac{WC}{PC}.$$

Mithin folgende Konstruktion:

Hat man im Ellipsenpunkte P Tangente t und Normale n konstruiert, so fälle man von M auf t die Senkrechte MW (Fig. 174), mache $WC = PC'$, ziehe $C'D$ und $CM' \parallel C'D$, dann ist M' der gesuchte Krümmungsmittelpunkt. Aus den vorstehenden Relationen lassen sich noch weitere ableiten, die gleichfalls Konstruktionen des Krümmungsmittelpunktes liefern. Die Figur lehrt, daß auch

$$M'P : M'D = PC : CC'$$

ist, oder

$$M'P : M'D = PC : PW.$$

Ist E der Schnittpunkt der Normalen n mit der Hauptachse, und denken wir uns die Achsen der Ellipse vertauscht, so muß auch die Relation $\frac{M'P}{M'E} = \frac{PC_1}{PW}$ bestehen, daher

$$\frac{M'E}{M'D} = \frac{PC}{PC_1},$$

woraus nachstehende Konstruktion folgt:

Man verbinde D mit C und ziehe durch P die Parallele zu b, die DC in K schneiden mag; die Parallele durch K zu a schneidet n in M' (Fig. 174).

Errichtet man zum Durchmesser MP in M die Senkrechte, so bildet diese mit den Achsen der Ellipse und der Normalen n bezüglich dieselben Winkel, wie der Durchmesser MP mit den Achsen und der Tangente t; daher werden in den ähnlichen Dreiecken CMC_1 und DME die Hypotenusen durch P bzw. M'' nach gleichem Verhältnis geteilt. ED wird aber auch durch M' nach diesem Verhältnis geteilt, daher muß $EM'' = DM'$ sein, woraus sich wieder ein Konstruktion des Krümmungsmittelpunktes ergibt.

47. Es seien schließlich noch einige elementare Konstruktionen der Kegelschnitte, ihrer Tangenten und Normalen usw. gegeben.

Konstruktion der Parabel. Die Parabel ist vollständig bestimmt durch die Leitlinie und den Brennpunkt oder durch den Scheitel oder die Scheiteltangente und den Brennpunkt. Eine Konstruktion aus Leitlinie und Brennpunkt ist schon im Abschnitt 45 gegeben.

Zieht man in beliebigen Abständen von der Leitlinie Parallele und beschreibt mit diesen Abständen als Radien um F

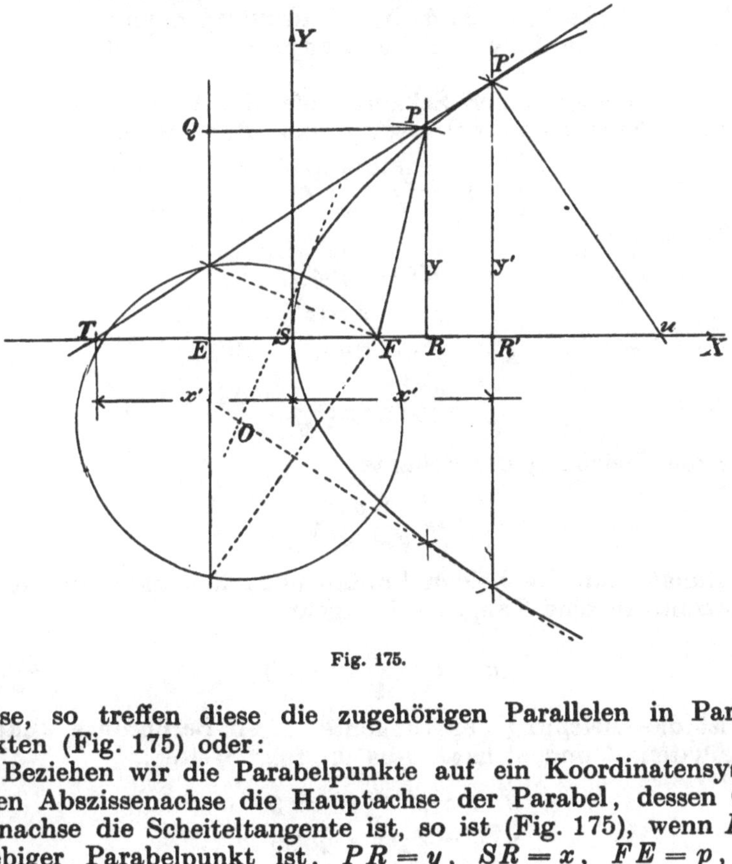

Fig. 175.

Kreise, so treffen diese die zugehörigen Parallelen in Parabelpunkten (Fig. 175) oder:

Beziehen wir die Parabelpunkte auf ein Koordinatensystem, dessen Abszissenachse die Hauptachse der Parabel, dessen Ordinatenachse die Scheiteltangente ist, so ist (Fig. 175), wenn P ein beliebiger Parabelpunkt ist, $PR = y$, $SR = x$, $FE = p$, und schließlich

$$y^2 = PF^2 - FR^2,$$
$$y^2 = PQ^2 - (x - p/_2)^2,$$
$$y^2 = (x + p/_2)^2 - (x - p/_2)^2,$$
$$y^2 = 2px.$$

Für einen Punkt P', dessen Koordinaten x' und y' sind, ist $y'^2 = 2px'$, daher

$$\frac{y^2}{y'^2} = \frac{2px}{2px'}, \quad \text{oder} \quad \frac{x}{x'} = \frac{y^2}{y'^2},$$

d. h. **die Abszissen der Parabelpunkte verhalten sich wie die Quadrate ihrer Ordinaten oder die Abstände der Parabelpunkte von der Scheiteltangente verhalten sich wie die Quadrate der Abstände von der Achse.**

Aus diesen Sätzen folgt eine weitere Konstruktion der Parabel; man braucht nur auf einer Geraden von einem Punkte O aus die Abstände 1, 2, 3, 4, 5, ... abzutragen und in den Teilpunkten bzw. die Lote von der Länge 1, 4, 9, 16, 25, ... zu errichten.

Die Gleichung einer Sekante, die die Parabel in Punkten schneidet, deren Koordinaten x', y' und x'', y'' seien, ist

$$y - y' = \frac{y' - y''}{x' - x''}(x - x').$$

Es ist aber

$$y'^2 = 2px',$$
$$y''^2 = 2px'',$$
$$y'^2 - y''^2 = 2p(x' - x''),$$
$$\frac{y' - y''}{x' - x''} = \frac{2p}{y' + y''}.$$

Daher die Gleichung der Sekante

$$y - y' = \frac{2p}{y' + y''}(x - x'),$$

und nimmt man die beiden Punkte unendlich nahe an, so daß die Sekante in eine Tangente übergeht,

$$y - y' = \frac{p}{y'}(x - x').$$

Dies ist die Gleichung der Tangente, deren Berührungspunkt die Koordinaten x' und y' hat. Aus ihr folgt weiter:

$$y \cdot y' - y'^2 = px - px',$$

oder

$$y \cdot y' - 2px' = px - px',$$
$$y \cdot y' = p(x + x').$$

Für den Schnittpunkt der Tangente und der Achse ist $y = O$, daher muß $p(x + x') = O$ sein, was nur möglich ist, wenn $x = -x'$ ist, d. h. die Subtangente TR' ist $= 2x'$. Hieraus folgt eine neue Tangentenkonstruktion. Um in einem Punkte P' die Tangente zu konstruieren, hat man nur nötig, die Abszisse des Punktes vom Scheitel aus auf der Achse abzuschneiden und den Endpunkt T mit dem Parabelpunkt P' zu verbinden; TP' ist die Tangente; die Subnormale von $P'U$ ist $= p$.

Von einem Punkte O außerhalb der Parabel legt man an diese die Tangenten, indem man um O mit OF als Halbmesser den Kreis beschreibt und die Schnittpunkte dieses Kreises und der Leitlinie mit dem Brennpunkt F verbindet. Die Perpendikel von O auf diese Verbindungslinien sind die gesuchten Tangenten.

Die Form der Parabelgleichung ändert sich nicht, wenn man zu Achsen des Koordinatensystems eine Tangente MN und den durch den Berührungspunkt P gezogenen Parabeldurchmesser wählt

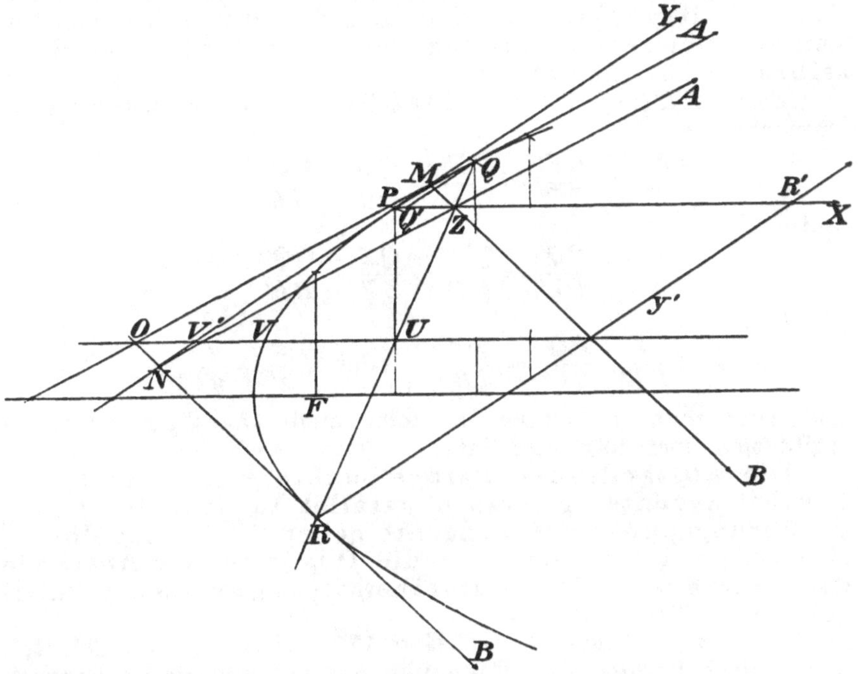

Fig. 176.

(Fig. 176). Der durch den Halbierungspunkt U einer Parabelsehne QR gezogene Durchmesser geht durch den Pol von QR. Da der vierte harmonische Punkt zu O, V und U im Unendlichen liegt, muß Punkt V die Strecke OU halbieren, mithin besteht der Satz: „Die Strecke zwischen dem Halbierungspunkt einer Sehne und ihrem Pol wird durch den Parabelpunkt halbiert.“ Die Koordinaten des Punktes Q sind: $QQ' = y$, $PQ' = x$, die des Punktes R: $RR' = y'$, $PR' = x'$. Wir können die Tangenten OA, OB, MN als Seiten eines der Parabel umgeschriebenen Vierecks ansehen, als dessen vierte Seite die Berührende im unendlich fernen Punkte x der Parabel $= AB$ gewählt werden kann; die Diagonalen dieses Vierecks und die Verbindungsgeraden der Berührungspunkte der Gegenseiten schneiden sich in dem Punkte Z;

es ist also $OMZN$ ein Parallelogramm. Im Dreieck OQR ist $MZ \parallel OR$, daher ist $\frac{QZ}{ZR} = \frac{MQ}{OM}$, im gleichen Dreieck ist $NZ \parallel OQ$, mithin:

$$\frac{QZ}{ZR} = \frac{ON}{NR},$$

folglich

$$\frac{MQ}{OM} = \frac{ON}{NR},$$

d. h. Satz: Die Strecken zweier Parabeltangenten zwischen dem Schnittpunkte und dem Berührungspunkte werden von einer beliebigen dritten Parabeltangente nach demselben Verhältnis geteilt.

Es ist $RR'(=y') \parallel MN(=Y) \parallel QQ'(=y)$, daher auch folgende Proportionen:

$$\frac{OV'}{PR'} = \frac{ON}{NR} = \frac{QZ}{ZR} = \frac{QQ'}{RR'}$$

und

$$\frac{PQ'}{OV'} = \frac{QM}{MO} = \frac{QZ}{ZR} = \frac{QQ'}{RR'},$$

daher

$$\frac{OV'}{PR'} \cdot \frac{PQ'}{OV'} = \frac{QQ'^2}{RR'^2} \quad \text{oder} \quad \frac{x}{x'} = \frac{y^2}{y'^2},$$

und setzt man $y'^2 = 2px'$, so folgt auch $y^2 = 2px$. Hieraus ergibt sich noch folgender Satz:

Die Abstände der Parabelpunkte von einer festen Parabeltangente, gemessen parallel zu dem durch den Berührungspunkt der Tangente gehenden Parabeldurchmesser, verhalten sich wie die Quadrate der Abstände der Punkte von diesem Durchmesser, gemessen parallel zur festen Tangente.

In dem Rechteck $SABC$ (Fig. 177) sei S zugleich Scheitelpunkt einer Parabel und Eckpunkt B ein Punkt dieser Parabel. Die Höhe $h = SC$ sei in n gleiche Teile geteilt, durch die Teilpunkte seien Parallele zur Parabelachse gezogen und die Streifen schließlich zu Rechtecken vervollständigt. Nun ist, wenn P ein Punkt der Parabel mit den Koordinaten PQ und SQ ist: $PQ : b = SQ^2 : h^2$, daher

$$PQ = \frac{b \cdot SQ^2}{h^2}.$$

Die einzelnen Parallelen sind also der Reihe nach:

$$b_1 = \frac{b}{h^2} \cdot \left(\frac{h}{n}\right)^2, \quad b_2 = \frac{b}{h^2}\left(\frac{2h}{n}\right)^2,$$

$$b_3 = \frac{b}{h^2}\left(\frac{3h}{n}\right)^2 \ldots, \quad b_n = \frac{b}{h^2} \cdot \left(\frac{nh}{n}\right)^2 = b \cdot \frac{n^2}{n^2}.$$

Die Summe der Rechtecksinhalte ist daher, da jede Grundlinie $\frac{h}{n}$ ist,

$$b h \cdot \frac{1^2}{n^3} + b h \cdot \frac{2^2}{n^3} + b h \cdot \frac{3^2}{n^3} + \ldots b h \cdot \frac{n^2}{n^3}$$

oder

$$b h \cdot \frac{1^2 + 2^2 + 3^2 + 4^2 + \ldots n^2}{n^3} .$$

Wird aber n unendlich groß angenommen, so erhält man für den Bruch den Wert $\frac{1}{3}$, zugleich aber geht der treppenförmige Linienzug in die Parabel über, mithin: Der schraffierte Flächenteil des Rechtecks $SABC$ ist gleich dem dritten Teil der ganzen Fläche, also $F = \frac{1}{3} b \cdot h$, oder, die Parabel schneidet das Rechteck so, daß sich die Teile desselben verhalten wie 1 : 2.

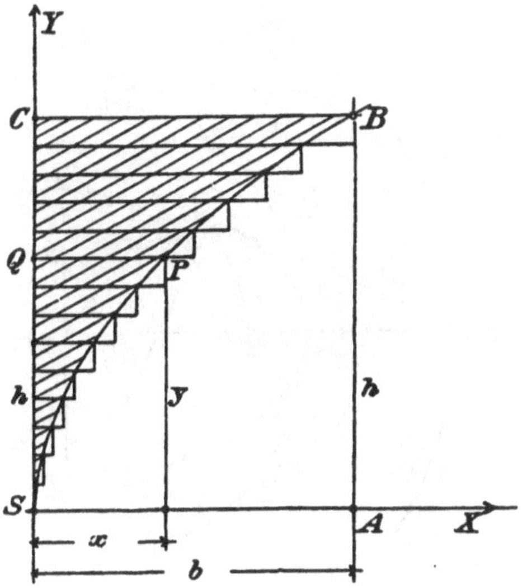

Fig. 177.

Nach dem oben bewiesenen Satze gilt dies auch von jedem Parallelogramm aus der Tangente und den Parallelen zur Achse, in welchen die in gleichen Abständen gezogenen Parallelen ebenfalls nach dem Gesetze $1^2, 2^2, 3^2, \ldots, n^2$ aufeinanderfolgen; daher können beliebige Parabelsegmente als zwei Drittel eines gewissen Parallelogramms berechnet werden.

48. Ellipsenkonstruktionen. Kennt man die beiden Brennpunkte und eine der Achsen, z. B. a, so mache man (Fig. 178) $MA = MB = a$ und nehme auf AB beliebige Punkte $1, 2, 3, \ldots$ an. Beschreibt man jetzt um die Brennpunkte F und F_1 mit den Halbmessern gleich den Strecken $A1$, $B1$, ferner $A2$ und $B2$, $A3$ und $B3$ usw. Kreise, so treffen sich diese in den Punkten $1'$, $2'$, $3'$, ... der Ellipse.

Sind von einer Ellipse die Hauptachsen a und b gegeben, so findet man nach Abschnitt 43 die Brennpunkte, indem man um den Punkt C oder D der kleinen Achse mit einem Radius gleich der großen Halbachse a den Kreis beschreibt; dieser schneidet die große Achse in den Brennpunkten F und F_1. Man könnte jetzt nach voriger Konstruktion Ellipsenpunkte ermitteln. Der Techniker, der häufig eine Schablone oder Brettung eines elliptischen Bogens herzustellen hat, verfährt jetzt folgendermaßen: Er legt die Punkte C, F und F_1 durch Nägel fest und legt um diese Nägel eine Schnur, deren Enden so verknüpft werden, daß die Teile derselben straff angespannt sind. Wird jetzt der Nagel C durch einen Schreibstift ersetzt und letzterer so bewegt, daß die Schnur immer gespannt bleibt, so beschreibt er die Ellipse (Fadenkonstruktion der Ellipse).

Normale und Tangente in einem Ellipsenpunkte P bilden die Halbierungslinie des Winkels bzw. Nebenwinkels der von P aus gezogenen Brennstrahlen. Im Abschnitt 8, Kapitel I ist gezeigt

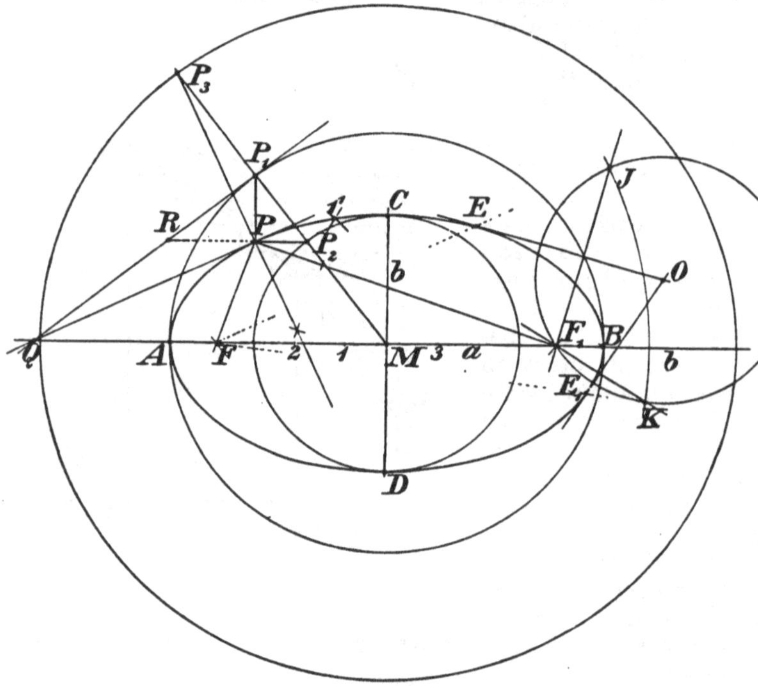

Fig. 178.

worden, wie man diese Linien auch ohne Benutzung der Brennpunkte finden kann. Häufig wird auch folgende Konstruktion angewandt. Man beschreibt um M mit den Halbmessern b, a und $(a + b)$ Kreise. Man kann bekanntlich jeden der beiden ersteren Kreise als den zur Ellipse affin gelegenen ansehen, wenn man den Halbachsen der Ellipse die auf ihnen gelegenen Radien der Kreise zuordnet. Dann sind entweder P_1 und P oder P_2 und P als affine Punkte anzusehen, und P_1, P_2 und M liegen auf einer Geraden. Schneidet diese Gerade die Ellipsennormale in P in P_3, dann läßt sich beweisen, daß $P_1P_3 = b$ ist, also P_3 auf dem mit $(a + b)$ um O beschriebenen Kreise liegt. Es sind nämlich die Dreiecke P_2PP_3 und P_1PQ ähnlich und die homologen Seiten P_2P_3

und $P_1 Q$ sind durch die Punkte P_1 und R in proportionale Strecken geteilt, daher verhält sich

$$P_2 P_1 : P_1 P_3 = P_1 R : RQ = P_1 P_2 : P_2 M \,,$$

daher

$$\boldsymbol{P_1 P_3 = P_2 M = b} \,.$$

Von einem Punkte O außerhalb der Ellipse legt man an letztere die beiden möglichen Tangenten, indem man (Fig. 178) mit der Strecke OF_1 um O den Kreis beschreibt, desgleichen um den Brennpunkt F mit der Strecke $AB = 2a$ als Radius. Verbindet man F_1 mit den Schnittpunkten I und K der beiden Kreise, dann sind die von O auf die Verbindungsgeraden gefällten Perpendikel die gesuchten Tangenten. Die von F nach J und K gezogenen Strahlen schneiden die ermittelten Tangenten in ihren Berührungspunkten E und E_1.

Wir beziehen noch die Punkte der Ellipse auf ein rechtwinkliges Koordinatenkreuz, dessen Achsen mit den Ellipsenachsen zusammenfallen mögen (Fig. 179). Sind die Koordinaten eines beliebigen Punktes $P - x$ und y und seine Brennstrahlen r_1 und r_2, dann bestehen die Relationen:

$$r_1 + r_2 = 2a \,,$$
$$r_1^2 = (x + c)^2 + y^2 \,,$$
$$r_2^2 = (x - c)^2 + y^2 \,.$$

Aus diesen Gleichungen folgt:

(1) $$r_1^2 + r_2^2 = 2(x^2 + c^2 + y^2) \,,$$

ferner $$r_1^2 - r_2^2 = 4cx \,,$$

und da $$r_1 + r_2 = 2a \,,$$

so ist $$r_1 - r_2 = \frac{2cx}{a} \,,$$

daher $$r_1 = a + \frac{cx}{a} \,,$$

$$r_2 = a - \frac{cx}{a} \,,$$

mithin

(2) $$r_1^2 + r_2^2 = 2\left(a^2 + \frac{c^2 x^2}{a^2}\right) ,$$

folglich

$$x^2 + c^2 + y^2 = a^2 + \frac{c^2 x^2}{a} \,,$$

$$x^2\left(\frac{a^2 - c^2}{a^2}\right) + y^2 = a^2 - c^2$$

oder

$$\frac{x^2}{a^2} + \frac{y^2}{a^2 - c^2} = 1 \,,$$

und setzen wir $a^2 - c^2 = b^2$, so lautet die Gleichung der Ellipse:

$$\frac{x^2}{a^2} + \frac{y^2}{b^2} = 1 .$$

Dies ist die Mittelpunktsgleichung der Ellipse. Oder: Ist über AB als Durchmesser der Kreis geschlagen, so wird auf jeder Parallelen zur kleinen Achse die Strecke zwischen Kreis-

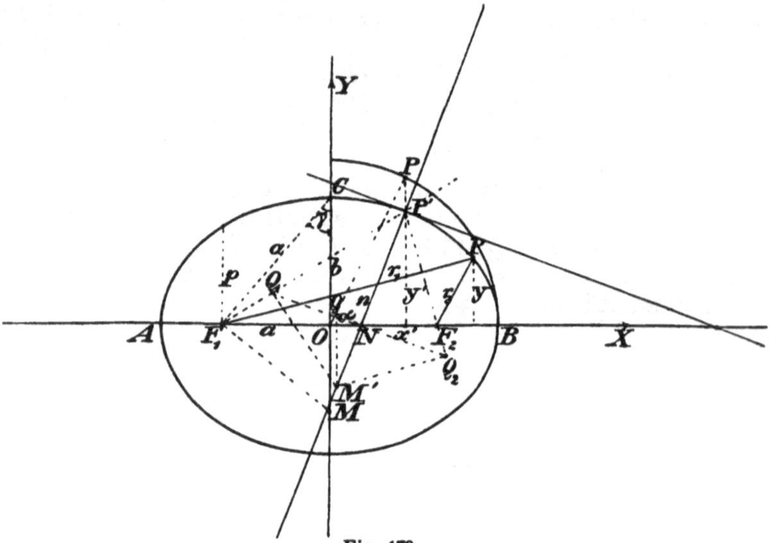

Fig. 179.

punkt P und Achse durch den Ellipsenpunkt P' so geteilt, daß sich (Fig. 179) $Px' : P'x'$ verhält wie $a : b$. Setze ich

$$Ox' = x', \quad Px' = \eta, \quad P'x' = y',$$

so ist

$$Px' = \eta = \frac{a}{b} \cdot y',$$

ferner

$$\eta^2 + y'^2 = a^2,$$

mithin auch

$$\frac{a^2}{b^2} y'^2 + x'^2 = a^2$$

oder

$$\frac{x'^2}{a^2} + \frac{y'^2}{b^2} = 1 ; \quad \text{mithin allgemein} \quad \frac{x^2}{a^2} + \frac{y^2}{b^2} = 1 .$$

Für $x = O$ ist $y = \pm b$,

für $y = O$ „ $x = \pm a$.

Bei der Parabel ist die Ordinate y im Brennpunkt gleich dem Parameter p. Bezeichnen wir die Ordinate im Brennpunkt der Ellipse ebenfalls mit p, so läßt sich diese aus der Mittelpunktsgleichung berechnen. Denn die Abszisse des Brennpunktes ist c; aus der Mittelpunktsgleichung folgt

$$y^2 = b^2 - \frac{b^2}{a^2} x^2 ,$$

mithin

$$p^2 = b^2 - \frac{b^2}{a^2} \cdot c^2 = b^2 - \frac{b^2}{a^2} \cdot (a^2 - b^2) ,$$

$$p^2 = \frac{b^4}{a^2} , \quad \text{also} \quad p = \pm \frac{b^2}{a} .$$

Nach Abschnitt 46 war aber $\frac{b^2}{a}$ die Länge des Krümmungsradius für den Scheitel B der Ellipse, mithin ist die Ordinate im Brennpunkt der Ellipse gleich dem Krümmungsradius der auf der Hauptachse gelegenen Scheitelpunkte der Ellipse.

Der Krümmungsradius eines Scheitelpunktes auf der kleinen Achse ist $= \frac{a^2}{b}$; ich erhalte den Krümmungsmittelpunkt, wenn ich Punkt C (Fig. 179) mit F_1 verbinde; die Senkrechte zu CF_1 in F_1 schneidet die verlängerte kleine Achse der Ellipse in dem gesuchten Krümmungsmittelpunkt M. Es ist

$$\cos\gamma = \frac{CF_1}{CM} ; \qquad CM = \varrho = \frac{CF_1}{\cos\gamma} = \frac{a}{b/a} = \frac{a_2}{b} .$$

Die Gleichung einer Sekante, deren Schnittpunkte mit der Ellipse die Koordinaten x', y' und x'', y'' haben mögen, ist bekanntlich:

$$y - y' = \frac{y' - y''}{x' - x''} (x - x') .$$

Der Koeffizient $\frac{y' - y''}{x' - x''}$ hat hier den Wert: $-\frac{b^2}{a^2} \frac{(x' + x'')}{(y' + y'')}$, folglich lautet, wenn die Schnittpunkte in einen Punkt $x'y'$ zusammenfallen, aus der Ellipsensekante also eine Ellipsentangente wird, die Gleichung der letzteren

$$y - y' = -\frac{b^2 x'}{a^2 y'} (x - x')$$

oder

$$\frac{x \cdot x'}{a^2} + \frac{y \cdot y'}{b^2} = 1 ,$$

woraus schließlich folgt:

(1) $$y = -\frac{b^2 x'}{a^2 y'} x + \frac{b^2}{y'}$$

oder $$y = A x + B ,$$

wenn ich den Faktor $x = A$, das letzte Glied der Gleichung $= B$ setze.

Die Neigung der Tangente gegen die Abszissenachse bestimmt sich mithin aus der Gleichung: $\operatorname{tg}\alpha = A = -\frac{b^2 x'}{a^2 y'}$. Für den Schnittpunkt der Tangente und der Abszissenachse ist $y = 0$, mithin ergibt sich seine Abszisse aus Gleichung (1), wenn ich darin für y den Wert 0 substituiere:

$$0 = -\frac{b^2 x'}{a^2 y'} \cdot x + \frac{b^2}{y'},$$

mithin

$$x = \frac{b^2}{y'} \cdot \frac{a^2 y'}{b^2 x'} = \frac{a^2}{x'}.$$

Die Neigung der Normalen im Punkte x', y' ist gegeben durch die Gleichung

$$\operatorname{tg}\beta = -\frac{1}{A} = \frac{a^2 y'}{b^2 x'},$$

ihre Gleichung lautet

$$y - y' = \frac{a^2 y'}{b^2 x'}(x - x'),$$

und setze ich wieder $y = 0$, so folgt:

$$x = \frac{a^2 - b^2}{a^2} \cdot x'.$$

Bei der Ellipse ist aber $a^2 - b^2 = c^2$, daher ist $x = \frac{c^2}{a^2} x'$, und nach Abschnitt 44 ist der Quotient c/a die numerische Exzentrizität der Ellipse, die man auch mit e bezeichnet, daher schneidet die Normale die Abszissenachse in einem Punkte N, dessen Abstand vom Mittelpunkt gegeben ist durch die Formel:

$$x_n = e^2 \cdot x'.$$

Wir erhalten noch zwei weitere Konstruktionen für den Krümmungsmittelpunkt eines Ellipsenpunktes $x'y'$, wenn wir seine Abszisse x_m und den Krümmungsradius ϱ bestimmen. Die Herleitung der Werte dieser beiden Größen sei jedoch hier nicht gegeben. Für die Abszisse x_m des Krümmungsmittelpunktes erhält man die Formel:

$$x_m = x_n \cdot \cos^2\alpha = (x_n \cos\alpha) \cdot \cos\alpha,$$

worin x_n, wie vorhin, die Abszisse des Schnittpunktes der Ellipsennormalen in x', y' mit der Abszissenachse bedeutet. Hieraus folgt folgende Konstruktion des Krümmungsmittelpunktes: Man ziehe (Fig. 179) durch den Ellipsenpunkt $P' = x', y'$ die Parallele zur kleinen Achse, verbinde P mit O und zeichne in P' die Ellipsennormale, d. i. die Halbierende des Winkels der Brennstrahlen von P'. Diese schneide die Hauptachse in N; von N fälle das Lot auf

$OP = NQ$, dann schneidet $QM' \parallel b$ die Ellipsennormale im gesuchten Krümmungsmittelpunkt M', dessen Abszisse $x_m = x_n \cdot \cos^2\alpha$ ist.

Der Krümmungsradius ϱ wird durch die Relation

$$\varrho = \sqrt{(x' - x_m)^2 + (y' - y_m)^2}$$

gefunden, worin $x'y'$ die Ordinaten des Ellipsenpunktes P', $-x_m$, y_m die des Krümmungsmittelpunktes M' sind. Die Ordinate y_m läßt sich aus der Gleichung der Normalen bestimmen, man erhält den Wert

$$y_m = -\frac{e^2 a^2 y'^3}{b^4} \quad \text{und für} \quad \varrho^2 = \frac{(a^2 - e^2 x'^2)^3}{a^2 b^2}.$$

Dieser Wert für ϱ kann noch umgeformt werden. Ist 2β der Winkel der Brennstrahlen, dann ist: $4c^2 = r_1^2 + r_2^2 - 2r_1 \cdot r_2 \cdot \cos 2\beta$, woraus folgt $\cos\beta = \frac{b}{\sqrt{r_1 \cdot r_2}}$. Für den Ausdruck unter der Wurzel läßt sich die Relation ableiten $r_1 \cdot r_2 = a^2 - e^2 x'^2$, daher ist auch

$$\varrho^2 = \frac{(r_1 \cdot r_2)^3}{a_2 \cdot b_2};$$

dieser Ausdruck kann noch weiter vereinfacht werden, wenn auch die Strecke der Ellipsennormalen vom Ellipsenpunkt P' bis zum Schnittpunkt N mit der Abszissenachse bestimmt wird; ist $PN = n$, dann ist

$$n^2 = y'^2 + (x' - x_n)^2 = \frac{b^2}{a^2}(a^2 - e^2 x'^2),$$

also

$$n = \frac{b}{a}\sqrt{r_1 \cdot r_2} = \frac{b^2}{a \cos\beta}, \quad \text{woraus folgt} \quad n \cdot \cos\beta = \frac{b^2}{a} = p.$$

Die Normale ist aber die Halbierungslinie des Winkels 2β, mithin ist die Projektion der Strecke n der Normalen auf einen jeden der zugehörigen Brennstrahlen $= p$. Aus diesen Gleichungen folgt schließlich:

$$r_1 \cdot r_2 = n^2 \cdot \frac{a^2}{b^2}, \quad \varrho^2 = \frac{n^6 \cdot a^4}{b^8} \quad \text{und} \quad \varrho = \frac{n^3 \cdot a^2}{b^4} = \frac{n^3}{p^2} = \frac{n}{\cos^2\beta}$$

und damit folgende Konstruktion des Krümmungsmittelpunktes für einen beliebigen Ellipsenpunkt: Man errichte in N zu $P'N$ die Senkrechte, die die Brennstrahlen in Q_1 und Q_2 schneiden möge. Die Normalen zu den Brennstrahlen in den Punkten Q schneiden die Ellipsennormale in dem gesuchten Krümmungsmittelpunkte M'.

$$\text{Es ist } P'Q_1 = P'Q_2 = \frac{n}{\cos\beta}; \quad P'M = \frac{P'Q_1}{\cos\beta} = \frac{n}{\cos^2\beta} = \varrho.$$

Die Gestalt der Mittelpunktsgleichung ändert sich nicht, wenn als Achsen des Koordinatensystems zwei beliebige konjugierte

Durchmesser gewählt werden (Fig. 180). Der Durchmesser B stelle die Y-Achse, der Durchmesser A die X-Achse dar, dann ist, wenn wir die Achsen des ursprünglichen Systems mit ξ und η bezeichnen und P ein Punkt der Ellipse ist:

$$\frac{\xi^2}{a^2} + \frac{\eta^2}{b^2} = 1\,;$$

nun ist aber

$$\xi = x\cos\alpha + y\cos\beta\,,$$
$$\eta = x\sin\alpha - y\sin\beta\,.$$

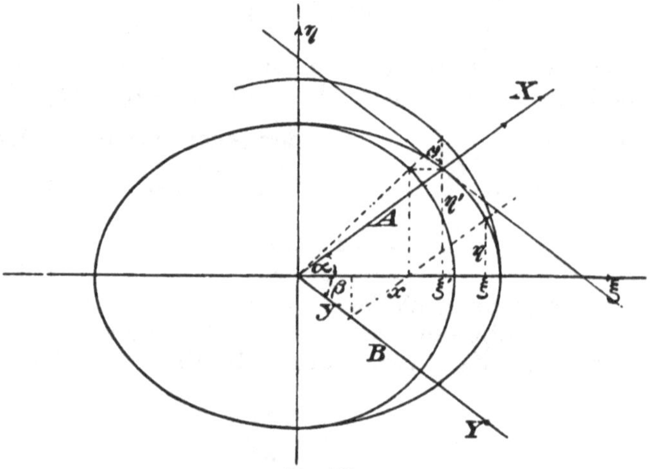

Fig. 180.

Setzt man diese Werte in die Ellipsengleichung ein, so folgt

$$\text{(I)}\quad \begin{cases} x^2\left(\dfrac{\cos^2\alpha}{a^2} + \dfrac{\sin^2\beta}{b^2}\right) + y^2\left(\dfrac{\cos^2\beta}{a^2} + \dfrac{\sin^2\beta}{b^2}\right) \\ \qquad + 2xy\left(\dfrac{\cos\alpha\cdot\cos\beta}{a^2} - \dfrac{\sin\alpha\cdot\sin\beta}{b^2}\right) = 1\,. \end{cases}$$

Es ist aber:

$$\operatorname{tg}\alpha\cdot\operatorname{tg}\beta = \frac{b^2}{a^2}\,,$$

mithin auch

$$\frac{\sin\alpha\sin\beta}{b^2} = \frac{\cos\alpha\cos\beta}{a^2}\,,$$

daher ist die letzte Klammer in Gleichung (I) $=0$. Um die Werte der beiden ersten Klammern zu berechnen, fällen wir vom Endpunkt des Durchmessers A die Lote auf die Achsen ξ und η, sie seien ξ' und η'. Dann ist

$$\cos\alpha = \frac{\xi'}{A}\,,\qquad \sin\alpha = \frac{\eta'}{A}\,,$$

mithin

$$\cos^2\alpha = \frac{\xi'^2}{A^2}\,,\qquad \sin^2\alpha = \frac{\eta'^2}{A^2}\,;\qquad \text{nun ist}\quad \xi' = a\sin\varphi\,,\quad \eta' = b\cos\varphi\,,$$

daher auch $$\frac{\cos^2\alpha}{a^2} = \frac{\sin^2\varphi}{A^2}, \qquad \frac{\sin^2\alpha}{b^2} = \frac{\cos^2\varphi}{B^2},$$

folglich $$\frac{\cos^2\alpha}{a^2} + \frac{\sin^2\alpha}{b^2} = \frac{1}{A^2}(\sin^2\varphi + \cos^2\varphi) = \frac{1}{A^2}$$

der Wert der ersten Klammer, auch ist

$$\frac{\cos^2\beta}{a^2} + \frac{\sin^2\beta}{b^2} = \frac{1}{B^2}(\sin^2\varphi' + \cos^2\varphi') = \frac{1}{B^2}$$

der Wert der zweiten Klammer.

Setzt man diese Werte in Gleichung (I) ein, so lautet die Gleichung der Ellipse, bezogen auf zwei konjugierte Durchmesser:

$$\frac{x^2}{A^2} + \frac{y^2}{B^2} = 1.$$

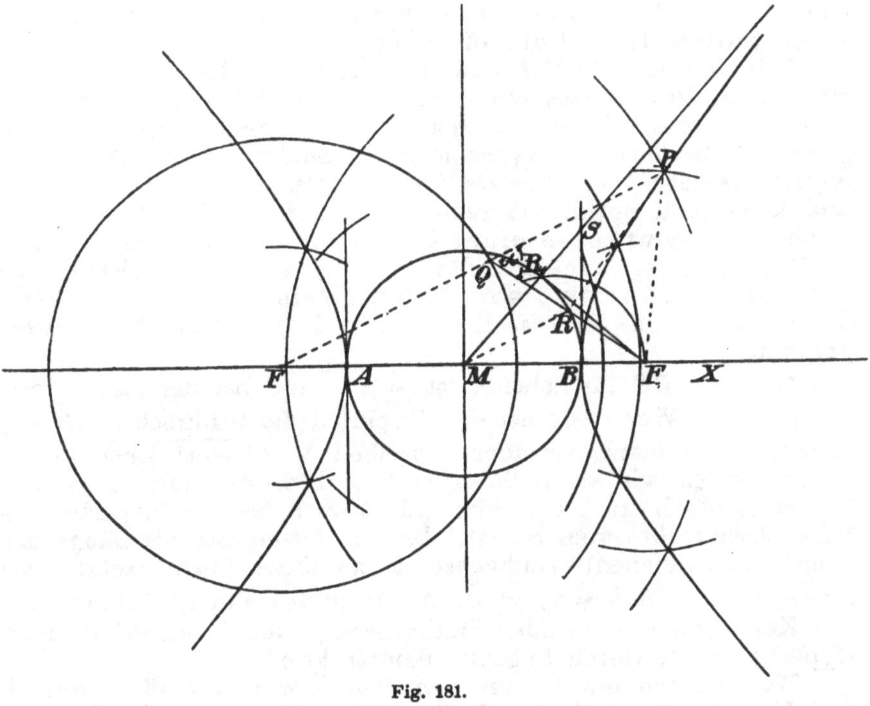

Fig. 181.

49. Konstruktion der Hyperbel; Gleichungen der Hyperbel. Es seien die doppelte Brennweite $FF_1 = 2c$ und die konstante Differenz $AB = 2a$, die kleiner als $2c$ sein muß, gegeben. Nimmt man auf der reellen Achse einen beliebigen Punkt X an (Fig. 181) und bezeichnet AX mit p, BX mit q und beschreibt jetzt um die Brennpunkte F und F_1 mit den Längen p und q als Radien Kreisbögen, dann sind die Schnittpunkte dieser vier Kreise Hyperbelpunkte. Die Punkte X sind so zu wählen, daß $BX = c - a$,

$AX = c + a$ ist. Die beiden Hauptachsen der Hyperbel, die reelle Achse AB und die Senkrechte in M, die imaginäre Hauptachse, sind Symmetrieachsen der Kurve.

Hyperbelpunkte erhält man auch, wenn man um F mit dem Halbmesser $2a$ den Kreis beschreibt, einen beliebigen Radius FQP zieht, alsdann im Halbierungspunkte von F_1Q die Senkrechte errichtet, diese schneidet FQ in einem Hyperbelpunkte; oder $\sphericalangle PQF_1 = \alpha$ an F_1Q in F_1 anträgt, der freie Schenkel schneidet FQ ebenfalls in P (Fig. 181). Das Lot RP ist zugleich Hyperbeltangente in P, denn es ist die Halbierungslinie der zu P gehörigen Brennstrahlen. Verbindet man den Halbierungspunkt M mit R, so ist $MR = a$; mithin liegen alle Punkte R auf der Peripherie des mit a um M geschlagenen Kreises. Es gilt mithin auch folgende Hyperbelkonstruktion (Fig. 181):

Zieht man von dem Punkte F_1 außerhalb eines Kreises Gerade $= F_1R$, und errichtet man auf jeder in R ein Lot, so umhüllen diese Lote eine Hyperbel.

Wird die Gerade F_1R bzw. F_1Q Tangente des Kreises um M mit a oder des Kreises um F mit $2a$, so fällt der Punkt P ins Unendliche, die Winkel α werden $= 90^0$, die Senkrechte bzw. Tangente RP berührt die Hyperbel im Unendlichen, aus ihr ist die Asymptote der Hyperbel geworden. Die Dreiecke MR_1F_1 und MBS sind kongruent, mithin ist auch $MS = MF_1$, d. h.: Man findet auch die Asymptoten einer Hyperbel, indem man auf der reellen Hauptachse in Scheitel B das Lot errichtet und mit der Brennweite c um M den Kreis beschreibt; durch die Schnittpunkte von Kreis und Lot gehen die Asymptoten.

Das Lot BS im Scheitel ist $= \sqrt{c^2 - a^2}$; bei der Ellipse war $b = \sqrt{a^2 - c^2}$. Wenn wir bei der Hyperbel die Senkrechte $BS = b_1$ setzen, so könnten wir auch schreiben $b_1 = \sqrt{-(a^2 - c^2)} = i \cdot b$, daher können wir auch die Hyperbel als Ellipse mit imaginärer kleiner Achse betrachten. Man pflegt auch bei der Hyperbel die Scheitelsenkrechte vom Scheitel bis zur Asymptote als Länge der (nicht vorhandenen) Halbachse b zu bezeichnen, setzt also $\sqrt{c^2 - a^2} = b$. Ist $b = a$, so ist die Hyperbel eine gleichseitige.

Kennt man die beiden Halbachsen a und b, so erhält man Hyperbelpunkte durch folgende Konstruktion:

Man schlage um M mit den Radien a und b die Kreise k und k_1 und ziehe beliebige Radien (Fig. 182); durch die Schnittpunkte dieser Radien mit k lege man Kreistangenten, die die Hauptachse in den Punkten $Q, Q_1 \ldots$ schneiden mögen. In den Endpunkten B und B_1 des Durchmessers $2b$ errichte man Senkrechte bis zum Schnitt mit dem beliebig gewählten Durchmesser, die Parallelen zur Hauptachse durch diese Schnittpunkte schneiden die in den Punkten Q und Q_1 errichteten Lote in Hyperbelpunkten.

Nach Abschnitt 43 erhält man Tangente und Normale eines Hyperbelpunktes, indem man den Kurvenpunkt mit den Brennpunkten verbindet und den Winkel der Brennstrahlen halbiert; die Halbierungslinie ist die Tangente, die Normale zu dieser im Berührungspunkte die Normale der Hyperbel.

Von einem Punkte P' außerhalb der Hyperbel legt man die Tangenten an die letztere, indem man um P' einen Kreis schlägt, der durch F (oder F_1) geht, und um F_1 (oder F) den Kreis mit der reellen Achse $2a$ beschreibt. Schneiden sich diese Kreise in Q_0 und R_0, dann sind die gesuchten Tangenten die von P' auf FQ_0 und FR_0 (oder F_1Q_0 und F_1R_0) gefällten Lote. Die Berührungspunkte liegen auf den Geraden F_1Q_0 und F_1R_0 (FQ_0 und FR_0). Man erhält auch die Tangenten von P_1, indem man über P_1F als Durchmesser den Kreis schlägt (Fig. 182) und diesen durch

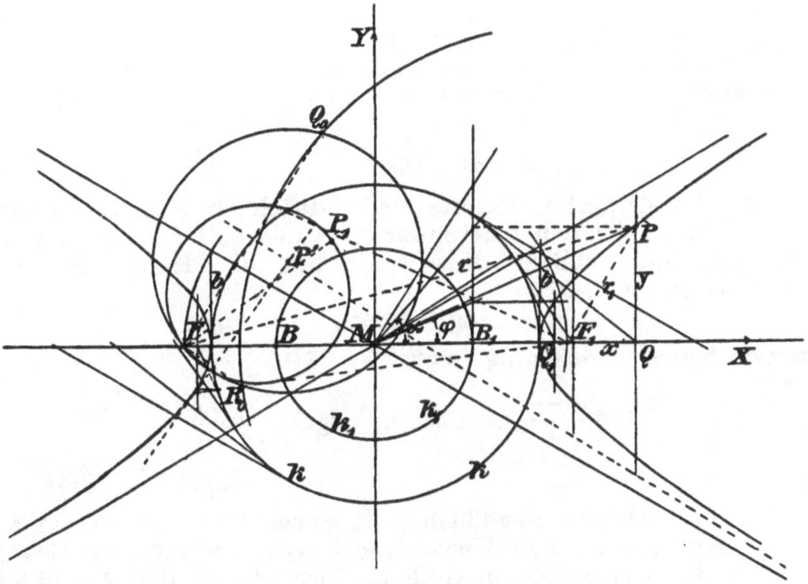

Fig. 182.

den um M mit a beschriebenen Kreis schneidet; dann gehen durch die Schnittpunkte beider Kreise die gesuchten Tangenten.

Wir beziehen die Hyperbelpunkte noch auf ein Koordinatensystem, dessen Achsen sich mit den beiden Hauptachsen der Hyperbel decken (Fig. 182).

Ist $2a$ die gegebene Differenz, P ein Punkt der Hyperbel, r und r_1 seine Brennstrahlen, so ist

$$r - r_1 = 2a\,,$$

$$\sqrt{y^2 + (c + x)^2} - \sqrt{y^2 + (x - c)^2} = 2a\,.$$

Quadriert man diese Gleichung, so folgt

$$2(y^2 + c^2 + x^2) - 2\sqrt{(y^2 + x^2 + c^2)^2 - 4c^2x^2} = 4a^2\,.$$

Wird diese Gleichung noch einmal quadriert und für c^2 der Wert $a^2 + b^2$ substituiert, so folgt schließlich

$$-b^2 x^2 = -a^2 y^2 - a^2 b^2$$

oder

$$\frac{x^2}{a^2} - \frac{y^2}{b^2} = 1 .$$

Dies ist die **Mittelpunktsgleichung** der Hyperbel. Für einen in Figur 182 konstruierten Hyperbelpunkt ist, wenn wir den Winkel des zugehörigen Halbmessers und der Hauptachse mit α bezeichnen,

$$\frac{x}{a} = \sec\alpha ,$$

$$\frac{y}{b} = \operatorname{tg}\alpha$$

es ist aber

$$\sec^2\alpha = 1 + \operatorname{tg}^2\alpha ,$$

also

$$\frac{x^2}{a^2} - \frac{y^2}{b^2} = 1 ,$$

d. h. die konstruierten Punkte sind tatsächlich Hyperbelpunkte.

Verbinden wir den Kurvenpunkt P mit dem Mittelpunkt der Hyperbel, und schließt diese Linie mit der Hauptachse den Winkel φ ein, so ist

$$\operatorname{tg}\varphi = y/x ,$$

aus der Hyperbelgleichung folgt:

$$y = \pm \frac{b}{a}\sqrt{x^2 - a^2} , \qquad \text{mithin} \qquad \operatorname{tg}\varphi = \pm \frac{b/a\sqrt{x^2 - a^2}}{x} ,$$

$$\operatorname{tg}\varphi = \pm b/a\sqrt{1 - (a/x)^2} .$$

Wird die Abszisse unendlich groß, so rückt der Kurvenpunkt P auf dem Hyperbelzweig ins Unendliche, aus der Verbindungslinie PM ist jetzt die Asymptote geworden. Der Winkel der Asymptote gegen die Hauptachse ist daher

$$\operatorname{tg}\alpha = \pm b/a , \quad \text{denn} \quad a/x = 0 ,$$

daher die Gleichung der Asymptoten $y = \pm b/a\,x$, die die Richtigkeit der angegebenen Asymptotenkonstruktion bestätigt.

Die Gleichung der **gleichseitigen** Hyperbel lautet $x^2 - y^2 = a^2$.

Schon früher ist gezeigt worden, daß die Strecken, die auf einer Sekante zwischen der Hyperbel und ihren Asymptoten liegen, einander gleich sind, und daß die auf einer Tangente von den Asymptoten begrenzte Strecke vom Berührungspunkte halbiert wird. Aus der ersteren Eigenschaft folgt eine einfache Konstruktion der Hyperbel aus den Asymptoten und einem ihrer Punkte P (Fig. 183). Man legt durch P einen Strahlbüschel und macht auf jedem Strahle $PP_1 = QQ_1$; die Punkte Q sind Hyperbelpunkte.

Die Halbierungspunkte paralleler Sehnen der Hyperbel liegen auf einem Durchmesser RR' der Hyperbel (Fig. 183). Wenn R, R' zugleich die Schnittpunkte dieses Durchmessers mit der Hyperbel sind, so sind auch die Tangenten in R und R' den Sehnen parallel. Den halben Durchmesser A und die halbe Tangente B pflegt man als konjugierte Durchmesser der Hyperbel zu bezeichnen und zwischen diesen und den Achsen a und b bestehen Relationen, die denen im Abschnitt 8, Kapitel I, für die Ellipse durchaus

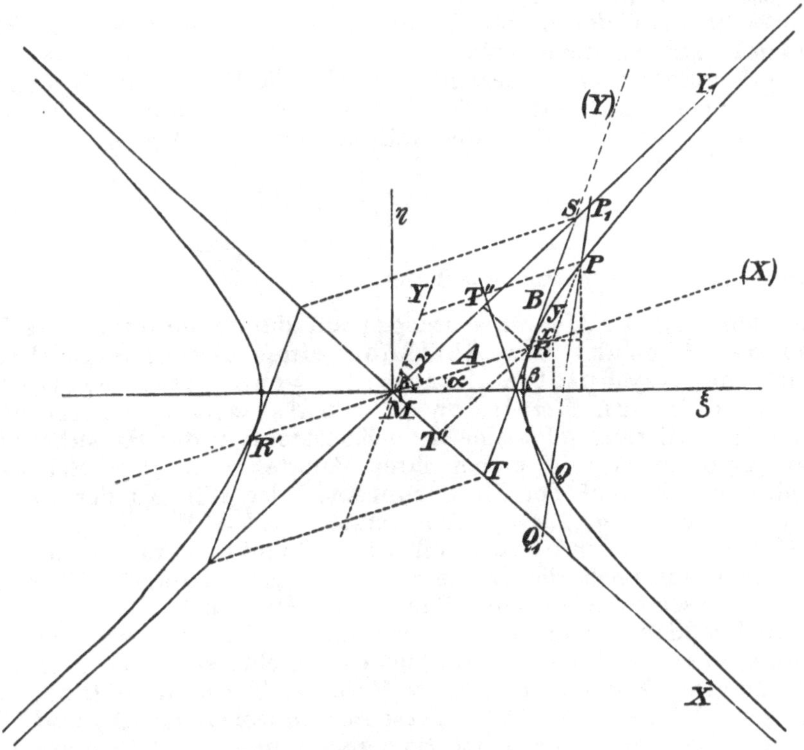

Fig. 183.

entsprechen. Schließt A mit der Hauptachse a den Winkel α ein, B, d. i. die Tangente in R den Winkel β, dann ist

$$\text{(I)} \qquad \operatorname{tg}\alpha \cdot \operatorname{tg}\beta = \frac{b^2}{a^2}$$

$$\text{(II)} \qquad A^2 - B^2 = a^2 - b^2$$

$$\text{(III)} \qquad AB \sin\gamma = ab\,,$$

unter γ den Winkel $(\beta - \alpha)$, also den Winkel der konjugierten Durchmesser, verstanden.

Die letztere Formel bestätigt uns noch einmal die Richtigkeit einer Eigenschaft, die bereits im Abschnitt 34 erkannt war: Das von der Tangente und den Asymptoten der Hyperbel gebildete Dreieck hat konstanten Inhalt. Verbindet man die Schnittpunkte S und T der Tangente und der Asymptoten mit denen der parallelen Tangente am anderen Hyperbelarme, so erhält man ein Konjugierten-Parallelogramm, das offenbar den vierfachen Flächeninhalt der eben erwähnten Dreiecke besitzt: Folglich: „Die Konjugierten-Parallelogramme der Hyperbel haben sämtlich denselben Flächeninhalt."

Es ist offenbar: $MS \cdot MT =$ konst.

Zieht man durch den Berührungspunkt die Parallelen RT' und RT'' zu den Asymptoten und sieht diese als Koordinaten des Hyperbelpunktes an — bezieht man also die Punkte der Hyperbel auf ein Koordinatensystem, dessen Achsen die Asymptoten sind —, dann ist, wenn X und Y die Achsen sind, x und y bzw. $= RT'$ und RT'' oder

$$x = MT' = \tfrac{1}{2} MT\,,$$

$$y = MT'' = \tfrac{1}{2} MS\,,$$

mithin

$$\boldsymbol{x \cdot y = \textbf{konst.}}$$

die Gleichung der Hyperbel bezogen auf die Asymptoten. Es ist also das Produkt der Abstände eines Hyperbelpunktes von den Asymptoten konstant, wenn diese Abstände jedesmal in den Parallelen zu den Asymptoten gemessen werden. Hieraus folgt eine neue Konstruktion der Hyperbel aus den Asymptoten und einem ihrer Punkte, z. B. dem Scheitelpunkte S, der auf der Halbierungslinie des Winkels der Asymptoten liegt (Fig. 184). Man mache $SA = MA = AB = BC = CD = \ldots = s$ und lege durch die Teilpunkte Parallele zu SA, die der Reihe nach die Länge $s/_2$, $s/_3$, $s/_4 \ldots$ haben. Die Endpunkte dieser Strecken sind Punkte der Hyperbel.

Schließlich beziehen wir noch die Punkte auf ein Achsensystem, dessen Achsen zwei konjugierte Durchmesser sind, z. B. der Durchmesser MR und die durch M zu der Tangente in R oder R' gezogene Parallele (Fig. 183). Diese Achsen wollen wir (X) und (Y) nennen, die Hauptachsen der Hyperbel ξ und η. Für einen beliebigen Hyperbelpunkt ist

$$\frac{\xi^2}{a^2} - \frac{\eta^2}{b^2} = 1\,,$$

nun ist aber

$$\xi = x\cos\alpha + y\cos\beta\,,$$

$$\eta = x\sin\alpha + y\sin\beta\,,$$

mithin

$$x^2\left(\frac{\cos^2\alpha}{a^2} - \frac{\sin^2\alpha}{b^2}\right) - y^2\left(\frac{\sin^2\beta}{b^2} - \frac{\cos^2\beta}{a^2}\right)$$

$$+ 2xy\left(\frac{\cos\alpha\cdot\cos\beta}{a^2} - \frac{\sin\alpha\cdot\sin\beta}{b^2}\right) = 1\,.$$

Dieser Gleichung genügen die Koordinaten sämtlicher Hyperbelpunkte, bezogen auf die Achsen (X) und (Y), die Koordinaten des Punktes R, des Berührungspunktes von B, sind: $y = 0$, $x = A$; setzen wir diese Werte von x und y in die Hyperbelgleichung ein, so folgt, daß die erste Klammer den Wert $\frac{1}{A^2}$ hat. Aus der Relation $\operatorname{tg}\alpha \cdot \operatorname{tg}\beta = \frac{a^2}{b^2}$ folgt, daß die letzte Klammer den Wert 0 hat; es bleibt mithin nur noch übrig, den Wert der mittleren

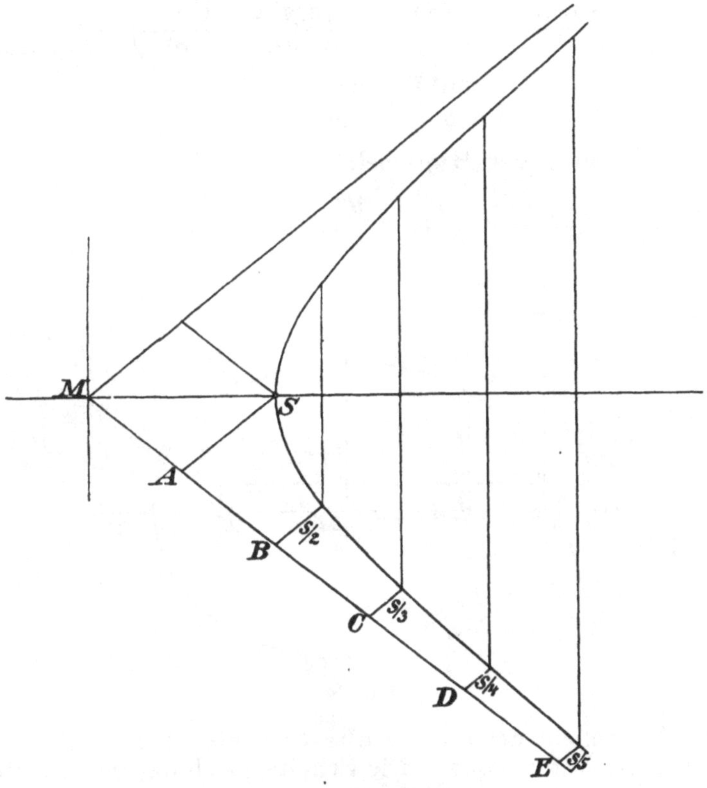

Fig. 184.

Klammer zu bestimmen. Der Endpunkt von $B = S$ ist ein Punkt der Asymptote, deren Gleichung lautete: $\eta = b/a\,\xi$.

Für diesen Punkt ist

$$\eta = A \sin\alpha + B \sin\beta\,,$$
$$\xi = A \cos\alpha + B \cos\beta\,,$$

mithin

$$A \sin\alpha + B \sin\beta = \frac{b}{a}(A \cos\alpha + B \cos\beta)$$

oder quadriert

$$\frac{A^2 \sin^2\alpha}{b^2} + \frac{B^2 \sin^2\beta}{b^2} + \frac{2\,A\,B \sin\alpha \sin\beta}{b^2} = \frac{A^2 \cos^2\alpha}{a^2} + \frac{B^2 \cos^2\beta}{a^2} + \frac{2\,A\,B \cos\alpha \cos\beta}{a^2}\,.$$

Die letzten Glieder auf jeder Seite der Gleichung sind einander gleich, d. h. sie heben sich heraus. Mithin ist

$$B^2\left(\frac{\sin^2\beta}{b^2} - \frac{\cos^2\beta}{a^2}\right) = A^2\left(\frac{\cos^2\alpha}{a^2} - \frac{\sin^2\alpha}{b^2}\right) = 1\,.$$

Daher
$$\frac{\sin^2\beta}{b^2} - \frac{\cos^2\beta}{a^2} = \frac{1}{B^2}$$

und die Gleichung der Hyperbel:

$$\frac{x^2}{A^2} - \frac{y^2}{B^2} = 1\,.$$

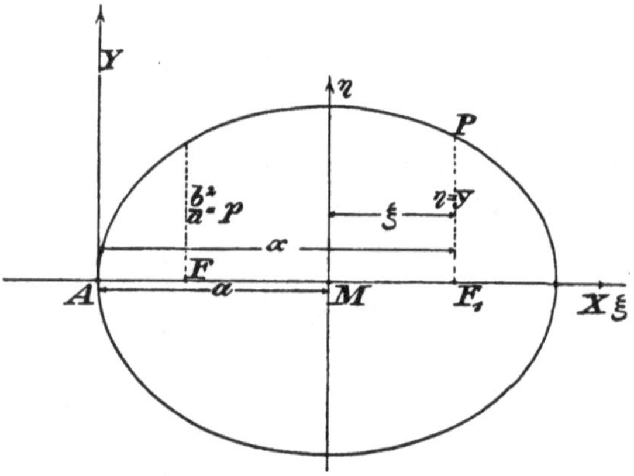

Fig. 185.

50. Es sollen noch die Scheitelgleichungen der Kegelschnitte abgeleitet werden. Die Scheitelgleichung der Parabel ist uns schon bekannt, sie lautet:

$$y^2 = 2\,p\,x\,,$$

die Mittelpunktsgleichung der Ellipse lautet: $\frac{\xi^2}{a^2} + \frac{\eta^2}{b^2} = 1$, die der Hyperbel: $\frac{\xi^2}{a^2} - \frac{\eta^2}{b^2} = 1$, wenn ξ und η die Achsen sind. Verlegen wir jetzt den Anfangspunkt des Koordinatensystems von M nach A bei der Ellipse, und von M nach B bei der Hyperbel, und bezeichnen wir die Achsen mit X und Y (Fig. 185 und 186), so tritt an Stelle jeder Abszisse ξ eine andere, nämlich bei der Ellipse $\xi = x - a$, bei der Hyperbel $\xi = x + a$ und schließlich beim Kreise, dessen Mittelpunktsgleichung $\frac{\xi^2}{r^2} + \frac{\eta^2}{r^2} = 1$, $\xi = x - r$ (Fig. 187). In allen drei Fällen ist $\eta = y$. Werden diese Werte für ξ und η eingesetzt, so erhalten wir die sogenannten Scheitelgleichungen; berücksichtigen wir weiter, daß bei der Ellipse wie bei der Hyperbel $\frac{b^2}{a}$ die Ordinate des Brennpunktes ist, so lauten

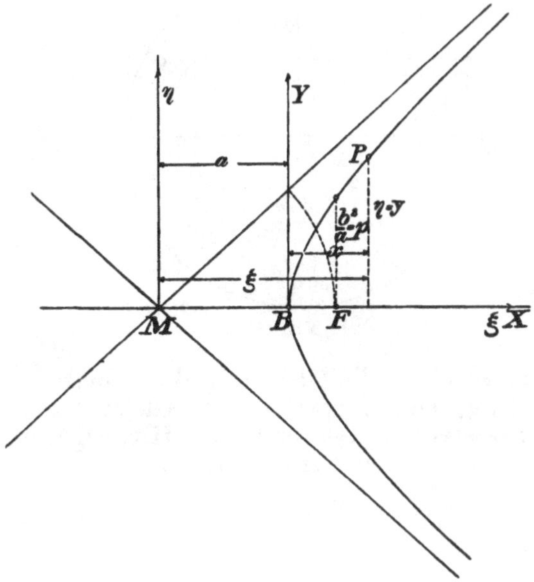

Fig. 186.

die Scheitelgleichungen der Kegelschnitte, wenn $\frac{b^2}{a} = p$ gesetzt wird:

(1) $y^2 = 2px$ Gleichung der Parabel

(2) $y^2 = \frac{2b^2}{a}x - \frac{b^2}{a^2}x^2 = 2px - \frac{p}{a}x^2$ Gleichung der Ellipse

(3) $y^2 = \frac{2r^2}{r}x - \frac{r^2}{r^2}x^2 = 2px - x^2$ Gleich. d. Kreises $(a = b = p = r)$

(4) $y^2 = \frac{2b^2}{a}x + \frac{b^2}{a^2}x = 2px + \frac{p}{a}x^2$ Gleichung der Hyperbel.

An diesen Gleichungen erkennt man auch den Grund zu den Benennungen der Kegelschnitte. Das Wort Parabel, griechisch parabolé, bedeutet Nebeneinanderstellung, in mathematischer Hinsicht Gleichsetzung. Das Wort Ellipse, vom griechischen élleipsis, heißt Weglassung; Hyperbel, griechisch hyperbōlé, von hyperbállein, über das Ziel hinauswerfen, heißt Übertreibung, in mathematischer Hinsicht Übertreffen oder das Hinausgehen über einen gewissen Wert. Eine Gleichung von der Form $y^2 = 2px \pm qx^2$ stellt einen Kegelschnitt dar. Ist $q = 0$, so $y^2 = 2px$ — eine Parabel; ist

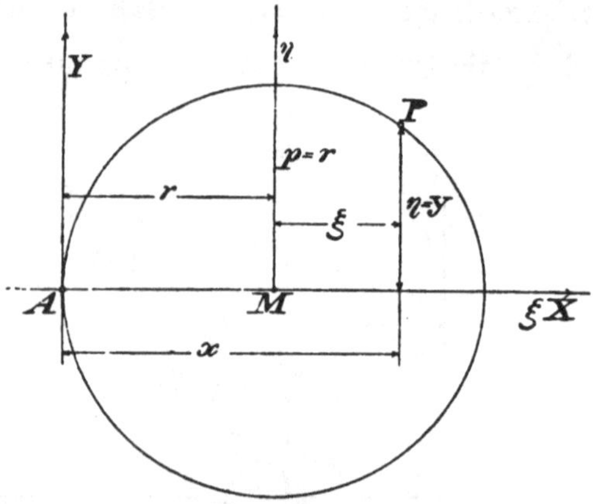

Fig. 187.

aber $y^2 < 2px$, so stellt die Gleichung die Ellipse oder den Kreis dar, ist $y^2 > 2px$, eine Hyperbel; die Gleichsetzung, das Weglassen eines gewissen Wertes und das Hinausgehen über einen gewissen Wert sind hiernach leicht erkennbar.

IV. Kapitel.

Die orthogonale, axonometrische und die schiefe Projektion.

51. Neben dem Grund- und Aufrißverfahren finden in der Technik zur Darstellung von Körpern wohl mit die ausgedehnteste Anwendung die axonometrische und die schiefe Projektion. Während bei ersterer Methode zwei, drei und mehr Bildebenen verwendet werden und häufig in der Bildebene Gerade durch Punkte, Ebenen durch Gerade wiedergegeben werden, bedienen sich die letzteren Verfahren nur einer Bildebene, und es kann bei richtiger Wahl der Richtung der projizierenden Strahlen bzw. der Projektions- oder Bildebene bewirkt werden, daß jede räumliche Gerade wieder durch eine Gerade, jede räumliche Fläche durch einen Teil der Bildebene dargestellt wird. Derartige Abbildungen aber, die alle Eckpunkte, alle Kanten und Flächen eines Körpers deutlich wiedergeben, zeichnen sich dadurch aus, daß die Gesichtseindrücke, die wir von ihnen haben, denen, die der räumliche Körper selbst hervorruft, durchaus ähnlich sind. Jungen Leuten, die schon eine gewisse Übung im Zeichnen erlangt haben, fällt es dennoch häufig schwer, sich aus den geometrischen Ansichten eines Körpers letzteren vorzustellen, doch genügt eine kurze Betrachtung der axonometrischen Projektion desselben, um sich sofort von der Gestalt des Körpers und der gegenseitigen Lage der Ecken und Kanten ein klares Bild zu verschaffen. Solche Ansichten sind daher ganz besonders geeignet, das räumliche Anschauungsvermögen des Lernenden zu fördern. Nicht nur die Bildlichkeit dieser Darstellungen, sondern auch ihre leichte Herstellung lassen die Anwendung dieser Methoden empfehlenswert erscheinen, daher finden sie Verwendung bei der Darstellung von wissenschaftlichen und technischen Apparaten, Maschinen und Maschinenelementen, und da diese Abbildungen, wie die geometrischen Ansichten, den Vorteil gewähren, ihnen die wahre Größe von Flächen, Strecken und Winkeln entnehmen zu können, so verwenden wir sie auch in ausgedehntester Weise bei der Darstellung kleinerer architektonischer Gegenstände, um auf Grund solcher Abbildungen die für deren Formgebung erforderlichen Maße, Winkel und Schablonen oder Brettungen gewinnen zu können.

Die in Frage stehenden Projektionsarten beruhen auf der Bestimmung der gegenseitigen Lage der Ecken eines Körpers mittels eines **räumlichen, rechtwinkligen Koordinatensystems**, das von drei zueinander senkrechten Ebenen $\mathfrak{P}_1$, $\mathfrak{P}_2$, $\mathfrak{P}_3$, den **Koordinatenebenen**, sowie deren ebenfalls zueinander rechtwinkligen Schnittlinien $X = \mathfrak{P}_1 \times \mathfrak{P}_2$, $Y = \mathfrak{P}_1 \times \mathfrak{P}_3$ und $Z = \mathfrak{P}_2 \times \mathfrak{P}_3$, den **Koordinatenachsen**, und dem ihnen gemeinsamen Punkt O, dem **Anfangspunkt** oder Ursprung, gebildet wird und den Raum in acht Teile teilt. Denkt man sich einen Körper mit einem solchen Koordinatensystem verbunden, — man wählt fast immer die Koordinatenebenen so, daß sie den Körper schneiden und ihre Richtungen mit den Richtungen der Dimensionen des Körpers,

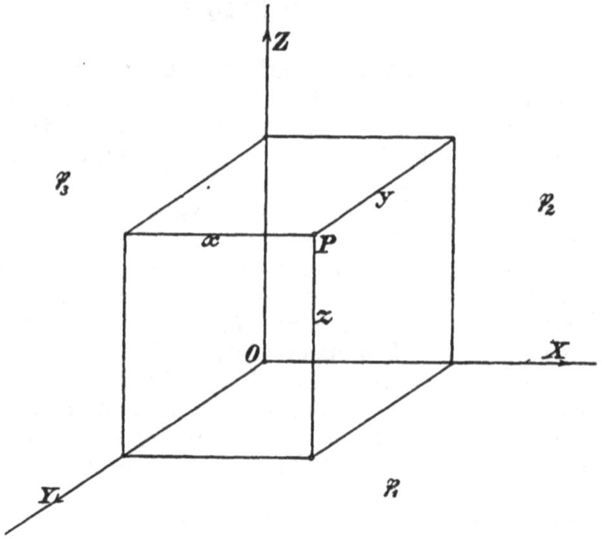

Fig. 188.

also der Länge, Breite und Höhe, übereinstimmen, — so kann jeder Eckpunkt durch seine Koordinaten festgelegt werden. Unter den Koordinaten x, y und z eines Punktes P versteht man (Fig. 188) die Senkrechten, die sich von P auf die Koordinatenebenen fällen lassen; sie bilden die Abstände des räumlichen Punktes von den Koordinatenebenen und werden so bezeichnet, wie die Koordinatenachsen, zu denen sie parallel laufen. Je zwei dieser Koordinaten bestimmen eine Ebene, die senkrecht zur dritten Koordinate steht; daher bilden diese drei mit den Koordinatenebenen ein Parallelepiped und schneiden von den Koordinatenachsen Strecken ab, die den parallelen Ordinaten gleich sind. Hat man außerdem für das Messen dieser Längen einen bestimmten Sinn festgelegt, so kann man die Lage eines jeden Punktes, gleichviel, in welchem Raumteil er gelegen ist, durch seine mit entsprechenden Vorzeichen versehenen Koordinaten bestimmen, und man gelangt mittels des räumlichen Koordinatensystems zu dem räumlichen Punkt P, indem man vom Ursprung O aus die drei Koordinaten des Punktes x, y und z in irgend einer Reihenfolge, stets aber mit den gleichbezeichneten Achsen und in den durch deren Vorzeichen gekennzeichneten Richtungen aneinanderreiht, der Endpunkt dieses Koordinatenzuges ist der gesuchte Punkt. Wird jetzt der Körper mit dem Koordinatensystem, deren gegenseitige Lage unveränderlich sei, in beliebiger Lage zu einer Projektionsebene auf letztere projiziert, und zwar schräg oder orthogonal, so wird die Parallelität sämtlicher Parallelensysteme nicht aufgehoben; ist das Koordinatensystem projiziert, kenne ich also die drei Projektionen X', Y', Z' der drei Koordinatenachsen, und sind mir auch die Projektionen von drei auf den Koordinatenachsen gelegenen gleich langen Strecken, die auch gleich der den Längenmessungen zugrunde gelegten Längeneinheit sein können, gegeben, so kann mittels des erwähnten Koordinatenzuges auch die Projektion eines räumlichen Punktes gezeichnet werden, wenn seine räumlichen Koordinaten bekannt sind. Man nennt dieses Verfahren, die Parallelprojektion eines Körpers durch die der Koordinaten seiner Punkte zu bestimmen, Axonometrie.

52. Aus Vorhergehendem folgt, daß die axonometrische Projektion eines Körpers bestimmt ist durch die Lage des Körpers zur Projektionsebene und die Richtung der projizierenden Strahlen. Das allgemeinste Verfahren besteht mithin darin, daß man durch einen gegebenen Körper ein Koordinatensystem legt, alsdann den Körper mit dem Koordinatensystem in eine beliebige Lage zu einer Projektionsebene $\mathfrak{P}$ bringt, also in eine solche Lage, in der die Koordinatenachsen ungleich gegen die Projektionsebene geneigt sind, und nunmehr dies Koordinatensystem schräg auf die Projektionsebene projiziert. Die Lösung dieser Aufgabe in dieser Form bietet jedoch zuviel Schwierigkeiten und findet daher in der Praxis kaum eine Verwendung; wir können aber diese Schwierigkeiten umgehen, und zwar auf Grund eines die Axonometrie beherrschenden Satzes, der unter dem Namen Pohlkes Fundamentalsatz (1860) bekannt ist, und der lautet:

Drei beliebige, von einem Punkte O' der Zeichenebene ausgehende, ungleich lange Strecken $O'A'$, $O'B'$, $O'C'$ bilden stets die schiefe Parallelprojektion dreier Würfelkanten OA, OB, OC, die sich in einer Ecke O des Würfels schneiden.

In dieser allgemeinen Form wollen wir aber auch nicht einmal die Richtigkeit dieses Satzes prüfen; wenn er richtig ist, so müssen sich offenbar folgende Aufgaben lösen lassen:

1. Aufgabe. Die Projektionen eines Würfels, dessen Kante a gegeben ist, zu zeichnen, wenn man die in der Grundrißebene von einem Punkte O' aus beliebig ge-

zogenen drei Geraden $O'X$, $O'Y$, $O'Z$ als Richtungen für die Grundrisse, d. h. die rechtwinkligen Projektionen der Würfelkanten bestimmt.

2. Aufgabe. Es ist der Würfel zu ermitteln, der drei gegebene Strecken $O'A'$, $O'B'$, $O'C'$ zu ersten Projektionen, also rechtwinkligen Projektionen, seiner Kanten hat.

Es sei in Figur 189 O' zugleich der räumliche Punkt O, also eine Ecke des zu bestimmenden Würfels und OX, OY, OZ die Projektionen der von O' schräg aufsteigenden Würfelkanten. Wenn es wirklich einen mit der Ecke O die Grundrißebene berührenden Würfel gibt, dessen in O sich schneidende Kanten die Grundrißprojektionen a', b', c' haben, so muß eine zu $\mathfrak{P}$ parallele Ebene die sich

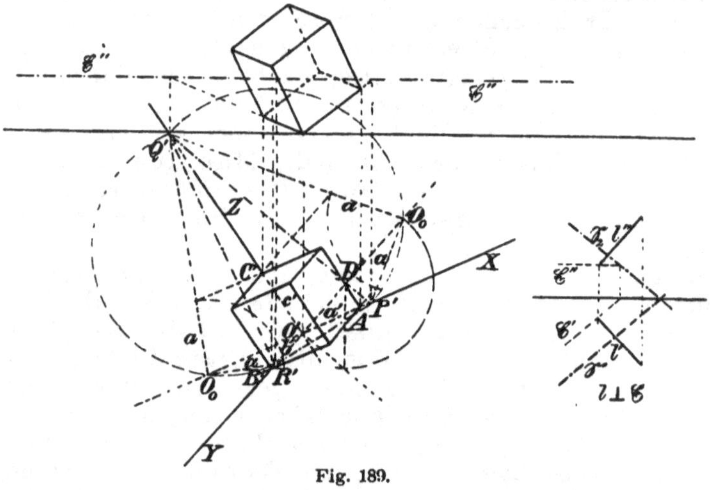

Fig. 189.

in O schneidenden Flächen des Würfels in Geraden schneiden, die den ersten Spurgeraden dieser Flächen parallel laufen. Jede der räumlichen Linien a, b, c steht aber lotrecht zu der Ebene, die von den beiden anderen gebildet wird, es muß daher im Grundriß die Spurgerade einer jeden dieser Ebenen eine Senkrechte zur ersten Projektion der dritten Geraden sein. Daher kann der Schnitt einer zur Grundrißebene parallelen Ebene mit den sich in O schneidenden Würfelflächen gezeichnet werden. Schneidet diese Ebene $\mathfrak{E}$ z. B. die Kante a in P und ist P' die erste Projektion des Punktes P, dann muß die erste Projektion der Schnittlinie von $\mathfrak{E}$ und Ebene ab das von P' auf c' gefällte Lot $P'R'$, und die erste Projektion der Schnittlinie von $\mathfrak{E}$ und Ebene ac das von P' auf b' gefällte Lot $P'Q'$ sein; man erkennt, daß das von den Schnittgeraden PQ, QR und RP gebildete Dreieck, das Spurendreieck, derart liegt, daß die Geraden a', b', c' seine Höhen sind. Die Ebenen POQ und QOR können aber herabgeschlagen werden; für den umgelegten Punkt O_0 gibt es jedesmal zwei geometrische Örter: 1. die von O' auf $P'Q'$ bzw. $Q'R'$ gefällte Senkrechte, 2. der

Halbkreis über $P'Q'$ bzw. $Q'R'$. Wenn man jetzt die gegebene Kantenlänge a von O_0 aus auf den Geraden O_0P', O_0Q' bzw. O_0Q', O_0R' abschneidet, dann erhält man durch Zurückschlagen der Ebenen die Projektionen der drei sich in O schneidenden Würfelkanten OA, OB und OC und durch Ziehen von Parallelen durch die Punkte A', B', C' (vgl. Fig. 189) den Grundriß des Würfels. Den Aufriß findet man, indem man zunächst den Aufriß $\mathfrak{E}''$ der Ebene $\mathfrak{E}$, der eine Parallele der Projektionsachse sein muß, konstruiert. Der Abstand der Projektionsachse von $\mathfrak{E}''$ kann in der Grundrißprojektion ermittelt werden, er ist offenbar die zweite Kathete des rechtwinkligen Dreiecks, dessen eine Kathete die Strecke $O'D'$ und dessen Hypotenuse die Strecke $D'O_0$ ist; damit ist aber der Aufriß des Würfels ermittelt.

Die zweite Aufgabe lösen wir, indem wir zunächst wieder annehmen, daß durch die Ecke O auch die Grundrißebene gehe und (Fig. 190) $O'A'$, $O'B'$, $O'C'$ die Grundrißprojektionen der drei Würfelkanten OA, OB, OC seien. Es sollen aber auch die Richtungen der Projektionen dieser drei Würfelkanten ermittelt sein. Ist die Würfelkante, deren Länge gleichfalls ermittelt werden muß, a, dann kann eine zwischen a und den gegebenen Längen $O'A'$, $O'B'$, $O'C'$ bestehende Relation abgeleitet werden, die eine Konstruktion der Länge a ermöglicht. Es ist offenbar in dem Dreieck $O'C'C$

$$a^2 = O'C'^2 + CC'^2, \quad \text{ebenso ist} \quad a^2 = O'A'^2 + AA'^2 = O'B'^2 + BB'^2.$$

Denkt man sich in O' zur Grundrißebene eine Senkrechte von der Länge a und projiziert diese auf OC, dann ist diese Projektion $= CC'$. Dieses Dreieck aber und auch Dreieck OCC', die beide in der projizierenden Ebene von OC liegen, legen wir um, indem wir die OC projizierende Ebene um $O'C'$ herabklappen. Kommt hierbei C' nach C_0, dann würde $O'C_0$ die Würfelkante sein. Die Senkrechte a in O' bildet nach der Umlegung offenbar die Senkrechte a_0 zu $O'C'$ in O'. Man erkennt jetzt leicht, daß die beiden durch Schraffur hervorgehobenen Dreiecke kongruent sind und daher die Projektion von a_0 auf $O'C_0 = CC'$ sein muß. Ebenso ließe sich beweisen, daß die Senkrechte a in O', auf die anderen Würfelkanten projiziert, Strecken ergibt, die bzw. $= BB'$ und AA' sein müssen. Daher können wir a auch ansehen als Diagonale des rechtwinkligen Parallelepipeds, das durch die drei in O sich schneidenden Kanten von den Längen CC', BB' und AA' bestimmt wird, daher besteht die Relation:

$$a^2 = AA'^2 + BB'^2 + CC'^2,$$

und da durch Summation der drei ersten Beziehungen sich ergibt

$$3a^2 = O'A'^2 + O'B'^2 + O'C'^2 + (AA'^2 + BB'^2 + CC'^2),$$

so folgt hieraus schließlich

$$O'A'^2 + O'B'^2 + O'C'^2 = 2a^2.$$

Auf Grund dieser Gleichung kann aber a konstruiert werden. Macht man nämlich in Figur 190a $x = O'A'$, $y = O'B'$, $\sphericalangle xy = 90^0$, dann ist $u^2 = x^2 + y^2$, und ist $Z \perp u$, dann ist $w^2 = x^2 + y^2 + z^2$; schlage ich jetzt über w den Halbkreis, dann sind die Quadranten-

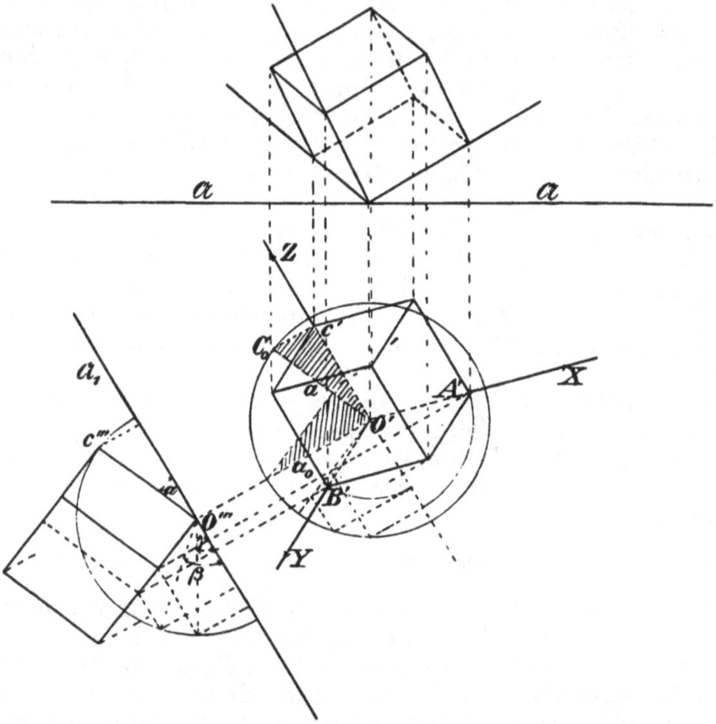

Fig. 190.

sehnen gleich der gesuchten Länge a. Nachdem nunmehr a gefunden ist, können auch noch weitere Ansichten des Würfels gezeichnet werden. Wir projizieren ihn zunächst auf eine Ebene, die der Ebene ($O'C$, $O'C'$) parallel ist; für C''' gibt es zwei Örter: 1. die Senkrechte, gefällt von C' auf die Projektionsachse $\mathfrak{A}_1$, 2. der Kreis mit a beschrieben um O'''. Der Winkel α ist offenbar der Neigewinkel der Kante OC gegen die Grundrißebene. Auch von den Kanten OA und OB können wir diese bestimmen. Wir brauchen nur beide Gerade um O zu drehen, so daß die Endpunkte horizontal gelegene Kreise beschreiben und sie schließlich parallel zur Projektionsebene liegen. Die Winkel β und γ sind die gesuchten Winkel; daß damit auch die dritten Projektionen der Punkte B und A und zugleich die Aufrißprojektionen der

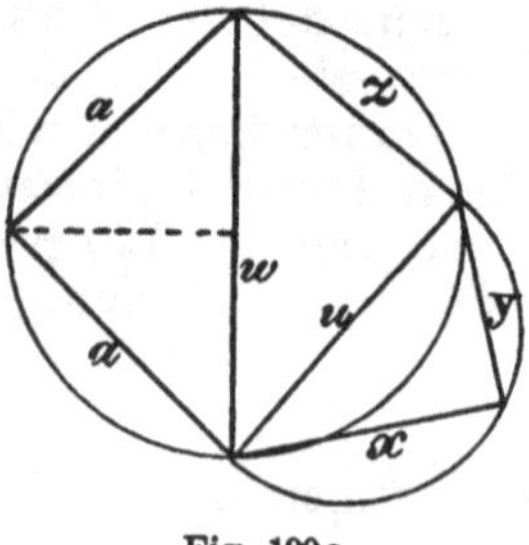

Fig. 190a.

drei Punkte A, B und C bzw. des Würfels gefunden sind, geht unzweideutig aus der Figur 190 hervor.

53. Die beiden Aufgaben des letzten Abschnittes lehren uns aber Konstruktionen von rechtwinkligen, axonometrischen Projektionen der Körper. Es gibt hiernach zwei Verfahren, um eine rechtwinklige, axonometrische Projektion eines gegebenen Körpers zu entwerfen:

Der mit dem Koordinatensystem verbundene Körper enthalte zugleich auch einen Würfel in der Weise, daß eine Ecke mit dem Ursprung O des Koordinatensystems zusammenfalle und die drei von dieser Ecke ausgehenden Kanten in den Koordinatenachsen liegen. Die Kante dieses Würfels habe außerdem eine Länge gleich der Längeneinheit oder eines Vielfachen derselben. Entweder wähle ich jetzt die ersten Projektionen der Koordinatenachsen beliebig und bestimme darauf die Projektionen des Würfels und weiterhin mittels der Koordinatenzüge die Projektionen der einzelnen Ecken des Körpers, oder: Ich wähle die ersten Projektionen der Würfelkanten beliebig und ermittele die Richtungen der Achsen und darauf, wie vorhin, die Projektionen der Eckpunkte des Körpers.

Nach ersterem Verfahren ist die rechtwinklig axonometrische Projektion der Figur 191b ermittelt worden. Durch den in Figur 191 durch Grund- und Aufriß gegebenen Körper habe ich zunächst das Koordinatensystem gelegt, derart, daß zwei der Koordinatenebenen mit den Symmetrieebenen des Körpers zusammenfallen. Die Projektionen der Koordinatenachsen $O'X'$, $O'Y'$, $O'Z'$ sind völlig beliebig gewählt. Es ist nach dem bei Herstellung der geometrischen Projektionen der Körpers verwendeten Maßstab die Kante des Würfels $a = 5$ cm. Diesen projiziere ich zunächst, indem ich wieder ein Spurendreieck zeichne, d. h. die Projektion des Schnittes der drei Koordinatenebenen mit einer zur Grundrißebene parallelen Ebene. Diesen Schnitt finde ich nach vorigem Abschnitt dadurch, daß ich auf einer Achse einen beliebigen Punkt wähle, z. B. auf $O'Z'$ Punkt R, und von R auf $O'X'$ und $O'Y'$ Senkrechte fälle bis zum Schnitt mit $O'Y'$ und $O'X'$ in Q bzw. P, dann ist $\triangle PQR$ das gesuchte Spurendreieck. Ich schlage jetzt PQO' um PQ herab — O_0 muß auf dem Halbkreis über PQ liegen —, desgleichen auch Dreieck PRO'; doch kann an Stelle des Dreiecks PRO auch Dreieck $RO'S$, wie es in der Figur 191 ausgeführt ist, um RS herabgeschlagen werden. Hierbei gelangt O nach O_1. Schneidet man jetzt auf O_0P und O_0Q von O_0 aus und auf O_1R von O_1 aus die Kante des Würfels $a = 5$ cm ab und dreht die genannten Geraden wieder in die alte Lage zurück, dann sind die Längen $O'A' = p$, $O'B' = q$, $O'C' = r$ die ersten Projektionen der von O ausgehenden Würfelkanten, d. h. die erste Projektion jeder 5 cm langen Strecke der Achse OX oder jeder parallelen Strecke von gleicher Länge ist $= O'A'$ usw. Man kann jetzt für jede Achse einen besonderen Maßstab entwerfen (Fig. 191a), für die X-Achse und ihre Parallelen sind je 5 cm $= O'A'$, für die Y-Achse je 5 cm $= O'B'$, für die Z-Achse $= O'C'$, während sich

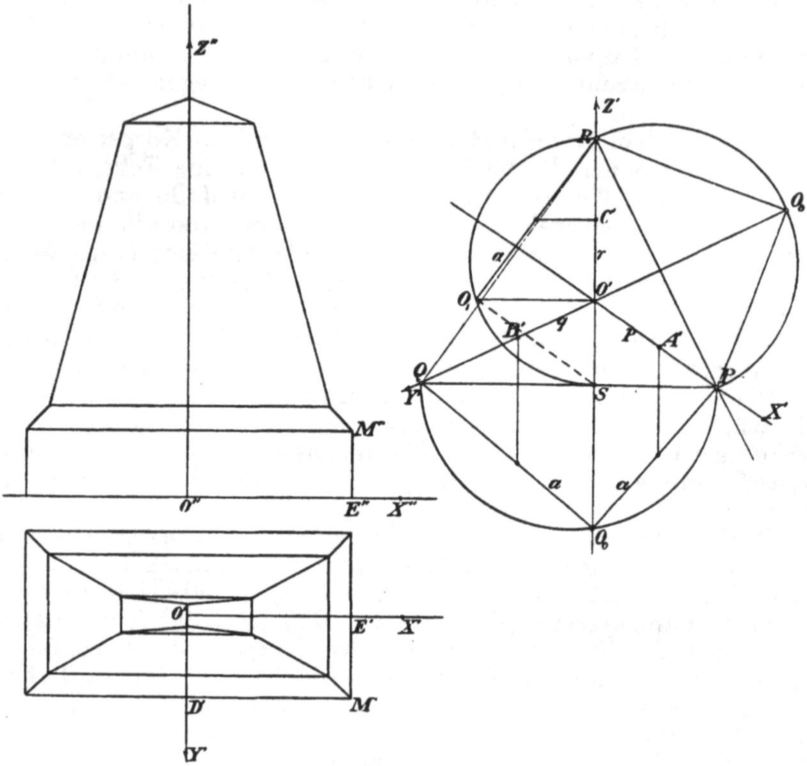

Fig. 191.

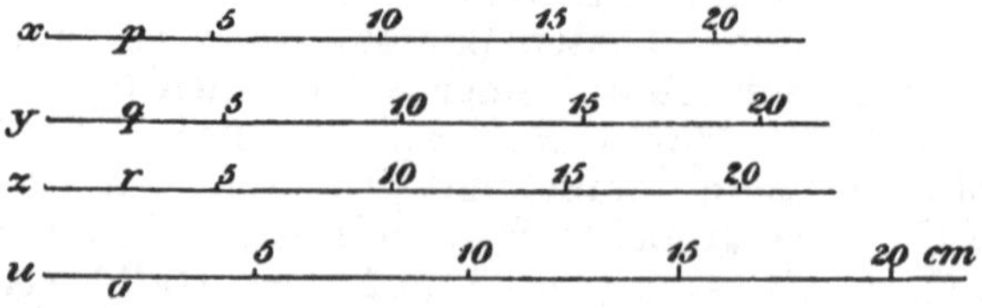

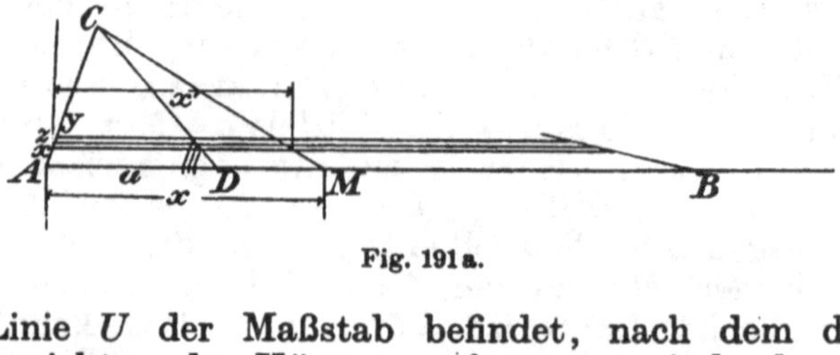

Fig. 191a.

auf der Linie U der Maßstab befindet, nach dem die geometrischen Ansichten des Körpers aufgetragen sind, der natürliche

Maßstab; die anderen Maßstäbe sind die Maßstäbe für die Achsen, die **Verkürzungsmaßstäbe** oder die **Achsenmaßstäbe**. Um die Koordinatenlängen bequemer abgreifen zu können, zeichnet man über der Länge $a = 5$ cm ein beliebiges Dreieck ACD und trägt vom Anfangspunkt A aus auf der Geraden AB (Fig. 191 a) die Strecken p, q und r ab und zieht durch deren Endpunkte Parallele zur Seite AC; durch die Schnittpunkte dieser Parallelen mit CD zieht man wieder Parallele zu AB, dann können auf letzteren leicht die gewünschten Strecken ermittelt werden, z. B. die Koordinaten des Eckpunktes M sind $x = D'M'$, $y = E'M'$, $z = E''M''$; schneide ich also auf AB die Strecke $D'M' = x$ ab, und verbinde ich den Endpunkt von $x = M$ mit C, dann schneidet diese Verbindungslinie auf der den X-Maßstab tragenden Geraden die gesuchte Länge x' ab.

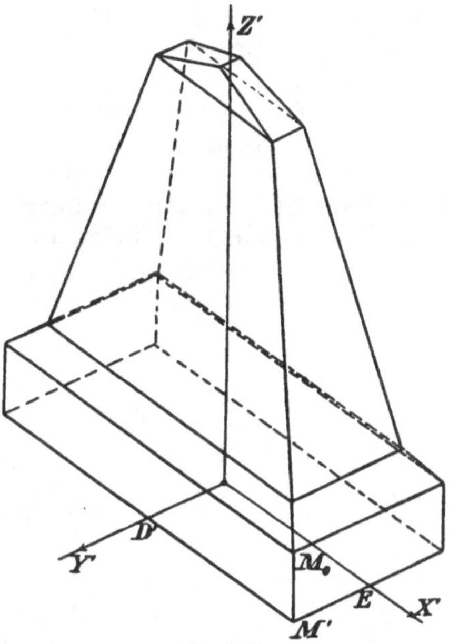

Fig. 191 b.

Auf gleiche Weise finden wir auch die Projektionen der Koordinaten y und z. Werden nun die drei Längen x', y' und z', wie die Längen x, y und z am Körper, von O' aus aneinandergereiht, dann ist der Endpunkt dieses Koordinatenzuges die Projektion M_0 des Punktes M.

Die gleiche Aufgabe kann auch wie folgt gelöst werden. Setze ich z. B. fest, daß der mit dem Koordinatensystem verbundene Würfel eine solche Kantenlänge a habe, daß die erste Projektion der in der X-Achse gelegenen Würfelkante $p = 6$ cm, der in der Y-Achse gelegenen Würfelkante $q = 5$ cm und schließlich der in der Z-Achse gelegenen Würfelkante $r = 7$ cm sei, so muß sich auf Grund dieser Annahme die Projektion des Koordinatensystems und damit auch die des Körpers ermitteln lassen. Eine Achse kann beliebig gewählt werden, ebenso auf ihr Punkt O', die beiden anderen aber sind zu konstruieren. Kenne ich die Längen der Grundrißprojektionen von drei sich in einer Ecke schneidenden Würfelkanten, so kann nach vorigem Abschnitt die Würfelkante graphisch wie analytisch gefunden, mithin auch der Würfel selbst bzw. die noch fehlenden Koordinatenachsen konstruiert werden. Es besteht nämlich zwischen a, p, q und r die Relation $2a^2 = p^2 + q^2 + r^2$, mithin

$$2a^2 = 6^2 + 5^2 + 7^2 = 36 + 25 + 49 = 110\,,$$

$$a^2 = 55\,; \quad a = \sqrt{55} = 7{,}41 \text{ cm}.$$

Der Würfel, dessen Seiten im Grundriß die Längen 6,5 und 7 cm haben, muß also selbst eine Kantenlänge von 7,41 cm besitzen. Diese Längen können wir auch graphisch, wie folgt, finden. Ist (Fig. 192) $AB = p = 6$ cm, $BC \perp AB = q = 5$ cm, dann ist $u^2 = p^2 + q^2$; mache ich $CD \perp AD = r = 7$ cm, dann ist $AD^2 = w^2 = p^2 + q^2 + r^2$, und beschreibe ich über $AD = w$ den Halbkreis, dann ist die Quadrantensehne gleich der Würfelkante a, denn jetzt ist $a^2 + a^2 = 2a^2 = w^2 = p^2 + q^2 + r^2$ *). Zeichne ich jetzt (Fig. 192a) lotrecht Linie $O'Z'$, und beschreibe ich um O' mit der ermittelten Länge a einen Kreis, dann ist, wenn ich im Endpunkt C' von $O'C' = r = 7$ cm die Senkrechte bis zum Schnitt mit dem Kreise in C_0 errichte, $O'C_0$ die umgelegte Würfelkante; ihre Neigung gegen die Pro-

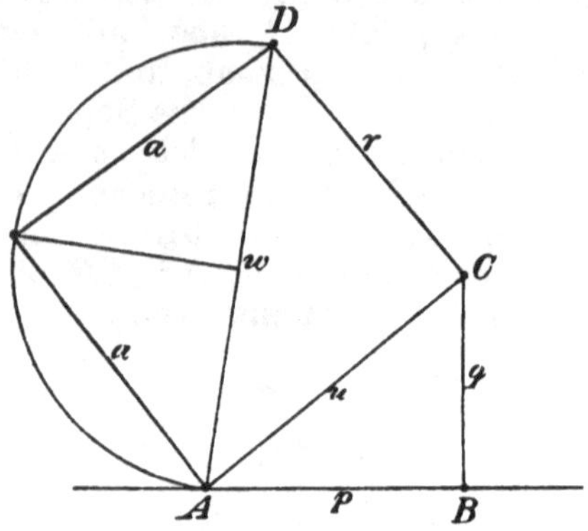

Fig. 192.

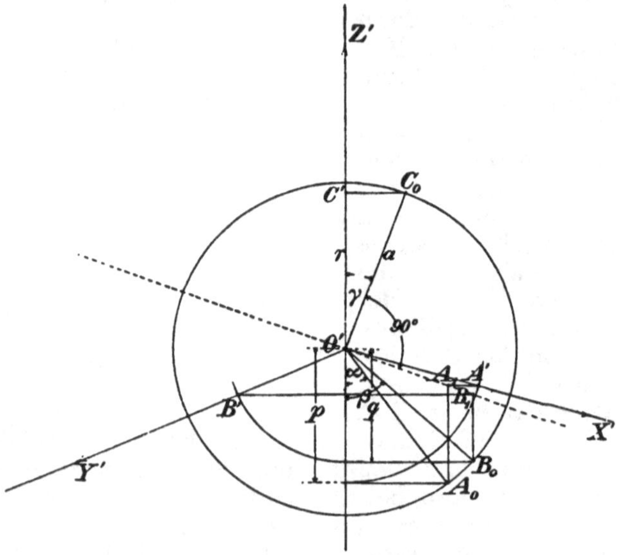

Fig. 192a.

*) Die Werte für die Strecken p, q und r können nicht völlig beliebig gewählt werden Gewöhnlich gibt man die Verhältnisse dieser Längen an, in diesem Falle würde also sein $p:q:r = 6:5:7$. Diese Zahlen müssen immer so gewählt werden, daß $p^2 + q^2 > r^2$, $p^2 + r^2 > q^2$ und $q^2 + r^2 > p^2$ ist, das trifft in diesem Falle auch zu; ein anderes mögliches Verhältnis ist z. B. $p:q:r = 9:5:10$; unmögliche Verhältnisse aber sind $p:q:r = 6:3:2$ oder $= 6:4:3$; in diesen Fällen ergibt sich für die Würfelkante a eine

jektionsebene bestimmt sich aus der Gleichung $\cos\gamma = \frac{r}{a}$. Die zur Zeichenebene in $O'Z'$ lotrecht stehende Ebene enthält die Würfelkante OC; in diese Ebene seien auch die beiden anderen von O aufsteigenden Würfelkanten, und zwar um den projizierenden Strahl von O gedreht, nach der Drehung aber umgelegt. Diese umgelegten Kanten sind offenbar OA_0 und OB_0, und ihre Neigungen α und β bestimmen sich aus den Gleichungen

$$\cos\alpha = \frac{p}{a}, \quad \cos\beta = q/a.$$

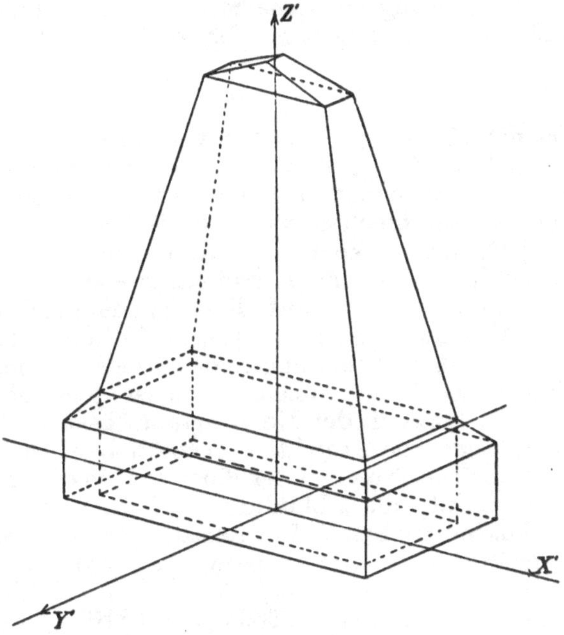

Um nun die Punkte B' und A' zu finden, müssen wir uns die Kanten $O'A_0$ und $O'B_0$ wieder aufgerichtet und dann in ihre natürliche Lage gedreht denken. In dieser Lage liegen sie in der auf OC in O senkrecht stehenden Ebene, die die OC projizierende Ebene in einer Geraden schneidet, die umgelegt die Senkrechte von $O'C_0$ in O' bildet. Da sich außerdem bei der Drehung der Strahlen die Abstände der Punkte A und B von der Projektionsebene nicht ändern, so sind die geometrischen Örter für A': der Kreis mit p um O' und die durch A_1 zu $O'C'$ gezogene Senkrechte, für B': der Kreis mit q um O' und die durch B_1 zu $O'C'$ gezogene Senkrechte. Die Geraden $O'B'$ und $O'A'$ sind die Projektionen der Koordinatenachsen Y und X. Diese Achsen sind in Figur 192b noch einmal gezeichnet und darauf mittels der Achsenmaßstäbe und Ko-

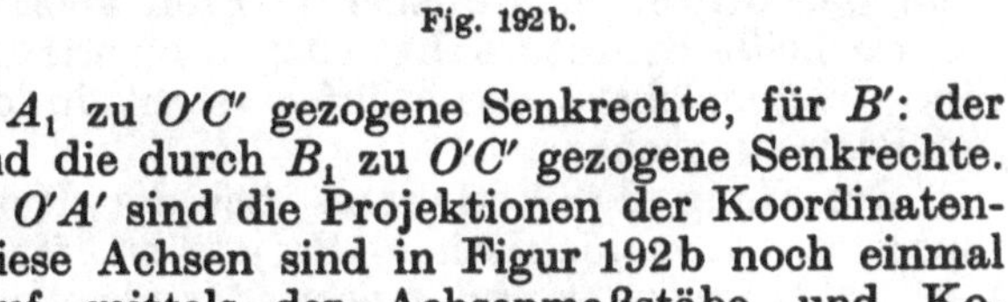

Fig. 192b.

Länge, die kleiner ist als die größte der drei Zahlen, was aber bei der orthogonalen Projektion nicht möglich ist; denn es ist bei dieser die Projektion einer Geraden immer kleiner als die Gerade selbst.

ordinatenzüge die Abbildungen der Eckpunkte des in Figur 191 dargestellten Körpers ermittelt worden. Die drei Verhältnisse

$$\cos\alpha = \frac{p}{a}, \quad \cos\beta = q/a, \quad \cos\gamma = r/a$$

heißen die Verkürzungsverhältnisse, da sie für jede in der Achsenrichtung gezogene Strecke das Verhältnis der Bildlänge zur wahren Länge angeben. Da $p^2 + q^2 + r^2 = 2a^2$, so ist

$$\cos^2\alpha + \cos^2\beta + \cos^2\gamma = 2 .$$

Da die Größen p, q und r verschieden sind, so sind es auch die Winkel α, β, γ, d. h. es sind die Koordinatenachsen und die Koordinatenebenen ungleich geneigt gegen die Projektionsebene, und es entsprechen gleichen Teilen der drei Achsen ungleiche Projektionen. Wenn ein mit einem Koordinatensystem verbundener Körper zu einer Projektionsebene in die eben beschriebene Lage gebracht und auf diese Ebene projiziert wird, dann heißt die Abbildung eine trimetrische oder anisometrische Projektion. Die Abbildungen des Obelisken in Figuren 191 und 192 sind solche Projektionen. Nun ist doch aber auch eine Körperlage denkbar, in der Koordinatenachsen und -ebenen gleiche Neigung gegen die Projektionsebene haben; in dieser Lage erscheinen auch gleiche Strecken der Koordinatenachsen in ihren Projektionen gleich groß, die Abbildung wird in diesem Falle isometrische Projektion genannt. Die Relation $\cos^2\alpha + \cos^2\beta + \cos^2\gamma = 2$ geht über in die Relation $3\cos^2\alpha = 2$, also

$$\cos\alpha = \sqrt{0{,}6666\ldots} = 0{,}8165; \quad \alpha = 35^0\,16'.$$

Jede Achse schließt also mit der Projektionsebene den Winkel $35^0\,16'$ ein und jede a m oder cm lange Strecke einer Achse oder Parallelen zu einer Achse hat als Projektion die Länge $0{,}8165 \cdot a$ m bzw. cm. Das Verkürzungsverhältnis ist also $= 0{,}8165$. Die Projektionen der Koordinatenachsen teilen den Winkel um O' in drei gleiche Teile. Schließlich ist noch eine dritte Lage des Körpers möglich, in der gleiche Teile von zwei Koordinatenachsen in ihren Projektionen gleich groß, die Projektionen gleich langer Teile der dritten Achse aber hiervon verschieden sind; die Projektion heißt dimetrische oder monodimetrische Projektion. Eine Diagonalebene des Würfels steht in dieser Lage senkrecht zur Projektionsebene.

Der Gang des Verfahrens bei der Herstellung einer rechtwinkligen axonometrischen Projektion ist hiernach folgender. Man wählt für p, q und r entweder gleiche Werte, oder für zwei Größen gleiche und für die dritte einen von dem ersteren verschiedenen Wert, oder drei verschiedene Werte, konstruiert die Würfelkante a und die Achsen und entwirft die Verkürzungsmaßstäbe zur Darstellung der Koordinatenzüge. Das Entwerfen der Verkürzungsmaßstäbe kann schließlich auch noch umgangen oder doch vereinfacht werden und zwar dadurch, daß man den axonometrisch darzustellenden Körper in einem größeren Maßstabe darstellt, als in welchem sich die geometrische Zeichnung befindet; man gibt einfach den Achsengrößen oder nur einigen derselben die Länge, die die entsprechenden Linien in der geometrischen Ansicht haben, und berücksichtigt nur das Verhältnis der Achsen unter sich. Gerade parallel zur Projektionsebene erleiden hierbei eine Vergrößerung; die Abbildung stellt nicht den geometrisch dargestellten Körper, sondern einen hypo-

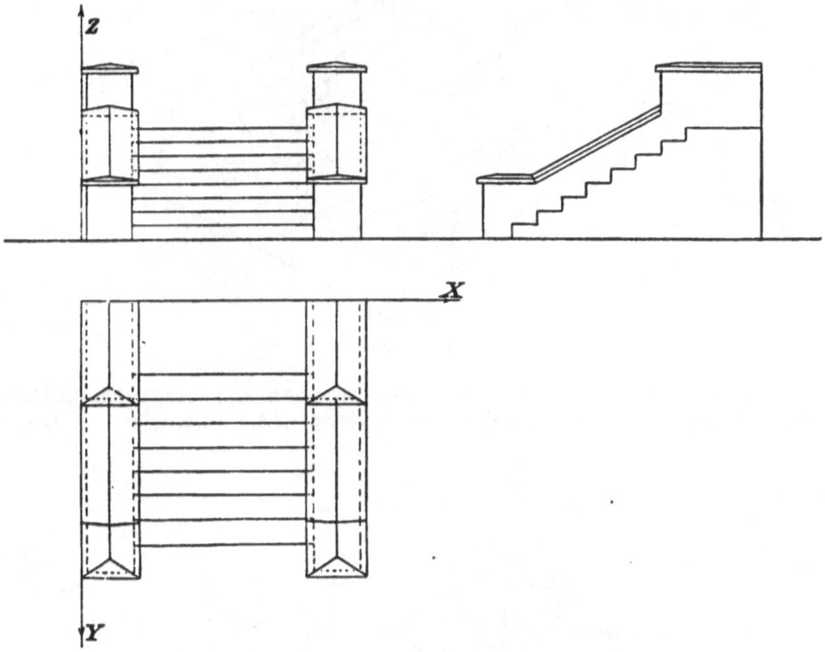

Fig. 193.

thetisch größeren dar. Die hiermit bewirkte Vergrößerung des axonometrischen Bildes nennt man die **hypothetische Vergrößerung.** Nach diesem Verfahren sind die axonometrischen Projektionen der Figuren 193a—c hergestellt; Figur 193a stellt die isometrische Projektion der in Figur 193 durch Grund-, Auf- und Seitenriß gegebenen Treppe dar. Die Konstruktion der Achsen geht aus der Figur hervor; es ist um den beliebig gewählten Punkt O' mit beliebigem Radius ein Kreis k beschrieben und die Z-Achse so gezogen worden, daß sie eine lotrechte Linie darstellt. Der Kreis k wurde so in drei Teile geteilt, daß der Schnittpunkt von k und Z' Teilpunkt ist. Zur Herstellung der Koordinatenzüge für die einzelnen Punkte sind die Längen der Figur 193 verwendet worden.

Figur 193b zeigt eine dimetrische Projektion derselben Treppe; das gewählte Verhältnis lautet $p:q:r = 2:1:2$ oder $= 1:\frac{1}{2}:1$.

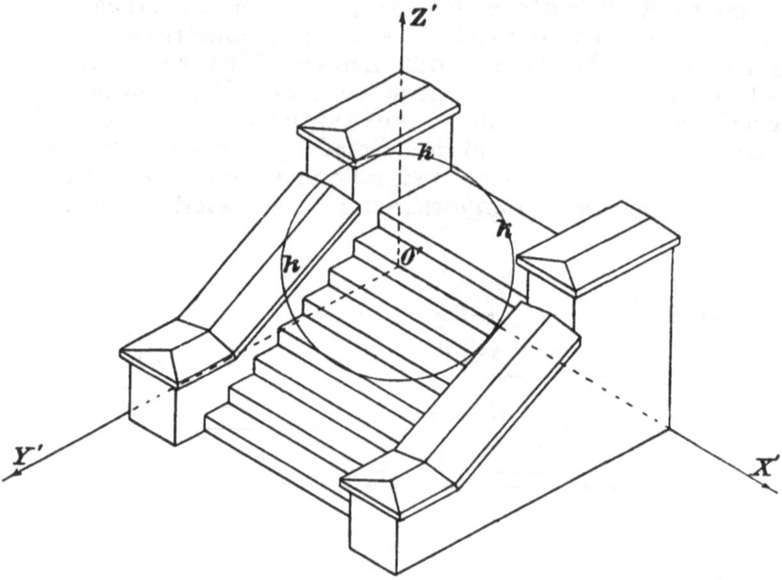

Fig. 193a.

Für gewisse Verkürzungsverhältnisse ergeben sich ziemlich einfache Achsenkonstruktionen, so daß man nicht nötig hat, das in diesem

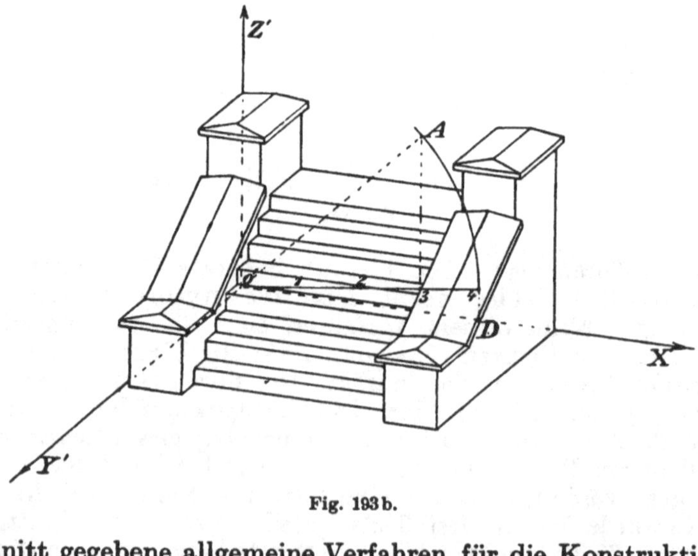

Fig. 193b.

Abschnitt gegebene allgemeine Verfahren für die Konstruktion der Achsen zu wiederholen. Für das gewählte Verhältnis hat man folgende Konstruktion ermittelt: Ist Z' festgelegt und darauf O', so ziehe man durch O' die Horizontale und trage darauf von O' aus vier beliebig große, aber gleiche Teile ab. Mit der ganzen Strecke $O'4$ beschreibe um O' den Kreis und errichte im Punkt *3* zur Horizontalen die Senkrechte bis zum Schnitt mit dem Kreis in A, in Punkt *4* nach unten die Senkrechte $4D = \frac{1}{2} O'1$, dann ist $O'A$ die Richtung der Achse $O'Y'$, $O'D$ die der Achse $O'X'$. Für die Koordinatenzüge sind alle Längen parallel zur Y-Achse in Figur 193 halbiert worden, die Längen parallel zu den Achsen X und Z dagegen unverkürzt verwendet.

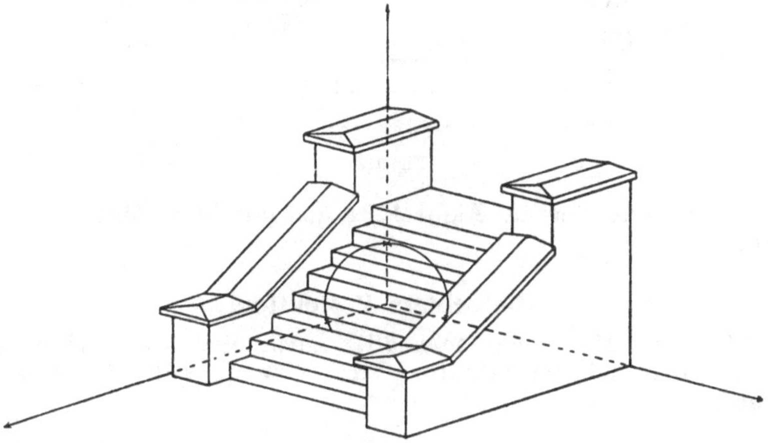

Fig. 193c.

Figur 193c stellt eine trimetrische Projektion der Treppe dar; die gewählten Längen sind $p = 16$, $q = 15$, $r = 20$, also das Verhältnis dieser Größen $p:q:r = 16:15:20 = \frac{4}{5}:\frac{3}{4}:1$. Auch hier

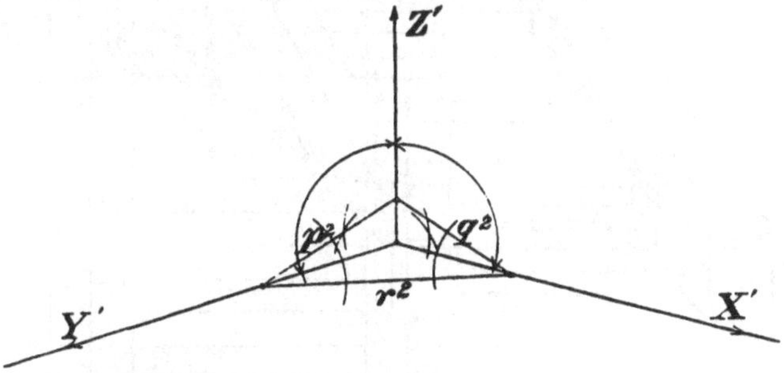

Fig. 193d.

ist für die Konstruktion der Projektionen der Achsen nicht das zu Anfang dieses Abschnittes gegebene Verfahren angewandt worden. Man kann für eine trimetrische Projektion die Achsen auch dadurch finden, daß man ein Dreieck konstruiert, dessen Seiten sich verhalten wie die Quadrate der gegebenen Zahlen, also wie $16^2:15^2:20^2 = 256:225:400$ (Fig. 193d). Die Winkelhalbierenden eines solchen Dreiecks geben die Richtungen der Projektionen der Achsen X', Y', Z' an. Die Koordinatenzüge

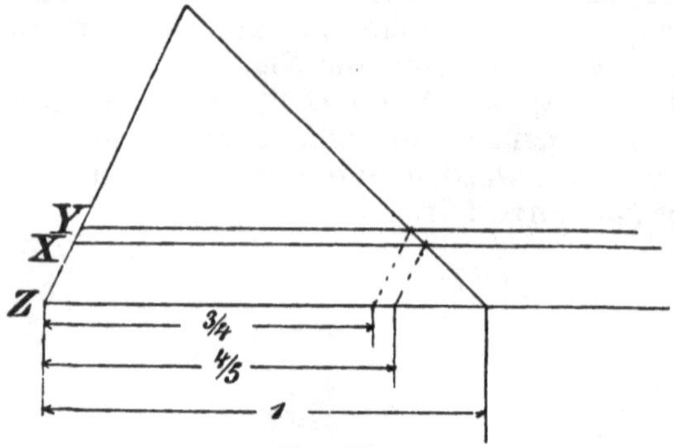

Fig. 193e.

wurden mittels der in Figur 193e dargestellten Maßstäbe hergestellt.

Die schiefe Projektion.

54. Figur 193f zeigt schließlich noch eine vierte Projektion der in Figur 193 dargestellten Treppe, eine schiefe Ansicht derselben.

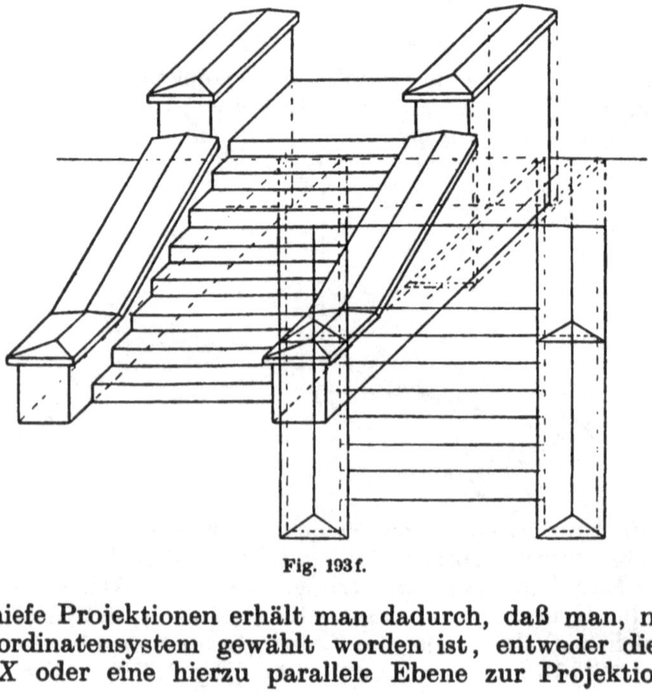

Fig. 193f.

Schiefe Projektionen erhält man dadurch, daß man, nachdem das Koordinatensystem gewählt worden ist, entweder die Ebene $\mathfrak{P}_2 = ZX$ oder eine hierzu parallele Ebene zur Projektionsebene macht, und dann den Körper auf diese Ebene schräg projiziert. Alle Geraden, die den Achsen X und Z parallel sind, projizieren sich in wahrer Größe, dagegen können die zur Y-Achse parallelen Geraden vergrößert, oder verkürzt, oder für besondere Richtungen des projizierenden Strahles ebenfalls in wahrer Größe erscheinen.

Zieht man (Fig. 194) von einem beliebig gewählten Punkte O nach oben die Z-Achse, senkrecht zu ihr in O nach rechts die X-Achse und bestimmt jetzt, daß die schiefe Projektion eines beliebigen Punktes A der Y-Achse, die herabgeschlagen die Verlängerung der Z-Achse bildet, der Punkt A' sei, dann ist OA' die Projektion der Y-Achse, und man kann jetzt, wie bei der axonometrischen Projektion, mittels der Koordinatenzüge, die Grund- und Aufriß zu entnehmen sind, die einzelnen Ecken des Körpers bestimmen.

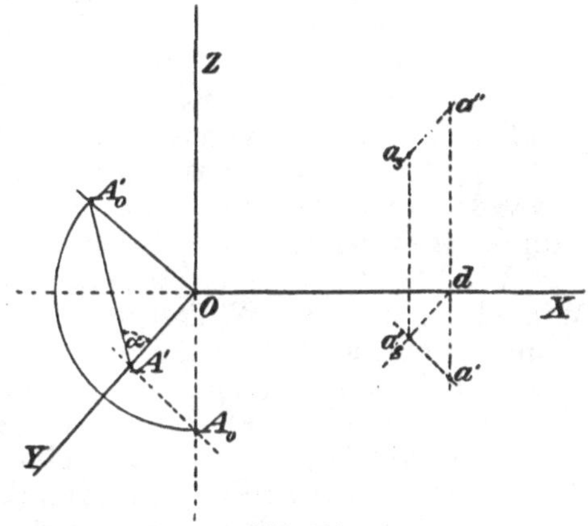

Fig. 194.

Alle Flächen des Körpers, die zur Koordinatenebene (XZ) parallel liegen, ebenso alle dieser Ebene parallelen Körperschnitte erscheinen in wahrer Größe. Indem wir A' zum Bildpunkte von Punkt A der Y-Achse, der in der Umlegung mit A_0 bezeichnet sei, machen, bestimmen wir die Richtung des projizierenden Strahles, den man bei dieser Projektionsart auch Sehstrahl nennt. Ist also A' das Bild des räumlichen Punktes A, so geht durch A und A' ein solcher Sehstrahl, A ist seine Spur mit der Grundrißebene, A' seine Spur mit der Projektionsebene. Da die Y-Achse in O senkrecht zur ZX-Ebene steht, so sind OA und OA' die Katheten eines rechtwinkligen Dreiecks, das sich in wahrer Größe konstruieren läßt. Errichtet man zu $A'O$ in O die Senkrechte und macht sie $= OA_0$, dann ist $OA'A'_0$ das Dreieck und Winkel $OA'A'_0 = \alpha$ der Neigewinkel des Sehstrahles gegen die Bildebene; es ist $\operatorname{cotg}\alpha = \frac{OA'}{OA'_0}$.

Durch diese Gleichung wird für jede Normale zur Bildebene das Verhältnis ihres Bildes zu ihrer wahren Länge angegeben. Das Dreieck $OA'A'_0$ ist mithin konstruierbar, wenn ich zu einer Normalen zur Bildebene OA deren Umlegung zeichne $= OA_0$ und die Länge und Richtung des Bildes gebe $= OA'$; damit ist dann auch der Winkel α, d. i. der Winkel der Sehstrahlen gegen die Bildebene festgelegt. Gewöhnlich wählt man $OA' < OA_0$, dann ist der zugehörige Winkel $> 45^0$; umgekehrt, macht man $\sphericalangle \alpha > 45^0$, dann ist $\operatorname{cotg}\alpha < 1$; dieser Quotient heißt das Verkürzungsverhältnis. Man hat mithin, wenn man ein Dreieck OA_0A' gewählt hat, das Verkürzungsverhältnis bzw. den Neigewinkel der Sehstrahlen gegen die Bildebene, sowie auch die Neigung der Y-Achse gegen die verlängerte Z-Achse festgelegt, damit das ganze Projektionsverfahren definiert. Es wird dieses Dreieck auch als Projektionsdreieck (nach v. Peschka) bezeichnet. Da die Kante OA_0 senkrecht zur X-Achse steht und zugleich somit die Richtung der Z-Achse darstellt, so kann man den Satz aussprechen:

„Die schiefe Projektion ist bestimmt durch Angabe der X-Achse und eines beliebigen Projektionsdreiecks."

Die Werte der Verkürzungsverhältnisse wählt man so, daß man aus dem geometrischen Riß die Längen aller zur Y-Achse parallel laufenden Kanten ohne Mühe entnehmen kann, z. B. $= \frac{1}{2}, \frac{2}{3}, \frac{1}{3}, \frac{3}{4}$ usw. Namentlich der erstere Wert wird gern angewandt, das Zeichnen wird besonders bequem, wenn man im Projektionsdreieck $\sphericalangle O = 60^0$ und $\sphericalangle A_0 = 30^0$ macht. Macht man den Winkel bei O im Projektionsdreieck $= 45^0$ und auch den Winkel α, d. i. der Winkel der Sehstrahlen gegen die Projektionsebene, $= 45^0$, so daß $\operatorname{cotg} \alpha = 1$, also $OA_0 = OA'$ ist, so heißt die schiefe Projektion „Kavalierperspektive" und „Vogel- oder Militärperspektive". Bei der ersteren denkt man sich die Bildebene vertikal, und man stellt sie dadurch her, daß man an die Punkte des Aufrisses die Tafelabstände der räumlichen Punkte in vorgeschriebener Richtung anträgt; bei letzterer dagegen nimmt man die Bildebene horizontal an, und trägt an die Punkte des Grundrisses die Abstände der räumlichen Punkte von der Bildebene unter vorgeschriebener Richtung an. Die schiefe Projektion wird in der Technik häufiger angewendet als die axonometrische Projektion, es sollen daher einige Fundamentalkonstruktionen und auch Anwendungen im nachstehenden gegeben werden.

55. Wir stellen zunächst Punkt, gerade Linie und Ebene in schiefer Projektion dar, ermitteln von den projizierten Linien und Ebenen die wahren Größen, projizieren später auch Körper in aufrechter und schräger Lage und gehen schließlich zu einigen angewandten Beispielen über. Wir nehmen immer an, daß das in schiefer Projektion darzustellende Gebilde durch seine geometrischen Risse gegeben sei. Die Figuren 194—196 zeigen uns die Projektionen von Punkten und Geraden. Sind a' und a'' (Fig. 194) Grund- und Aufriß des Punktes a, und stellt die Projektionsachse zugleich die X-Achse dar, ist ferner Dreieck OA_0A' das die schiefe Projektion bestimmende Dreieck, das Projektionsdreieck, dann finde ich die schiefe Projektion a_s des Punktes a, indem ich durch den Grundriß a' zu A_0A' die Parallele ziehe und durch den Punkt d auf der Projektionsachse, den Schnitt der X-Achse mit der Verbindungsgeraden von a' und a'', die $\perp$ zur Projektionsachse ist und deren Teilstrecken die Tafelabstände des Punktes a angeben — es ist $a'd$ gleich dem Abstand des Punktes a von $\mathfrak{P}_2$, $a''d$ gleich dem von $\mathfrak{P}_1$ — die Parallele zu OA' ziehe, der Schnittpunkt beider Geraden ist a'_s, d. h. das Bild des Grundrisses a'; ziehe ich jetzt durch a'_s die Parallele zur Z-Achse, dann wird letztere von der Parallelen $a''a_s$ zu OA' in dem gesuchten Punkt a_s geschnitten. Die erste Höhe des Punktes $a = aa'$ ist offenbar parallel zur Bildebene, daher muß ihr Bild $a_s a'_s = aa'$ und zugleich eine Senkrechte zur X-Achse sein. Wir erkennen also klar, daß die schiefe Projektion eines Punktes a und die seines Grundrisses auf einer Normalen zur X-Achse liegen müssen.

Wir können umgekehrt aus der schiefen Projektion a_s und der seines Grundrisses a'_s, wenn das Projektionsdreieck OA_0A' gegeben ist, auch auf die Lage des räumlichen Punktes a schließen, da sich aus ihnen Grund- und Aufriß von a konstruieren lassen. Es ist einmal die Verbindungslinie von a_s und a'_s eine Senkrechte zur X-Achse und gleich und parallel dem Abstande des Punktes a von $\mathfrak{P}_1$, zum anderen sind $a''a_s$ und $da'_s \parallel OA'$ und zugleich die Bilder der von a und a' auf $\mathfrak{P}_2$ gefällten Senkrechten, mithin ist a'' der vierte Eckpunkt des Parallelogrammes $a''a_s a'_s d$ und die erste Projektion wird erhalten als Schnittpunkt von $a''d$ und der durch $a'_s \parallel$ zur Dreiecksseite A_0A' gezogenen Parallelen. Es besteht daher der Satz:

Ein Punkt a wird durch sein Bild a_s und das seines Grundrisses a'_s vollständig bestimmt, wenn ein Projektionsdreieck bekannt ist. Die Gerade $a_s a'_s$ steht senkrecht zur X-Achse und stellt den Abstand des Punktes a von $\mathfrak{P}_1$ dar.

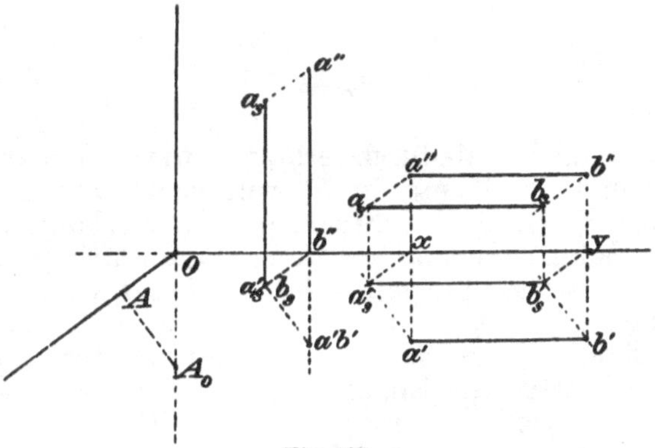

Fig. 195.

56. Auf Grund dieses Satzes leiten wir sofort ähnliche Sätze für die Gerade und die Ebene ab.

In den Figuren 195 und 196 sind gerade Linien projiziert. Es sei jedesmal $a''b''$ der Aufriß, $a'b'$ der Grundriß der geraden Linie, Dreieck OA_0A' das Projektionsdreieck. Wenn die beide Projektionen des Punktes a bzw. b verbindenden Geraden die

X-Achse in x bzw. y schneiden, dann erhalten wir die Bilder a'_s und b'_s, indem wir durch diese Punkte Parallele zu OA', durch a' und b' Parallele zu A_0A' ziehen. Die Senkrechten in a'_s und b'_s werden bezüglich von den Parallelen zu OA' durch a'' und b'' in a_s bzw. b_s geschnitten. Wir erkennen offenbar, daß wir auch wieder umgekehrt vom Bilde $a_s b_s$ der Geraden ab und dem Bilde $a'_s b'_s$ der ersten Projektion $a'b'$ auf die Gerade ab schließen können. Die Ebene durch $a'_s b'_s$ parallel dem Sehstrahl muß $\mathfrak{P}_1$ in $a'b'$ schneiden, die durch $a_s b_s$ gelegte Sehstrahlenebene schneidet sich mit der zu $\mathfrak{P}_1$ in $a'b'$ senkrecht stehenden Ebene in der räumlichen Geraden ab.

Man erkennt weiter aus den gegebenen Beispielen (Fig. 196), daß durch $a_s b_s$ und $a'_s b'_s$ eine vertikale Ebene bestimmt ist, deren Spur in der Bildebene $\mathfrak{P}_2$ nur eine Senkrechte zur X-Achse sein

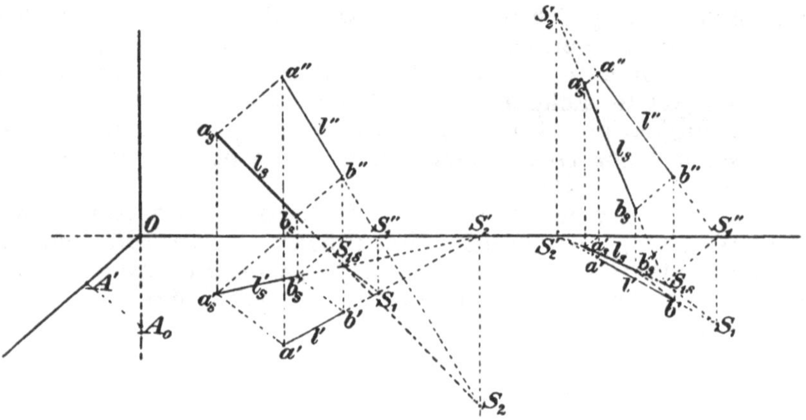

Fig. 196.

kann, und die mithin dadurch erhalten wird, daß man $a'_s b'_s$ bis zum Schnitt mit der Achse in S'_2 verlängert und zur Achse in diesem Punkte S'_2 die Senkrechte errichtet. Verlängert man auch $a_s b_s$ bis zum Schnitt mit dieser Senkrechten in S_2, so ist letzterer Punkt der zweite Spurpunkt der gegebenen Geraden, d. h. der Spurpunkt von ab in $\mathfrak{P}_2$. Da aber, wie eben betont, $a_s b_s$ und $a'_s b'_s$ eine vertikale Ebene bestimmen, diese letztere aber nur das Bild der zu $\mathfrak{P}_1$ vertikalen Ebene ab, $b'a'$ sein kann, so muß der Schnittpunkt S_{1s} von $a_s b_s$ und $a'_s b'_s$, das Bild des ersten Spurpunktes sein. Aus S_{1s} finde ich den ersten Spurpunkt S_1 der Geraden ab, indem ich $S_{1s}S''_1 \parallel A'O$ ziehe und die Senkrechte zur X-Achse in S''_1 mit der durch S_{1s} zu $A'A_0$ gezogenen Parallelen schneide; letzterer Schnittpunkt ist S_1, der Spurpunkt von ab in $\mathfrak{P}_1$.

Ist mithin eine Gerade l in ihrer ganzen Länge von dem einen Spurpunkt S_1 bis zum anderen S_2 durch Grund- und Aufriß gegeben, so findet man ihre schiefe Projektion l_s und die ihres

Grundrisses $l' = l'_s$, indem man zu S_1 das Bild S_{1s} konstruiert und diesen Punkt S_{1s} zuerst mit S'_2, dem Grundriß des zweiten Spurpunktes, darauf mit S_2 selbst verbindet, dann stellt erstere Verbindungsgerade das Bild von l', letztere das Bild von l dar. Kennt man die Bilder l_s und l'_s von $l = S_{1s}S_2$ und von $l' = S'_2 S_{1s}$, so erhält man die geometrischen Projektionen von $l : l''$ und l', indem ich zu S_{1s} den Originalpunkt S_1 aufsuche und letzteren mit S'_2 verbinde; diese Gerade stellt l' dar; verbinde ich S_2 mit S''_1, so erhalte ich l''. Allgemein besteht hiernach der Satz:

Eine Gerade l ist durch ihr Bild l_s und das Bild ihres Grundrisses l'_s bestimmt; l_s und l'_s können willkürlich gezogen werden. Der Satz läßt allerdings eine Ausnahme zu; er gilt nicht für Gerade, die in einer Ebene $\perp$ $\mathfrak{P}_1$ und $\parallel$ zum Sehstrahl liegen; bei solchen müssen auch die Spurpunkte gegeben sein, l_s und l'_s bilden eine Senkrechte zur X-Achse. Da solche Geraden nur selten vorkommen, soll auf sie nicht näher eingegangen werden.

Wir bestimmen schließlich noch die wahre Größe einer durch ihre Projektionen l_s und l'_s gegebenen Geraden $l = ab$ (Fig. 197). Wir konstruieren zunächst $l'' = a''b''$ und $l' = a'b'$ und schlagen die räumliche Gerade entweder um den ermittelten Aufriß $a''b''$ oder den Grundriß $a'b'$ herab. Nun ist aber $\alpha a'$ gleich dem Abstande des Punktes a von $\mathfrak{P}_2$, $\alpha a''$ gleich dem des Punktes a von $\mathfrak{P}_1$, bei Punkt b ist es ebenso; ziehe ich aber $a_s\alpha' \parallel A'A_0$, so muß $a''\alpha' = \alpha a'$ sein und $\alpha' a' = \alpha a''$, daher finde ich den herabgeschlagenen Punkt a_0 in $\mathfrak{P}_2$, indem ich zu $a''b''$ in a'' die Senkrechte errichte und diese durch den mit $a''\alpha'$ um a'' beschriebenen Kreis schneide, den umgelegten Punkt (a) in $\mathfrak{P}_1$, indem ich die in a' zu $a'b'$ errichtete Senkrechte durch den mit $a'\alpha'$ um a' beschriebenen Kreis schneide; für Punkt b ist die Konstruktion der eben beschriebenen analog. Die Längen $a_0 b_0$ in $\mathfrak{P}_2$ und in $\mathfrak{P}_1$ sind mithin die gesuchten Längen, d. h. die wahre Größe der Geraden ab.

Diese Aufgabe läßt noch zwei weitere Lösungen zu. Die eine dieser bedient sich der Spurpunkte. Man ermittelt aus l_s und l'_s die zweite Projektion l'' (Fig. 197) und die Spurpunkte: S_1 und S_2. Wird die Ebene, die l auf $\mathfrak{P}_2$ projiziert, um l'' herabgeschlagen, dann bildet die Ordinate $S_1 S''_1$ zu l'' in S''_1 eine Senkrechte; umgekehrt erhalte ich die Gerade l_0, indem ich in S''_1 zu l'' die Senkrechte $= S_1 S''_1$ errichte und den Endpunkt mit S_2 verbinde; es schneiden auf letzterer Geraden die in a'' und b'' zu l'' errichteten Senkrechten die gesuchte Strecke $l_0 = a_0 b_0$ heraus. Auch sind die Neigewinkel der Geraden l gegen $\mathfrak{P}_2$ und $\mathfrak{P}_1$ durch die Winkel β und α gegeben.

Wir finden schließlich noch die wahre Länge von $l = ab$ (Fig. 197), indem wir nicht das Trapez $a_s a'' b'' b_s$ um $a''b''$ herabschlagen, sondern dieses Trapez durch eine Ebene schneiden, die durch b geht und $\mathfrak{P}_2$ parallel liegt, und somit vom Trapez ein Dreieck bac, dessen Bild $b_s a_s c_s$ sein muß, abschneiden und dieses

Dreieck um $b\,c \parallel \mathfrak{P}_2$ drehen, dann muß $a\,b$ in der neuen Lage sich in wahrer Größe projizieren. Dieses Dreieck kann aber ohne die Projektion $l'' = a''\,b''$ gezeichnet werden, es ist ein rechtwinkliges Dreieck über $a\,b$, dessen Katheten $b\,c$ und $a\,c$ parallel bzw. senkrecht zu $\mathfrak{P}_2$ liegen. Für c_s' sind daher die Örter: die Parallele zur X-Achse durch b_s' und die Parallele zur Y-Achse durch a_s',

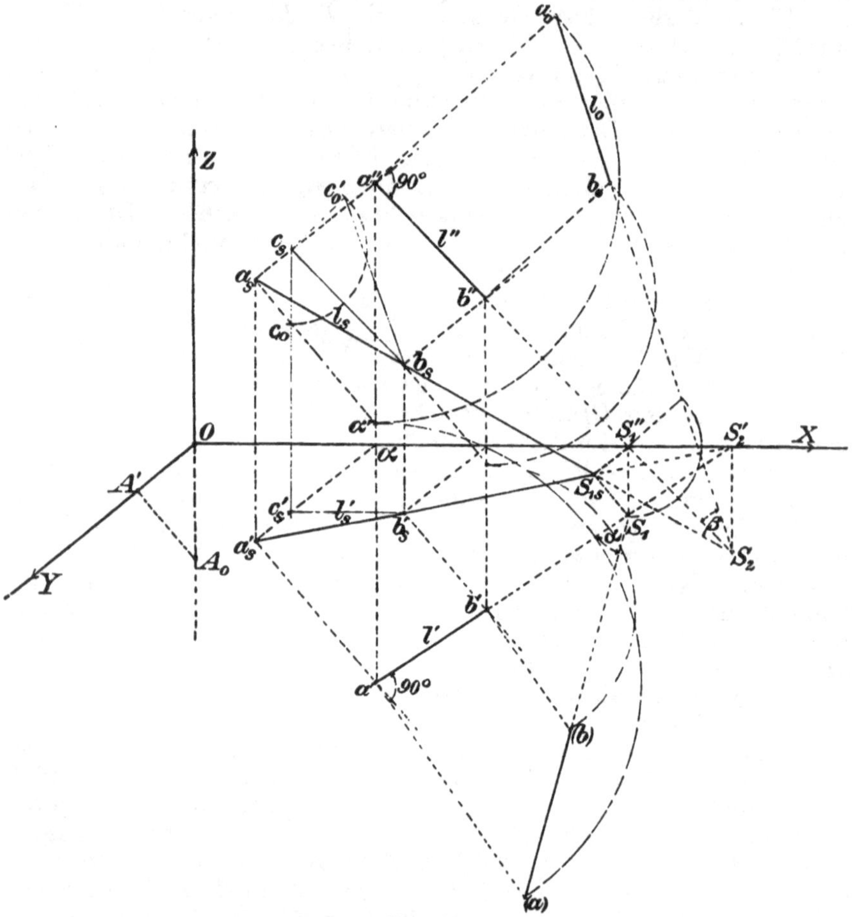

Fig. 197.

daher ist c_s bestimmt durch die Parallele zur Y-Achse durch a_s und die lotrechte Gerade, gezogen durch c_s'. Die wahre Größe der Kathete $a\,c$ ist $c_s\,c_0$; ich drehe jezt das Dreieck $a\,b\,c$ um die Kathete $b\,c$ in die parallele Lage zu $\mathfrak{P}_2$, indem ich zu $c_s\,b_s$ in c_s die Senkrechte $c_s\,c_0' = c_s\,c_0$ konstruiere, dann ist aber $b_s\,c_0'$ die wahre Länge von $a\,b$.

57. Darstellung einer Ebene. Die Lage einer Ebene ist bekanntlich bestimmt durch ihre beiden Spurgeraden oder mindestens drei ihrer Punkte. Fällt die Bildebene, wie bisher, mit der Aufrißebene zusammen, dann ist die zweite Spurgerade $\mathfrak{S}_2$ ihr eigenes Bild, dagegen muß das Bild der ersten Spurgeraden $\mathfrak{S}_{1s}$ konstruiert werden, was dadurch geschieht, daß man mittels des Projektionsdreiecks das Bild eines ihrer Punkte oder das ihres Schnittpunktes mit der Y-Achse konstruiert (Fig. 198). Umgekehrt ließe sich wieder, wenn das Projektionsdreieck bekannt ist, aus $\mathfrak{S}_{1s}$ die Spurgerade $\mathfrak{S}_1$ ermitteln; es besteht daher der Satz: Eine Ebene $\mathfrak{E}$ wird im allgemeinen durch ihre Spur $\mathfrak{S}_2$ in der Bildebene und das Bild $\mathfrak{S}_{1s}$ der ersten Spur-

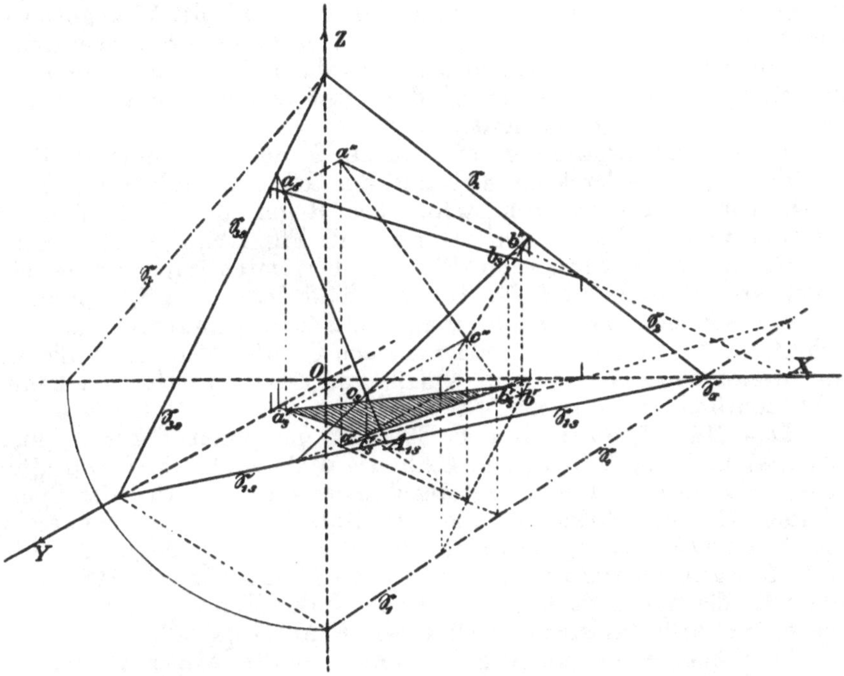

Fig. 198.

geraden $\mathfrak{S}_1$ bestimmt; beide müssen sich in einem Punkte $\mathfrak{S}_x$ auf der X-Achse schneiden. Über die Lage der Spurgeraden von Ebenen, die zur Bildebene oder Grundrißebene senkrecht stehen, würde folgendes zu merken sein:

Steht die räumliche Ebene $\mathfrak{E}$ senkrecht auf $\mathfrak{P}_1$, so ist $\mathfrak{S}_2 \perp OX$, steht $\mathfrak{E} \perp$ auf $\mathfrak{P}_2$, ist $\mathfrak{S}_{1s} \parallel OY$. Liegt $\mathfrak{E}$ dem Sehstrahl $\parallel$, so fallen $\mathfrak{S}_{1s}$ und $\mathfrak{S}_2$ in dieselbe Gerade.

Drei Punkte a, b, c im Raume bestimmen bekanntlich immer eine Ebene, daher müssen sowohl die zweiten Spurpunkte der Geraden ab, bc, ca, wie auch die ersten Spurpunkte derselben je auf einer Geraden liegen, die die Spurgeraden der Ebene des Dreiecks bilden; beide müssen sich in einem Punkte der X-Achse schneiden. Sind die geometrischen Projektionen $a''b''c''$ und $a'b'c'$ des Dreiecks abc gegeben, so erhält man den zweiten Spurpunkt einer der drei Geraden, indem man ihre erste Projektion bis zum Schnitt mit OX verlängert und im Schnittpunkt zu OX die Senkrechte errichtet; letztere wird von der zweiten Projektion der Geraden im zweiten Spurpunkt geschnitten. Den ersten Spurpunkt einer solchen Geraden findet man, wenn man die zweite Projektion derselben bis zur Achse OX verlängert und die im Schnittpunkte zur Achse errichtete Senkrechte mit der ersten Projektion der Geraden zum Schnitt bringt. Zeichnet man jetzt das Bild $\mathfrak{S}_{1s}$ der ersten Spurlinie $\mathfrak{S}_1$ und überträgt auch die Spurpunkte, dann lassen sich leicht unter Benutzung der im Abschnitt 56 gegebenen Regeln das Bild $a_s b_s c_s$ und das des Grundrisses $a'_s b'_s c'_s$ ermitteln; die Konstruktion wird wesentlich vereinfacht, wenn man sich der dritten Spurlinie der Ebene $\mathfrak{E}$, d. h. der Schnittlinie von $\mathfrak{E}$ und der ZY-Ebene $= \mathfrak{S}_3$ bedient.

Umgekehrt bestimmen wir Ebene $\mathfrak{E}$ aus der schiefen Projektion $a_s b_s c_s$ des Dreiecks abc und der seines Grundrisses $a'_s b'_s c'_s$, indem wir $\mathfrak{S}_2$ und $\mathfrak{S}_{1s}$ ermitteln. Die Regel für die Auffindung der Spurlinie $\mathfrak{S}_2$ lautet wie vorhin (vgl. Fig. 196). Doch weicht die für die Auffindung von Bildern der ersten Spurpunkte ein wenig ab. Man findet z. B. A_{1s}, das Bild des ersten Spurpunktes der Dreiecksseite ac, indem man einfach $a_s c_s$ und $a'_s c'_s$ bis zum Schnitt in A_{1s} verlängert. Daß man aus $\mathfrak{S}_{1s}$ die erste Spurlinie $\mathfrak{S}_1$ und weiter dann Grund- und Aufriß von $\triangle abc$ bestimmen kann, geht deutlich aus Figur 198 hervor.

Das Bild F_s einer in der Ebene $\mathfrak{E}$ gelegenen Figur F (hier Dreieck) und das Bild F'_s des Grundrisses F' sind affine und affin gelegene Figuren. Die Affinitätsachse ist das Bild $\mathfrak{S}_{1s}$ der Spurgeraden $\mathfrak{S}_1$ der Ebene $\mathfrak{E}$, die Affinitätsstrahlen sind senkrecht zur Achse OX. Desgleichen ist das Bild F_s einer Figur F affin und affin gelegen zur zweiten Projektion F'' der Figur. Affinitätsachse ist die Spurgerade $\mathfrak{S}_2$ der Ebene $\mathfrak{E}$ der Figur F in der Bildebene, die Affinitätsstrahlen sind der Y-Achse parallel.

Wir bestimmen noch die wahre Größe einer Figur F, deren schiefe Projektion F_s gegeben sei (Fig. 199). Wir nehmen an, daß $\mathfrak{S}_2$ und $\mathfrak{S}_{1s}$ gegeben seien und auch $\mathfrak{S}_1$ gezeichnet sei. Wir legen zunächst die durch die drei Spurgeraden $\mathfrak{S}_1$, $\mathfrak{S}_2$, $\mathfrak{S}_3$ begrenzte Ebene um $\mathfrak{S}_2$ um, indem wir einen Punkt A auf $\mathfrak{S}_1$, dessen Bild A_s auf $\mathfrak{S}_{1s}$ sei, herabschlagen. Das Dreieck AA_sA'' ist $\sim$ dem Projektionsdreieck. Fällen wir von A'' auf $\mathfrak{S}_2$ die Senkrechte $A''B$, dann bestimmt diese Gerade mit $A''A$ in der räumlichen Lage von $\mathfrak{P}_2$ und $\mathfrak{P}_1$ eine Ebene, die die Ebene $\mathfrak{E}$ in einer sogenannten Falllinie schneidet. Diese ist konstruiert; es ist zu BA'' in A'' die Senkrechte $A''A_0 = A''A$ errichtet, A_0B ist diese Linie, deren schiefe Projektion BA_s ist (in der Figur nicht gezeichnet). Beim Umlegen der Ebene $\mathfrak{E}$ fällt aber diese Linie auf die Verlängerung von $A''B$, es ist mithin BA^0 die Umlegung dieser Falllinie und $\mathfrak{S}_1^0$ die von $\mathfrak{S}_1$. Nun aber ist das gegebene

Bild der Figur F, hier Viereck, zu ihrer Umlegung, der gesuchten Figur, affin und affin gelegen. Die Affinitätsachse ist $\mathfrak{S}_2$, die Affinitätsstrahlen sind parallel $A_s A^0$, da A_s und A^0 sich ent-

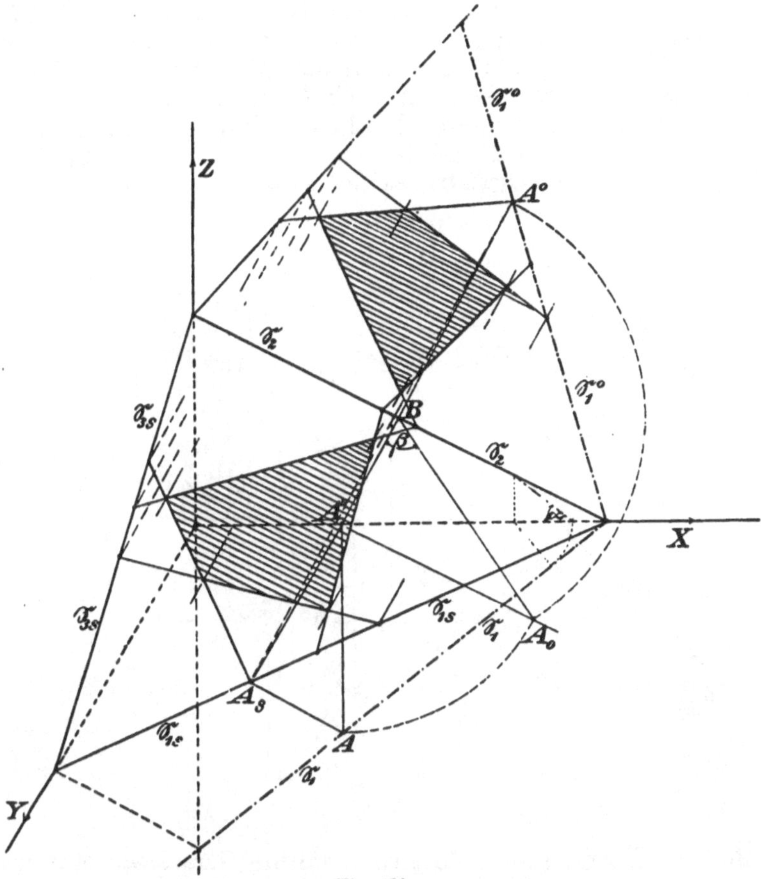

Fig. 199.

sprechende Punkte sind. Es ist offenbar der Winkel $A_0 B A''$ der Neigewinkel der Ebene $\mathfrak{E}$ gegen $\mathfrak{P}_2$ und $\sphericalangle \alpha$ der von $\mathfrak{E}$ gegen $\mathfrak{P}_1$.

Die vorstehende Lösung ist nicht immer anwendbar. Nicht selten fallen die Spurlinien so weit weg, daß sie zur Konstruktion nicht mehr benutzt werden können. In diesem Falle wendet man eine zur Bildebene parallele Ebene an, die die Figur schneidet, und benutzt die Schnittgerade als Drehachse, d. h. man dreht die gegebene Figur um diese Gerade in die zur Bildebene parallele Lage. Dieses Verfahren ist in Figur 200 dargestellt. Es sei Dreieck $O A_0 A'$ das Projektionsdreieck, $a_s b_s c_s$ das Bild des Dreiecks $a b c$, $a'_s b'_s c'_s$ das Bild seines Grundrisses $a' b' c'$. Da die Hilfsebene $\parallel \mathfrak{P}_2$ sein soll, muß auch das Bild ihrer ersten Spurgeraden parallel der X-Achse sein, daher können l_s und l'_s die Bilder der Schnittgeraden l einer solchen Ebene mit dem Dreieck und seiner Projektion sein. Wir drehen das Dreieck um l_s, indem wir eine Ecke a umlegen. Hierbei beschreibt a einen Kreisbogen, dessen Radius das von a auf l gefällte Lot ist. Dieses ist aber Hypotenuse eines rechtwinkligen Dreiecks, dessen Katheten das von a auf die Hilfsebene gefällte Lot und der Abstand des Fußpunktes dieses Lotes von der Geraden l sind. Diese beiden Katheten oder besser die Bilder dieser Katheten sind konstruierbar. Die Bilder des Lotes sind Parallele durch a'_s und a_s zu $A'O$, daher muß p'_s das Bild des Grundrisses des Fußpunktes dieses Lotes, p_s

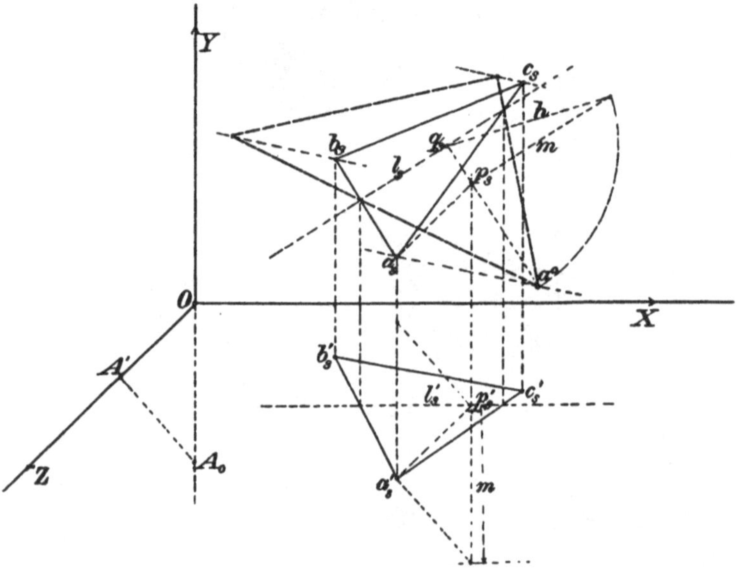

Fig. 200.

das Bild des Fußpunktes selbst sein; mithin Gerade m seine wahre Länge. Die andere Kathete ist offenbar $p_s q_s$, daher h die gesuchte Hypotenuse und a^0 der umgelegte Dreieckspunkt, es ist $a^0 q_s = h$. Die anderen Dreieckspunkte sind damit auch bestimmt, denn es ist $a^0 b^0 c^0$ dem Dreieck $a_s b_s c_s$ in bezug auf die Achse l_s affin und affin gelegen.

58. Bevor wir zur Darstellung von Körpern übergehen, lösen wir die Aufgabe: „Von einem gegebenen Punkte P eine Senkrechte auf eine gegebene Ebene zu fällen“ bzw.: „In einem Punkte Q einer gegebenen Ebene eine Senkrechte zur Ebene zu errichten.“

Um diese Aufgaben zu lösen, erinnern wir uns des Satzes, daß bei der orthogonalen Projektion der Grund- und Aufriß einer Senkrechten einer Ebene senkrecht stehen muß bzw. zur ersten und zur zweiten Spurgeraden der Ebene. Es sei P der räumliche

Punkt (Fig. 201), Q der Fußpunkt des von P auf die Ebene $\mathfrak{E}$ gefällten Lotes p. Dieses Lot $p = PQ$ soll auf die Bildebene projiziert werden; die p auf $\mathfrak{P}_2$ projizierende Ebene muß die räumliche Ebene in einer sogenannten Falllinie schneiden, auf der Q liegt und zu der p in Q senkrecht steht; die Schnittgerade der projizierenden Ebene von p mit der Bildebene, d. i. p'', schneidet sich mit dieser Falllinie in einem Punkte von $\mathfrak{S}_2$ und ist zugleich

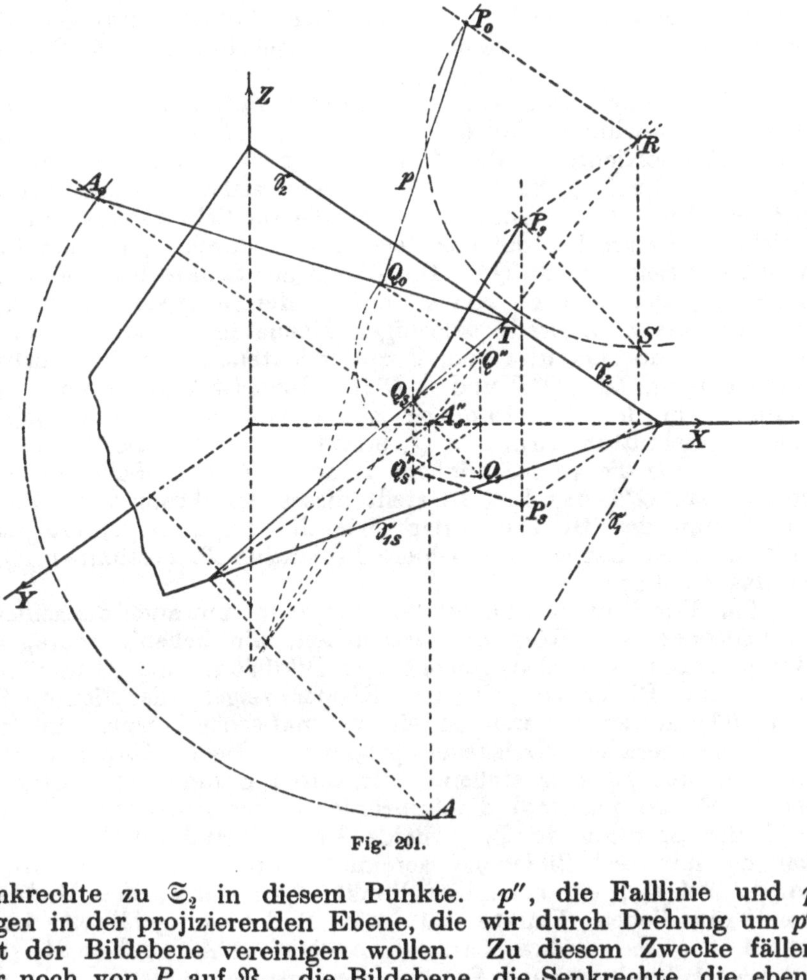

Fig. 201.

Senkrechte zu $\mathfrak{S}_2$ in diesem Punkte. p'', die Falllinie und p liegen in der projizierenden Ebene, die wir durch Drehung um p'' mit der Bildebene vereinigen wollen. Zu diesem Zwecke fällen wir noch von P auf $\mathfrak{P}_2$, die Bildebene, die Senkrechte, die ebenfalls in der projizierenden Ebene von p liegen muß. Das Bild dieser Senkrechten ist aber konstruierbar. Ich ziehe durch P_s' die Parallele zu OY bis zum Schnitt mit OX, errichte in dem Schnittpunkt zu OX die Senkrechte, dann wird letztere von der durch P_s zu OY gezogenen Parallelen im Fußpunkte R des Lotes geschnitten. Die wahre Länge dieses Lotes ist RS, daher RP_0

das umgelegte Lot, wenn $RP_0 \perp RT$ und $RT \perp \mathfrak{S}_2$ ist. In der Geraden RT liegt p'', die zweite Projektion des gesuchten Lotes $p = PQ$. Verlängere ich RT bis zum Schnitte mit der Achse OX und errichte ich im Schnittpunkte A''_s zu RT die Senkrechte $= A''_s A$, dann ist $A_0 A''_s$ die umgelegte Falllinie, der Winkel $A_0 T A''_s$ gibt daher den Neigewinkel der Ebene $\mathfrak{E}$ gegen die Bildebene an. Fälle ich jetzt die Senkrechte von P_0 auf $A_0 T$, dann stellt diese die gesuchte Senkrechte p in wahrer Größe dar, der Fußpunkt Q_0 ist der umgelegte Punkt. Sein Abstand von der Bildebene ist $Q_0 Q''$, daher seine schiefe Projektion Q_s und $P_s Q_s$ die schiefe Projektion des Lotes $PQ = p$.

Wir können aber auch umgekehrt Punkt P_s konstruieren, wenn wir annehmen, daß Q in $\mathfrak{E}$ gegeben sei, also in Q zu $\mathfrak{E}$ die Senkrechte errichten. Von Q fällen wir auf $\mathfrak{P}_2$ die Senkrechte, indem wir durch Q'_s zu OY die Parallele ziehen bis zum Schnitt mit der Achse OX, dann schneidet die im Schnittpunkt zu OX errichtete Senkrechte die Parallele zu OY durch Q_s in dem Fußpunkt der Senkrechten Q''. Die Länge der Senkrechten ist offenbar $Q''Q_1$, und fälle ich von Q'' auf $\mathfrak{S}_2$ die Senkrechte $Q''T$, dann ist diese die Spurgerade derjenigen Ebene in $\mathfrak{P}_2$, die Q auf $\mathfrak{P}_2$ projiziert und das in Q zu $\mathfrak{E}$ zu errichtende Lot QP enthält. Machen wir $Q''Q_0 \perp Q''T$ und $= Q''Q_1$, dann ist TQ_0 die umgelegte Falllinie, in der die räumliche Ebene von der eben erwähnten Ebene geschnitten wird. In Q_0 errichte ich jetzt die Senkrechte und gebe ihr die vorgeschriebene Länge $= Q_0 P_0$. Fälle ich jetzt von P_0 auf $Q''T$ das Lot, so stellt dieses den Abstand des Punktes P von der Bildebene dar; wie die Figur zeigt, läßt sich mittels dieser Länge seine schiefe Projektion P_s bestimmen, $Q_s P_s$ ist das verlangte Lot.

59. Wir benutzen die letzten Aufgaben, um auch die schiefen Projektionen von Körpern darzustellen, die beliebig schräg im Raum liegen, die also geneigt zur Bildfläche und Grundfläche sind. Die Bilder so gelegener Körper zeigen die Figuren 202 und 203; in der ersteren ist ein prismatischer Körper, in letzterer ein gerader Kreiskegel projiziert. Beide Körper denken wir uns auf Ebenen stehend, die durch Spurgeraden festgelegt seien. $\mathfrak{S}_2$ sei jedesmal die Spurlinie in der Bildebene, $\mathfrak{S}_{1s}$ das Bild der Spurlinie in $\mathfrak{P}_1$. Beide Ebenen sind durch Drehung um $\mathfrak{P}_2$ mit der Bildebene vereinigt worden; zu dem Zwecke wurde auf $\mathfrak{S}_{1s}$ ein beliebiger Punkt A_s gewählt, das Bild des vom räumlichen Punkte auf die Bildebene gefällten Lotes ist $A_s A''$, die wahre Länge desselben $A''A$, daher A_0 der umgelegte Punkt A und $\mathfrak{S}_1^0$ die umgelegte Spurlinie $\mathfrak{S}_1$. In den Winkelraum von $\mathfrak{S}_2$ und $\mathfrak{S}_1^0$, der die umgelegte Ebene darstellt, ist jetzt der Grundriß des Körpers eingezeichnet worden, in Figur 202 das Polygon *1, 2, 3, 4, . . . , 8*, in Figur 203 der Kreis k. Beide Ebenen wurden nun zurückgedreht. Das Bild einer jeden Figur in der neuen Lage ist jetzt eine Figur, die der gegebenen Figur affin und affin gelegen ist. Die Affinitätsachse ist $\mathfrak{S}_2$; da

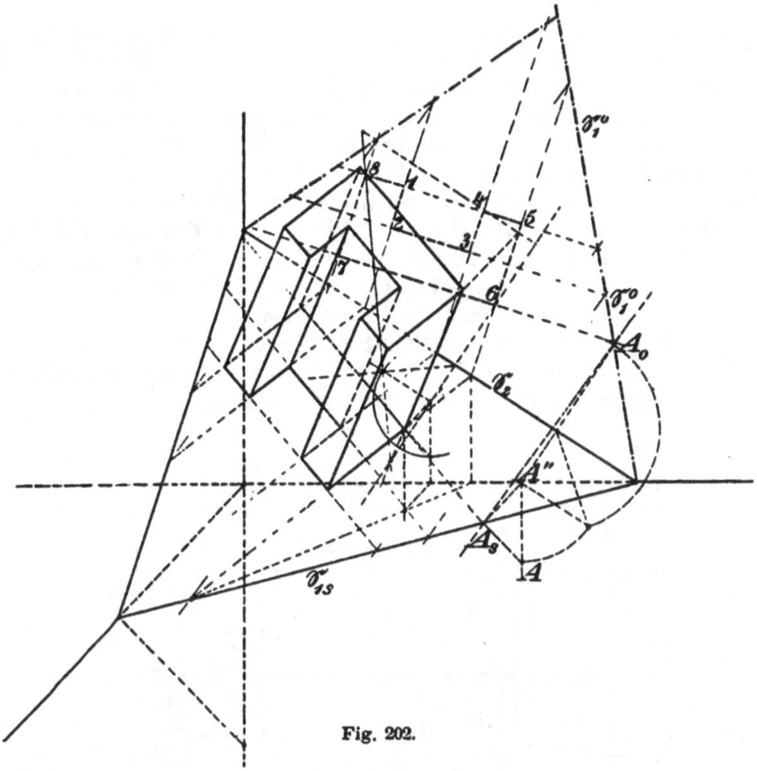

Fig. 202.

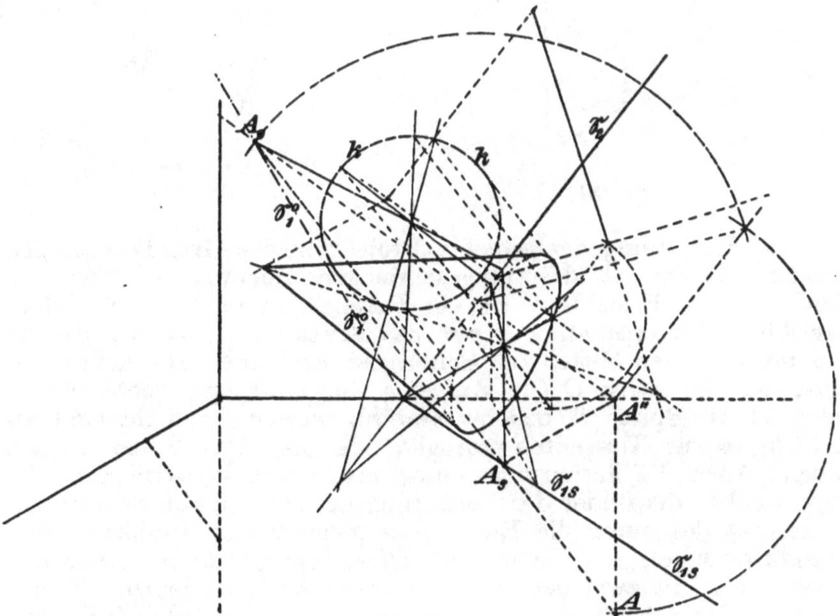

Fig. 203.

A_s und A_0 sich entsprechende Punkte sind, so gibt ihre Verbindungsgerade die Richtung der Affinitätsstrahlen an. Schließlich ist in einer Ecke des Grundrißbildes (in Fig. 203 im Mittelpunkt der Ellipse) die Senkrechte konstruiert worden; das Verfahren ist im vorangehenden Abschnitt beschrieben. Beim Prisma sind alle Kanten gleich lang und parallel; von dem Endpunkte des Bildes der Senkrechten in Figur 203 sind an die Ellipse die Tangenten gelegt, die den Umriß des Kegels bilden. Das Verfahren der Darstellung vereinfacht sich, sowie der Körper aufrecht und auf der Grundrißebene stehend angenommen wird. Es sind

in Figur 204 ein sechsseitiges Prisma,
in Figur 205 ein gerader Kreiskegel,
in Figur 206 eine fünfseitige Pyramide und schließlich
in Figur 207 ein Ikosaeder dargestellt.

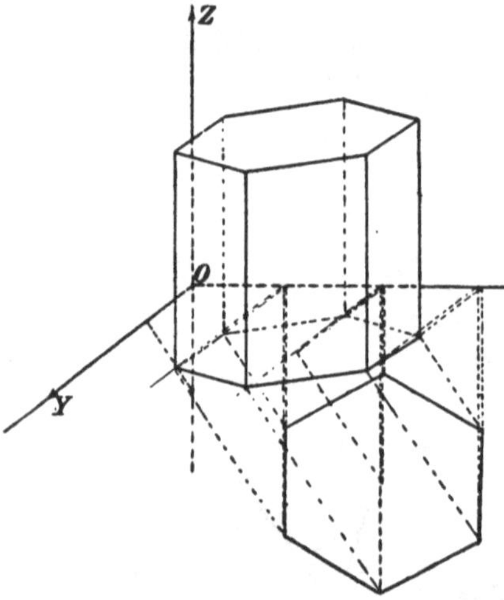

Fig. 204.

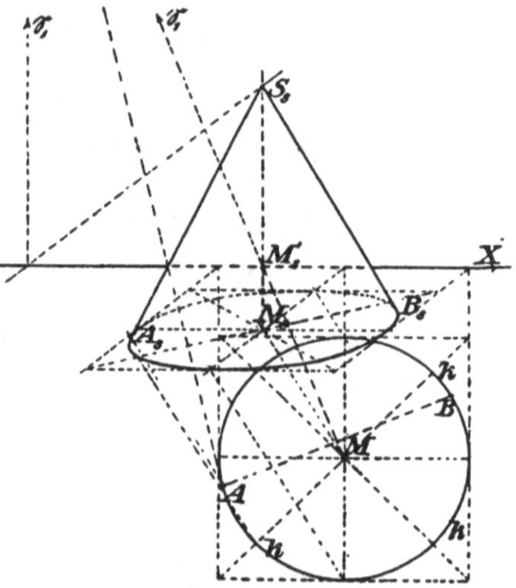

Fig. 205.

Zur Ermittlung der schiefen Projektion des Grundkreises des geraden Kegels ist das umgeschriebene Quadrat mit benutzt worden, seine Projektion ist ein Parallelogramm, das von dem Kreisbild, das eine affine Figur des Kreises k, also eine Ellipse sein muß, in den Mitten der Seiten berührt wird. Die Affinitätsachse ist die Achse OX. Auf der durch M_s gezogenen Vertikalen ist die Spitze S_s beliebig gewählt worden, von ihr sind an die Ellipse die Tangenten gezogen, die den Umriß des Kegels bilden. Auch die Berührungspunkte lassen sich konstruieren. Sie sind offenbar die Bilder der Berührungspunkte der von dem ersten Spurpunkt des durch die Kegelspitze gehenden Sehstrahls an den Grundkreis k gelegten Tangenten. Dieser Spurpunkt ist bestimmt, da sich für ihn zwei geometrische Örter zeichnen lassen: 1. der Grundriß des Sehstrahls, d. i. MM'_s, 2. die auf der Achse OX senkrecht stehende, in $\mathfrak{P}_1$ gelegene Gerade, in der die den Sehstrahl auf $\mathfrak{P}_2$ projizierende Ebene die Grundrißebene $\mathfrak{P}_1$ schneidet. Diese Gerade geht durch den Schnittpunkt der Achse OX und des Aufrisses des Sehstrahls, letzterer ist die durch die Kegelspitze gezogene Parallele zur Achse OY. Daher ist $\mathfrak{S}_1$ der gesuchte Spurpunkt. Offenbar sind die von $\mathfrak{S}_1$ an den Kreis k gelegten Tangenten, $\mathfrak{S}_1 A$ und $\mathfrak{S}_1 B$, und die den Umriß bildenden Mantellinien der Kegelfläche affine und affin gelegene Strecken. Es schneiden sich daher diese Geraden auf der Affinitätsachse, die wieder die Achse OX ist; es schneiden sich also $S_s A_s$ und $\mathfrak{S}_1 A$ auf dieser Achse, desgleichen $S_s B_s$ und $\mathfrak{S}_1 B$, mithin sind A_s und B_s die affinen Punkte der Kreispunkte A und B, deren Verbindungslinie die Polare des Spurpunktes $\mathfrak{S}_1$ in bezug auf k ist.

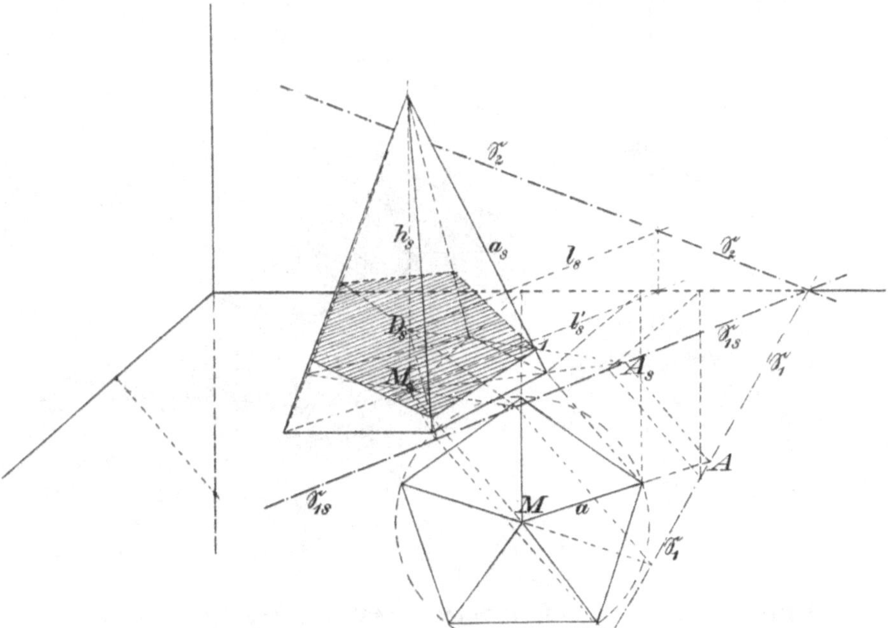

Fig. 206.

Die in Figur 206 dargestellte Pyramide ist durch eine durch die Spurgeraden $\mathfrak{S}_1$ und $\mathfrak{S}_2$ bestimmte Ebene $\mathfrak{E}$ geschnitten worden. Um diesen Schnitt darzustellen, ist zunächst durch die Achse der Pyramide h eine zu $\mathfrak{P}_1$ senkrechte Ebene gelegt worden, die zu $\mathfrak{S}_1$ parallel läuft. Ist l die Schnittgerade dieser Ebene mit der Ebene $\mathfrak{E}$, dann sind l'_s und l_s bzw. die Bilder ihrer Grundrißprojektion l' und der Geraden l selbst. Daher durchdringt die Höhe der Pyramide die Ebene $\mathfrak{E}$ in einem Punkte D, dessen Bild $D_s = l_s \times h_s$ sein muß. Die Durchdringungspunkte der

Pyramidenkanten mit der Ebene 𝔈 können jetzt leicht konstruiert werden; ich finde ihn z. B. von der Kante *a*, indem ich *a* durch eine Ebene auf die Grundrißebene projiziere; diese Ebene schneidet die Grundrißebene in der Geraden MA, deren Bild $M_s A_s$ ist; die gleiche Ebene schneidet aber Ebene 𝔈 in der Geraden DA, deren Bild $D_s A_s$ ist, daher kann nur Punkt $1 = a_s \times D_s A_s$ Durchdringungspunkt von *a* mit 𝔈 sein usw. Die wahre Größe der Schnittfigur ermitteln wir, indem wir die Ebene 𝔈 um $\mathfrak{S}_2$ drehen bis zur Vereinigung mit der Bildebene. Diese Aufgabe ist schon früher gelöst worden.

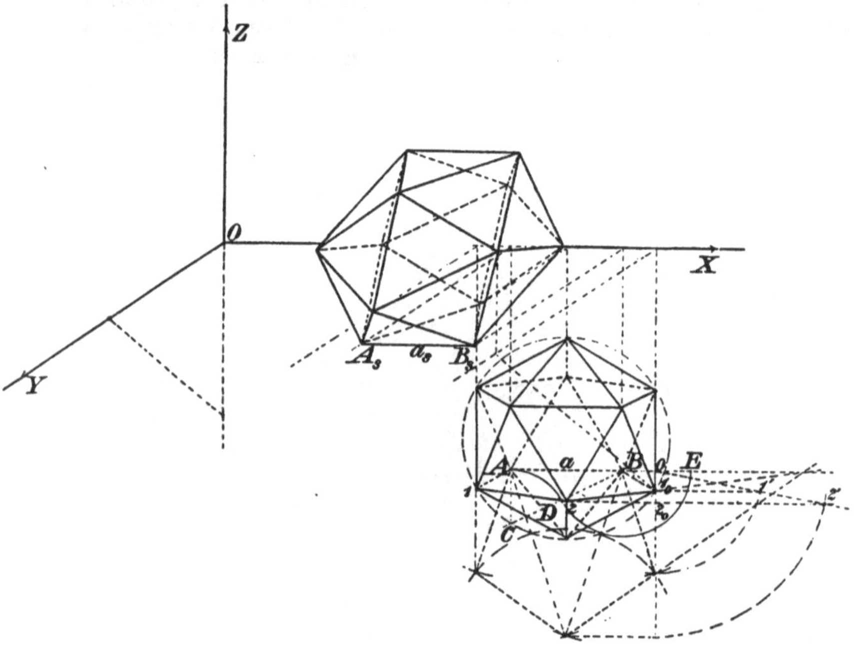

Fig. 207.

Um die schiefe Projektion eines Ikosaeders zu zeichnen (Fig. 207), war nur eine Ansicht, der geometrische Grundriß eines solchen dargestellt worden. Von jeder Ecke des Körpers gehen fünf Kanten aus, deren Endpunkte ein ebenes, reguläres Fünfeck bestimmen; oder jede Kante des Ikosaeders ist zugleich Seite eines solchen Fünfecks. Da das Ikosaeder mit einer Fläche auf der Grundrißbeene aufstehend angenommen wurde, kann auch das Fünfeck, das einer Seite dieser Fläche, z. B. *a*, angehört, um *a* herabgeschlagen werden. Gerade *a* ist offenbar die erste Spurgerade dieses Fünfecks; aus der Grundrißprojektion und der Umlegung ergibt sich aber das Profil, das eine Gerade sein muß, nämlich $0\,1'\,2'$; es hat mithin der Punkt *1* den Abstand $1'\,1_0$, der Punkt *2* den Abstand $2'\,2_0$ von der Grundrißebene, ihre Bilder müssen sich daher konstruieren lassen. Die Aufgabe, das von *a* aufsteigende ebene Fünfeck herabzuschlagen, ist identisch mit der Aufgabe, über a als Seite ein reguläres Fünfeck zu zeichnen, auch diese ist in Figur 207 gelöst. Es ist zu $a = AB$ in A die Senkrechte $= \frac{1}{2}a$ konstruiert und der Endpunkt c derselben mit B verbunden; schneidet man jetzt auf CB von C aus $\frac{1}{2}a$ ab $= CD$, dann wird CB durch D stetig geteilt, und verlängere ich AB um $BE = DB$, dann ist auch AE in B stetig geteilt und die herabgeschlagene Ecke *2* des Ikosaeders ist Spitze des gleichschenkligen Dreiecks, dessen Basis a und dessen Schenkel $= AE$ ist; die weitere Konstruktion ergibt sich aus der Figur.

60. Es seien noch einige angewandte Beispiele gegeben, einmal, um darzutun, daß gerade der Praktiker sich der axonome-

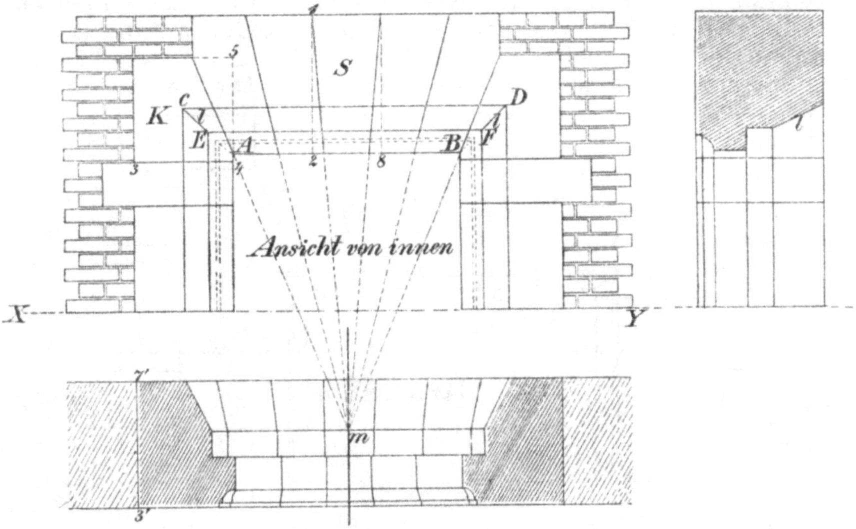

Fig. 208 a, b und c.

trischen und schiefen Projektion bei seinen Arbeiten in ausgedehntester Weise bedient, zum anderen, um dem Lernenden zur Befestigung des Vorgetragenen geeigneten Übungsstoff zu bieten. Es sei zunächst der Steinschnitt eines **scheitrechten Bogens** in einer zwei Stein starken Mauer dargestellt (Fig. 208a—c). Die Überdeckung einer Maueröffnung kann sowohl mit Ziegelsteinen als auch mit Hausteinen erfolgen. Es ist wohl die Konstruktion als die einfachste zu bezeichnen, bei der nur **ein** Stein, ein Steinbalken, zur Überdeckung angewendet wird. Diese Methode ist jedoch nur bei geringen Spannweiten anwendbar. Bei größeren Spannweiten tritt jedoch an Stelle des Steinbalkens der Mauerbogen, der, aus Hausteinen gebildet, die Gestalt eines Spitzbogens, Segmentbogens, Korbbogens, des elliptischen Bogens usw. haben kann, d. h. hinsichtlich seiner Form mit dem aus Ziegelstein hergestellten vollständig übereinstimmt; er heißt **scheitrechter Bogen**, wenn die untere Begrenzungslinie des Steinbalkens beibehalten wird, die Verbindungslinie der Kämpferpunkte A und B zugleich die Bogenlinie des Mauerbogens bilden soll. Auch die seitliche Begrenzung der Maueröffnung, die häufig durch die Mauer selbst gebildet wird, soll aus Hausteinen hergestellt werden. Da es der Zweck des Bogens ist, den auf denselben wirkenden Druck auf das seitliche Mauerwerk abzuleiten, können die Lagerflächen nicht der allgemeinen Konstruktionsregel entsprechend angeordnet werden, d. h. nicht lotrecht zur Leibungsfläche des Bogens sein. Die Steine sind so zu bearbeiten, daß sie sich gegenseitig stützen, was nur dadurch erreicht werden kann, daß man den scheitrechten Bogen wie einen Segmentbogen behandelt und demnach die Lagerflächen so wählt, daß sie sich sämtlich in einer Achse auf der Mittellinie der Öffnung und senkrecht zur Stirnfläche schneiden. Um die Lagerflächen in Aufriß zu zeichnen, teilen wir die Bogenlinie AB in fünf gleiche Teile und verbinden die Teilpunkte mit dem auf der Mittellinie gewählten Punkt m. Die Verlängerungen

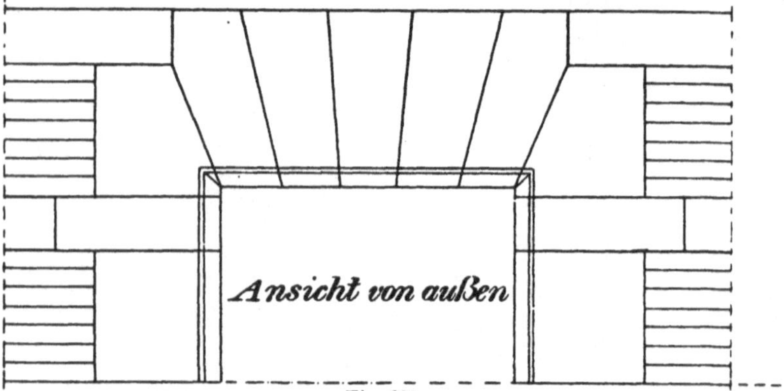

Fig. 209.

dieser Linien über die Teilpunkte hinaus bilden die Projektionen der Lagerflächen bezüglich die der Lagerfugen. Damit nicht zu spitze Winkel an der inneren und äußeren horizontalen Begrenzungsebene des Bogens entstehen, zu spitzwinklige Werkstücke und gebrochene Lagerflächen vermieden werden, ist der Mittelpunkt m gehörig tief, zugleich auch die beiden Kämpferfugen etwas tiefer als die innere Bogenlinie angenommen worden. Die Leibung des hinteren Teils des Bogens, die den Teil der Öffnung überdeckt, dessen lotrechte Leibungen nicht senkrecht, sondern in schräger Richtung gegen die Wandfläche stoßen, ist eine zur Horizontalebene geneigte Ebene, die sowohl nach hinten wie nach vorn durch die horizontalen Linien CD und EF begrenzt wird.

Die entstehenden Gehrungslinien l müssen Gerade sein, da sie durch den Schnitt ebener Flächen gebildet werden. Von dem Bogen sind dargestellt worden:

Eine Ansicht von innen (Fig. 208a), ein horizontaler Schnitt (Fig. 208b), mit Ansicht von unten gegen die horizontale Leibung, ein Vertikalschnitt (Fig. 208c), eine Ansicht von außen (Fig. 209).

Außerdem sind zwei Bogensteine gezeichnet worden, der Schlußstein (Fig. 210) und der Anfänger (Eckstein Fig. 211), schließlich noch zwei Schablonen oder Brettungen (Fig. 212a und b), deren der Steinmetz zur Bearbeitung der Steine bedarf. Da von den Steinen Grund- und Aufriß gegeben und ihre sämtlichen Kanten projiziert sind, so ist auch ihre Gestalt definiert. Nach dem Auf-

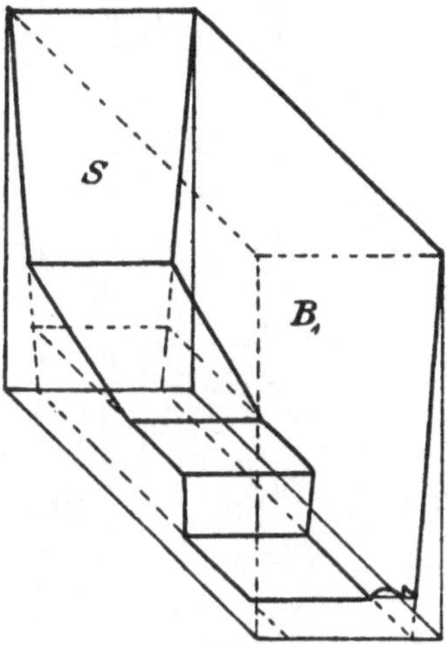

Fig. 210.

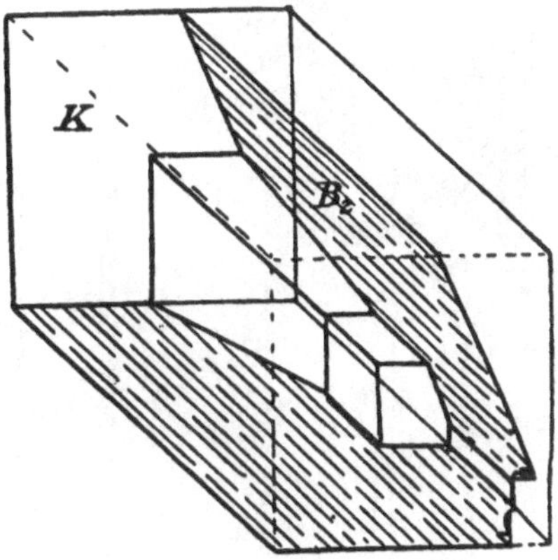

Fig. 211.

riß muß der Schlußstein im vollen, d. h. der Stein, aus dem der Schlußstein hergestellt werden kann, als Höhe die Strecke *1*, *2*, als

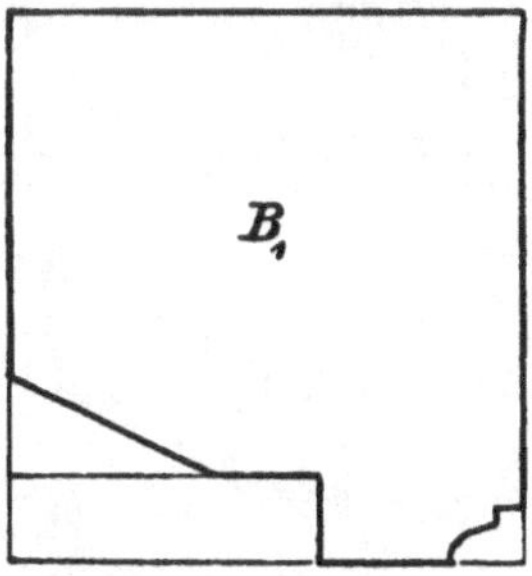

Fig. 212 a.

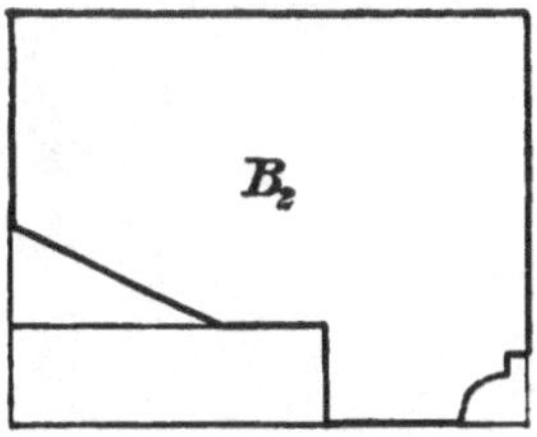

Fig. 212 b.

Länge die Strecke *2*, *8* und nach dem Grundriß zur Tiefe die Strecke *3'*, *7'* haben. Die Dimensionen des Anfängers sind: Länge = *3*, *4*, Höhe = *4*, *5*, Breite oder Tiefe = *3'*, *7'*. Werden drei sich in einer Ecke schneidende Flächen dieser Steine, die die Gestalt eines Parallelepipeds haben, zu Koordinatenebenen gemacht und diese in schiefer Projektion gezeichnet, so kann man zu jeder Ecke aus Grund- und Aufriß die Raumkoordinaten, mithin auch die schiefe Projektion ermitteln.

61. In den Figuren 213a—c ist der Sockel eines Hauses mit Werksteinverblendung und Kellerfenster zur Darstellung gebracht.

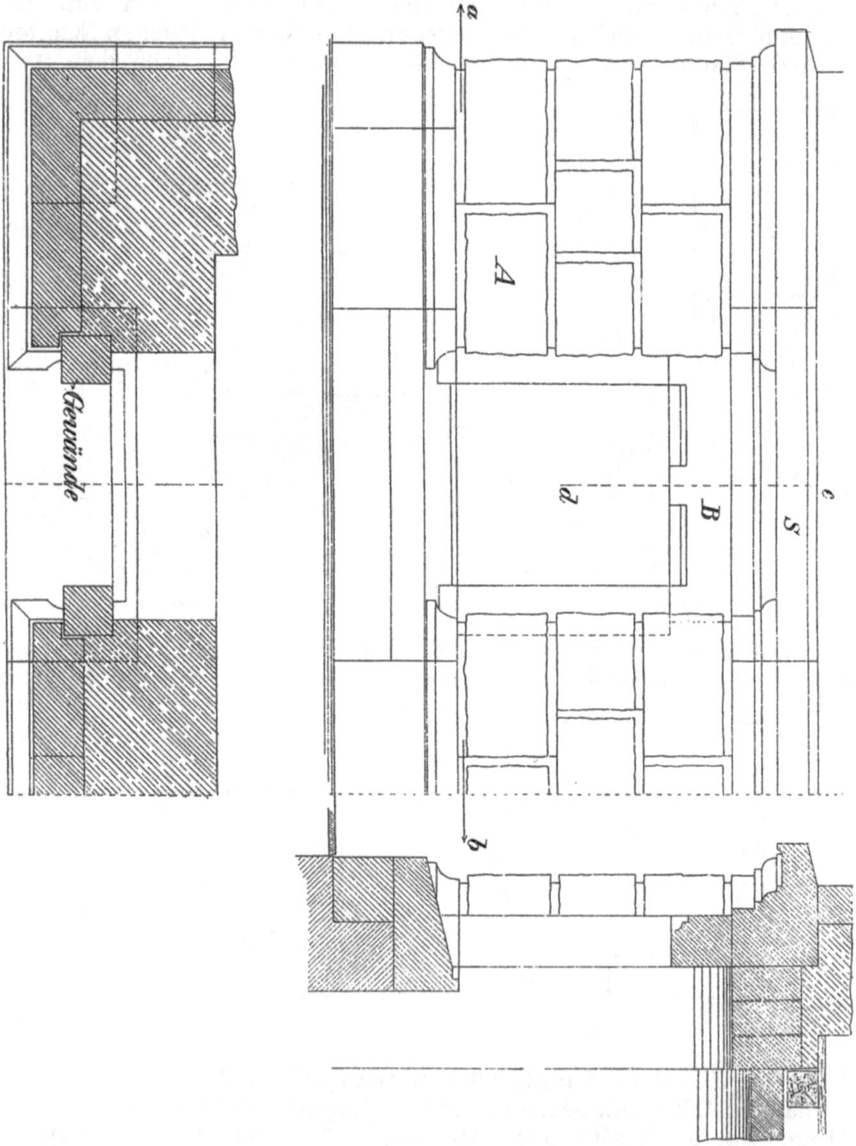

Fig. 213a, b und c.

Figur 213a gibt eine Ansicht desselben, man erkennt deutlich die Glieder des Sockels, nämlich den Sockelfuß, die eigentliche Sockelmauer und das Sockelgesimse. Die Schnitte (Horizontalschnitt Fig. 213b und Profil Fig. 213c) lehren, daß die Sockelmauer aus Backsteinen hergestellt und mit Hausteinen verkleidet ist. Die zur Herstellung einer festen Verbindung zwischen der Hintermauerung und der Verkleidung erforderlichen Dübel, Anker und Klammern sind nicht eingezeichnet worden. Die horizontale Schnittebene *a b* durchschneidet die Mauer mit der Verkleidung und die Gewände des Fensters; die lotrechte durch die Fensterachse geführte Ebene *c d* dagegen das Sockelgesimse, den Sturz, die Sohlbank und die

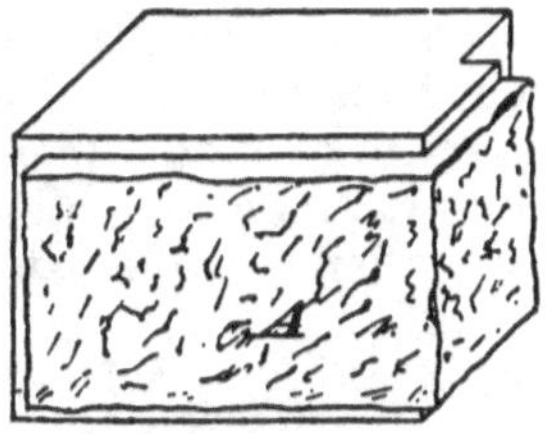

Fig. 214.

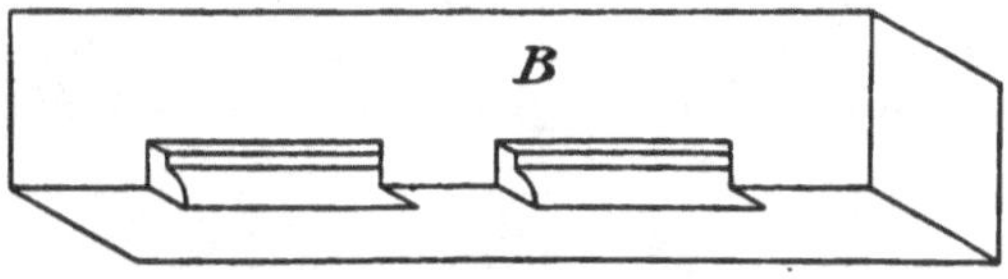

Fig. 215.

Hintermauerung. Bei den geringen Dimensionen der Maueröffnung wurden Überdeckung, Gewände und Sohlbank je aus einem Steinbalken hergestellt. Um die Gestalt der einzelnen Teile der Konstruktion, die durch die gegebenen Schnitte und die Ansichten

Fig. 216.

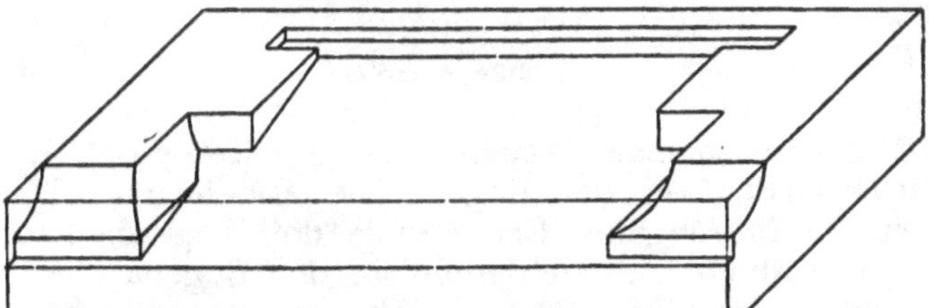

Fig. 217.

vollständig definiert ist, besser zu erkennen, sind ausgetragen worden: 1. der Verblendstein *A* (Fig. 214), 2. der Sturz *B* (Fig. 215), 3. das Sockelgesimse über dem Fenster (Fig. 216) und 4. die Sohlbank (Fig. 217). Alle diese Teile sind in schiefer Projektion dargestellt worden.

62. Steinschnitt eines schiefen kreiszylindrischen Bogens in einer freistehenden, geradflüchtigen Mauer.

Die Steine eines Mauerbogens sind am einfachsten gestaltet, wenn die Leibung des Bogens sich nicht aus verschiedenen Flächenarten zusammensetzt, sondern nur eine einzige Fläche auf die ganze Stärke der Mauer darstellt. Ein derartiges Beispiel bietet der in den Figuren 218a—c dargestellte Mauerbogen. Die Leibung ist in diesem Falle die Fläche eines schiefen Kreiszylinders, dessen Achse jedoch nur wenig von der zur Mauerflucht errichteten Senkrechten abweichen soll. Wäre die Achse senkrecht zur Stirnfläche, so hätten wir einen geraden, kreiszylindrischen Mauerbogen, also ein Tonnengewölbe, dessen Länge die der Mauerstärke nicht übersteigt. Der dargestellte Bogen ließe sich auch mit einem schiefen Tonnengewölbe vergleichen, dessen Leibung von allen parallel zur

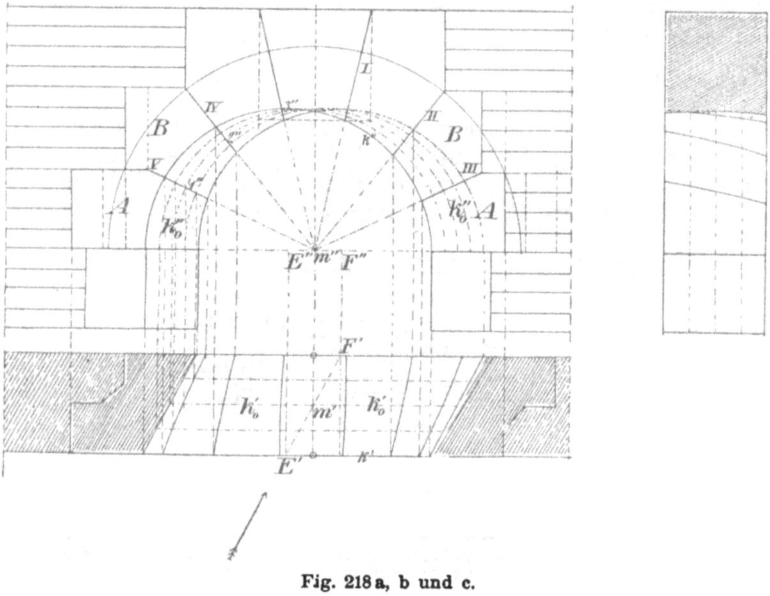

Fig. 218a, b und c.

Stirnwand angenommenen Ebenen in Halbkreisen geschnitten wird, deren Mittelpunkte auf der Bogenachse EF liegen. Nach dem allgemeinen Verfahren der Ermittlung der Lagerflächen müßte man Ebenen wählen, die sich nicht in der Bogenachse, sondern in einer Achse schneiden, die senkrecht zur Mauerflucht ist, denn nur durch solche Ebenen können in der Wandfläche Fugen erzeugt werden, die auf dem in derselben befindlichen Halbkreis senkrecht stehen. Soll hiernach der Fugenschnitt so angeordnet werden, daß die in der vorderen Mauerfläche AB sich bildenden Stirnfugen Normale zum Halbkreisbogen k werden, so hätte man letzteren in fünf oder sieben gleiche Teile zu teilen, die Teilpunkte mit dem zugehörigen Mittelpunkte zu verbinden und durch diese Geraden Ebenen zu legen, die zur zweiten Projektionsebene bzw. zur Stirnfläche der Mauer senkrecht stehen. Diese Ebenen schneiden wohl die vordere Mauerfläche des Bogens nach den gewünschten Stirnfugen, nicht aber die hintere, die sich in dieser Ebene bildenden Fugen würden den darin befindlichen Kreisbogen nicht senkrecht, sondern schräg schneiden. Da aber die Mauer eine freistehende sein soll, würde es sich empfehlen, von dieser durchaus einwandfreien Lösung abzusehen, vielmehr den Fugen-

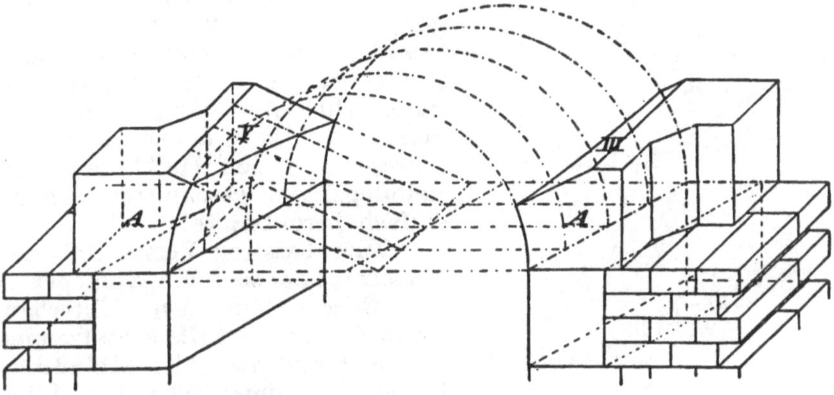

Fig. 219.

schnitt und die Breite und Höhe der Steine so anzuordnen, daß beide Stirnflächen ein vollkommen gleiches Aussehen erhalten, daß also sich entsprechende Stirnfugen die zugehörige Kreisbogenlinie unter gleichen Winkeln schneiden.

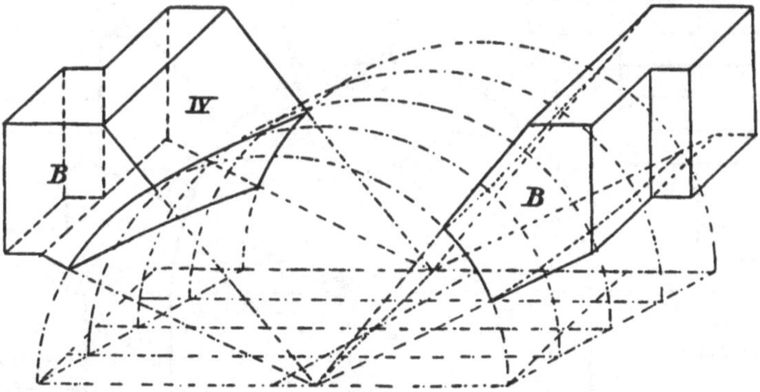

Fig. 220.

Um das zu erreichen, benutzen wir zur Bildung der Lagerflächen nicht die Halbkreise in den Stirnflächen der Mauer, sondern den Halbkreis der Leibungsfläche, der von den beiden erstgenannten gleichen Abstand hat, also von der Ebene herausgeschnitten wird, die gleichen Abstand von den Stirnflächen der Mauer hat. Dieser Halbkreis k_0, dessen erste Projektion die Gerade k_0', und dessen Aufriß der Halbkreis k_0'' mit dem Mittelpunkt m'' ist, ist in sieben gleiche Teile geteilt worden. Werden die Teilpunkte $1''$, $2''$, $3''$ usw. mit m'' verbunden, dann bedeuten die Verbindungslinien die zweiten Projektionen der Stirn- oder Lagerfugen und der Lagerflächen. Die Schnittlinien der Lagerflächen und Leibungsflächen sind elliptische Bogen, die sich nur im Aufriß als Gerade, sonst als elliptische Bogen projizieren, und im Grundriß dadurch erhalten wurden, daß man die Schnittpunkte, in denen die Fugenaufrisse von den Halbkreisen der Leibungsfläche geschnitten werden, einfach herunterlotete.

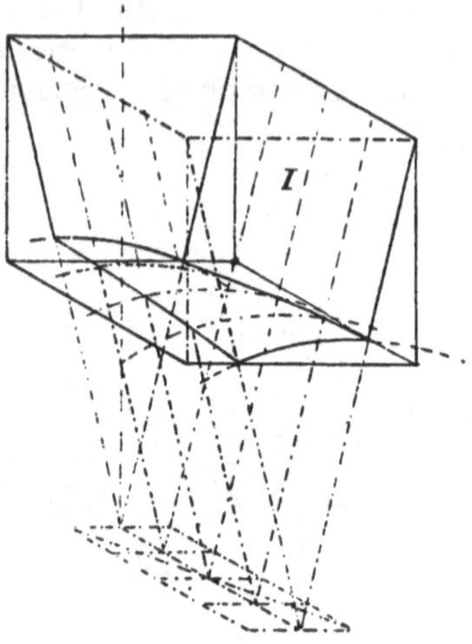

Fig. 221.

Zum besseren Verständnis der Konstruktion sind die Anfänger *A* des Bogens mit dem Unterbau, sowie die sich auf diese stützenden Steine *B* und auch der Schlußstein in schiefer isometrischer Projektion dargestellt worden (Fig. 219—221). Figur 222 zeigt eine Ansicht des Bogens in Richtung der Achse,

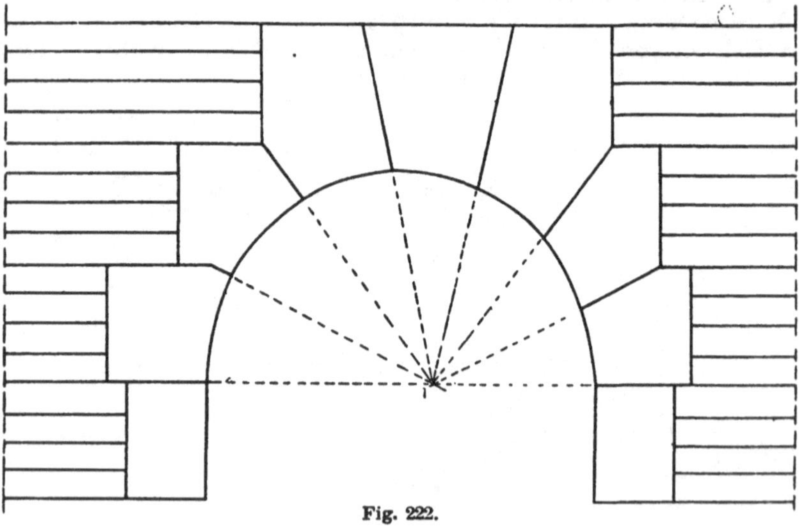

Fig. 222.

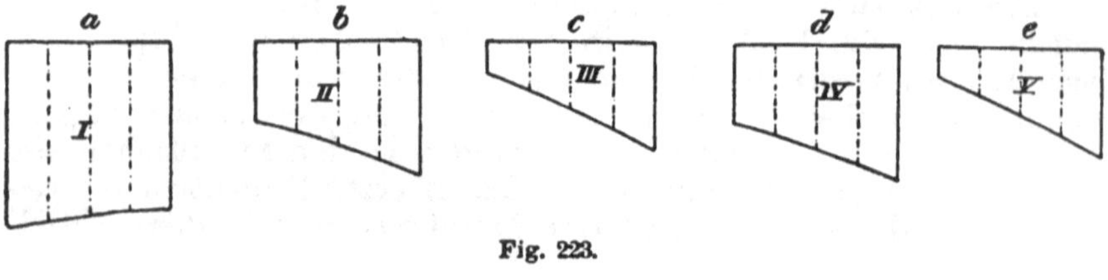

Fig. 223.

die Figur 223a—e die im Bogen vorkommenden Brettungen oder Schablonen.

63. Sandsteinfassung einer Kugelnische in einer geradflüchtigen Mauer. Von der Nische sind gezeichnet worden: a) die vordere Ansicht (Fig. 224a), der Aufriß, b) ein Horizontalschnitt (Fig. 224b) mit Ansicht der Nische gegen die Gewölbfläche,

Fig. 224a, b und c.

c) der Vertikalschnitt (Fig. 224c); die Lagerflächen der Steine für den oberen eine Viertelkugel bildenden Teil der Nische sind ebene Flächen, die lotrecht zur Mauerflucht stehen und sich in der durch den Kugelmittelpunkt gehenden Achse, deren Projektionen im Grundriß Gerade $A'B'$, im Aufriß Punkt $A''B''$ sind, schneiden. Die Schnittlinien dieser Ebenen mit der Kugelfläche sind Kreislinien, Teile größter Kugelkreise, die im Aufriß, da ihre Ebenen senkrecht zur Aufrißebene $\mathfrak{P}_2$ stehen, als Gerade, in den beiden anderen Ansichten als elliptische Bogen sich projizieren. Die Stoßflächen der Nischensteine dagegen sind Teile der Flächen von geraden Kreiskegeln, deren Grundkreise durch den Schnitt von zur Mauerflucht parallelen Ebenen mit der Kugel erzeugt werden und deren Mittelpunkte sämtlich im Kugelmittelpunkt liegen. Die Stoßfugen projizieren sich daher im Aufriß als Kreisbogen, im Grund- und Seitenriß als Gerade. Es sind ausgetragen worden: der Schlußstein (Fig. 225), der erste Stein des Kugelgewölbes *A* (Fig. 226) und der auf diesem liegende Hakenstein *B* (Fig. 227).

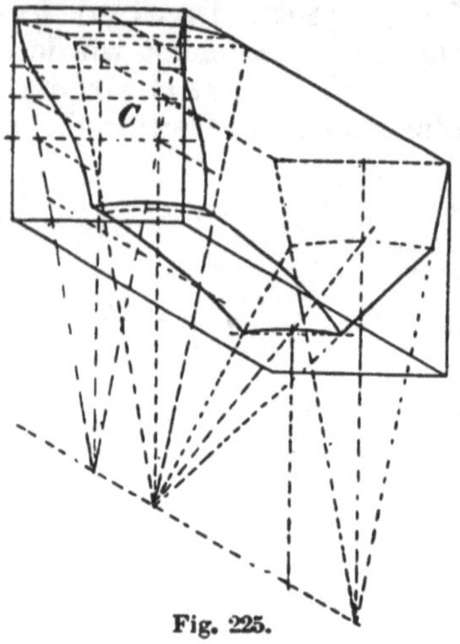

Fig. 225.

Da die Lagerflächen sich auf der Achse unter sehr spitzen Winkeln schneiden würden, stumpft man die keilförmig gestalteten Steine nach diesem Punkte hin ab, indem man sie auf einen kegelförmig oder zylindrisch bearbeiteten Stein stoßen läßt, dessen Stirnfläche der Kugelfläche der Nischenleibung angehört und durch einen kleineren Kugelkreis begrenzt wird. Der letztere

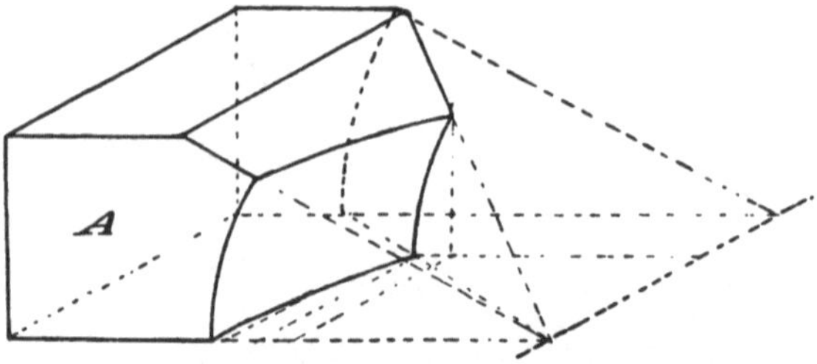

Fig. 226.

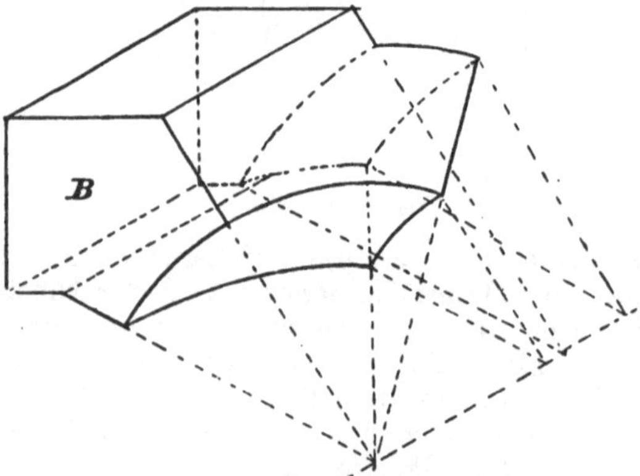

Fig. 227.

kann angesehen werden als der Schnitt der Kugelfläche mit der zylindrischen oder konischen Oberfläche des Steines, der auch das Auge oder der Kern der Nische genannt wird.

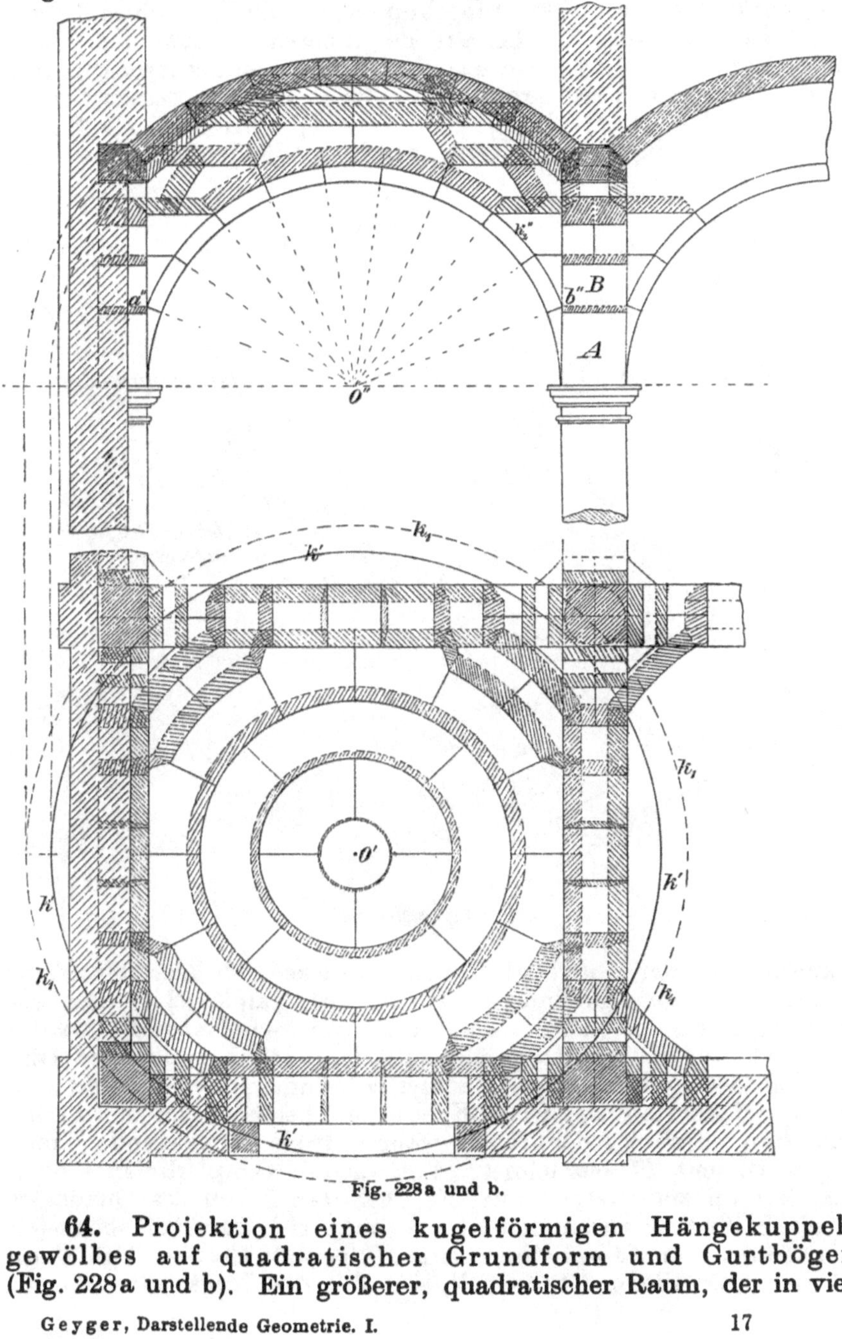

Fig. 228a und b.

64. Projektion eines kugelförmigen Hängekuppelgewölbes auf quadratischer Grundform und Gurtbögen (Fig. 228a und b). Ein größerer, quadratischer Raum, der in vier kleinere, quadratische Räume durch parallel zu den Seiten laufende Gurtbögen, die durch eine Säule im Mittelpunkte des Quadrates gestützt werden, geteilt worden ist, soll durch vier Hängekuppeln eingedeckt werden. Die Hängekuppel ist ein Teil eines Kugelgewölbes, das durch den Schnitt der inneren Flächen der Widerlagsmauern bzw. Gurtbögen aus einer Halbkugel herausgeschnitten wird. Diese Kugel ist durch ihren größten Kreis k, dessen Grundriß k' ist, bestimmt. Durch den Kreis k_1 wird auch die Stärke des Kugelgewölbes gegeben. Die lotrechten Wände der Umfassungs-

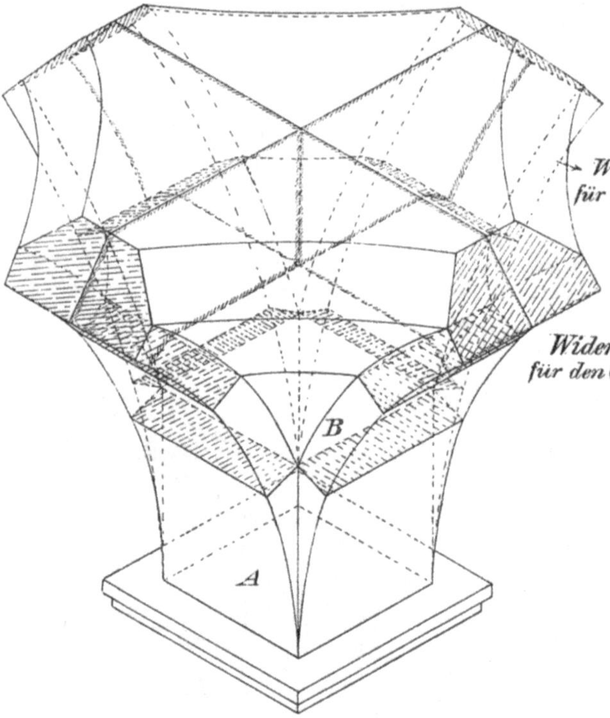

Fig. 229.

mauern und der Gurtbögen, deren Stärke sich aus der Figur ergibt, schneiden die innere Leibung der Halbkugel in den sogenannten Kämpferlinien, die Kreisbögen sein müssen; da im Grundriß der Kugelmittelpunkt mit dem Schnittpunkt der Diagonalen des quadratischen Raumes zusammenfällt, so sind alle von gleichem Radius. Diese Kreisbögen beginnen im Aufriß bei den Punkten a'', b''; der sich in wahrer Größe projizierende Kreisbogen ist mit k_2'' bezeichnet. Von diesen Kämpferlinien stoßen also je zwei angrenzende lotrecht über den Ecken des Quadrates in einem Punkte zusammen. Denkt man sich durch die höchsten Punkte der vier Kämpferlinien eine horizontale Ebene gelegt, dann ist der über dieser Ebene gelegene Teil der Kugel eine Kugel-

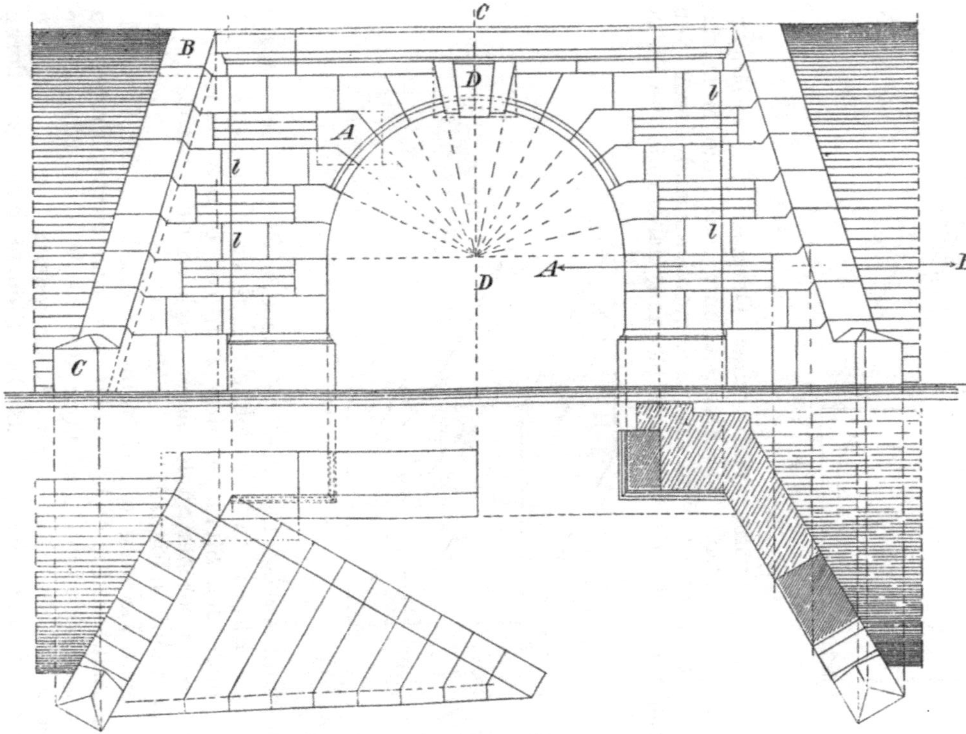

Fig. 230 a und b.

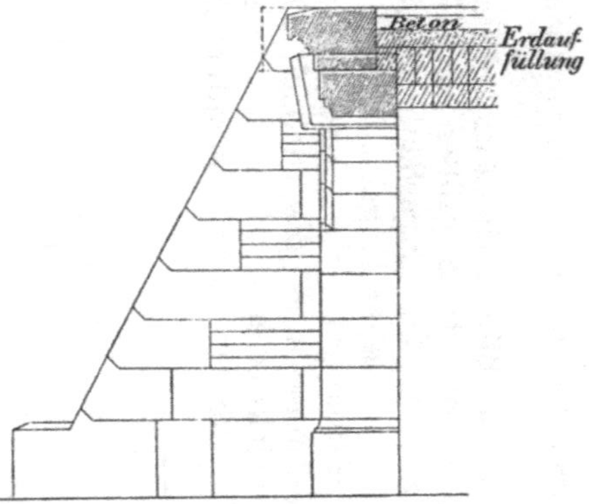

Fig. 231.

kalotte, die vier Teile unter dieser Ebene bilden die Zwickel des Gewölbes. Der Radius der Halbkugel ist etwas größer als die halbe Diagonale des quadratischen Raumes. Die Lagerflächen sind lotrecht zur Leibung angeordnet, sie sind daher Kegelflächen, die ihre Spitzen im Mittelpunkte der Halbkugel haben und deren Grundlinien horizontal gelegene Kugelkreise sind, die zugleich die Lagerfugen bilden; ihre Horizontalprojektionen sind mithin konzentrische Kreise. Die Stirnfugen in der im Aufriß befindlichen

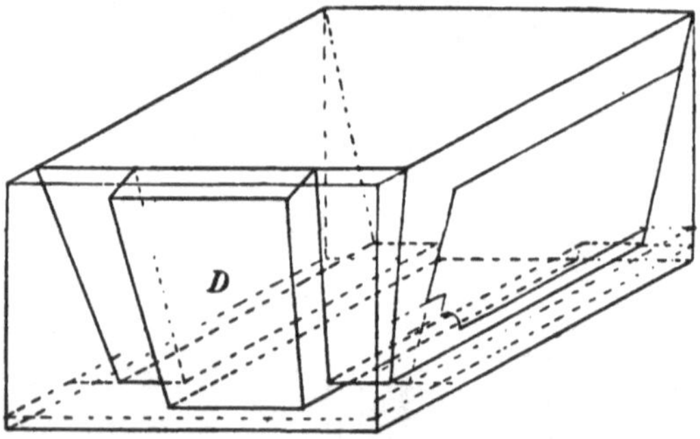

Fig. 232.

Schnittfläche des Gewölbes sind daher Gerade, die verlängert durch O'' laufen müssen. Die Flächen, mit denen die einzelnen Steine einer Horizontalschicht aneinanderstoßen, sind durch den Kugelmittelpunkt gehende, lotrechte Ebenen, daher sind die Stoß-

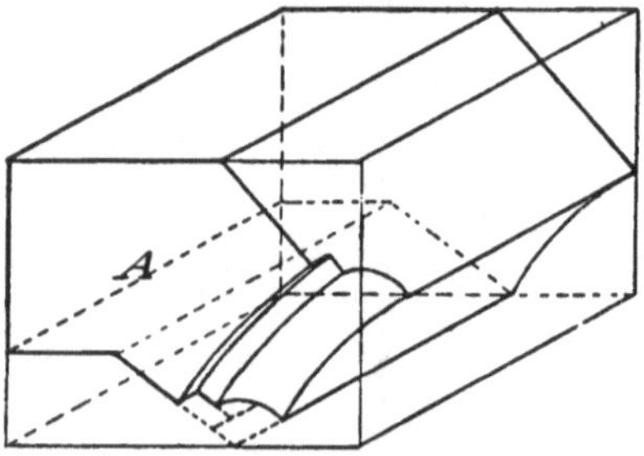

Fig. 233.

fugen im Grundrisse zentral nach O' gehende Gerade, im Aufriß aber elliptische Bogen; in Wirklichkeit sind sie Kreisbögen. Die die Zwickel bildenden Steine greifen zum Teil in das Mauerwerk ein; die unteren über der Säule bilden zugleich die Gurtbögen.

Gezeichnet sind in Figur 228b der Horizontalschnitt, die Ansicht gegen die innere Leibung des Gewölbes darstellend, der Vertikalschnitt (Fig. 228a) und in orthogonaler, axonometrischer Projektion die drei ersten Steinschichten über der Säule (Fig. 229). Die Steine A und B sollen aus einem Stück gefertigt sein, dagegen soll die dritte Schicht bereits aus vier Steinen bestehen, deren

Stoßflächen durch mit Schraffur versehene Linien in Figur 229 hervorgehoben sind. Die Projektion ist eine isometrische.

65. Projektion des Portals einer Unterführung mit schrägen, lotrechten Böschungsflügeln.

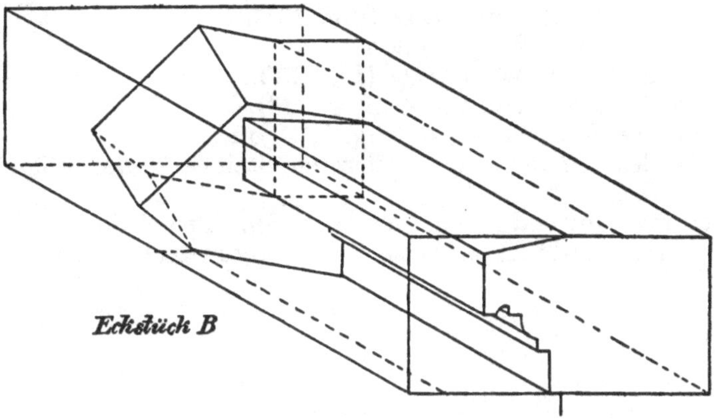

Fig. 234.

Zur Bestimmung der Lagerflächen wurde die lotrechte Seite der Flügelmauer in die Grundrißebene umgelegt; auch wurde angeordnet, daß immer eine Hausteinschicht mit einer Schicht von Ziegelmauerwerk wechsele, und diese Schichten gleiche Höhe,

Fig. 235.

nämlich die von vier Backsteinschichten, erhalten. Die Lagerflächen der Hausteine für das Portal gehen selbstverständlich durch die Achse des Bogens. Zu bemerken ist noch, daß die lotrechten Linien l, in der sich die lotrechten Mauerflächen schneiden, für die Hausteinschichten nicht Fugen sind; die Steine für diese Stellen sind so herzurichten, daß sie beiden Mauern angehören, also von einer Mauer in die andere übergreifen. Es sind gezeichnet worden:

a) die Frontansicht (Fig. 230),
b) von der einen Hälfte des Portals der Grundriß (Fig. 230a), von der anderen der horizontale Schnitt AB (Fig. 230b),
c) der Vertikalschnitt CD (Fig. 231),
d) die schiefen Projektionen
   α) des Schlußsteines D (Fig. 232),
   β) des Bogensteines A (Fig. 233),
   γ) des Eckstückes B (Fig. 234) und
   δ) des tiefsten und vordersten Steines C der Flügelmauer (Fig. 235).

Weitere Anwendungen der schiefen Projektion findet der Leser im II. Bande, Abschnitt: Schattenkonstruktionen.

V. Kapitel.

Zylinder, Kegel und Kugel. Ihre Projektionen und Schnitte. Abwicklungen. Durchdringungen von Kugel, Zylinder und Kegelflächen.

66. Im Bande des Herrn Dr. Schröder sind ausschließlich ebene Flächen und ebenflächige Körper behandelt worden. Die für die Darstellung dieser Gebilde geltenden Gesetze finden auch Anwendung auf krumme Oberflächen bzw. krummflächige Körper. Eine Ebene ist bestimmt entweder durch den Grund- und Aufriß des sie begrenzenden Linienzuges, der aus geraden und krummen Linien zusammengesetzt sein kann, oder auch durch ihre beiden Spurgeraden $\mathfrak{S}_1$ und $\mathfrak{S}_2$; denn, wenn ich jetzt in einer Projektion das Bild eines Punktes der Ebene annehme, so kann mittels der anderen Projektion der Ebene die Lage des Punktes bestimmt werden. Man hat nur nötig, durch den Punkt eine Kurve oder Gerade in der Ebene zu legen und die Projektion dieser Kurve bzw. Geraden zu ermitteln; die andere Projektion des Punktes liegt dann lotrecht über oder unter der gegebenen Projektion auf der anderen Projektion der Kurve oder Geraden.

Diese Konstruktion wenden wir namentlich an bei der Ermittlung der ebenen Schnitte, darum sei sie noch einmal kurz erläutert. Es seien (Fig. 236) $\mathfrak{S}_1$ und $\mathfrak{S}_2$ die Spurgeraden einer Ebene $\mathfrak{E}$. Um einen Punkt a zu zeichnen, der in der Ebene $\mathfrak{E}$ liegt, wähle ich eine Projektion, z. B. den Grundriß a', beliebig. Ich finde den Aufriß a'', indem ich nun in der Ebene durch a entweder eine Gerade oder eine beliebige Kurve c zeichne. Die Grundrißprojektion einer solchen Geraden oder Kurve kann nun ebenfalls beliebig gezeichnet werden. Alle diese Linien kann ich aber ansehen als die Schnittgeraden von Hilfsebenen mit der gegebenen Ebene $\mathfrak{E}$; z. B. ist l' die Projektion einer in $\mathfrak{E}$ gelegenen Geraden l, die eine zu $\mathfrak{P}_2$ parallel gelegene Hilfsebene mit $\mathfrak{E}$ erzeugt, es muß daher $l'' \parallel \mathfrak{S}_2$ die zweite Projektion von l sein, daher a'' der Aufriß des Punktes a. Ziehe ich aber durch a' die Gerade $l_1' = A'B' \perp \mathfrak{S}_1$, so kann ich sie ansehen als Projektion einer Geraden l_1 in der Ebene $\mathfrak{E}$, die ebenfalls $\perp$ zu $\mathfrak{S}_1$ steht. Diese Gerade und ihre Parallelen in $\mathfrak{E}$ werden Falllinien genannt. Nun liegt der Aufriß von A in A'', der von B in B'', mithin ist $A''B''$ der Aufriß von l_1 und geht daher ebenfalls durch a''. Ich könnte auch durch a' Gerade l_0' ziehen. Die Gerade l_0 in $\mathfrak{E}$, deren Projektion sie ist, liegt offenbar parallel zu $\mathfrak{S}_1$, daher muß ihr Aufriß $l_0'' \parallel \mathfrak{A}$ durch a'' sein. Die Linie l_0 und ebenso die Parallelen in $\mathfrak{E}$ werden Streichlinien oder Hauptlinien genannt.

Wir schlagen die Ebene $\mathfrak{E}$ herab, d. h. vereinigen sie mit $\mathfrak{P}_1$ z. B., indem wir auf $\mathfrak{S}_2$ einen beliebigen Punkt B wählen. Bei der Drehung der Ebene um $\mathfrak{S}_1$ beschreibt B einen Kreisbogen, dessen Ebene senkrecht zu $\mathfrak{S}_1$ steht, daher seine erste Projektion $l_1' = A'B'$

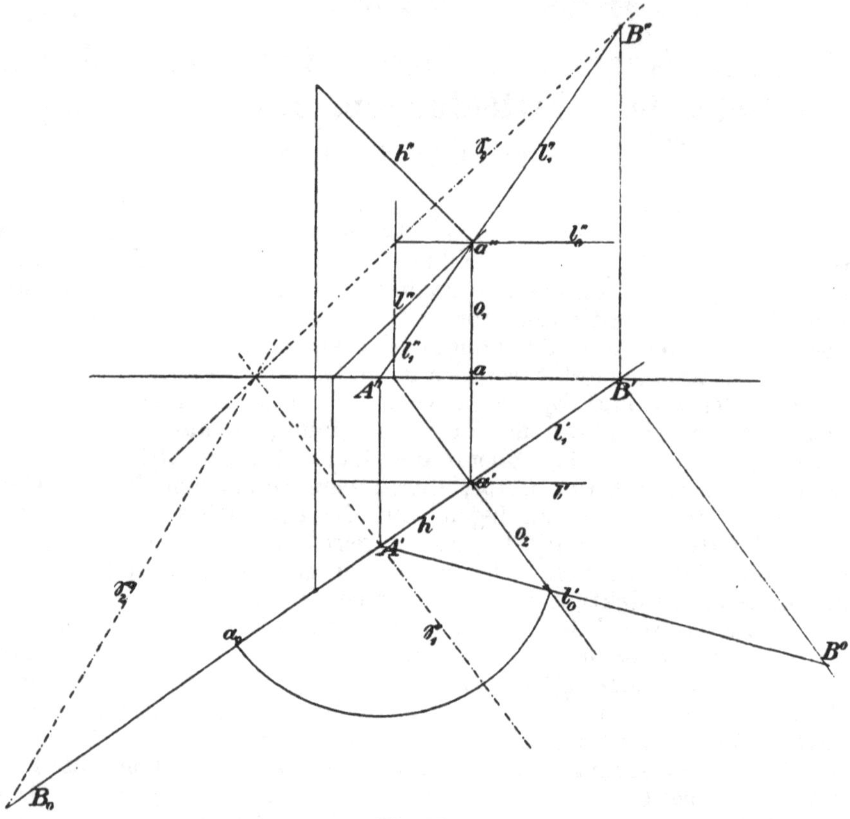

Fig. 236.

ist. Sein Mittelpunkt ist A' und sein Radius AB, d. i. die Hypotenuse des rechtwinkligen Dreiecks, dessen Katheten $B'B''$ und $A'B'$ sind. Dieses Dreieck wird nun um $A'B'$ umgelegt, dann kommt $B'B''$ nach $B'B^0$, $A'B^0$ ist die Hypotenuse, daher B_0 auf der Verlängerung von $B'A'$, wenn $A'B_0 = A'B^0$ ist, der umgelegte Punkt B und $\mathfrak{S}_2^0$ die umgelegte Spurgerade $\mathfrak{S}_2$. Hierbei hat sich Punkt a gedreht und ebenfalls einen Kreisbogen um A' beschrieben; sein Abstand von A' ist aber die Hypotenuse eines rechtwinkligen Dreiecks, dessen Katheten $a'A'$ und $a''\alpha$ gleich der zweiten Ordinate von Punkt a sind, daher a_0 der umgelegte Punkt a. In analoger Weise wird die Umlegung der Ebene $\mathfrak{E}$ um $\mathfrak{S}_2$ vollzogen; die Lösung ist in Figur 237 angegeben.

Schließlich sei noch bemerkt, daß die Projektionen von Geraden, die senkrecht auf $\mathfrak{E}$ stehen, Senkrechte zu den Spurgeraden $\mathfrak{S}_1$ und $\mathfrak{S}_2$ sind. Die Projektionen einer zu $\mathfrak{E}$ in a senkrecht stehenden Geraden h sind mithin $h' \perp \mathfrak{S}_1$ und $h'' \perp \mathfrak{S}_2$ (Fig. 236 und 237).

67. Wir projizieren einen ebenflächigen Körper, indem wir die Bilder seiner Ecken bestimmen; das Verfahren ändert sich

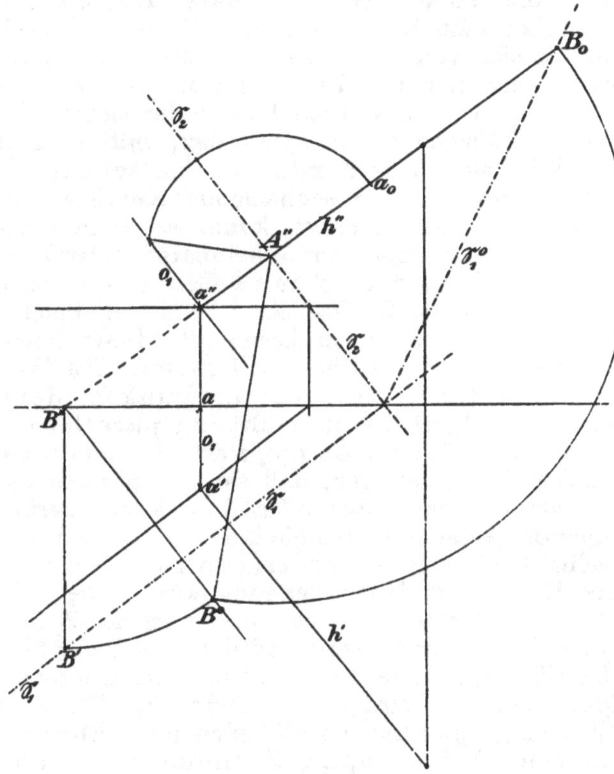

Fig. 237.

nicht, wenn wir einen krummflächigen Körper, z. B. eine Kugel, wählen. Wir können jedoch hier nicht die Gesamtheit aller Punkte darstellen, wir begnügen uns vielmehr mit den Punkten der Fläche, für welche die projizierenden Strahlen nicht Schnittgerade des Körpers, sondern Berührungsgerade sind. Denkt man sich alle diese Punkte auf der krummen Fläche durch einen Linienzug verbunden, dann bildet letzterer den wahren Umriß, die Projektion dieses Linienzuges den scheinbaren Umriß. Die projizierenden Strahlen, die die Fläche bzw. den Körper in den Punkten des wahren Umrisses berühren, bilden in ihrer Gesamtheit eine Zylinderfläche; daher scheidet der wahre

Umriß die projizierenden Strahlen, die die Fläche treffen, von denjenigen, die sie nicht treffen. Ein projizierender Strahl der ersteren Art wird die krumme Fläche entweder in einem oder in zweien, oder in mehreren Punkten schneiden können. Bei der Kugel hat ein solcher Strahl zwei Schnittpunkte aufzuweisen, einen auf dem sichtbaren Teil, den wir als ersten Durchstoßpunkt bezeichnen wollen, und einen zweiten auf dem unsichtbaren Teil. Die Teile der Fläche in der Nähe des ersten Punktes werden sichtbar sein, die beim zweiten Punkte dagegen unsichtbar. Zeichnet man aber eine Kurve auf der Fläche von solcher Ausdehnung, daß sie sich vom sichtbaren Teil bis in den unsichtbaren erstreckt, so ist das nur möglich, wenn sie den wahren Umriß schneidet. Da nun in dem wahren Umriß der sichtbare und unsichtbare Teil der Fläche aneinanderstoßen, mithin in der Projektion beide Teile sich decken müssen, eine auf der Fläche gezeichnete, den wahren Umriß schneidende Kurve c mit diesem nur einen Punkt gemeinsam haben kann, so kann auch in der Projektion die Kurve c mit dem scheinbaren Umriß nur einen Punkt gemeinsam haben, d. h. c' muß den scheinbaren Umriß berühren. In einem Punkte einer krummen Fläche gibt es unendlich viele Tangenten, doch liegen alle diese Tangenten in einer Ebene, der Tangentialebene des Punktes. Es ist mithin der wahre Umriß der Ort derjenigen Punkte, deren Tangentialebenen der Projektionsrichtung parallel sind. Als erste Fläche sei die Zylinderfläche projiziert, die dadurch entsteht, daß wir eine Gerade so bewegen, daß sie sich parallel bleibt und dabei eine ebene krumme Linie oder Raumkurve berührt. Die einzelnen Lagen der Geraden bilden die Mantellinien des Zylinders. Die Gerade selbst heißt auch Generatrix oder Erzeugende, während die erwähnte Kurve Leitlinie genannt wird. Die zylindrische Fläche ist hiernach bestimmt, wenn man von der Zylinderfläche eine ebene oder Raumkurve kennt und die Lage einer Mantellinie. Der wahre Umriß kann immer nur von einer oder mehreren Mantellinien gebildet werden. Wird eine zylindrische Fläche von zwei parallelen Ebenen geschnitten, so schließen diese Ebenen und die Zylinderfläche einen Raum ein, der Zylinder heißt. Die Ebenen bilden die Grundebenen oder -flächen, die Schnittkurven mit der Zylinderfläche die Grundkurven oder Grundlinien des Zylinders. Ist letztere ein Kreis oder eine Ellipse usw., so haben wir den Kreiszylinder, den elliptischen Zylinder usw. Zunächst sei dargestellt:

68. Der gerade Kreiszylinder (Fig. 238), dessen Mantellinien zu der Grundfläche, die ein Kreis sei, senkrecht stehen mögen. Es ist angenommen worden, daß dieser Zylinder mit einer der Grundflächen auf $\mathfrak{P}_1$ aufstehe, dann muß sein Grundriß ein Kreis, sein Aufriß ein Rechteck sein; die lotrechten Seiten desselben geben zugleich die wahre Länge der Mantellinien an.

Um einen ebenen Schnitt zu zeichnen, bestimmen wir die Schnittebene $\mathfrak{E}$ durch ihre Spuren $\mathfrak{S}_1$ und $\mathfrak{S}_2$ und ermitteln weiter für eine Reihe von Mantellinien die Durchstoßpunkte mit dieser Ebene $\mathfrak{E}$. Werden diese Punkte dann durch eine krumme Linie verbunden, so stellt diese die gesuchte Schnittkurve dar, die eine **affine** Kurve zum Grundkreis k des Zylinders ist. Nach Kapitel I, Abschnitt 6 sind die Bilder von Paaren senkrechter Kreisdurchmesser konjugierte Durchmesser in der Ellipse, wenn ich daher durch die Achse des Zylinders, d. i. die durch den Mittelpunkt von k parallel zu den Mantellinien gezogene Gerade, zu $\mathfrak{P}_1$ senkrechte Ebenenpaare wähle, so schneiden diese die Ebene der Ellipse in konjugierten Durchmessern. Ein Ebenenpaar zeichnet sich dadurch aus, daß es konjugierte Durchmesser erzeugt, die aufeinander senkrecht

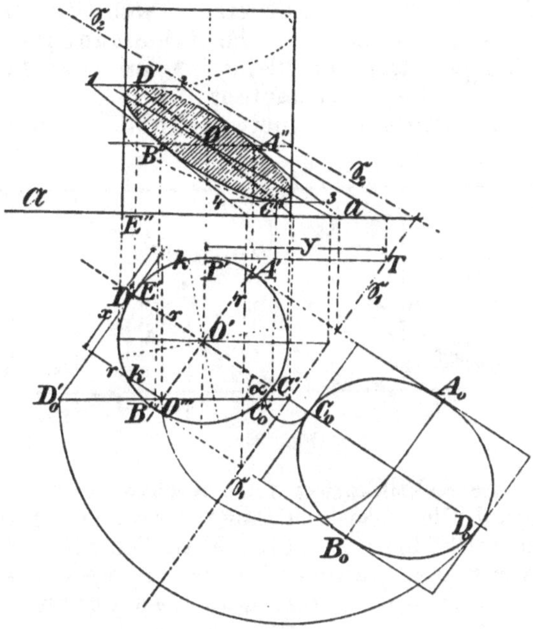

Fig. 238.

stehen, mithin die Achsen der Ellipse sind. Diese Ebenen sind die zu $\mathfrak{S}_1$ senkrechte und parallele Ebene. Sind deren Schnittgeraden mit der Ebene $\mathfrak{E}$ bzw. CD und AB, so ist $AB = A'B' = 2\,r$, wenn r der Radius von k ist, $CD = \dfrac{2\,r}{\cos\alpha} = \dfrac{C'D'}{\cos\alpha}$, wenn α der Neigewinkel der Ebene $\mathfrak{E}$ gegen $\mathfrak{P}_1$ ist. CD ist eine Falllinie der Ebene $\mathfrak{E}$, ihre wahre Größe ist durch Umlegung ihrer projizierenden Ebene ermittelt worden, sie ist $= C'_0D'_0$. In der Figur ist zugleich Ebene $\mathfrak{E}$ um $\mathfrak{S}_1$ herabgeschlagen worden. Die Ellipsentangenten in $\mathfrak{E}$ in den Punkten A, B, C und D bilden ein Rechteck, dessen Seiten parallel und senkrecht zu $\mathfrak{S}_1$ liegen. Daher sind auch im Aufriß zwei Seiten des Parallelogramms *1*, *2*, *3*, *4* parallel zur Projektionsachse $\mathfrak{A}$, $A''B''$ und $C''D''$ sind konjugierte Durchmesser.

Der Mantel des geraden Zylinders (Fig. 238a) ist ein Rechteck, dessen Höhe gleich der des Zylinders und dessen Breite gleich dem Umfange des Grundkreises k ist, also $= d\pi = 2r\pi$, wenn $2r = d$ gesetzt wird, oder annäherungsweise $= 3^1/_7\, d$. Man könnte auch die Länge des Kreises k dadurch annäherungsweise ermitteln, daß man den Kreis in eine größere Anzahl gleicher Teile teilt und die kleinen Sehnen auf einer Geraden aufträgt. Beim Kreise kann man diese Sehnen gleich lang wählen, doch würde man dies Verfahren z. B. auf eine Ellipse nicht anwenden können, da diese Kurve nicht in allen Punkten gleiche Krümmung besitzt. Man muß, um eine Ellipse zu rektifizieren, diese Sehnen verschieden lang machen; an den Stellen, wo die Krümmung nur schwach ist, d. i. an den Endpunkten der kleinen Achse sind sie größer, an den Stellen mit stärkerer Krümmung, d. i. an den Endpunkten der großen Achse dagegen kleiner zu wählen. In diesem Falle,

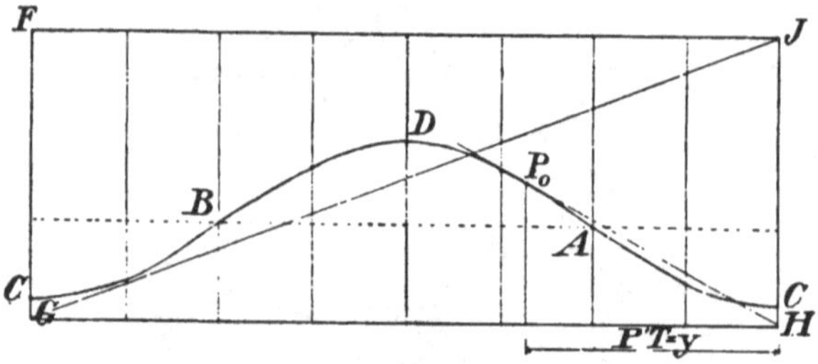

Fig. 238a.

wo es sich um die Rektifikation eines Kreises handelt, würden sich auch mit Vorteil die Konstruktionen verwenden lassen, die die niedere Mathematik hierfür gibt. Man kommt der wahren Länge eines Kreises sehr nahe, wenn man das Dreifache des Durchmessers um $^1/_5$ der Quadrantensehne vermehrt. Es ist die letztere $= r \cdot \sqrt{2} = \frac{d}{2}\sqrt{2}$, mithin $^1/_5$ Quadrantensehne $= \frac{1}{10} d \cdot \sqrt{2} = 0{,}1414 \ldots d$.

Oder: Konstruiert man die Quadrantensehne (Fig. 239) und trägt sie von A aus auf dem Durchmesser AB ab $= AC$, dann ist die Senkrechte in $C = CD = z$:

$$z^2 = r\sqrt{2} \cdot (2r - r\sqrt{2}),$$

$$z^2 = 2r^2(\sqrt{2} - 1).$$

Macht man jetzt $CE = \frac{3}{4} z$, dann stellt AE annähernd den vierten Teil des Kreises dar. Es ist

$$AE^2 = 2r^2 + {}^9/_{16} \cdot 2r^2(\sqrt{2} - 1) = 2r^2 \cdot 1{,}232997 \ldots,$$

$$AE = r\sqrt{2{,}465994} = 1{,}5703\, r,$$

während die Rechnung für den Quadranten 1,5707 r ergibt. Der Mantel ist so dargestellt worden, daß die Seiten FG und HI der Mantellinie $D''E''$ im Aufriß und dem Punkt $D'E'$ im Grundriß entsprechen. In der abgewickelten Mantelfläche müssen die durch die Punkte A, B, C, D gehenden Mantellinien gleichen Abstand voneinander haben, ihre Lage bestimmt sich daher dadurch, daß man die Rechteckseite GH in vier gleiche Teile teilt. Durch weitere Teilung des Grundkreises k und der Linie GH ließen sich noch mehr Mantellinien und, da sich die Mantellinien im Aufriß in wahrer Größe projizieren, für jede der Schnittpunkt mit der Ebene 𝔈 angeben; der die letzteren verbindende krumme Linienzug stellt offenbar die abgewickelte Ellipse dar.

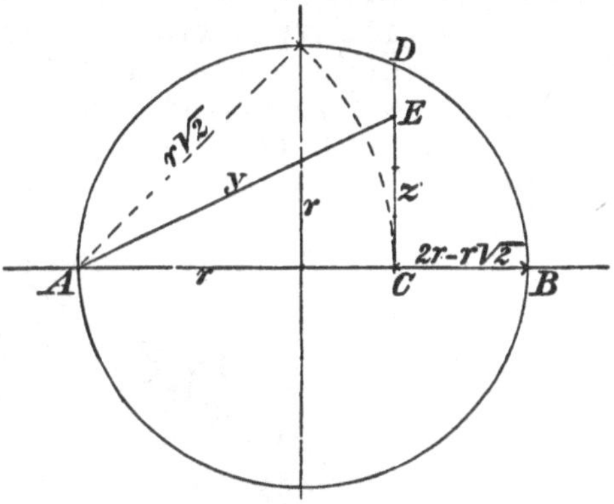

Fig. 239.

Von dieser abgewickelten Ellipse weisen wir zunächst nach, daß sie in den Punkten A und B sogenannte Wendepunkte besitzt, daß sie aus vier symmetrischen Teilen besteht, ihre Tangenten in C und $D \parallel GH$ sind. Ferner soll die Tangentenkonstruktion für beliebige Punkte der abgewickelten Kurve gegeben und der Krümmungsradius eines Scheitelpunktes C oder D bestimmt werden.

69. Entstehung einer ebenen Kurve, ausgezeichnete Punkte derselben. Um die ausgesprochenen Behauptungen zu beweisen, wollen wir kurz noch einmal auf die Entstehung einer Kurve eingehen; auch wollen wir die abwickelbare Fläche definieren, denn die eben betrachtete Fläche, die Zylinderfläche, ist eine abwickelbare Fläche. Doch soll aus der Kurventheorie nur das gegeben werden, was für die weiteren Untersuchungen von Wichtigkeit ist. In einem 3. Bande dagegen sollen die Darstellung und die Eigenschaften der ebenen Kurven und der Raumkurven, sowie der krummen Flächen ausführlich behandelt werden.

Die Entstehung einer Kurve war schon im III. Kapitel ausführlich behandelt worden. Wir erzeugten sie entweder durch die Ermittlung einer genügenden Anzahl von Punkten oder durch die Konstruktion einer größeren Anzahl von Tangenten. Anstatt, daß wir nun die Punkte durch eine krumme Linie verbinden und an die Tangenten die sie berührende Kurve zeichnen, wollen wir uns einen Punkt denken, der eine solche Bewegung ausführe, daß er dabei alle gezeichneten und nicht dargestellten Punkte einmal deckt, und im anderen Falle eine Gerade, die sich so bewege, daß sie alle dargestellten und nicht dargestellten Lagen der Tangenten einmal einnimmt. Wir können hiernach jede Kurve entweder als

Bahn eines bewegten Punktes oder als Hüllkurve einer bewegten Geraden ansehen.

Halten wir den Punkt, der die Bahn beschreibe, an irgend einer Stelle P fest, dann bezeichnen wir die Stelle, die er bei seiner Bewegung unmittelbar neben P zunächst einnehmen würde, als den benachbarten Punkt, ganz allgemein: Zwei unmittelbar aufeinanderfolgende Lagen, deren Abstand ∞ klein zu denken ist, wollen wir als benachbarte Punkte oder Nachbarpunkte (auch konsekutive Punkte) bezeichnen. Das Kurvenstück, das sie begrenzen, ist ebenfalls ∞ klein, es wird ein Kurvenelement genannt, wenn nun auf beiden Seiten von diesem Kurvenelement Nachbarpunkte vorhanden sind, dann heißt die Kurve stetig, im anderen Falle unstetig.

Liegen zwei Punkte P und Q einer Kurve in endlicher Entfernung (Fig. 240), dann ist ihre Verbindungsgerade eine Sekante der Kurve; nähert sich jetzt Punkt Q auf der Kurve dem Punkte P,

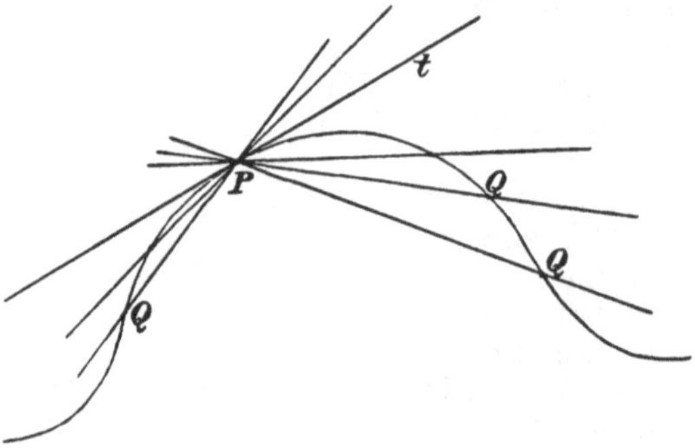

Fig. 240.

so dreht sich die Sekante PQ um P; wir werden mit Q dem Punkte P ∞ nahe kommen, schließlich werden aber auch P und Q zusammenfallen, dann aber ist aus der Sekante PQ die Tangente t im Punkte P der Kurve geworden. Je mehr sich Punkt Q dem Punkte P nähert, desto kleiner wird das Bogenstück PQ und der Winkel zwischen der Sekante und der Tangente t. Bilden die Punkte Nachbarpunkte, so sind Bogenstück PQ und der erwähnte Winkel ∞ klein geworden, und doch dürfen wir nicht annehmen, daß in dem Moment, wo die Sekante der Tangente t unendlich nahe zu liegen kommt, daß noch jetzt in der Grenzlage Sekante und Tangente zwei verschiedene Gerade und ebenso P und Q zwei verschiedene Punkte seien. Wir würden sonst auf Widersprüche stoßen; denn angenommen, Punkt Q nähere sich von der anderen Seite dem Punkte P, so ist bei einer stetigen Kurve die Grenzlage der Sekante wieder die Tangente t und umgekehrt, wenn dieses bei einer Kurve zutrifft, d. h. wenn ich von einem festen Punkte P einer Kurve zwei Sekanten ziehe, derart, daß die Schnittpunkte zu beiden Seiten von P auf der Kurve liegen, und werden diese Tangenten um P so gedreht, daß der zweite Schnittpunkt auf jeder Tangente sich dem Punkte P nähert, und bildet die Grenzlage für beide Sekanten die Tangente t, dann ist die Kurve eine stetige in bezug auf ihre Tangente. Gelangt man zu zwei Grenzlagen in einem Punkte, je nachdem man von der einen Seite oder von der anderen kommt, so ist die Kurve in P unstetig in bezug auf ihre Tangente; sie bildet in P dann eine Ecke.

Wir haben schon früher erkannt, daß wir uns eine Kurve durch Bewegung einer Geraden entstanden denken können: zwei unmittelbar aufeinanderfolgende Lagen der Geraden bezeichnen wir als benachbarte oder konsekutive Tangenten; ihr Schnittpunkt ist ein Kurvenpunkt, ihr Winkel ∞ klein, letzterer heißt auch Kontingenzwinkel. Jeder Kurvenpunkt ist als Schnittpunkt benachbarter Tangenten aufzufassen.

Man kann schließlich auch beide Entstehungsarten zugleich ins Auge fassen, indem wir mit dem bewegten Punkt die zugehörige

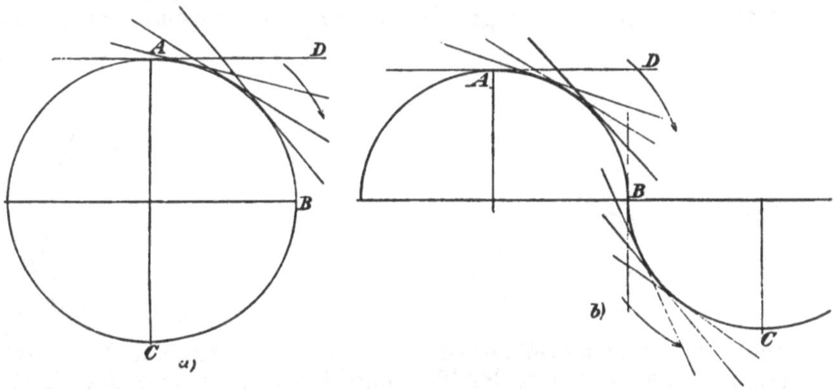

Fig. 241.

Tangente beobachten. Wir haben gehört, daß eine von einem Kurvenpunkte P aus gezogene Sekante in ihrer Grenzlage, in der sie von der Tangente in P nicht mehr abweicht, mit der Kurve zwei benachbarte Punkte gemein hat. Tritt der Punkt von P aus seine Bewegung an, so wird er zum benachbarten Punkt Q gelangen müssen, d. h. er muß auf der Tangente ein ∞ kleines Stück fortschreiten, aber für die neue Lage ist diese Tangente nicht mehr Tangente, aber sie entsteht jetzt aus dieser, indem sie sich um den Punkt Q dreht, der jetzt Berührungspunkt geworden ist. Dies können wir fortsetzen, und wir erkennen, daß, wenn der Punkt die Kurve durchläuft, zugleich die Tangente auf der Kurve rollt, ohne zu gleiten, indem sie sich um den jeweiligen Berührungspunkt dreht. Der bewegte Punkt verläßt aber hierbei die Tangente nicht. Ist z. B. die Kurve ein Kreis (Fig. 241a), und bewegt sich der Punkt P von A über B, C usw., so erkennen wir deutlich, daß der Bewegungssinn der rollenden Tangente mit dem des Uhrzeigers übereinstimmt, schreitet der Punkt P aber in umgekehrter Richtung auf der Kurve bzw. Tangente vorwärts, so ändert auch sogleich die Tangente ihren Bewegungssinn. Beim Kreise ändert sich also mit dem Fortschreitungssinn auch der Drehsinn; nun gibt es aber Fälle, bei denen dies nicht zuzutreffen braucht. Wenn wir beim Kreise den Punkt P sich von A über B usw. bewegen lassen, so daß er auf der Tangente sich in Richtung von A nach D bewegt, die Tangente in Richtung des Uhrzeigers sich dreht, beide Bewegungen beim Passieren der einzelnen Punkte stets in dem gleichen Sinne erfolgen, so sind alle diese Kreispunkte A, B, C und die dazwischen liegenden gewöhnliche Kurvenpunkte. In Figur 241b sind zwei Halbkreise gezeichnet; auch in diesem Fall soll sich Punkt P wieder von A über B nach C bewegen; wir erkennen deutlich, daß hierbei sich der Punkt auf der Tangente von A nach D bewegt, auch dann noch, wenn er Punkt B überschreitet, daß aber die Tangente bis B sich im Sinne des Uhrzeigers, von Punkt B ab aber sich im entgegengesetzten Sinne dreht. Tritt derartiges bei einem Kurvenpunkt ein, daß

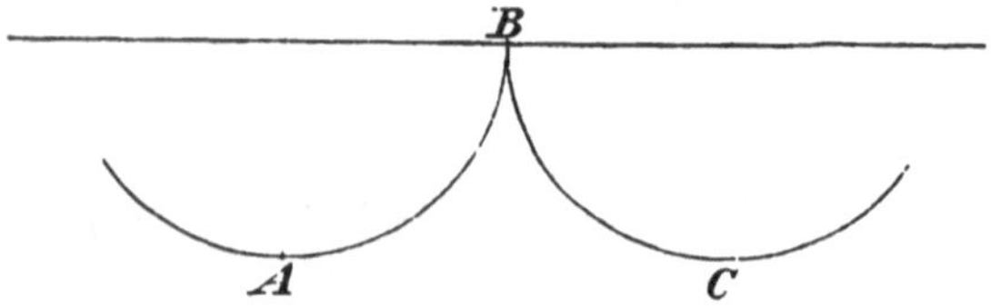

Fig. 242.

Fig. 243.

sich nicht der Fortschreitungssinn des Punktes auf der Tangente, sondern nur der Drehsinn der Tangente ändert, so wird der Punkt **Wendepunkt** genannt. Tritt das Umgekehrte ein — wie es z. B. bei Punkt B in Figur 242 der Fall sein würde —, so ist der Punkt ein gewöhnlicher **Rückkehrpunkt** oder eine **Spitze**. Ändern sich aber bei einem Punkte Fortschreitungssinn und Drehsinn (vgl. Fig. 243, Punkt B), dann bildet er eine **Schnabelspitze**.

Man nennt diese Punkte singuläre, ausgezeichnete oder besondere Punkte; es gehört hierher noch der **Doppelpunkt**, d. i. ein Punkt, in dem die Kurve sich selbst schneidet, sowie die Doppeltangente, die die Kurve zweimal berührt und dem Doppelpunkt dual entspricht. Im Doppelpunkt gibt es zwei Tangenten, die Doppeltangente besitzt zwei Berührungspunkte.

70. Wir gelangen zu neuen Definitionen für diese ausgezeichneten Punkte, wenn wir auch die Lehre von den Krümmungskreisen in das Bereich unserer Darlegungen aufnehmen. Wir hatten schon früher gehört, daß man zu dem Krümmungsmittelpunkt einer Kurve im Punkte P gelangt, wenn man die Normale zur Kurve in diesem Punkte P mit der benachbarten Normalen, d. h. mit der Normalen im Nachbarpunkt Q, dem Endpunkt des Kurvenelements PQ schneidet. Der Schnittpunkt beider ist der Krümmungsmittelpunkt m, die Länge der Normalen vom Kurvenpunkt bis zum Mittelpunkt der Krümmungsradius ϱ und der mit ϱ um m beschriebene Kreis, der sich der Kurve in P mehr wie jeder andere Kreis, der durch P geht und seinen Mittelpunkt auf der Normalen hat, anschmiegt, der Krümmungskreis. Wir sagen, die Krümmung einer Kurve in einem Punkte P sei um so stärker, je schneller sich die Kurve von der Tangente in P entfernt. Der Kreis hat an allen Stellen die gleiche Krümmung, sein Mittelpunkt ist zugleich der Krümmungsmittelpunkt, sein Radius r der Krümmungs-

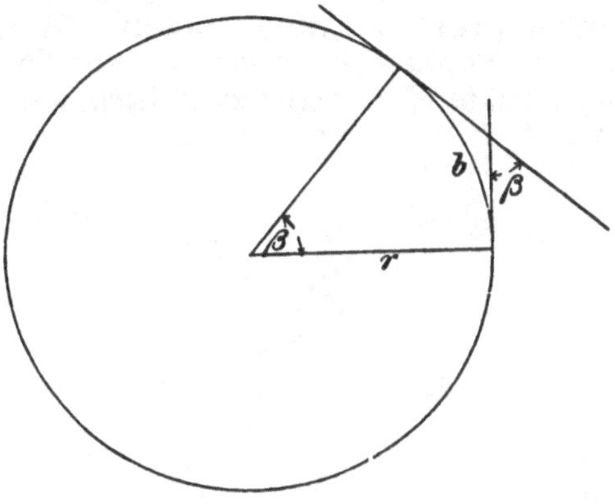

Fig. 244.

radius, und wir definieren den Begriff der Krümmung k beim Kreise dadurch, daß wir $k = \frac{1}{r}$ setzen, das würde also heißen: Beim Kreise verstehen wir unter der Krümmung k den reziproken Wert seines Radius. Es ist beim Kreise völlig gleichgültig, ob wir zur Konstruktion des Krümmungsmittelpunktes ein endliches Bogenstück oder ein unendlich kleines Bogenstück, ein Kurvenelement, benutzen. Ist (Fig. 244) b die Länge eines endlichen Bogens und β der zugehörige Zentriwinkel, dann besteht die Gleichung

$$b : 2 r \pi = \beta : 2 \pi ,$$

wenn r der Radius des Kreises ist, mithin ist

$$b = \frac{2 r \pi \beta}{2 \pi} = r \cdot \beta , \quad \text{also} \quad \frac{b}{\beta} = r$$

und schließlich

$$\frac{1}{r} = \frac{\beta}{b} = k .$$

Beachten wir ferner, daß die Tangenten in den Endpunkten des Bogens b denselben Winkel β einschließen wie die Radien, so haben wir die Krümmung k noch einmal definiert, sie ist hiernach auch gleich dem Quotienten aus dem Winkel der

Normalen bzw. der Tangenten in den Endpunkten des Bogens und dessen Länge b. Diese Definition läßt sich auch auf andere Kurven, bei denen die Krümmung sich von Punkt zu Punkt ändert, übertragen. Wenn in Figur 245 c eine beliebige Kurve ist, dann würde ich hiernach für einen beliebigen Punkt P die Krümmung finden, wenn ich von P aus ein endliches Bogenstück $b = PQ$ abschneide und entweder den Winkel der Normalen oder den der Tangenten in P und $Q = \beta$ bestimme; die Krümmung $k = \beta/b$ kann hier aber nicht die wirkliche Krümmung sein, wie es beim Kreise sein würde, sie heißt daher in diesem Falle die mittlere Krümmung des Kurvenbogens b, dessen Endtangenten den Winkel β einschließen. Wir gelangen aber zur Krümmung des Punktes P, wenn wir zur Grenze übergehen, also Q sich dem Punkte P unbegrenzt nähern lassen. Dann wird aus dem Bogen PQ ein Kurvenelement $= e$, aus dem Winkel β

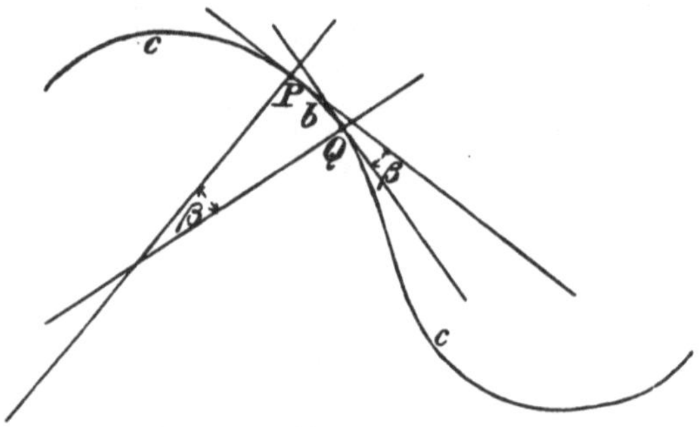

Fig. 245.

aber der Kontingenzwinkel $= \beta'$, mithin ist die Krümmung im Punkte P:

$$k = \frac{\beta'}{e}.$$

Wir können uns auch den Krümmungskreis als Grenzlage eines besonderen Kreises denken, gerade so wie die Tangente als Grenzlage für eine Sekante angesehen werden kann. Wenn P ein Punkt der Kurve c ist (Fig. 245), ebenso Punkt Q, in endlicher Entfernung von P auf c, dann läßt sich immer ein Kreis bestimmen, der c in P berührt und durch Q geht, also die Kurve schneidet. Rückt jetzt Punkt Q auf der Kurve nach P hin und liegt er schließlich dem Punkte Q unendlich nahe zu P, so nähert sich auch der Kreis, der jedesmal die Kurve c in P berührt und sie außerdem in Q schneidet, einer bestimmten Grenzlage, und diese muß die des Krümmungskreises in P sein; auch wenn Q auf der anderen Seite von P angenommen wird, kommen wir zu derselben Grenzlage. Wir schließen hieraus, daß ein Krümmungskreis drei konsekutive Punkte mit der Kurve gemein haben muß (Berührung zweiter Ordnung). Von dem Beweise für die Behauptung, daß der Kreis der Grenzlage nur der Krümmungskreis sein kann, möge hier abgesehen werden. Ein Krümmungskreis muß hiernach im allgemeinen von der einen Seite der Kurve auf die andere übertreten, doch sind hier Ausnahmen möglich, solche sind z. B. die Scheitelpunkte der Kegelschnitte. Bei gewissen Kurven kann es vorkommen, daß der Kreis, der eine Kurve in einem Punkte P berührt und außerdem sie nicht weit von P schneidet in Q, die Kurve außerdem noch in einem zweiten Punkte Q_1, der von Q durch P getrennt wird, schneidet. Wenn jetzt für diesen Kreis zur Grenzlage übergegangen wird, also Q und Q_1 mit P vereinigt bzw. zu P unendlich nahe gerückt werden, dann würde der Grenzkreis nicht nur drei, sondern vier Punkte mit der gegebenen Kurve gemein haben, und die Kurve liegt in diesem Falle ganz auf einer Seite von dem Krümmungskreis (Berührung dritter Ordnung).

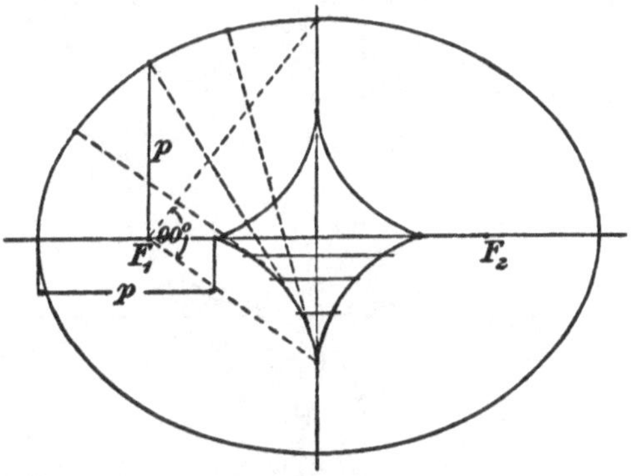

Fig. 246.

Denkt man sich in allen Punkten einer Kurve c die Senkrechten konstruiert, so müssen diese eine Kurve umhüllen; sie heißt die Evolute der gegebenen Kurve c, während c selbst Evolvente heißt. Je zwei konsekutive Normalen bestimmen einen Punkt der Evolute, und da dieser nur der Krümmungsmittelpunkt sein kann, so folgt, daß die Evolute einer Kurve c der Ort aller ihrer Krümmungsmittelpunkte ist. Alle Normalen von c, die zugleich Tangenten der Evolute sind, bilden die verschiedenen Lagen einer auf der Evolute rollenden, aber nicht gleitenden Tangente; jeder Punkt einer solchen Tangente muß hier eine Evolvente erzeugen. Denken wir uns hiernach eine Holzplatte, deren Begrenzung die Form der Evolute e hat, so muß der Endpunkt eines Fadens, dessen anderer Endpunkt mit einem Punkte der Evolute fest verbunden ist, sowohl beim Aufwickeln wie auch beim Abwickeln von der Evolute, wenn der Faden stets gespannt ist, eine Evolvente erzeugen.

Sind in einem Punkte P einer Kurve Tangente und Krümmungskreis oder Krümmungsradius konstruiert, so müssen beide

Kurven auf derselben Seite der Tangente liegen; durchläuft ein Punkt P die Kurve, und ist die Krümmung eine andere geworden, d. h. liegen die Kurve und der Kreis für gewisse Punkte auf der anderen Seite der Tangente, so ist das nur möglich, wenn der Punkt P auf seiner Bahn einen Wendepunkt überschreitet. Nur an einem Wendepunkt kann sich ein solcher Wechsel der Krümmung vollziehen, auch der Kontingenzwinkel kann nur in einem solchen Punkte sein Vorzeichen ändern, daher muß er in dem Wendepunkt selbst gleich Null sein, es fallen mithin zwei benachbarte Kurvenelemente in eine Gerade und zwar in die Tangente des Wendepunktes, die hiernach drei konsekutive Kurvenpunkte

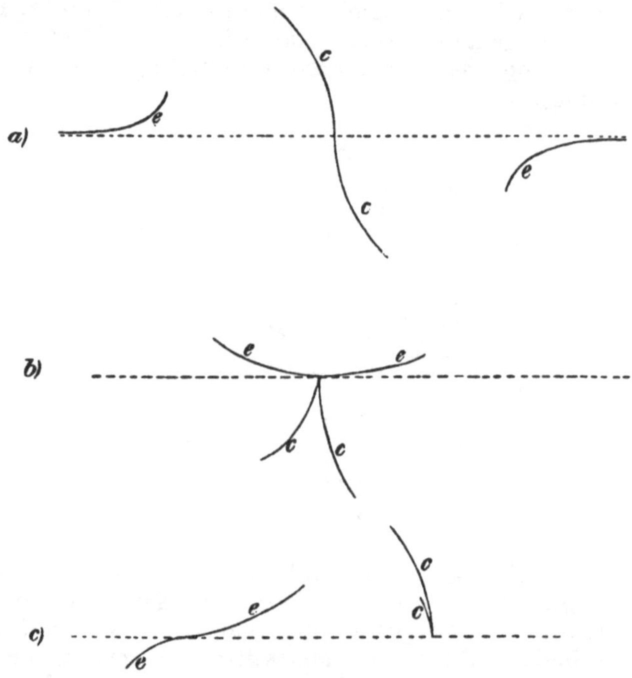

Fig. 247.

enthalten muß. Der Krümmungsradius für diesen Punkt muß unendlich groß sein, er bildet zugleich eine Asymptote der zugehörigen Evolute e (Fig. 247a).

Bei einem Rückkehrpunkte (Fig. 247b) treten drei **konsekutive** Tangenten auf; in dem Punkte selbst ist das Kurvenelement gleich Null, und ebenso wird der Krümmungshalbmesser gleich Null, daher die Evolute durch den Rückkehrpunkt geht. Beide Kurvenäste haben in dem Rückkehrpunkt eine gemeinschaftliche Tangente, letztere ist also eine Doppeltangente, und daher gibt es in diesem Punkte auch nur eine Normale, die von der Evolute in dem Punkte berührt werden muß. Die Eigenschaften eines Schnabels oder einer Schnabelspitze lassen sich am besten analytisch erklären. In der Schnabelspitze ändern sich Fortschreitungssinn und Drehsinn, mithin stellt sie eine Vereinigung von Wendepunkt und Rückkehrpunkt dar; beide Äste haben in dem gemeinsamen Punkte auch die gleiche Tangente, daher gibt es in diesem Punkte nur eine Kurvennormale, auch ist der Krümmungsradius dieses Punktes endlich (Fig. 247c). Die Normale muß für die Evolute der Schnabelspitze eine Wendetangente sein, da die Tangente der Evolute, d. i. die Normale der Kurve c, des einen Astes in der Schnabelspitze ihren Drehsinn ändert. Die Evolute der Ellipse (Fig. 246) bildet vier Spitzen; auf jeder Ellipsenachse befinden sich zwei.

Die Aufgabe: „Zu einer gegebenen Kurve den Krümmungskreis in einem gegebenen Punkte oder die Evolute zu zeichnen" kann nicht in allen Fällen auf Grund der geometrischen Definition der Kurve gelöst werden. Die darstellende Geometrie ist in diesem Falle häufig auf Näherungskonstruktionen angewiesen. Ausführlicheres hierüber soll im 3. Bande gebracht werden.

71. Um die wenigen krummen Flächen, die in diesem Kapitel und in diesem Bande überhaupt untersucht werden sollen, definieren zu können, bedarf es noch einiger Grundbegriffe aus der Theorie der Raumkurven und Flächen. Bewegt sich ein Punkt P so, daß seine Bahn weder eine Gerade noch eine in einer Ebene gelegene krumme Linie ist, so beschreibt er eine Raumkurve. Wir betrachten zunächst zwei in endlicher Entfernung befindliche Punkte P und Q der Kurve; ihre Verbindungslinie bildet eine Sehne der Raumkurve. Nähert sich aber Punkt Q auf der Kurve dem Punkte P immer mehr und mehr, so ist aus der Sehne, sobald Punkt Q dem Punkte P unendlich nahe liegt, eine Tangente geworden. In dieser Lage bestimmen die Punkte P und Q ein Kurvenelement und eine Tangente, die offenbar die Verlängerung des Kurvenelementes bildet. Ihren Berührungspunkt denken wir uns in P, indem wir annehmen, daß P und Q, sowie die Sehne ihre Grenzlage einnimmt, zusammenfallen. Die in $P \perp$ zur Tangente stehende Ebene heißt Normalebene der Kurve.

Auch bei der Raumkurve können wir von einer Krümmung sprechen. Wir haben soeben gehört, daß die Tangente in P das Kurvenelement PQ enthalten muß. Je schneller oder weniger schnell sich nun der Punkt beim Beschreiben der Kurve dieser Tangente nähert oder von ihr entfernt, desto größer oder geringer ist die Krümmung der Kurve. Wir definieren die Krümmung wie bei der ebenen Kurve. Ist Q_1 ein Punkt der räumlichen Kurve, der von P durch Punkt Q getrennt wird, so bestimmt er, sobald er Nachbarpunkt von Q ist, die Tangente von Q, also sind die Tangenten der benachbarten Punkte P und Q zwei sich schneidende Gerade. Wenn wir den sehr kleinen Winkel der beiden Tangenten in P und Q, den Kontingenzwinkel β', dividieren durch die Länge des Bogens PQ des Kurvenelementes e, so wird der Quotient $\frac{\beta'}{e}$ einen bestimmten und endlichen Grenzwert haben, der als Maß der **ersten Krümmung**, **Biegung** oder **Flexion der Kurve** betrachtet wird. Man bezeichnet diesen Wert mit $1/\varrho$, setzt also $\frac{\beta'}{e} = 1/\varrho$; sein reziproker Wert ϱ als Strecke gedeutet, heißt **Radius der ersten Krümmung**. Wird der Wert $\frac{\beta'}{e} = 0$, so ist das nur möglich, wenn die Kurve in eine Gerade übergeht. Es gibt hiernach auch für die Raumkurve einen Krümmungskreis, der mit derselben drei benachbarte Punkte gemein hat. Die Lage seiner Ebene und seines Mittelpunktes soll später bestimmt werden.

Durch eine Gerade lassen sich bekanntlich ∞ viele Ebenen legen, die alle die Gerade enthalten bzw. sich in derselben schneiden. Wir wollen jetzt annehmen, daß die Gerade die Tangente einer Raumkurve im Punkte P sei; alle Ebenen sind dann offenbar Tangentialebenen der Kurve, doch muß unter ihnen eine sein, die von der Kurve in der Gegend von P weniger abweicht als die übrigen. Zu dieser Ebene gelangen wir, wenn wir uns wieder außer den Nachbarpunkten P und Q einen Punkt Q_1 auf der Kurve denken, der wieder von P durch Q getrennt sei. Es wird offenbar unter den vielen Tangentialebenen auch eine solche sein, die durch P und Q_1 geht, auch wenn Q_1 in endlicher Entfernung von Q liegt, und es wird sich stets eine solche Tangentialebene angeben lassen, wenn Q_1 sich dem Punkte Q nähert und schließlich sogar Nachbarpunkt von Q wird; diese Ebene, die somit drei Punkte P, Q und Q_1 enthält, heißt **Schmiegungsebene** der Kurve. Die Punkte sind benachbarte Punkte, mithin enthält die Schmiegungsebene zwei Kurvenelemente, und während eine gewöhnliche Tangentialebene von der Kurve in P berührt wird, die Kurve also in der Nähe von P ganz auf einer Seite liegt, muß die Schmiegungsebene von der Raumkurve in P berührt, zugleich aber auch von ihr in P durchsetzt werden. Die Schmiegungsebene ist die durch P und zwei aufeinanderfolgende Kurvenpunkte Q und Q_1 gelegte Ebene.

Da der Krümmungskreis ebenfalls durch die drei Punkte P, Q, Q_1 geht, so müssen wir schließen, daß die Ebene des Krümmungskreises mit der Schmiegungsebene sich deckt. Daher muß der Mittelpunkt des Krümmungskreises auf der Normalen liegen, die den Schnitt der Schmiegungsebene und der Normalebene bildet, diese Kurvennormale heißt **Hauptnormale**; sie liegt also in der Schmiegungsebene. Die Senkrechte in P zur Schmiegungsebene heißt **Binormale**. Für viele Untersuchungen ist die durch die Tangente in P und die Binormale gelegte Ebene von Bedeutung, man nennt diese Ebene auch die **rektifizierende Ebene**. Die drei Geraden: Tangente, Haupt- und Binormale bilden ein dreifach rechtwinkliges Geradenkreuz (Fig. 248).

Bei einer ebenen Kurve fällt die Schmiegungsebene mit der Kurvenebene zusammen. Bei einer Raumkurve ändert sich die

Schmiegungsebene bei der Änderung des Berührungs- oder Oskulationspunktes, und die Schnelligkeit, mit der sich die Kurve von ein und derselben Ebene entfernt, wird durch die zweite Krümmung oder Torsion der Kurve gemessen.

Um diesen Begriff zu definieren, betrachten wir zwei Nachbarpunkte P_1 und P. Zu jedem Kurvenpunkte gehört eine Schmiegungsebene; der Winkel beider wird, wenn die Punkte benachbart sind, sehr klein sein $= \sigma$, ebenso das Kurvenelement $P_1 P = e$, doch wird der Quotient $\frac{\sigma}{e}$ gegen einen bestimmten und endlichen Wert konvergieren; dieser wird als Maß der Torsion der Kurve genommen und mit $\frac{1}{T}$ bezeichnet. Sein reziproker Wert heißt

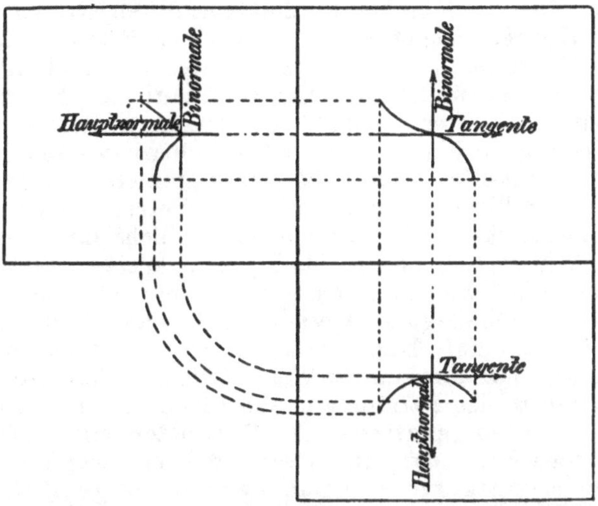

Fig 248.

Torsionsradius. Der Winkel σ der Schmiegungsebenen kann auch durch die beiden aufeinanderfolgenden Binormalen gemessen werden. Für die ebenen Kurven ist die Torsion gleich Null. Die Binormalen einer ebenen Kurve sind sämtlich senkrecht zur Ebene der Kurve. Raumkurven sind Kurven doppelter Krümmung. Eine Raumkurve, bei der das Verhältnis von Krümmung und Torsion konstant ist, heißt eine zylindrische Schraubenlinie.

Um sich die Ergebnisse dieses Abschnittes noch einmal klar zu machen, denke man sich ein räumliches Koordinatensystem, dessen Ebenen zu den Ebenen parallel liegen, die sich durch Tangente, Haupt- und Binormale des Punktes P legen lassen. Auf dieses System, d. h. auf die Ebenen desselben, wollen wir den Kurvenpunkt P mit der Kurve und den genannten drei Linien projizieren und dann die Ebenen mit der Zeichenebene vereinigen (Fig. 248). Man erkennt deutlich, daß die Raumkurve die

Schmiegungsebene, sich ihr anschwingend, durchsetzt; im Aufriß ist die Projektion der Schmiegungsebene die Gerade „Tangente“. Dagegen verbleibt die Kurve in der Nähe des Punktes P auf einer Seite der durch die Tangente und die Binormale bestimmten Ebene. Im Grundriß ist diese Ebene wieder durch die Gerade „Tangente“ dargestellt. Die Normalebene wird selbstverständlich senkrecht von der Kurve durchsetzt.

72. Die Enveloppe, abwickelbare Flächen. Unter einer Enveloppe versteht man eine einhüllende Fläche. Wir haben im Kapitel III gesehen, daß eine ebene Kurve, z. B. ein Kegelschnitt, bezogen auf ein Kartesisches Achsenkreuz sich durch eine Gleichung darstellen läßt, die die variablen Koordinaten der Kurvenpunkte x und y und außerdem konstante Größen enthält, z. B. die Achsen der Kurve. Man nennt die konstanten Größen die Parameter der Kurve. Gleiches gilt von einer Fläche, die auf ein räumliches Koordinatensystem bezogen werde. Auch in der Gleichung einer Fläche finden sich die veränderlichen Koordinaten x, y, z und ein Parameter. Sobald ich letzteren ändere, stellt die Gleichung eine neue Fläche dar, und setzen wir voraus, daß innerhalb eines bestimmten Intervalls der Parameter stetig sei, desgleichen den endlichen Werten des Parameters entsprechend der die Kurve deutende Ausdruck auch nur endliche und stetige Werte liefere, so können wir sagen, daß jedem Werte des Parameters eine besondere Fläche entspricht, oder wenn sich der Parameter stetig ändert, so bewegt sich auch die Fläche unter stetiger Deformation im Raume. Nehmen wir jetzt an, daß sich der Wert des Parameters nur um eine ∞ kleine Größe ändere, so wird auch dem neuen Werte des Parameters eine Fläche entsprechen, die der Fläche, die dem Ausgangswerte des Parameters entspricht, ∞ nahe liegt, also konsekutiv ist. In dieser Grenzlage werden die beiden Flächen eine Schnittkurve erzeugen, die nach Monge die Charakteristik der Fläche genannt wird. Der Ort aller Charakteristiken heißt die Enveloppe (einhüllende Fläche), während jede einzelne Fläche des Systems eine eingehüllte oder umhüllte Fläche genannt wird. Es muß also umgekehrt die Enveloppe eine umhüllte Fläche längs der ganzen Charakteristik berühren. Haben wir so die Charakteristik einer Fläche definiert, so leuchtet ein, daß diese Kurve irgend eine andere Fläche schneiden wird, doch werden diese Punkte, wenn wir annehmen, daß diese Fläche benachbart wird, in gewisse Grenzpunkte übergehen; der Ort aller dieser Grenzpunkte auf den Charakteristiken führt den Namen Rückkehrkante, oder Kuspidalkante der Enveloppe. Jede Charakteristik berührt die Rückkehrkante in den Grenzpunkten; also ist auf der Enveloppe die Rückkehrkante die Umhüllungskurve der Charakteristiken.

Von diesen Überlegungen sei sogleich eine besondere Anwendung auf die Raumkurve gestattet. Die umhüllten Flächen sind hier Ebenen, nämlich die Schmiegungsebenen; sind aber die umhüllten Flächen Ebenen, so wird die Enveloppe als abwickelbare Fläche bezeichnet, als Developpable. Durchläuft ein Punkt P die Raumkurve, so führt zugleich die Schmiegungsebene eine Bewegung aus, in der sie in allen ihren Lagen eine Fläche berührt, die die abwickelbare Fläche der Raumkurve bildet, letztere wird von jeder Schmiegungsebene in einer Geraden, nämlich in der in ihr gelegenen Tangente berührt. Die Developpable oder die abwickelbare Fläche der Raumkurve ist also der Ort der Charakteristiken, in diesem Falle der Ort der Tangenten, und da die Schnittpunkte der letzteren die Punkte der Raumkurve sind, so ist letztere die Rückkehrkante dieser abwickelbaren Fläche. Die Bezeichnung Developpable rührt daher, daß die Fläche, als biegsam und undehnbar vorausgesetzt, ohne Dehnung oder Faltung und ohne Zerreißung auf die Ebene abgewickelt werden kann. Jede Fläche, die diese Eigenschaft hat, ist umgekehrt eine abwickelbare Fläche oder eine Developpable. Durchläuft ein Punkt die räumliche Kurve, so kann man auch annehmen, daß zugleich eine Ebene alle Lagen der Schmiegungsebenen durchläuft; dabei wälzt sie sich gewissermaßen auf der Fläche der Tangenten und berührt nacheinander diese Fläche in den Tangenten der Kurve, die man auch die Erzeugenden der Developpablen nennt. Denken wir uns auf der Fläche der Tangenten Punkte und Kurven gezeichnet, so muß die wälzende oder abrollende Ebene bei ihrer Bewegung jeden Punkt der Developpablen einmal berühren, daher muß jeder Punkt und jede Kurve auch auf der wälzenden Ebene einen Punkt bzw. Kurve angeben; diese letzteren sind die Abwicklungen der ersteren. Man kann auch die Ebene festhalten und auf ihr die abwickelbare Fläche sich abwälzen lassen, was aber offenbar auf dasselbe hinauskommt. Die Tangentenfläche einer Raumkurve hat zwei Flächen, die längs der Kurve aneinanderstoßen; unsere Betrachtungen bezogen sich jedoch nicht auf die ganze Tangentenfläche, sondern nur auf einen dieser Teile. Durch das Verfahren der Abwicklung kann der Winkel zweier Erzeugenden nicht geändert werden, auch die Strecken der Erzeugenden bleiben unverändert. Die Kurven auf den abwickelbaren Flächen liefern in der Abwicklung Kurven von gleicher Länge; und die Winkel, unter denen Erzeugende die Kurve schneiden, sind auch in der Abwicklung Winkel von derselben Größe. Aus der gegebenen räumlichen Kurve wird eine ebene Kurve, deren Krümmung an den entsprechenden Stellen ganz die gleiche ist, da ja Kurvenelement und Kontingenzwinkel ebenfalls ungeändert bleiben.

Diese letztere Eigenschaft kommt jedoch nur der gegebenen Raumkurve zu, zu der die abwickelbare Fläche gehört; bei allen andern Kurven auf der abwickelbaren Fläche ändert sich jedoch die Krümmung, wenn die Fläche abgewickelt wird. Man kann jedoch den Krümmungsradius r_0 für einen Punkt P_0 einer in der Abwicklung befindlichen Kurve bestimmen, **wenn der Krümmungsradius r des entsprechenden Punktes P auf der abwickelbaren Fläche für die entsprechende Kurve gegeben ist.** Um das zu verstehen, wollen wir uns eine Kurve k auf der abwickelbaren Fläche denken (Fig. 249) und auf ihr zwei benachbarte Punkte P und Q; sind p und q die Tangenten der Kurve in P und Q, dann ist $\sphericalangle pq = \beta'$. Die Ebene, auf der die abwickelbare Fläche abgewälzt werden, soll die Tangentialebene der abwickelbaren Fläche in P, die durch p und die durch P gehende Erzeugende l bestimmt ist, sein. Die durch Q gehende Erzeugende sei l'; l und l' sind Tangenten der Raumkurve c, der die abwickelbare Fläche angehört. Bei der Abwicklung wird daher die Länge von q gegen p eine andere werden, weil ja hierbei q eine ∞ kleine Drehung um p machen muß, bis sie in die Ebene pl zu liegen

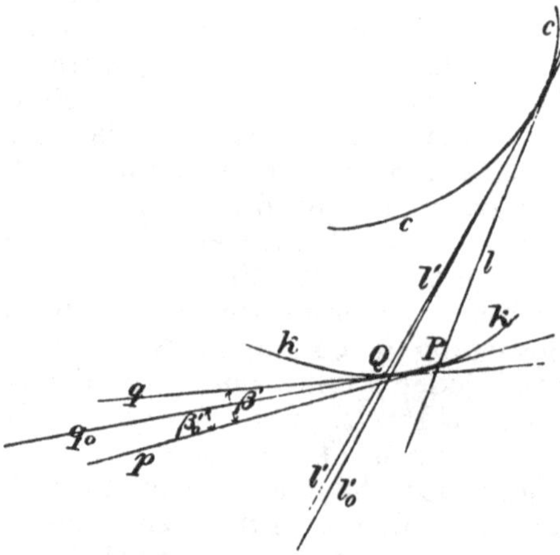

Fig. 249.

kommt. Die neue Lage von q sei q_0, die von $l' = l_0'$, wir können aber auch annehmen, daß q nicht auf die eben beschriebene Weise in die Lage von q_0 gelangt sei, sondern daß q_0 die Projektion von q auf die Tangentialebene pl sei; der Fehler kann immer nur ∞ klein (von höherer Ordnung) sein. Es wird also $\sphericalangle pq_0 = \sphericalangle pq \cdot \cos n$ sein, wo n den Neigewinkel der Ebene pq gegen die Tangentialebene pl bedeutet. Nun ist aber, wenn β' der Kontingenzwinkel der Kurve k in P ist, r der Krümmungsradius und PQ das Bogenelement in P, ferner wenn r_0 der Krümmungsradius der abgewickelten Kurve in P ist, β_0' der Kontingenzwinkel und P_0Q_0 das zugehörige Bogenelement,

$$\frac{1}{r} = \frac{\beta'}{PQ} \quad \text{und} \quad \frac{1}{r_0} = \frac{\beta_0'}{P_0Q_0},$$

daher, wenn ich die letztere Gleichung durch die erstere dividiere,

$$r : r_0 = \beta_0' : \beta',$$

denn es ist $PQ = P_0Q_0$, also

$$\frac{\beta_0'}{\beta'} = \frac{r}{r_0} \quad \text{oder} \quad \frac{\operatorname{tg}\beta_0'}{\operatorname{tg}\beta'} = \frac{r}{r_0}.$$

Nun ist aber $\quad \sphericalangle pq = \beta', \quad \sphericalangle pq_0 = \beta_0'$,

daher auch $\quad \frac{\operatorname{tg}\beta_0'}{\operatorname{tg}\beta'} = \cos n$,

woraus folgt $\quad \operatorname{tg}\beta_0' = \operatorname{tg}\beta' \cos n$

oder $\quad r = r_0 \cdot \cos n$,

also folgender Satz:

„Der Krümmungsradius r eines Punktes P der Kurve einer abwickelbaren Fläche ist gleich dem Krümmungsradius r_0 der abgewickelten Kurve im entsprechenden Punkte multipliziert mit dem Kosinus des Neigewinkels der Schmiegungsebene jener Kurve mit der Tangentialebene der Fläche in dem Punkte P."

Es ist also $r_0 = \frac{r}{\cos n}$ und wird $n = 90^0$, dann ist $r_0 = \frac{r}{0} = \infty$, d. h. solche Punkte der abwickelbaren Fläche, für welche der Winkel der Schmiegungsebene und Tangentenfläche $= 90^0$ ist, haben in der Abwicklung einen ∞ großen Krümmungsradius, d. h. sie liefern Wendepunkte.

Wenn sich die Rückkehrkante der Fläche der Tangenten, d. i. die Raumkurve selbst, zu einem Punkt zusammenzieht, dann ist die Developpable eine Kegel- oder eine Zylinderfläche, je nachdem dieser Punkt in endlicher oder unendlicher Entfernung liegt.

73. Von den Kurven auf einer abwickelbaren Fläche zeichnen sich die aus, die abgewickelt gerade Linien liefern. Man nennt diese Kurven geodätische Linien, weil sie, wie die Gerade in der Ebene, auf der Fläche die kürzesten Verbindungslinien zweier Flächenpunkte bilden. Da nun in der Abwicklung für alle Punkte der geraden Linie der Krümmungsradius ∞ groß ist, so muß umgekehrt auf der Fläche für alle Kurvenpunkte der Winkel der Schmiegungsebene mit der Tangentialfläche $= 90^0$ sein.

Die geodätischen Linien der Zylinderfläche sind die Schraubenlinien, die sich, wie schon im Abschnitt 71 gesagt wurde, dadurch auszeichnen, daß das Verhältnis ihrer Krümmungen konstant ist; in jedem Punkte einer solchen Linie fällt übrigens die Hauptnormale mit der Zylindernormalen zusammen. Für die Schraubenlinien auf dem geraden Kreiszylinder sind die Radien der Flexion und Torsion konstant; man nennt eine solche Schraubenlinie eine gewöhnliche Schraubenlinie; die Eigenschaft, konstante Krümmungsradien zu besitzen, entspricht der Eigenschaft, an jeder Stelle in sich selbst verschiebbar zu sein, was nur noch bei der Geraden und dem Kreise zutrifft. Die Schraubenlinie schneidet die Erzeugenden des Zylinders unter konstantem Winkel. Auf dem geraden Kreiskegel ist diejenige Kurve, die die Erzeugenden unter konstantem Winkel schneidet, keine geodätische Linie; sie heißt zylindrisch-konische Schraubenlinie, auch wird sie wegen ihrer Eigenschaft, konstante Winkel mit den Erzeugenden zu bilden, Loxodrome genannt, sie geht bei der Abwicklung des Kegels in eine logarithmische Spirale über.

74. Wir kehren jetzt zurück zu den Aufgaben, die nach der Überschrift den Hauptinhalt dieses Kapitels bilden sollen, wir schließen mithin an Abschnitt 68 und Figur 238 an. Der ebene Schnitt des Zylinders besteht aus vier kongruenten Teilen CA, AD, DB und BC, daher müssen auch die abgewickelten Teile kongruent sein, das ist aber nur möglich, wenn in A und B Wendepunkte liegen. Der Abschnitt 72 gibt aber noch einen anderen Beweis dafür, daß dies der Fall sein muß; in den Punkten A und B stehen nämlich die Schmiegungsebenen der Ellipse zu den Tangentialebenen des Zylinders senkrecht, daher sind die Punkte A und B Wendepunkte. Der Krümmungsradius ϱ_0 im Punkte C der abgewickelten Ellipse ist nach Abschnitt 72 gleich dem Krümmungsradius ϱ der Ellipse im Punkte C dividiert durch den Kosinus des Winkels, den die Tangentialebene des Zylinders in C mit der Schmiegungsebene der Ellipse in C, d. i. aber die Ellipsenebene, einschließt. Nun ist aber die große Halbachse der Ellipse $= r/\cos\alpha$, die kleine Halbachse $= r$, also ist der Krümmungsradius $\varrho = \dfrac{r^2}{r/\cos\alpha} = r \cdot \cos\alpha$. Der Winkel von Schmiegungsebene und Tangentenebene ist aber $90 - \alpha$, also $\cos(90 - \alpha) = \sin\alpha$, daher $\varrho_0 = \dfrac{r\cos\alpha}{\sin\alpha} = \boldsymbol{r \cdot \operatorname{cotg}\alpha}$. Wenn man mithin zu $C_0'D_0'$, dem umgelegten Durchmesser CD, in O''' die Senkrechte errichtet, die $D'D_0'$ schneidet, dann ist $\operatorname{cotg}\alpha = x/r$; also $x = r \cdot \operatorname{cotg}\alpha$ der gesuchte Krümmungshalbmesser.

Wir wollen schließlich noch die Tangente der abgewickelten Ellipse in einem beliebigen Punkte P_0 konstruieren (Fig. 238a), dessen entsprechender auf der Ellipse P sei (Fig. 238). Die Projektion der Ellipsentangente muß die Kreistangente in P' sein, und da ihre erste Spur T auf der ersten Spurgeraden $\mathfrak{S}_1$ der Schnittebene liegen muß, so ist $P'T$ die erste Projektion der Tangente und der Winkel TPP' der Neigewinkel der Tangente gegen die Erzeugende. Dieser Winkel bleibt erhalten bei der Abwicklung, man hat daher nur nötig, in den abgewickelten Mantel dieses Dreieck, dessen Katheten man kennt, einzuzeichnen. In den Aufriß ist schließlich noch die Schraubenlinie eingezeichnet, die der Diagonale des Mantels entspricht.

75. Projektionen, Schnitte und Abwicklung eines schiefen Kreiszylinders. In Figur 250 ist ein schiefer Kreiszylinder dargestellt, dessen Grundkreis k in $\mathfrak{P}_1$ liegt, dessen Erzeugende aber weder zu $\mathfrak{P}_1$ noch zu $\mathfrak{P}_2$ parallel laufen, mithin sich nicht in wahrer Größe projizieren. Durch die Spurgeraden $\mathfrak{S}_1$ und $\mathfrak{S}_2$ ist eine Ebene $\mathfrak{E}$ bestimmt, deren Schnitt mit der Zylinderfläche ermittelt werden soll. Die Schnittkurve kann nur eine Ellipse sein, die, gerade so wie ihre erste Projektion, zum Grundkreis k affin ist; die Affinitätsachse ist die erste Spurgerade $\mathfrak{S}_1$ der Ebene $\mathfrak{E}$. Die Schnittkurve ist offenbar die Verbindungslinie der Punkte, in denen die Zylinderkanten die Schnittebene $\mathfrak{E}$ durch-

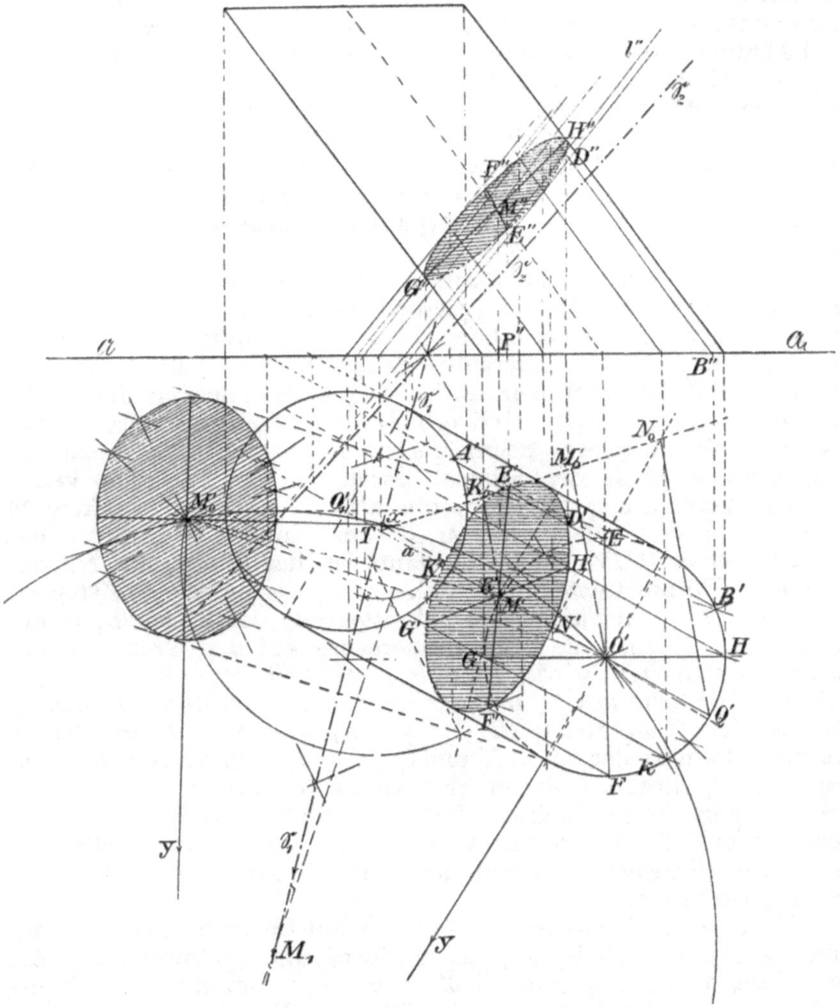

Fig. 250.

stoßen. Zur Ermittlung dieser Punkte benutzen wir die projizierenden Ebenen der Erzeugenden. Es wird z. B. der Durchstoßpunkt der Kante AB gefunden, indem ich die zweite Projektion dieser Kante $A''B''$ zeichne und ebenso die zweite Projektion der Geraden, in der die Ebene, die AB auf $\mathfrak{P}_1$ projiziert, die Ebene $\mathfrak{E}$ schneidet. Ist diese Schnittgerade l, dann muß l'' die zweite Projektion von l

sein, daher D'' die zweite Projektion des Durchstoßpunktes D von AB und $\mathfrak{E}$. Die erste auf $A'B'$ gelegene Projektion von D wird durch Herunterloten gefunden.

Man kann sich das Zeichnen der Schnittkurve erleichtern, wenn man an die affinen Beziehungen der gesuchten Figur zum Grundkreise k denkt. Zwei senkrechte Kreisdurchmesser müssen in der Schnittkurve als konjugierte Durchmesser erscheinen. Zwei solche Durchmesser — man könnte beliebig viele Paare einzeichnen — sind gezeichnet $EF \perp \mathfrak{A}$ und $GH \parallel \mathfrak{A}$, $\mathfrak{A}$ ist die Projektionsachse. Wenn wir jetzt die Durchstoßpunkte der vier durch die Punkte E, F, G und H gehenden Erzeugenden ermitteln, nämlich E', F', G' und H', dann sind die Geraden $E'F'$ und $G'H'$, ebenso $E''F''$ und $G''H''$ konjugierte Durchmesser, aus denen sich die Ellipse konstruieren ließe. Die Schnittpunkte derselben sind also die Ellipsenmittelpunkte.

Man könnte auch die Punkte der Ellipse in $\mathfrak{P}_1$ dadurch bestimmen, daß man die projizierenden Ebenen in die Grundrißebene umlegt. Mit einer Ebene ist das ausgeführt, und zwar mit der, die durch die Zylinderachse gelegt werden kann. Die Projektion der Zylinderachse in $\mathfrak{P}_1$ ist die Verbindungslinie der Kreismittelpunkte O' und O'_1. Ich erhalte die umgelegte Achse sowohl als auch die umgelegte Schnittgerade mit der Ebene, wenn ich den Mittelpunkt M der Ellipse, durch den beide Gerade gehen müssen, herabschlage. Ich werde also zu $O'O'_1$ die Senkrechte in M' errichten und darauf von M' aus die zweite Ordinate des Punktes $M = M''P''$ abtragen, dann ist der Endpunkt M_0 der umgelegte Ellipsenmittelpunkt, daher $O'M_0$ die umgelegte Zylinderachse und TM_0 die umgelegte Schnittgerade der Ebene $\mathfrak{E}$, in der sie von der Ebene, die die Zylinderachse auf den Grundriß projiziert, geschnitten wird. Sind $R'Q'$ die Schnittpunkte der projizierenden Ebene mit k, dann müssen, wenn ich durch R' und Q' Parallele zu $O'M_0$ ziehe, die Punkte K_0 und N_0 die umgelegten Durchstoßpunkte der durch R' und Q' gehenden Zylindererzeugenden sein; durch Zurückschlagen der Ebene erhalte ich die ersten Projektionen dieser Punkte. Daß man mittels Dreiecke, die alle dem Dreieck $TQ'N_0$ ähnlich sein müssen, auch Durchstoßpunkte für andere Erzeugende bestimmen kann, bedarf wohl keiner weiteren Ausführung.

Es ist auch die wahre Größe des Schnittes konstruiert worden, und zwar durch Umlegung seiner Ebene um die Spurgerade $\mathfrak{S}_1$. Bei dieser Umlegung gelangt M' nach M'_0; nun ist aber die gesuchte Kurve, gerade so wie die Ellipse im Raum und deren erste Projektion, affin zum Kreise k, daher ist $O'M'_0$ ein Affinitätsstrahl, $\mathfrak{S}_1$ die Affinitätsachse. Jedem Kreisdurchmesser entspricht ein Ellipsendurchmesser, der sich mit ersterem auf $\mathfrak{S}_1$ schneiden muß. Die Mittelsenkrechte zu $O'M'_0$ schneidet $\mathfrak{S}_1$ in M_1; wird um M_1 der Kreis beschrieben, der durch M'_0 und O' geht, dann schneidet dieser $\mathfrak{S}_1$ in den Punkten x und y, die mit M'_0 verbunden die Achsen der umgelegten Ellipse bilden, mit O' verbunden das rechtwinklige Durchmesserpaar, dessen affines Bild eben die Achsen der Ellipse liefert.

Die Zylinderfläche ist eine abwickelbare Fläche, wir können daher die Oberfläche des in Figur 250 dargestellten Zylinders

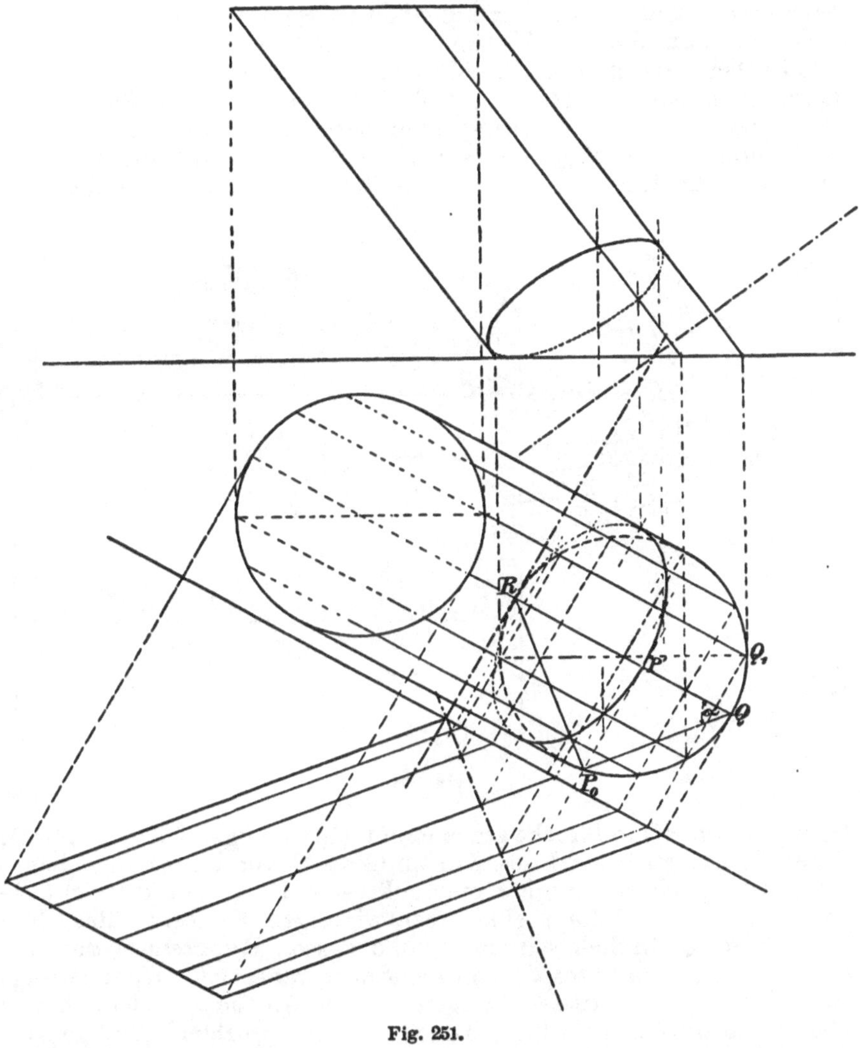

Fig. 251.

zeichnen, d. h. den Mantel konstruieren. Hierzu ist nötig, daß man den Zylinder durch eine Ebene schneidet, die senkrecht zur Achse des Zylinders, also senkrecht zu allen Erzeugenden ist. Zu dem Zwecke ist der Zylinder noch einmal, in Figur 251, dargestellt worden; wenn die Schnittebene die Erzeugenden, wie angegeben, schneiden soll, so müssen ihre Spurgeraden senkrecht zu den Projektionen der Erzeugenden laufen. Die Schnittebene ist außerdem so gelegt worden, daß sie den Grundkreis k in R berührt; auch ist beides, Zylinder und Ebene, auf eine Ebene projiziert worden, die $\perp \mathfrak{P}_1$ und parallel den Erzeugenden liegt. Die Schnittfigur e muß wieder eine Ellipse sein. Die dritte Projektion bietet den Vorteil, daß sie alle Erzeugenden in wahrer Größe wiedergibt, und daß man ihr die Abstände der Grundkreispunkte von der Schnittebene, die in dieser Projektion als Gerade erscheint, entnehmen kann. Nehmen wir jetzt an, daß die Ebene, die den Zylinder in der durch R gehenden Erzeugenden berührt, die sein soll, auf der die Zylinderfläche abgerollt werden soll, dann muß die Ellipse e zu einer Geraden werden. Das Dreieck RP_0Q ist nun die Um-

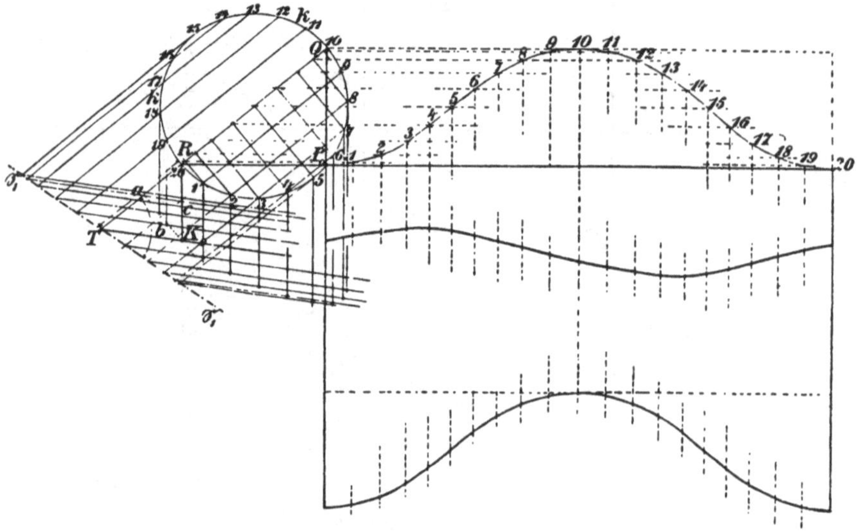

Fig. 252.

legung des in RQ senkrecht stehenden rechtwinkligen Dreiecks RPQ, daher QP_0 der Abstand des Kreispunktes Q von der Schnittebene; der Abstand eines andern Kreispunktes, z. B. Q_1 von der Schnittebene ist nun Kathete eines rechtwinkligen Dreiecks, das dem Dreieck RPQ ähnlich sein muß, und dessen Hypotenuse der Abstand des Kreispunktes Q_1 von der Spurgeraden ist. Hieraus folgt eine Konstruktion dieser Längen, deren wir beim Zeichnen des Mantels bedürfen; ich finde für Q_1 die entsprechende Länge, indem ich von Q_1 auf RQ das Lot fälle und durch den Fußpunkt desselben die Parallele zu QP_0 ziehe, die in dem Dreieck RP_0Q gelegene Strecke dieser Parallelen ist die gesuchte Länge. Von diesem Verfahren ist beim Zeichnen des Mantels in Figur 252 Anwendung gemacht worden. Es wurde zunächst Dreieck RP_0Q so gezeichnet, daß Seite RP_0 horizontal liegt; die Verlängerung dieser Seite stellt dann die abgewickelte Ellipse e dar. Ich finde jetzt die Abstände der Kreispunkte von der abgewickelten Ellipse, indem ich, wie beschrieben, verfahre; also z. B. für Punkt *8*: Ich fälle von Punkt *8* auf RQ die Senkrechte, dann liegt der Fußpunkt derselben von RP_0 um die gesuchte Länge entfernt, daher muß der Punkt *8* in der Abwicklung auf der durch den Fußpunkt zu RP_0 gezogenen Parallelen liegen. Es ist nun der Kreis k in eine größere Anzahl von gleichen Teilen geteilt worden, nämlich zwanzig. Da sich bei der Abwicklung die Bogenlängen nicht ändern, mithin auch die Sehnen des Kreises nicht viel abweichen können von den Sehnen der Abwicklung, so finde ich die abgewickelten Punkte, indem ich, von P_0 beginnend, mit dem Zirkel die Sehnen *12*, *23* usw., die gleich sind, eintrage. Der abgewickelte Kreis muß aus vier kongruenten Teilen bestehen, daher liegen bei Punkt *5* und *15* Wendepunkte, bei *0* und *10* Scheitel. Der Krümmungsradius im Punkt *10* ist $= \frac{r}{\cos\alpha}$, wenn r der Radius vom Grundkreis k und α die Neigung der Erzeugenden gegen die Grundrißebene ist.

Schließlich ist auch der Schnitt eingezeichnet worden, der in Figur 250 zur Darstellung gebracht worden ist. Hierzu ist das Dreieck TQN_0, in dem QN_0 die wahre Länge der Erzeugenden vom Kreispunkte Q bis zum Schnittpunkte mit der Ebene darstellt, benutzt worden. Die Strecken der anderen Kreispunkte lassen sich Dreiecken entnehmen, die dem Dreieck TQN_0 ähnlich sind, und deren eine Seite die Strecke vom Kreispunkt bis zur Spurgeraden $\mathfrak{S}_1$, gemessen in Richtung $O'T$, ist. Verlängere ich z. B. $RQ = 0{,}10$ in Figur 252 um $RT = a$, und konstruiere ich über a ein Dreieck, das dem Dreieck RTK_0 in Figur 250 kongruent ist, und zwar so, daß $b = TK_0$, $c = RK_0$ ist, dann ist c die Strecke, die auf die Erzeugenden *0* und *20* abzutragen ist. Es ist nun auch die Spurgerade $\mathfrak{S}_1$ übertragen worden, derart, daß die Winkel $\mathfrak{S}_1 a$ in den Figuren 250 und 252 übereinstimmen. Dann geben die durch die Kreispunkte parallel a bis $\mathfrak{S}_1$ gezogenen Strecken die Geraden an, über welchen Dreiecke zu konstruieren sind, die dem mit den Seiten a, b, c ähnlich sind, und die Seiten parallel zu c sind die verlangten Entfernungen von den entsprechenden Kreispunkten bis zu den Durchstoßpunkten mit $\mathfrak{E}$. Die Mantelfläche ist inhaltsgleich einem Rechteck aus dem Umfange des Normalschnittes und der Zylinderkante.

76. Projektion usw. des geraden Kreiskegels (Fig. 253). Der Grundkreis des Kegels liege in der Grundrißebene, dann ist der Grundriß des Kegels ein Kreis, der Aufriß ein Dreieck.

Wir bestimmen zuerst den Schnitt der durch die Spurgeraden $\mathfrak{S}_1$ und $\mathfrak{S}_2$ gegebenen Ebene $\mathfrak{E}$ und der Kegelfläche. Die Schnittkurve ist eine Ellipse, deren große Achse die durch die Spitze des Kegels $\perp$ zur Grundrißebene und $\mathfrak{S}_1$ gelegte Ebene $\mathfrak{E}_1$ bestimmt. Diese Ebene schneidet die Ebene $\mathfrak{E}$ in einer Falllinie, die zugleich Symmetrielinie der gesuchten Ellipse e, daher Achse sein muß. Um die Länge dieser Achse zu bestimmen, legen wir die Ebene $\mathfrak{E}_1$

mit den in ihr enthaltenen Linien um. Bei dieser Umlegung gelangt die Kegelspitze S nach S_0, also die beiden Kegelkanten, in denen $\mathfrak{E}_1$ den Kegel schneidet, nach AS_0 und BS_0; die Falllinie TG kommt nach TG_0, also ist CD die große Achse der Ellipse. Wird CD halbiert in E und Punkt E zurückgeschlagen, dann liegt in der durch E' zu $\mathfrak{S}_1$ gezogenen Parallelen die kleine Achse der Ellipse; letztere ist eine Hauptlinie der Ebene $\mathfrak{E}$. Man

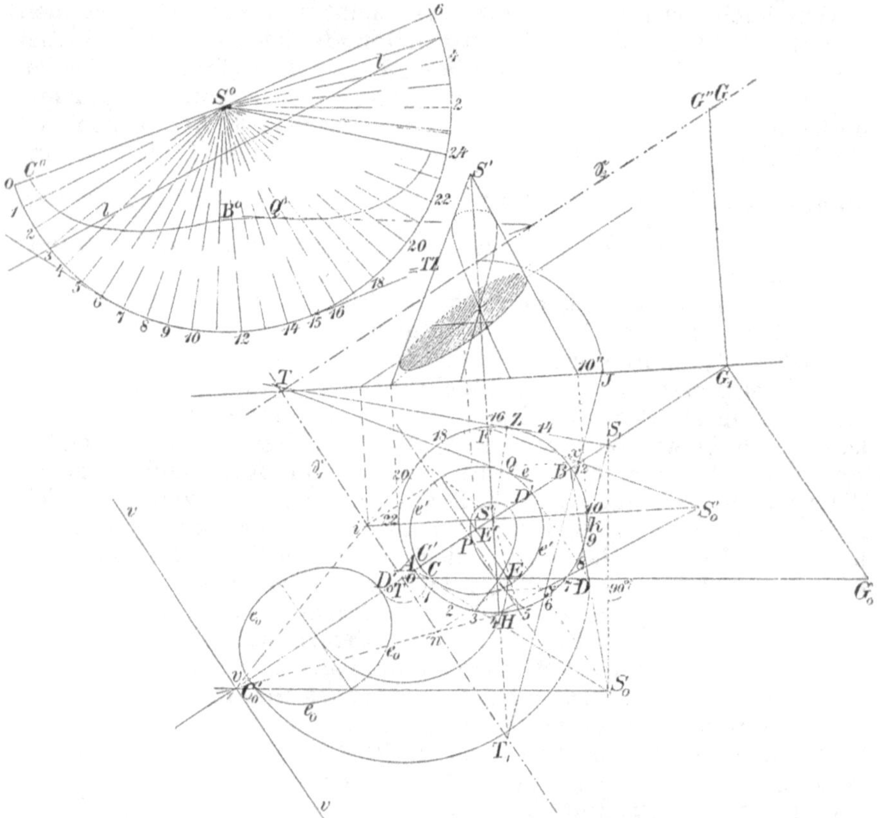

Fig. 253.

legt durch sie und die Kegelspitze S eine Ebene; die erste Spurgerade dieser Hilfsebene muß eine Parallele zu $\mathfrak{S}_1$ sein, und man findet sie daher, indem man S mit einem beliebigen Punkt der kleinen Achse verbindet und den ersten Spurpunkt der Verbindungsgeraden ermittelt. Eine solche Gerade ist z. B. die von S durch den Mittelpunkt E der Ellipse gehende Gerade, die die erste Projektion der großen Achse treffen muß. Die Ebene, in der diese Gerade liegt, ist aber bereits umgelegt; verbinde ich also S_0 mit E, so wird $C'D'$ in einem Punkte der gesuchten Spurgeraden, in P, geschnitten. Die Parallele durch diesen Punkt P

zu $\mathfrak{S}_1$ ist daher die Spurgerade, ihre Schnittpunkte mit dem Grundkreis k des Kegels, verbunden mit S', liefern die Projektionen der Schnittgeraden dieser Ebene und des Kegels, die die kleine Achse in den gesuchten Endpunkten schneiden. Die zweiten Projektionen der Achsen sind konjugierte Durchmesser der Ellipse im Aufriß. Die Ellipse ist aber konstruierbar, wenn man die Achsen oder ein Paar konjugierter Durchmesser kennt.

Man könnte aber auch die Ellipsen punktweise konstruieren, indem man durch die Spitze des Kegels beliebige Hilfsebenen legt. Eine solche Ebene wird die Kegelfläche in zwei Erzeugenden und die Ebene $\mathfrak{E}$ in einer Geraden schneiden, die Schnittpunkte dieser Geraden sind Ellipsenpunkte; die Konstruktionen sind leichter auszuführen, wenn man die durch die Kegelspitze S gehende, zu $\mathfrak{P}_1$ parallel gelegene Ebene mit benutzt. Insbesondere findet man die Punkte, in denen die den Aufriß begrenzenden Kegelkanten die Ellipse berühren, indem man eine Ebene parallel $\mathfrak{P}_2$ durch die Kegelachse legt; diese schneidet den Kegel in Kanten, die im Aufriß die erwähnten Kanten bilden, die Ebene $\mathfrak{E}$ in einer Geraden, die $\mathfrak{S}_2$ parallel läuft (Fig. 253); die letztere schneidet daher die Kegelkanten in den gesuchten Punkten. Die durch die Kegelachse gehende, senkrecht auf $\mathfrak{P}_2$ stehende Ebene schneidet den Kegel in den Kanten SF und SH. Die umgelegten Kanten sind $S_0'H$ und $S_0'F$, die umgelegte Schnittgerade der Ebene E mit dieser Hilfsebene ist T_1I, daher x und y die gesuchten Schnittpunkte. Diese Punkte lassen sich durch Zurückschlagen in erster Projektion darstellen, aber auch im Aufriß, da aus der Umlegung sich ihre Abstände von der Grundrißebene entnehmen lassen.

Die Ellipse e' und der Grundkreis k sind perspektive Figuren. Das Perspektivitätszentrum ist S', die Perspektivitätsachse $\mathfrak{S}_1$. Ebenso aber sind auch die umgelegte Ellipse e_0 und der Grundkreis k perspektive Figuren in perspektiver Lage. Ellipse e ist die Zentralprojektion des Grundkreises k auf die Ebene $\mathfrak{E}$ aus dem Zentrum S. Die Parallele durch S zu $\mathfrak{E}$ muß daher $\mathfrak{P}_1$ in einem Punkte der Verschwindungsgeraden schneiden; ich erhalte ihn, wenn ich durch S_0 die Parallele zu TG_0 ziehe, letztere schneidet die Verlängerung von $C'D'$ in V, daher ist die Parallele vv durch V zu $\mathfrak{S}_1$ die Verschwindungsgerade. Die Bilder der von V an den Grundkreis k gelegten Tangenten müssen parallele Tangenten sein, es bestimmen daher deren Berührungspunkte einen Durchmesser der Ellipse, der $\parallel \mathfrak{S}_1$ sein muß, d. h. die kleine Achse derselben. Schneiden die Tangenten $\mathfrak{S}_1$ in i und n, dann gehen die Parallelen zu $C'D'$ gezogen durch i und n durch die Endpunkte der kleinen Achse. Punkt P ist Pol von vv, diesem Punkte entspricht der Mittelpunkt der Ellipse.

Die Kurven e_0 und k sind ebenfalls perspektiv, Perspektivitätsachse ist $\mathfrak{S}_1$; da e_0 durch Drehung von e um $\mathfrak{S}_1$ entstanden ist, so liegt das Perspektivitätszentrum auf der Verlängerung von $C'D'$, von V ab gemessen noch um die Strecke S_0V entfernt.

Die abgewickelte Kegelfläche ist ein Kreissektor vom Radius $s = S''$, $10''$, der Kante des Kegels. Der Bogen muß gleich dem Umfange des Grundkreises k sein $= 2r\pi$, daher ist der Zentriwinkel α der abgewickelten Kegelfläche $= 4R \cdot \frac{r}{s}$. Um den Mantel zu zeichnen, wurde der Grundkreis k in 24 gleiche Teile geteilt und die Sehne eines solchen Teiles von einem Punkte O aus auf dem mit s beschriebenen Bogen 24mal abgetragen. Punkt O soll Punkt A entsprechen. Zu jedem Teilpunkte gehört eine Erzeugende des Kegels; diese würden auch in den Aufriß einzuzeichnen sein, wenn die Ellipse mit abgewickelt werden soll. Da die Erzeugenden im Aufriß mit Ausnahme von zweien verkürzt sind, so können nicht ohne weiteres die Ellipsenpunkte auf den einzelnen Erzeugenden auf die entsprechenden im Mantel übertragen werden. Es muß jede Erzeugende erst in wahrer Größe dargestellt werden, was dadurch bewirkt wird, daß man den Kegel um seine Achse dreht. Hierbei kommt jede Erzeugende einmal parallel zu $\mathfrak{P}_2$ zu liegen, der auf ihr gelegene Ellipsenpunkt beschreibt aber, wie jeder andere Punkt der Erzeugenden, einen horizontal gelegenen Kreis, dessen Aufriß also eine Parallele zur Achse bildet. Man hat hiernach, um die Strecken auf der Erzeugenden in dem Mantel zu erhalten, nur nötig, die Kurvenpunkte im Aufrisse durch Parallele zur Projektionsachse auf eine der den Umriß bildenden Erzeugenden, z. B. S'', $10''$ zu projizieren.

Wie man deutlich erkennt, muß die abgewickelte Ellipse Wendepunkte besitzen; diese sind konstruierbar. Es müssen nach Abschnitt 72 diejenigen Ellipsenpunkte Wendepunkte liefern, für welche die Tangentialebene des Kegels normal ist zur Ellipsenebene, also zur Ebene $\mathfrak{E}$. Um diese Ebenen zu erhalten, fällen wir von der Kegelspitze S auf die Ebene $\mathfrak{E}$ die Senkrechte und konstruieren deren ersten Spurpunkt S_1. Diese Senkrechte kann nur in der projizierenden Ebene von CD liegen und der erste Spurpunkt derselben auf der Verlängerung von $C'D'$. Letzteren finde ich daher, indem ich von S_0 auf die umgelegte Falllinie CD die Senkrechte fälle und sie bis zum Schnitt mit $C'D'$ verlängere; der Schnittpunkt ist S_1. Alle Ebenen, die diese Senkrechte enthalten, stehen auf $\mathfrak{E}$ senkrecht und ihre ersten Spurgeraden gehen durch S_1; zwei Ebenen gibt es, deren Spurgeraden zugleich Tangenten des Grundkreises k sind, diese müssen daher den Kegel in Erzeugenden tangieren, deren entsprechende Gerade im Mantel die gesuchten Wendepunkte tragen; sie liegen in diesem Falle bei den Punkten *15* (ungefähr) und *9*. Ist Z der Berührungspunkt der einen der von S_1 an k gelegten Tangenten, und Q der auf der Erzeugenden SZ befindliche Ellipsenpunkt, außerdem $T = S_1 Z \times \mathfrak{S}_1$, dann ist auch TQ Tangente der Ellipse e in Q; es ist nun Dreieck TZQ rechtwinklig, da aber auch bei der Abwicklung die Tangenten Tangenten bleiben, so kann mittels dieses Dreiecks in der Mantelfläche im Wendepunkte Q^0 die Tangente konstruiert werden, denn man kennt TZ und QZ. Auch für andere Punkte der Abwicklung lassen sich nach diesem Verfahren die Tangenten konstruieren. Die Kurvenpunkte auf den Erzeugenden *0* und *12* sind Scheitel der Kurve. Wenn ϱ der Krümmungsradius in den Punkten C_0' und D_0' der umgelegten Ellipse ist, dann sind die Krümmungsradien der abgewickelten Kurve in C^0 und D^0 bzw. $= \varrho/\cos S_0 CD$ und $= \dfrac{\varrho}{\cos CDB}$, das sind Längen, die graphisch leicht dargestellt werden können. Denn der Krümmungsradius des Punktes C_0' bzw. D_0' von e_0 ist die Ordinate im Brennpunkte; trägt man diese Länge auf CD von C und D aus ab, und schneiden die in den Endpunkten zu CD errichteten Senkrechten die Geraden $S_0 A$ und $S_0 B$ bzw. in I und K, dann sind CI und DK die gesuchten Krümmungsradien.

In Figur 253 ist auch noch eine geodätische Kurve des Kegels dargestellt. Die Erzeugenden sind ebenfalls solche Linien. Sollen aber zwei Punkte der Kegelfläche, die nicht auf einer Mantellinie liegen, durch eine geodätische Kurve verbunden werden, so suche zunächst die entsprechenden Punkte in der Abwicklung auf, verbinde sie durch eine Gerade und konstruiere wieder zu dieser die entsprechende Kurve auf dem Kegel. In dem Mantel ist eine beliebige Gerade l eingezeichnet worden; soll die geodätische Linie auf dem Kegel vom Grundkreise k über die Kegelfläche hinweg wieder bis zum Grundkreis k verlaufen, so ist es nötig, daß ein Teil der Mantelfläche noch einmal abgewickelt wird. Zieht man durch S^0 zur Geraden l die Parallele, dann gibt diese die beiden Erzeugenden an, denen sich auf dem Kegel die geodätische Linie nähern muß; erst im Unendlichen treffen sie zusammen. Die Tangente in irgend einem Punkte der geodätischen Linie schließt mit der durch den Punkt gehenden Erzeugenden denselben Winkel ein, wie im Mantel die Gerade l mit der entsprechenden Erzeugenden. Liegt z. B. der Punkt auf der Mantellinie $S^0\,6$, dann muß im Grundriß die Spur der Tangente im entsprechenden Punkte auf der Kreistangente des Punktes *6* liegen und zwar in einem Abstand, der der Abwicklung entnommen werden kann; er ist dort gleich der Strecke der Tangente in *6* von dem Punkte *6* bis zum Schnittpunkt mit l. Damit ist die Konstruktion der Tangente eines Punktes der geodätischen Linie gegeben.

77. Schnitt und Abwicklung eines schiefen Kreiskegels (Fig. 254). Der Grundkreis k des Kegels liege in der Grundrißebene; sein Aufriß ist ein stumpfwinkliges Dreieck, der Kreis mit den sich im Grundriß der Kegelspitze schneidenden Tangenten der Grundriß des schiefen Kegels. Es seien $\mathfrak{S}_1$ und $\mathfrak{S}_2$ die Spuren einer den Kegel schneidenden Ebene $\mathfrak{E}$; die Schnittkurve ist eine Ellipse e, eine Zentralprojektion des Grundkreises k. Man gelangt am schnellsten zu Ellipsenpunkten, wenn man als Hilfsebene die durch die Kegelspitze S gehende Horizontalebene wählt; diese muß die Ebene $\mathfrak{E}$ in einer Parallelen $\mathfrak{S}_3$ zu $\mathfrak{S}_1$ schneiden, deren Konstruktion sich aus Figur 254 ergibt. Wählt man jetzt in der Grundrißebene $\mathfrak{P}_1$ eine beliebige Spur, z. B. AB, die den Grundkreis k schneidet, dann bestimmt die Parallele x durch S zu AB mit letzterer eine Ebene, in der zwei Mantellinien des Kegels, nämlich SA und SB, und die Schnittlinie mit der Ebene, deren Endpunkte $x \times \mathfrak{S}_3$ und $AB \times \mathfrak{S}_1$ sind, liegen; die Punkte, in denen die letztere Gerade die Mantellinien schneidet, sind Ellipsenpunkte. Von den möglichen Spurgeraden zeichnet sich die aus, die durch den Mittelpunkt von k geht und senkrecht zur Spur $\mathfrak{S}_1$ der Ebene $\mathfrak{E}$ steht. Das Bild dieser Spurgeraden muß ein Ellipsendurchmesser sein, denn er ist der Ort der Halbierungspunkte aller Kreissehnen, die parallel $\mathfrak{S}_1$ liegen; die Bilder dieser

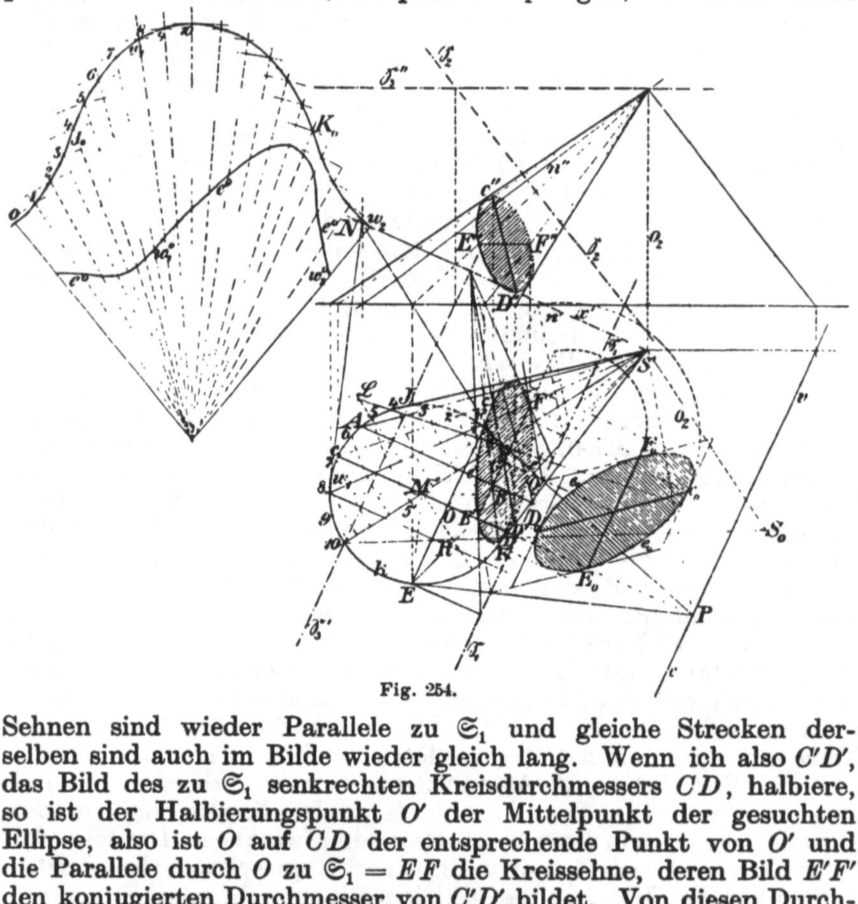

Fig. 254.

Sehnen sind wieder Parallele zu $\mathfrak{S}_1$ und gleiche Strecken derselben sind auch im Bilde wieder gleich lang. Wenn ich also $C'D'$, das Bild des zu $\mathfrak{S}_1$ senkrechten Kreisdurchmessers CD, halbiere, so ist der Halbierungspunkt O' der Mittelpunkt der gesuchten Ellipse, also ist O auf CD der entsprechende Punkt von O' und die Parallele durch O zu $\mathfrak{S}_1 = EF$ die Kreissehne, deren Bild $E'F'$ den konjugierten Durchmesser von $C'D'$ bildet. Von diesen Durchmessern sind auch die zweiten Projektionen dargestellt worden, wodurch es ermöglicht wurde, die wahre Größe der Ellipse durch Herabschlagen um $\mathfrak{S}_1$, die Spurgerade der Ellipsenebene, zu ermitteln. Die herabgeschlagenen konjugierten Durchmesser sind wieder konjugierte Durchmesser der Ellipse e_0, E_0F_0 ist $\parallel \mathfrak{S}_1$.

Kreis k und Ellipse e sind perspektive Figuren, das Zentrum ist S, die Perspektivitätsachse ist $\mathfrak{S}_1$. Perspektiv sind auch k

und e' mit dem Zentrum S' und derselben Achse (vgl. Abschnitt 9). Die Fluchtlinie ist $\mathfrak{S}_3$, und Linie VV die Verschwindungslinie; es $VV \parallel \mathfrak{S}_1$ und Abstand VV von $\mathfrak{S}_1$ gleich dem des Punktes S' ist von $\mathfrak{S}_3$. Wir haben ähnliche Beziehungen wie beim geraden Kegel. Es ist $P = CD \times VV$ der Pol von EF und O auf EF der Pol von VV; PE und PF sind also Tangenten von k. Das Bild von P fällt ins Unendliche, also müssen die Bilder der Tangenten Parallele sein und einen Durchmesser der Ellipse bestimmen. Schneidet z. B. PF Gerade $\mathfrak{S}_1$ in Q, so muß $QF' \parallel S'P$ und Tangente von e' in F' und QF_0 Tangente von e_0 in F_0 sein. Die Berührungspunkte der Ellipse auf den Umrißlinien im Grund- und Aufriß werden nach dem zu Anfang dieses Abschnittes beschriebenen Verfahren ermittelt.

Die Konstruktionen betreffend die Abwicklung der Kegelfläche, des Grundkreises und der Ellipse, die Ermittlung der Tangenten, Wendepunkte und Krümmungsradien der abgewickelten Ellipse weichen von den im vorigen Abschnitt gegebenen nur wenig ab. Um die Mantelfläche zu zeichnen, schneide ich den Kegel durch eine zu $\mathfrak{P}_1$ senkrechte Ebene, die die Spitze S und den Mittelpunkt M des Grundkreises k enthält, und teile letzteren in eine größere, durch vier teilbare Zahl von Teilen, z. B. zwanzig. Die zugehörigen Mantellinien zerlegen die Kegelfläche in zwanzig Teile; die wahren Längen der Mantellinien werden nun dadurch erhalten, daß sie um die Gerade $S'S$ in die gewählte Hilfsebene gedreht werden. Es ist also z. B. die wahre Länge der Mantellinie $S\,0 = S_0\,0$, die von $S\,5 = S_0\,5'$, die von $S\,10 = S_0\,10$ usw. $S_0S' = SS'$ und $\perp S'M$. Auf jeder Mantellinie liegt ein Ellipsenpunkt; wird dieser bei Drehung der Geraden mitgenommen, so erhält man auch die zur Herstellung der der Ellipse in der Mantelfläche entsprechenden Kurve erforderlichen Teilstrecken. Es sind mithin, soll der Mantel gezeichnet werden, elf Kreisbogen erforderlich, der kleinste Radius ist $S_0\,0$, der größte $S_0\,10$. Berücksichtigt man ferner, daß die Abstände der Endpunkte zweier benachbarter Mantellinien gleich dem zweier Teilpunkte auf dem Grundkreise sind, so ist damit die Konstruktion der Abwicklung vollständig erklärt. Der abgewickelte Grundkreis besitzt zwei Wendepunkte I_0 und K_0, wenn I_0 und K_0 den Punkten I und K, den Berührungspunkten der Umrißlinien des Grundrisses, entsprechen. Die Ebenen, die die Mantellinien SI und SK enthalten, sind die projizierenden Ebenen dieser Geraden; sie berühren den Kreis in I und K und stehen außerdem auf der Kreisebene senkrecht, daher den Punkten I und K nur Wendepunkte entsprechen können. Wendepunkte weist auch die abgewickelte Ellipse e^0 auf; denn es lassen sich zwei Ebenen ermitteln, die den Kegel tangieren und zugleich senkrecht auf der Ellipsenebene stehen. Diese Ebenen erhalten wir, wenn wir von der Kegelspitze S die Senkrechte auf $\mathfrak{E}$ fällen und von deren erstem Spurpunkt Tangenten an k legen; die durch die Kegelspitze und diese Tangenten gelegten Ebenen sind die gesuchten Ebenen. Die Projektionen der Senkrechten sind die Geraden

$n' \perp \mathfrak{S}_1$ und $n'' \perp \mathfrak{S}_2$, also ist N ihr erster Spurpunkt. Berühren die aus N gezogenen Kreistangenten k in w_1 und w_2, dann schneiden die diesen Punkten entsprechenden Mantellinien die abgewickelte Ellipse in ihren Wendepunkten w_1^0 und w_2^0. Die Punkte *0* und *10* bilden für den abgewickelten Kreis die Scheitelpunkte. Der Krümmungsradius des Punktes *0* in der Abwicklung ist $= \frac{r}{\cos S_0 0 S'}$, wo r der Radius von k ist, also gleich der Länge $0L$, denn $\cos S_0 0 S' = r/0L$, daher $0L = \frac{r}{\cos S_0 0 S'}$; die Strecke $R\,10$ im Grundriß ist der Krümmungsradius des Punktes *10* in der Abwicklung.

78. Die Achsen und Wechselschnitte eines schiefen Kreiskegels. Der in der Figur 254 dargestellte Kegel ist ein schiefer Kreiskegel; alle Parallelebenen zum Grundkreise schneiden den Kegel in dem Grundkreise ähnlichen Figuren, d. h. in Kreisen; der dargestellte Schnitt der Kegelfläche ist eine Ellipse. Es entsteht hier die Frage: Gibt es nicht noch eine zweite Schar von Parallelebenen, die den schiefen Kegel auch in Kreisen schneiden? Wenn das der Fall ist, so wird ja auch unter den Ebenen der zweiten Schar eine sein müssen, die einen Kreis erzeugt, der dem gegebenen Grundkreis kongruent ist. Wenn also ein solcher Kreis besteht, so können wir auch sagen, es ist eine Ebene derartig zu bestimmen, daß ein Kreis k aus einem beliebigen Zentrum auf diese Ebene projiziert zum Bilde einen kongruenten Kreis k_1 hat. Diese beiden Kreise würden dann perspektiv liegen, und ihre perspektive Lage würde nicht aufgehoben werden, wenn wir die neue Ebene um die Perspektivitätsachse, d. i. die Schnittgerade der Kreisebenen, drehen, bis sie in einer Ebene liegen. Aus Gründen der Symmetrie folgt, daß die Perspektivitätsachse eine die Kreise schneidende Gerade sein muß, und daß, wenn wir die ebenerwähnte Drehung ausführen, die zwei Lösungen hinsichtlich des Drehsinns zuläßt, die Kreise sich entweder nur zum Teil oder sich vollständig in der neuen Lage decken müssen. Im ersteren Falle müssen die beiden kongruenten Kreise symmetrisch zur Perspektivitätsachse, d. i. die gemeinschaftliche Chordale, die zur Zentrale in der Mitte zwischen den Mittelpunkten senkrecht steht, liegen; im anderen Falle, wo sich die Kreise decken, bildet die Perspektivitätsachse eine Sekante, das Perspektivitätszentrum ist der Pol derselben. Die letztere Lage wollen wir aber benutzen, um die Ebene zu bestimmen, auf welcher der Grundkreis k, aus der Kegelspitze S projiziert, den kongruenten Bildkreis k_1 liefert. Zunächst sei bemerkt, daß die Ebene des Grundkreises k senkrecht steht zu der Ebene, die sich durch die Kegelspitze S, den Mittelpunkt des Grundkreises M und die Projektion S' der Spitze auf die Grundkreisebene legen läßt. Diese Ebene, sie sei $\mathfrak{E}_1$ genannt, ist offenbar eine Symmetrieebene des schiefen Kegels. Der in ihr gelegene Kreisdurchmesser sei AB (Fig. 255). Mit diesem Kreise soll sich jetzt aber ein anderer decken, der durch Drehung um eine Sekante von k in diese Lage gebracht wurde; diese Sekante kann offenbar nur eine Gerade sein, die senkrecht zu AB, also auch $\perp$ zur Ebene $\mathfrak{E}_1$ stehen muß. Nehmen wir jetzt an, daß die beschriebene Lage der zweiten Ebene hergestellt sei, und daß hierbei Punkt A nach A', B nach B' gelangt sei, bzw. A' Bild von A und B' Bild von B sei, und außerdem das Perspektivitätszentrum O sich jetzt mit der Kegelspitze S decke, so ist dieses nur möglich, wenn O auf einer Ebene liegt, die den Winkel der Kreisebenen halbiert. Diese Ebene $\mathfrak{E}_2$ muß die Ebene SCD sein, die also zur Ebene $\mathfrak{E}_1$ in der Geraden SE, $E = CD \times AB$, senkrecht stehen muß. Aus Gründen der Symmetrie müssen wir aber weiter schließen, daß die beiden Kreisebenen, die gegebene Ebene von k und die gesuchte des Kreises k_1, zu dieser Ebene $\mathfrak{E}_2$ symmetrisch liegen müssen, daß also A' und B, ebenso A und B' symmetrisch gelegene Punkte sind nicht nur in bezug auf die Ebene $\mathfrak{E}_2$, sondern auch, da diese vier Punkte in der Ebene $\mathfrak{E}_1$ liegen, auf die Gerade SE, d. h. aber: Punkt E wird gefunden, indem man den Winkel ASB halbiert. Die Ebene $\mathfrak{E}_2$ ist auch eine Symmetrieebene des Kegels; eine dritte Symmetrieebene muß offenbar die Ebene sein, welche die Spitze enthält und die beiden anderen Ebenen $\mathfrak{E}_1$ und $\mathfrak{E}_2$ senkrecht schneidet. Wir kommen somit zu folgendem Ergebnis:

Ein schiefer Kreiskegel besitzt drei zueinander senkrechte Symmetrieebenen. Die drei in der Spitze aufeinander senkrecht stehenden Schnittlinien dieser Ebenen bilden die Achsen des Kegels.

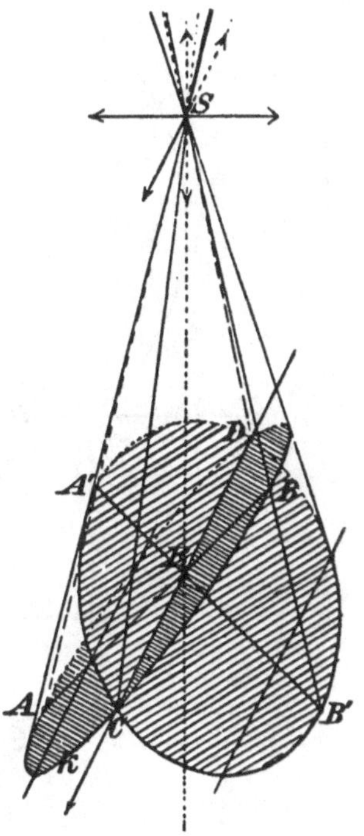

Fig. 255.

Unsere Kreisebenen sind nun Ebenen, die auf einer der Symmetrieebenen senkrecht stehen und zu einer zweiten Symmetrieebene symmetrisch liegen, d. h. entgegengesetzt gleiche Neigewinkel mit ihr einschließen; von solchen Ebenen sagt man, sie erzeugen Wechselschnitte des Kegels; mithin:

Bei einem schiefen Kreiskegel sind alle Kreisschnitte entweder dem Grundkreise parallel oder sog. Wechselschnitte desselben.

Es sei noch eines Verfahrens gedacht, das zur Auffindung der Wechselschnitte dient, ohne sich der Symmetrieebenen zu bedienen. Ist k der Grundkreis, S die Kegelspitze, so kann man immer die zweite Projektionsebene so wählen, daß sie der Verbindungsgeraden SM (M der Mittelpunkt des Grundkreises k) parallel ist. Entwirft man jetzt eine Kugel, die den gegebenen Grundkreis als Kugelkreis enthält, so läßt sich beweisen, daß der Kegel diese

Kugel noch einmal in einem Kreise, nämlich in einem der möglichen Wechselschnitte schneidet. In Figur 256 ist die Ebene $\mathfrak{P}_2$, wie angegeben, gewählt. Halbiert man den Winkel $A''S''B''$, so schneidet die Winkelhalbierende $A''B''$ in E'', also ist $CD \perp \mathfrak{A}$ die Spurgerade der Ebene $\mathfrak{E}_2$, der zweiten Symmetrieebene des schiefen Kegels. Der Aufriß stellt offenbar den Schnitt der ersten Symmetrieebene $\mathfrak{E}_1$ mit dem Kegel und der Kugelfläche dar. In der Ebene $\mathfrak{E}_1$ liegt der Mittelpunkt der Kugel, zugleich ein größter Kugelkreis, der die Kanten des schiefen Kegels SA und SB schneiden muß. Die Schnittpunkte seien A_1 und B_1; der über

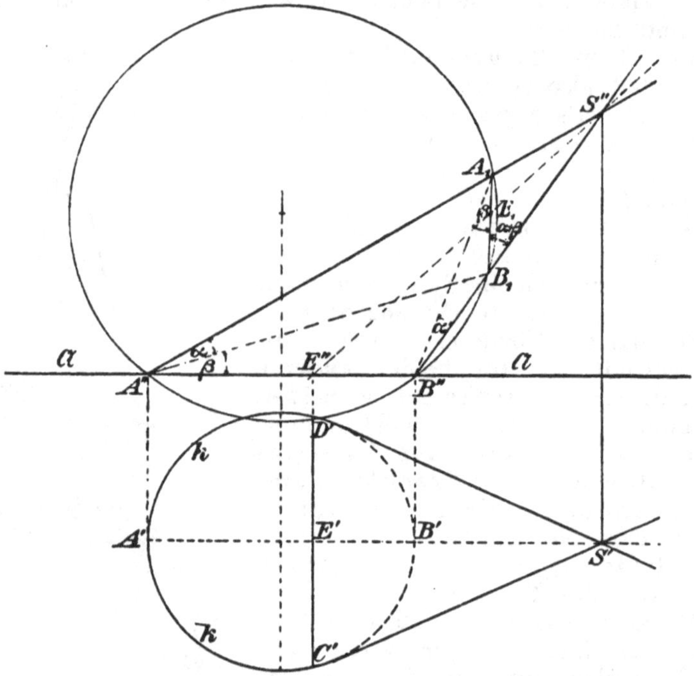

Fig. 256.

A_1B_1 als Durchmesser in einer zu $\mathfrak{E}_1$ senkrechten Ebene beschriebene Kreis ist nicht nur Kugelkreis, sondern zugleich auch Kreis des schiefen Kegels, also ein sogenannter Wechselschnitt. Nun ist $\sphericalangle ASE = \sphericalangle ESB$, ferner $\sphericalangle SAB = A_1B_1S$, denn der letztere Winkel ist $= \sphericalangle \alpha + \beta$, $\sphericalangle \alpha = \sphericalangle B_1AA_1$, $\sphericalangle \beta = BAB_1$, folglich $\sphericalangle A_1B_1S = \sphericalangle BAS$, daher sind die Dreiecke ASE und A_1B_1S ähnlich; folglich ist $\sphericalangle AES = SE_1B_1$, d. h. zieht man durch E die Parallele zu A_1B_1, so bildet diese mit ES den gleichen Winkel wie AE, also ist die Ebene $\mathfrak{E}_2 \perp$ zu $\mathfrak{E}_1$ in A_1B_1 eine der Schar, die ebenfalls den schiefen Kreiskegel in Kreisen schneidet; zugleich ist aber A_1B_1 Sehne des größten Kugelkreises, daher muß der Kreis über A_1B_1 ein Kugelkreis sein. Man kann hiernach folgenden Satz aussprechen:

Wenn man einen beliebigen Kreis einer Kugel aus einem beliebigen Punkte des Raumes projiziert, so schneiden die projizierenden Strahlen die Kugelfläche in Punkten eines zweiten Kreises. Liegt das Projektionszentrum im Unendlichen, ist also die Projektion des Kugelkreises eine Parallelprojektion, so ist der zweite Kugelkreis dem gegebenen kongruent.

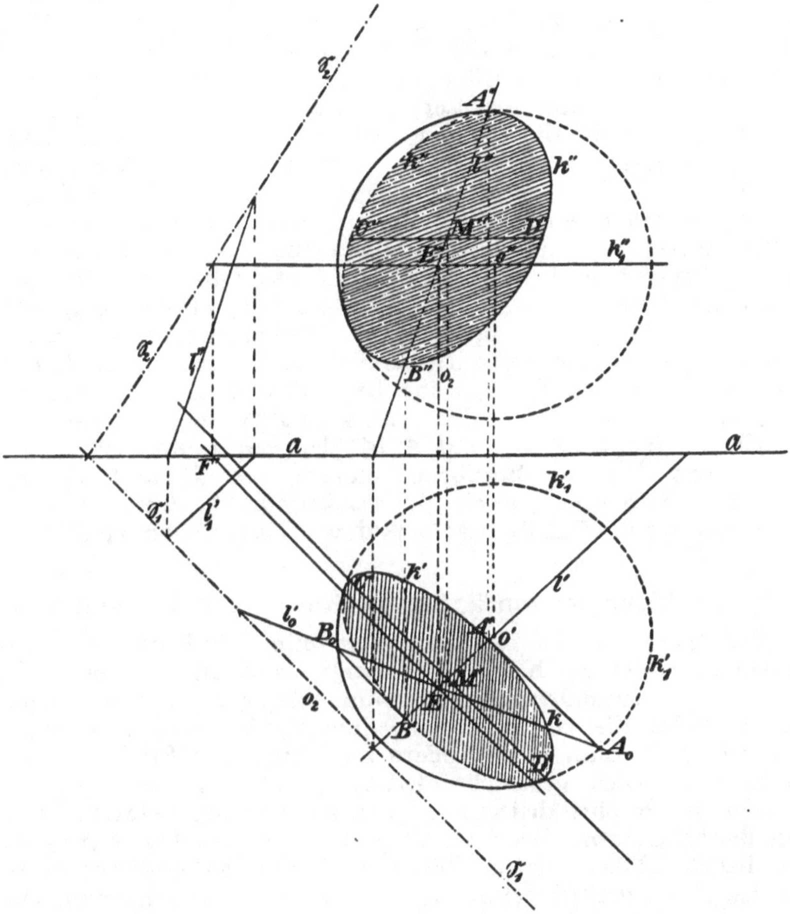

Fig. 257.

79. Ebener Schnitt einer Kugel (Fig. 257). Eine Kugel kann von einer Ebene immer nur in einem Kreise geschnitten werden; die Projektionen dieses Kreises *k* müssen bei der gewählten Lage der Schnittebene $\mathfrak{E}$, deren Spuren $\mathfrak{S}_1$ und $\mathfrak{S}_2$ seien, Ellipsen sein. Wir können sie zeichnen, wenn wir ihre Achsen oder ein Paar konjugierter Durchmesser kennen. Um zu solchen zu gelangen, legen wir durch den Kugelmittelpunkt eine Hilfsebene

$\perp \mathfrak{S}_1$; diese Ebene halbiert die Kugel, sie schneidet aber auch die Ebene $\mathfrak{E}$ in einer Geraden l, die Durchmesser des gesuchten Schnittkreises der Ebene $\mathfrak{E}$ und der Kugel sein muß. Die Projektionen dieser Linie l können gezeichnet werden, es ist $l' \perp \mathfrak{S}_1$, auch geht l' durch O', und es ist $l'' \parallel l_1''$. Auf dieser Linie l, die eine Falllinie der Ebene $\mathfrak{E}$ ist, liegt der Mittelpunkt des gesuchten Schnittkreises, der gefunden ist, wenn ich die Durchstoßpunkte A und B von l mit der Kugelfläche ermittelt habe. Um diese zu erhalten, ziehe ich zunächst in der Hilfsebene durch den Kugelmittelpunkt den horizontalen Durchmesser, der l in E schneiden mag, und lege nun die Hilfsebene um, d. h. drehe sie um diesen horizontalen Kugeldurchmesser, bis sie $\parallel \mathfrak{P}_1$ liegt, und projiziere sie auf $\mathfrak{P}_1$. Durch die Drehung gelangt l nach l_0 und der Kugelkreis der Hilfsebene deckt sich in der Projektion mit k_1', mithin sind A_0 und B_0 die Durchdringungspunkte von l mit der Kugel in der umgelegten Ebene; sie kommen in die natürliche Lage, wenn wir die Hilfsebene wieder aufrichten, es sind daher A', B' und A'', B'' die Projektionen der Durchstoßpunkte A und B und die Halbierungspunkte der Strecken $A'B'$ und $A''B''$ die Projektionen des Mittelpunktes M des gesuchten Kreises. Alle Sehnen dieses Kreises, die zu $\mathfrak{S}_1$ parallel sind, projizieren sich als Senkrechte zu l', daher muß der durch $M \parallel \mathfrak{S}_1$ gezogene Durchmesser $\perp A'B'$ sein; seine Länge offenbar $= A_0B_0 = C'D'$, also sind $A'B'$ und $C'D'$ die Achsen der Ellipse k', $C''D'' \parallel \mathfrak{A}$ und $A''B''$ dagegen konjugierte Durchmesser von k''; die Berührungspunkte von k' und k_1' liegen auf $E'F'$. Man erhält auch die Achsen für k'', wenn man eine Hilfsebene durch $O \perp \mathfrak{S}_2$ wählt und wie beschrieben verfährt.

Durchdringungen von Zylinder-, Kugel- und Kegelflächen.

80. Im 1. Bande des Dr. Schroeder sind die Durchdringungen ebenflächiger Körper behandelt, es sollen jetzt einige Beispiele von Durchdringungen krummflächiger Körper gegeben werden. Um die Durchdringungslinie zweier solcher Körper zu erhalten, muß man eine größere Zahl einzelner Punkte von ihr bestimmen. Dies geschieht dadurch, daß man die gegebenen Flächen durch eine dritte Fläche schneidet; auf letzterer erhält man dann Kurven, deren Schnittpunkte auf der Durchdringungslinie liegen. Diese dritte Fläche muß nun so gewählt werden, daß die Durchdringungskurven, die sie mit den gegebenen Oberflächen erzeugt, leicht konstruiert werden können. Als Hilfsflächen benutzt man fast immer Ebenen; und sind die gegebenen Flächen Zylinder- oder Kegelflächen, oder wenigstens eine derselben eine solche, so wird man die Hilfsebene wohl immer so legen müssen, daß diese Flächen in ihren Erzeugenden oder Kanten geschnitten werden.

81. Durchdringung zweier schiefer Kreiszylinder K_1 und K_2, deren Grundkreise in der ersten Projektionsebene liegen (Fig. 258). Beide Zylinder sind so gewählt, daß ihre Erzeugenden gegen beide Projektionsebenen geneigt sind. Für diesen besonderen Fall gibt es mehrere Konstruktionen, um Punkte der Durchdringungskurve zu bekommen. Ich könnte z. B. Parallelebenen zu $\mathfrak{P}_1$ verwenden; solche müssen jeden Zylinder in Kreisen schneiden, die Schnittpunkte der in einer Ebene gelegenen Kreise sind Punkte der Durchdringungskurve. Schwieriger gestaltet sich

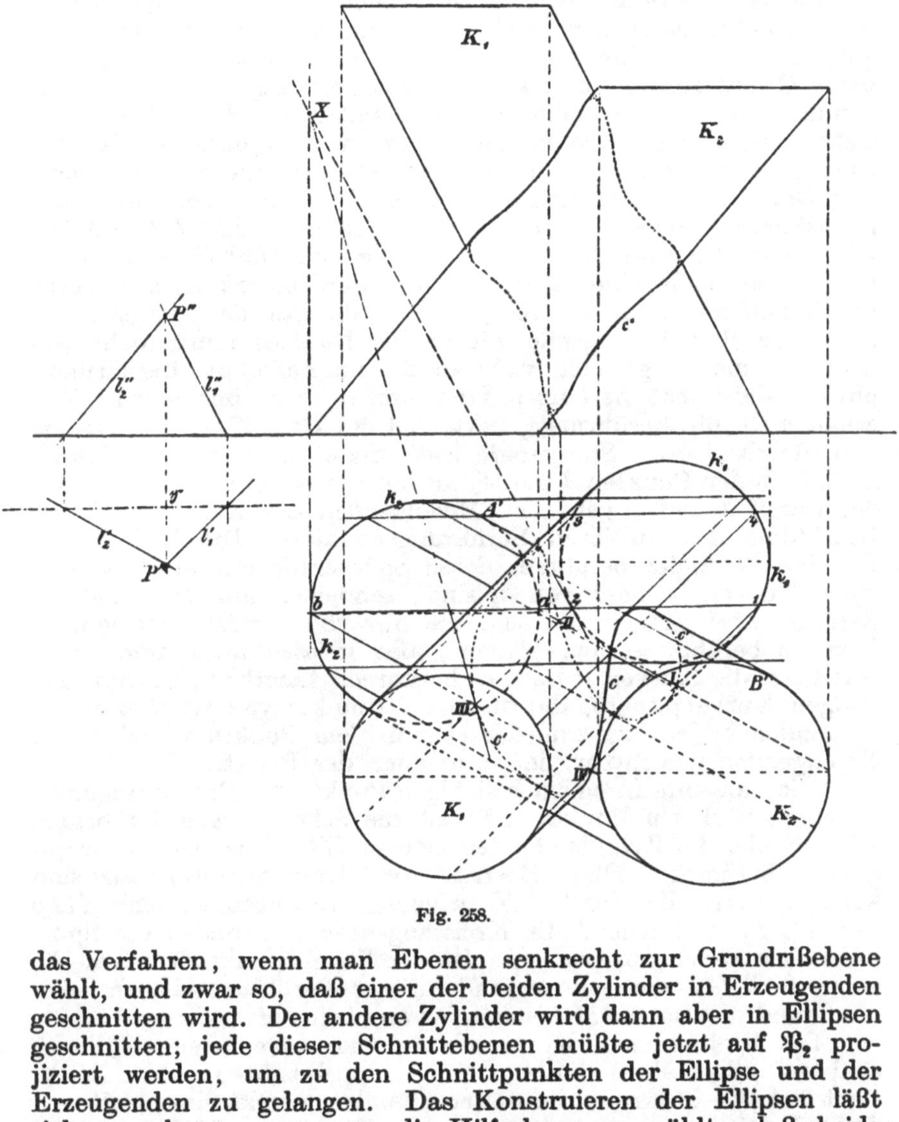

Fig. 258.

das Verfahren, wenn man Ebenen senkrecht zur Grundrißebene wählt, und zwar so, daß einer der beiden Zylinder in Erzeugenden geschnitten wird. Der andere Zylinder wird dann aber in Ellipsen geschnitten; jede dieser Schnittebenen müßte jetzt auf $\mathfrak{P}_2$ projiziert werden, um zu den Schnittpunkten der Ellipse und der Erzeugenden zu gelangen. Das Konstruieren der Ellipsen läßt sich umgehen, wenn man die Hilfsebene so wählt, daß beide Zylinder in ihren Kanten geschnitten werden. Solche Ebenen gibt es, und sie sind dargestellt, wenn man ihre ersten Spuren, die alle parallel sein müssen, kennt. Um die Spurlinie einer derartigen Ebene zu erhalten, wähle ich einen beliebigen Punkt P und ziehe durch ihn zwei Geraden l_1 und l_2, die mit den Erzeugenden der Zylinder parallel laufen; dann sind auch die Projektionen dieser Geraden den Projektionen der Erzeugenden der Zylinder parallel und die Verbindungslinie ihrer ersten Spurpunkte ist die Spurlinie $\mathfrak{S}$ einer Ebene, die beide Zylinder in ihren Kanten schneiden muß. Um nun Punkte der Durchdringungskurve zu bekommen, ziehe ich eine Parallele zu $\mathfrak{S}$, die beide Grundkreise k_1 und k_2 schneidet (vgl. Fig. 258); sind *1*, *2*, *a* und *b* die Schnittpunkte dieser Geraden mit k_1 und k_2, und ziehen wir durch diese Schnittpunkte die Projektionen der Erzeugenden der bezüglichen Zylinder, so durchkreuzen sich diese vier Geraden in vier Punkten, die der Projektion der Durchdringungskurve c' angehören müssen, nämlich in *I*, *II*, *III* und *IV*. Die Kurve c' berührt bei jedem Zylinder eine Umrißlinie zweimal. (Daß nicht beide Umrißlinien berührt werden, erklärt sich durch die besondere Lage der Körper; es gibt bei den dargestellten Zylindern eben Erzeugende, die an der Durchdringung nicht teilnehmen, man sagt auch wohl in diesem Falle, die Berührungspunkte der nicht berührten Umrißlinien seien imaginär.) Man erhält z. B. die Berührungspunkte auf der Umrißlinie $A'B'$, indem man durch A' eine Spurgerade legt; diese schneidet den Grundkreis k_1 in den Punkten *3* und *4*, mithin schneiden die Projektionen der durch *3* und *4* gehenden Erzeugenden des Zylinders K_1 die Umrißlinie $A'B'$ in ihren Berührungspunkten. Die Hilfsebenen, die einen Zylinder berühren, deren Spurgerade mithin Tangenten entweder von k_1 oder von k_2 sind, schneiden auf dem anderen Zylinder zwei Erzeugende aus, die nur von der Durchdringungskurve c berührt werden können, also müssen auch deren Projektionen die Kurven c' bzw. c'' berühren. Sichtbar sind nur diejenigen Kurvenpunkte, die die Schnittpunkte von sichtbaren Erzeugenden bilden; ist eine der sich in dem Punkte schneidenden Erzeugenden unsichtbar, so ist es auch der Punkt.

Die Tangente in einem beliebigen Punkte der Durchdringungskurve c, z. B. im Punkte *III*, ist die Schnittgerade der beiden Ebenen, die die Zylinder in den sich in *III* schneidenden Erzeugenden berühren. Diese Ebenen bzw. deren Schnittgerade sind konstruierbar; die durch *III* gehenden Erzeugenden sind *III b* und *III 2*, mithin sind die Kreistangenten in *b* und *2* die Spurlinien der Berührungsebenen. Ist der Schnittpunkt derselben X, so muß $X\,III$ die Schnittgerade dieser Berührungsebenen sein, im Grundriß also $X\,III$ Tangente von c' in *III*.

Die Projektionen der Durchdringungskurve zweier Zylinder sind im allgemeinen Kurven mit Doppelpunkten. Mit Rücksicht auf die Grenzen, die diesem Bande gesteckt sind, soll von deren Bestimmung abgesehen werden. Es können höchstens zwei Doppelpunkte in jeder Projektion vorkommen. Diese brauchen aber nicht immer reell zu sein, wie es im vorliegenden Beispiel auch der Fall ist. Die Doppelpunkte des Aufrisses c'' sind beide imaginär, im Grundriß c' ist nur einer imaginär, der andere ist ein gewöhnlicher Doppelpunkt.

82. Durchdringung eines schiefen Kreiskegels mit einem schiefen Kreiszylinder (Fig. 259). Die Grundkreise

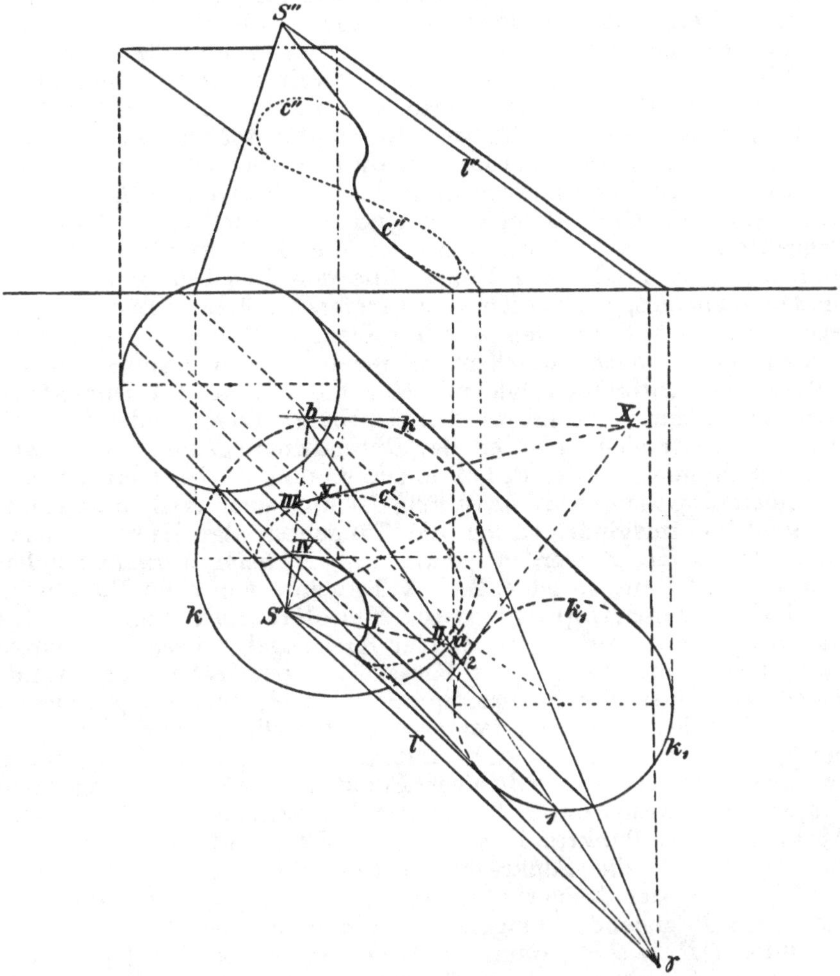

Fig. 259.

beider Körper liegen in $\mathfrak{P}_1$. Wir ermitteln zunächst eine Ebene, die beide Körper in ihren Erzeugenden schneidet. Eine solche erhalten wir, wenn wir durch die Kegelspitze S die Parallele l zu den Erzeugenden des schiefen Zylinders legen und deren ersten Spurpunkt $\mathfrak{S}$ aufsuchen. Jede durch diese Gerade l gelegte Ebene schneidet sowohl den Kegel wie auch den Zylinder in Erzeugenden, und die Spuren aller dieser Ebenen gehen durch $\mathfrak{S}$. Umgekehrt ziehe ich durch $\mathfrak{S}$ eine Gerade, die beide Grundkreise schneidet, dann ist durch sie und die Gerade l eine Ebene der besonderen Art bestimmt. Es sei in Figur 259 gezogen die Gerade $\mathfrak{S}, 1, 2, a, b$, die Projektionen der Schnittgeraden der Ebene mit dem Kegel sind $S'a$ und $S'b$, die der Ebene mit dem Zylinder die Parallelen durch 1 und 2 zu seinen Umrißlinien. Die Schnittpunkte dieser vier Geraden sind die Projektionen von vier Punkten der gesuchten Durchschnittskurve; es sind die Punkte I, II, III, IV. Ermittelt man auch die zweiten Projektionen dieser Geraden, so erhalten wir ebenso vier Punkte der zweiten Projektion der Durchschnittskurve. Durch die Spurgerade, die den Grundkreis des Kegels berührt, wird eine Ebene bestimmt, die den Zylinder in Erzeugenden schneidet, die Tangenten der Durchschnittskurve c sind, desgleichen sind die Projektionen derselben Tangenten von c'; ebenso bestimmt die den Grundkreis k_1 berührende Spurgerade eine Ebene, die den Kegel in zwei Erzeugenden schneidet, die die Kurve c tangieren müssen. Insbesondere legen wir noch Spurlinien durch diejenigen Punkte der Grundkreise, durch welche die Kanten gehen, die im Grund- wie im Aufriß die Umrißlinien bilden. Nur die Punkte der Durchdringungskurve sind sichtbar, die den sichtbaren Teilen beider Flächen angehören; der sichtbare Teil der Durchdringungskurve endet auf den Umrißlinien. Die Projektionen c' und c'' besitzen im allgemeinen Doppelpunkte; im Aufriß ist nur einer reell, im Grundriß sind sie imaginär. Auch die Tangenten der Kurve c bzw. ihrer Projektion c' werden genau so wie beim vorhergehenden Beispiele erhalten, so ist z. B. VX Tangente von c' im Punkte V.

83. Durchdringung zweier Kegelflächen (Fig. 260). Es sind dargestellt worden ein schiefer Kreiskegel, dessen Grundkreis in $\mathfrak{P}_1$ liegt, und ein gerader Kreiskegel, der mit seiner Grundfläche auf einer durch ihre Spurgeraden $\mathfrak{S}_1$ und $\mathfrak{S}_2$ gegebenen Ebene $\mathfrak{E}$ steht. Um den letzteren darzustellen, wurde Ebene $\mathfrak{E}$ um $\mathfrak{S}_1$ herabgeschlagen, d. h. mit $\mathfrak{P}_1$ vereinigt. Auf $\mathfrak{S}_2$ wurde zu diesem Zwecke ein beliebiger Punkt P gewählt, dessen erste Projektion lotrecht unter P auf der Projektionsachse liegt. Der Abstand dieses Punktes P' von $\mathfrak{S}_1$ ist $P'Q$, und wenn ich daher zu $P'Q$ in P' die Senkrechte $P'P^0 = P'P$ errichte, dann ist $\sphericalangle P^0QP' = \alpha$ der Neigewinkel der Ebene $\mathfrak{E}$ gegen $\mathfrak{P}_1$ und P^0Q die durch P gehende, umgelegte Falllinie der Ebene $\mathfrak{E}$. Mache ich daher $QP_0 = QP^0$, dann ist P_0 der umgelegte Punkt P, daher die Gerade $\mathfrak{S}_2^0$ die umgelegte Spurgerade $\mathfrak{S}_2$. Wir zeichnen den Grundkreis k des geraden Kreiskegels und drehen die umgelegte Ebene um $\mathfrak{S}_1$ in die ursprüngliche Lage von $\mathfrak{E}$. Fällen wir vom Mittelpunkt des Kreises k auf $\mathfrak{S}_1$ die Senkrechte $= MS$, und tragen wir den Winkel α an MS in S an, dann stellt der freie Schenkel dieses Winkels die Schnittgerade dar, welche die in MS auf $\mathfrak{P}_1$ senkrecht stehende Ebene mit der Ebene $\mathfrak{E}$ erzeugen wird. Beschreibt man jetzt mit den Strecken SA und SB Kreisbogen, die den Schenkel von α in A_0 und B_0 schneiden mögen, dann sind die Fußpunkte A', B' der von A_0 und B_0 auf AB gefällten Senkrechten die Projektionen der Endpunkte des in der Ebene 𝔈 gelegenen Durchmessers AB und ebenso $C'D'$ die Projektion des zu AB senkrechten Durchmessers CD, der gleich AB sein muß, da er zu $\mathfrak{S}_1$ und $\mathfrak{P}_1$ parallel liegt; $A'B'$ und $C'D'$ sind daher die Achsen der

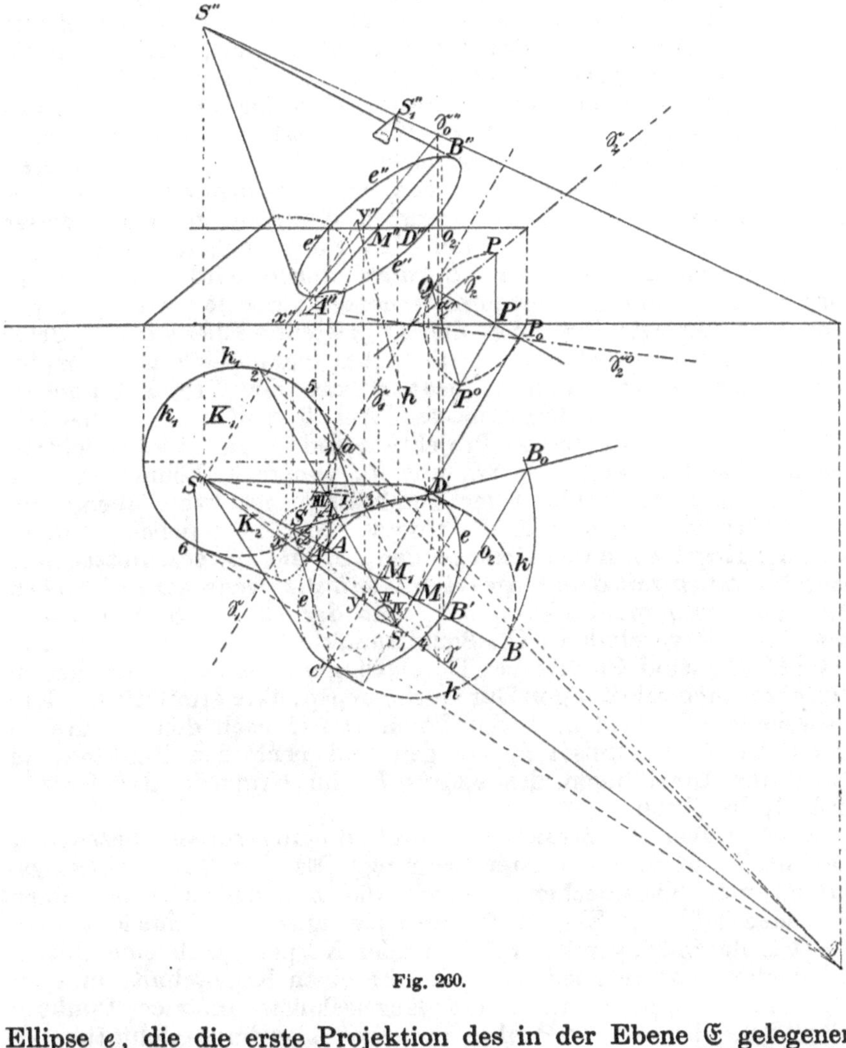

Fig. 260.

Ellipse e, die die erste Projektion des in der Ebene 𝔈 gelegenen Grundkreises k des Kegels darstellt. Auch die zweiten Projektionen der Achsen, die konjugierte Durchmesser bilden, können leicht gefunden werden. Der Aufriß von CD muß eine Parallele zur Projektionsachse sein und die zweite Projektion des Durchmessers AB bestimmt sich aus dessen erstem Spurpunkt, dessen zweite Projektion auf der Projektionsachse liegen muß, und der

Projektion von Punkt B, dessen Abstand von der Projektionsachse durch die Länge O_2 dargestellt wird. Die Höhe des Kegels h wurde beliebig lang gewählt; da sie auf $\mathfrak{E}$ lotrecht stehen soll, so müssen die Projektionen derselben senkrecht zu den bezüglichen Spurgeraden der Ebene $\mathfrak{E}$ sein. Um die Durchdringungskurve der beiden Kegel zu erhalten, bestimmen wir eine Ebene, die beide Kegel in Erzeugenden schneidet. Bekanntlich wird ein Kegel nur von solchen Ebenen in Erzeugenden geschnitten, die durch die Spitze desselben gehen. Wenn wir daher Ebenen wählen, die beide Kegelspitzen enthalten, mithin auch die dieselben verbindende Gerade, so werden beide Kegel zugleich in ihren Erzeugenden geschnitten. Alle diese Ebenen müssen Gerade zu ersten Spurgeraden haben, die durch den ersten Spurpunkt $\mathfrak{S}$ der Gerade SS_1 gehen, und ebenso müssen die Schnittgeraden dieser Ebenen mit der Ebene $\mathfrak{E}$ durch den Punkt gehen, in dem die Ebene $\mathfrak{E}$ von der Geraden SS_1 durchstoßen wird. Der erstere wird nach bekanntem Verfahren ermittelt; der letztere wird gefunden, indem wir durch SS_1 die projizierende Ebene legen; diese schneide $\mathfrak{S}_1$ in x, CD in y; die Schnittgerade xy ist aber im Aufriß darstellbar, denn es liegt x'' auf der Projektionsachse, y'' auf dem bereits konstruierten Aufriß von CD, daher ist $\mathfrak{S}_0'' = SS_1'' \times x''y''$ die zweite Projektion und $\mathfrak{S}_0$ die erste Projektion des Durchstoßpunktes von SS_1 und $\mathfrak{E}$. Nunmehr können wir zur Konstruktion von Punkten der Durchdringungskurve c übergehen. Wir ziehen z. B. durch $\mathfrak{S}$ die Gerade $\mathfrak{S}, a, 1, 2$ beliebig, dann wird der Kegel K_1 in den Erzeugenden $2S_1$ und $1S_1$ geschnitten; die Schnittgeraden mit dem Kegel K erhalten wir, wenn wir $a\mathfrak{S}_0$ ziehen und die Schnittpunkte von $a\mathfrak{S}_0$ mit der Ellipse bzw. gleich 3 und 4 mit S' verbinden. Die Schnittpunkte dieser vier Geraden I, II, III, IV sind Punkte der Durchdringungskurve. Nach diesem Verfahren sind alle übrigen Durchdringungspunkte ermittelt worden; insbesondere wurden auch Spurlinien von $\mathfrak{S}$ nach den Punkten 5 und 6 des Grundkreises k_1 gezogen und nach den Punkten, in denen die Umrißlinien des Kegels K_1 im Grundriß den Grundkreis k_1 berühren.

Die bisher konstruierten Durchdringungskurven bezeichnet man als Raumkurven vierter Ordnung. Es sind Durchdringungskurven von Kegelflächen, da wir die Zylinderfläche als einen speziellen Fall der Kegelfläche ansehen müssen. Schneidet man die sich durchdringenden Flächen oder Körper durch eine Ebene, so erzeugt diese mit jeder Kegelfläche einen Kegelschnitt und im allgemeinen werden sich diese Kegelschnitte in vier Punkten schneiden. Diese vier Punkte brauchen allerdings nicht für alle Schnittebenen reell zu sein. Von den Punkten, die Punkte der Durchdringungskurve sind, kann auch ein Paar konjugiert imaginär, oder es können sogar beide Paare konjugiert imaginär sein. Von sich schneidenden Kegelflächen heben wir noch nachstehenden Satz hervor:

Haben zwei Kegelflächen einen Kegelschnitt gemein,

so schneiden sie sich noch in einem weiteren Kegelschnitte.

Ein Beispiel hierzu ist in Figur 261 gegeben; es durchdringen sich ein schiefer Kreiskegel, dessen Grundkreis ein parallel zu $\mathfrak{P}_1$ gelegener Kreis k ist, und ein gerader Kreiszylinder. Dieser Kreis ist Horizontalschnitt des aufrecht stehenden geraden Kreis-

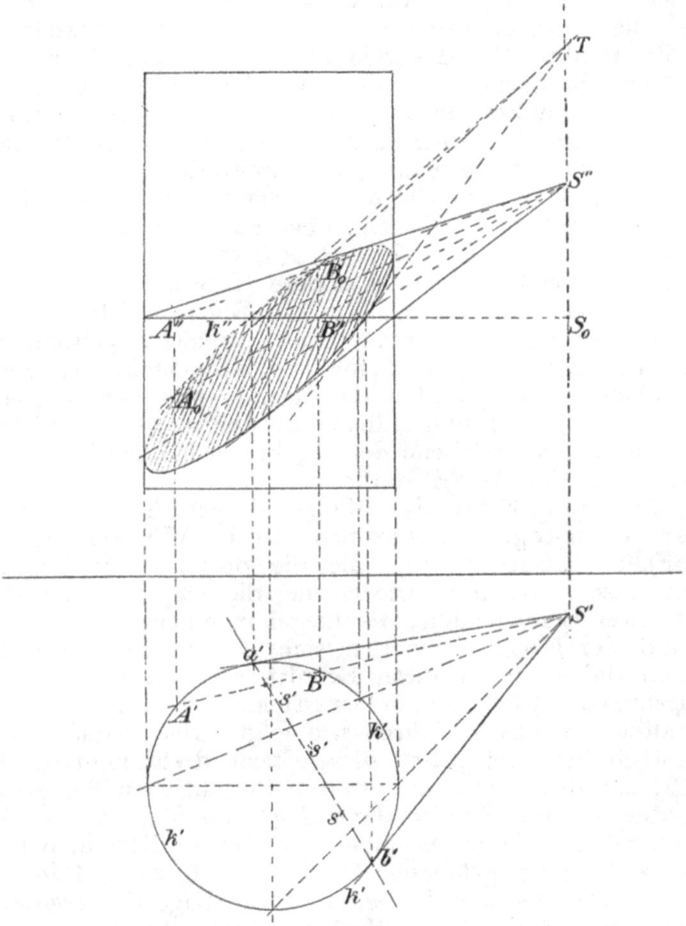

Fig. 261.

zylinders; also enthalten beide Kegelflächen den Kreis k. Schneiden wir beide Flächen durch zu $\mathfrak{P}_1$ senkrechte Ebenen, die sämtlich den projizierenden Strahl SS' enthalten, so erkennt man, daß ein jeder in einer solchen Ebene von S nach den Schnittpunkten mit k gezogener Strahl die Zylinderfläche noch einmal durchdringt, ausgenommen die beiden Strahlen, die den Zylinder in den Punkten a und b auf k tangieren, deren Projektionen also die von S' an k' gelegten Tangenten sind. Von dieser zweiten Durchdringungskurve beweisen wir jetzt, daß es Punkte einer ebenen Kurve, und zwar eines Kegelschnittes, einer Ellipse, sind. Es sei $A'B'S'$ die erste Projektion einer Hilfsebene, und A und B die Schnittpunkte mit dem Kreise k, dann schneiden sich offenbar SA und die durch B gehende Erzeugende des Zylinders, ebenso SB und die durch A gehende Zylindererzeugende in Punkten der zweiten Durchdringungskurve. Es bilden aber die Seiten SA, SB und die Zylinderkanten durch A und B ein Vierseit, daher liegen die Punkte A, der Schnittpunkt von AB und A_0B_0, ferner B und S_0 harmonisch, denn wir können letzteren ansehen als den Schnittpunkt von AB mit der Diagonale des Vierseits, die S mit dem im Unendlichen gelegenen Schnittpunkt der Seiten AA_0 und BB_0 verbindet; der zweite der genannten Punkte $AB \times A_0B_0$ muß daher auf $a'b' = s$, der Polaren von S_0 in bezug auf den Kreis k liegen. Es sind aber auch der erwähnte unendlich ferne Punkt, S'', S_0 und $A_0B_0 \times S_0S'' = T$ harmonisch. Da sich nun aber gleiches für jede andere Hilfsebene beweisen läßt, so folgt, daß alle Geraden A_0B_0 in der Ebene sT liegen müssen, die zweite Durchdringungskurve daher nur ein Kegelschnitt, eine Ellipse, sein kann. Zylinderfläche und Kegelfläche berühren sich in den beiden Schnittpunkten des Kreises und der Ellipse. Die Tangenten von Kreis und Ellipse in einem der Schnittpunkte liegen in der Tangentialebene der gegebenen Flächen; diese Ebene muß daher die Gerade SS' enthalten.

84. In Figur 262 ist eine Kugel dargestellt, die von einem schiefen Kreiskegel durchdrungen wird. Wir wenden auch in diesem Falle Hilfsebenen an, die die projizierende Gerade SS' enthalten, also $\perp \mathfrak{P}_1$ sind. Die Ebene, die $\parallel \mathfrak{P}_2$ ist, schneidet den Kegel in zwei Erzeugenden, die Kugel in einem Kreise; die Geraden und der Kreis projizieren sich auf $\mathfrak{P}_2$ in wahrer Größe, bestimmen daher durch ihren Schnitt vier Punkte der Durchdringungskurve. Für eine andere Ebene, die gegen $\mathfrak{P}_2$ geneigt ist, gestaltet sich das Verfahren wie folgt: Der Grundriß der gewählten Hilfsebene sei $S'd'c'$; diese Ebene dreht man um SS' in die zu $\mathfrak{P}_2$ parallele Lage; die zweiten Projektionen der gedrehten Kegelkanten Sa und Sc sind dann $S''a_0''$ und $S''c_0''$, die des Kugelkreises bd ist k_0''. Wird die Ebene wieder in ihre ursprüngliche Lage gedreht, dann gelangen die Punkte *1*, *2*, *3*, *4* im Aufriß nach *I*, *II*, *III*, *IV* und bilden in dieser Lage die zweiten Projektionen der durch die Hilfsebene bestimmten vier Punkte der Durchdringungskurve u. Die durch a' und e' gehenden Hilfsebenen bestimmen die Durchstoßpunkte der Umrißlinien vom Kegel im Aufriß. Die Ebenen, deren Spuren die von S' an den Kreis gelegten Tangenten sind, also die Umrißlinien des Grundrisses bilden, bestimmen die Durchstoßpunkte der Kegelkanten, deren Projektionen diese Linien sind. Die durch den Kugelmittelpunkt gelegte Horizontalebene schneidet den Kegel in einem Kreis, die Kugel in einem größten Kugelkreis; beide Kreise erscheinen im Grundriß in wahrer Größe und bestimmen die

Kurvenpunkte auf dem Umriß der Kugel. Für den Kugelumriß in der zweiten Projektion bestimmt man die Durchstoßpunkte mit dem Kegel mittels der durch den Kugelmittelpunkt gehenden Parallelebene von $\mathfrak{P}_2$; diese schneidet die Kegelfläche in einem Hyperbelbogen, der leicht konstruiert werden kann.

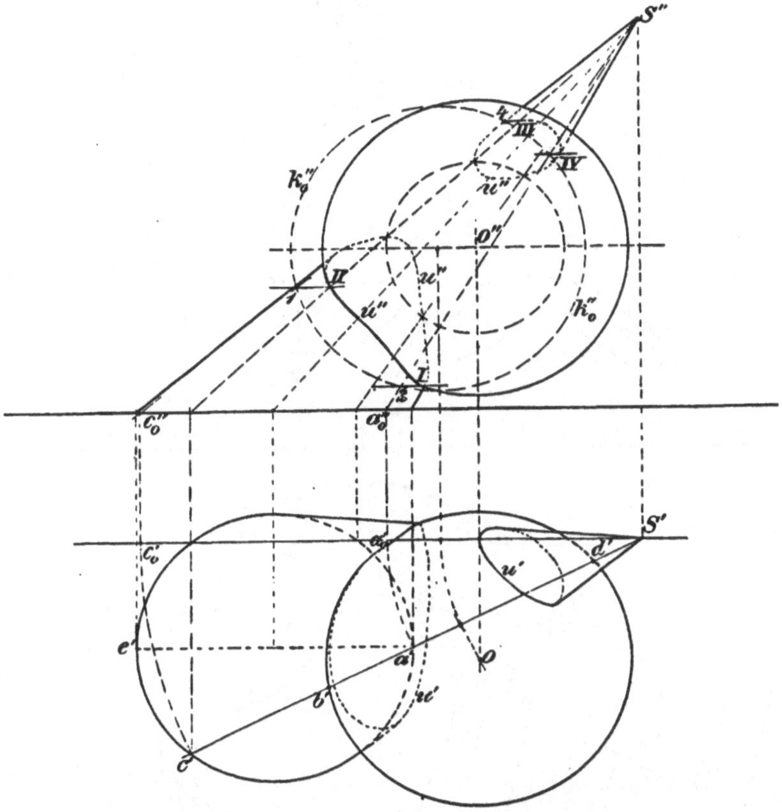

Fig. 262.

85. Durchdringung eines geraden Kreiszylinders, der auf einer durch ihre Spurgeraden $\mathfrak{S}_1$ und $\mathfrak{S}_2$ gegebenen Ebene $\mathfrak{E}$ steht, mit einer Kugel. Um den Zylinder darzustellen (Fig. 263), wurde die Ebene $\mathfrak{E}$ zunächst um $\mathfrak{S}_1$ herabgeschlagen und in diese herabgeschlagene Ebene der Grundkreis k eingezeichnet. Der Neigewinkel der Ebene gegen $\mathfrak{P}_1$ ist α; die Erzeugenden des Zylinders sind senkrecht zu den bezüglichen Spurgeraden. Von beiden Körpern ist noch eine dritte Ansicht gezeichnet, nämlich die Projektion auf eine die Zylinderachse enthaltende, senkrecht auf $\mathfrak{P}_1$ stehende Ebene $\mathfrak{P}_3$. Als Hilfsebenen wurden die Ebenen benutzt, die zu $\mathfrak{P}_3$ parallel sind; die Schnitte dieser Ebenen mit dem Zylinder und der Kugel sind Gerade bzw. Kreise, die auf $\mathfrak{P}_3$ projiziert wieder als Gerade und Kreise erscheinen. Derartige Ebenen wird man benutzen, um die Durchstoßpunkte der sich als Umrißlinien projizierenden Zylinderkanten mit der Kugel zu bestimmen. Dagegen wird man, um die Durch-

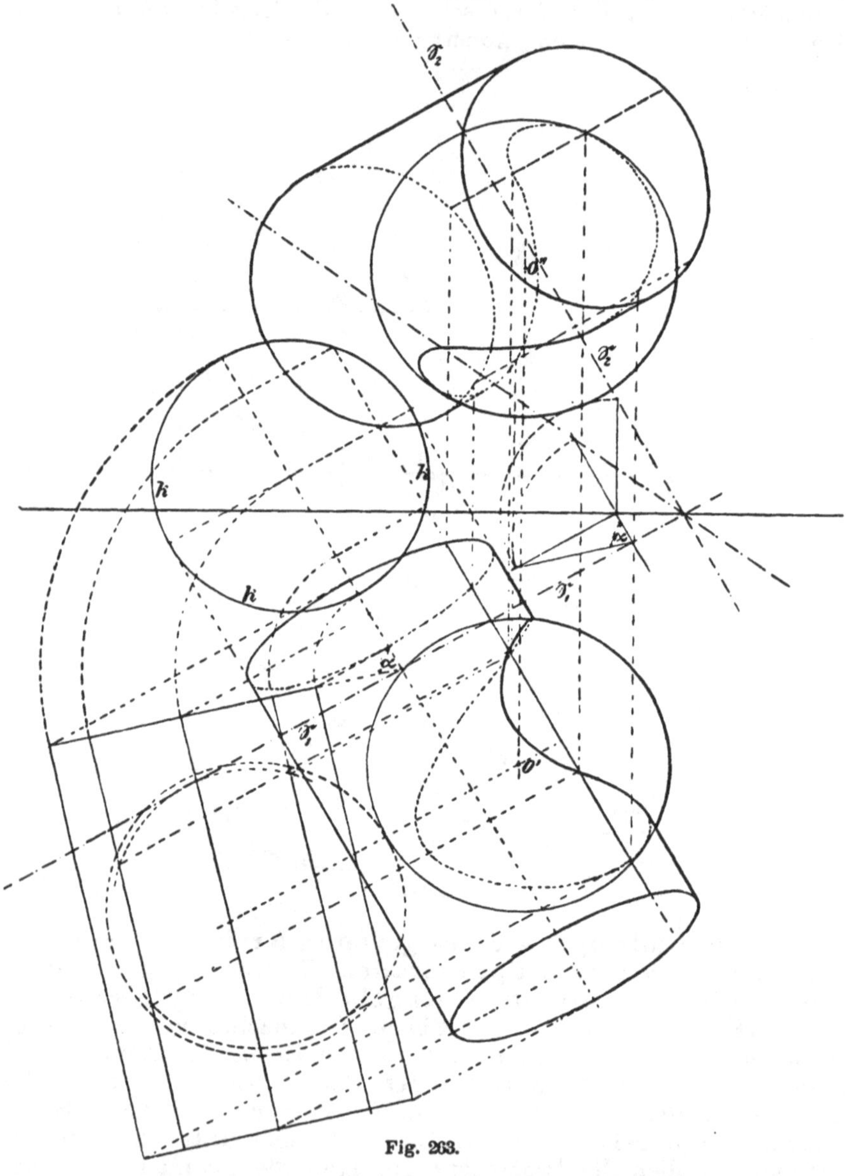

Fig. 263.

dringungspunkte der größten Kugelkreise zu ermitteln, die die Umrißlinien der Kugel in den Projektionsebenen bilden, als Hilfsebenen die Ebenen dieser größten Kugelkreise benutzen müssen, sie schneiden den Zylinder in elliptischen Bogen.

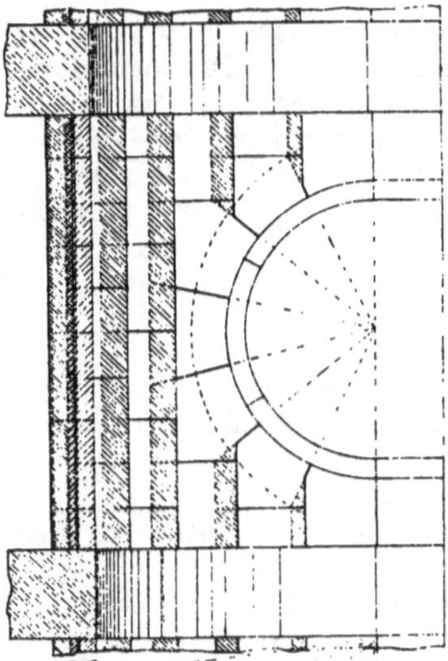

Schnitt nach der Scheitellinie *UV*.
Ansicht gegen die Stichkappe.
Fig. 265.

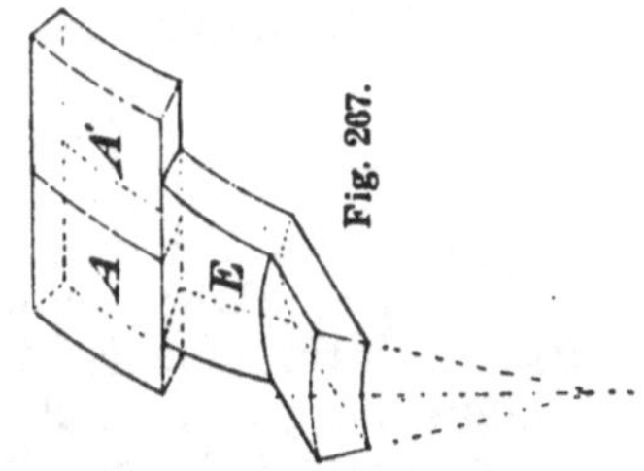

Fig. 207.

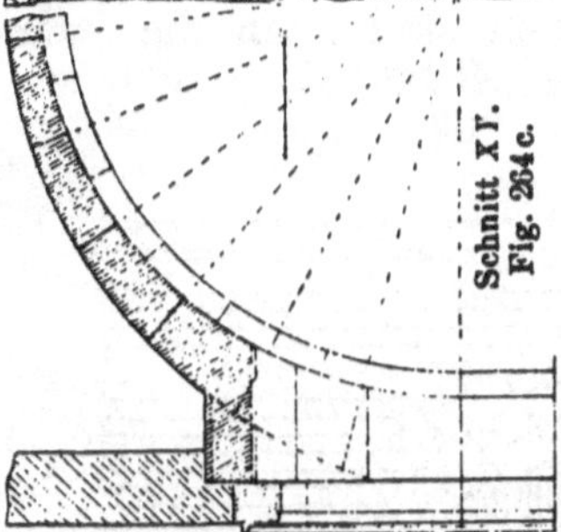

Schnitt *XY*.
Fig. 264c.

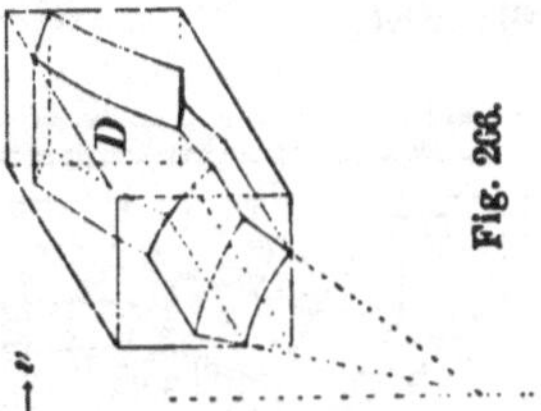

Fig. 206.

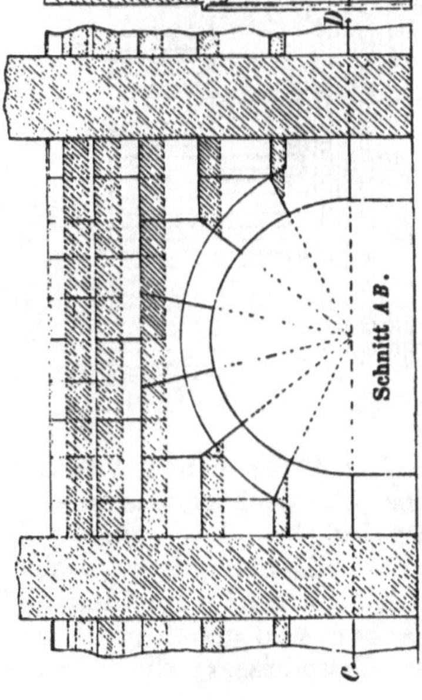

Schnitt *AB*.
Fig. 264a.

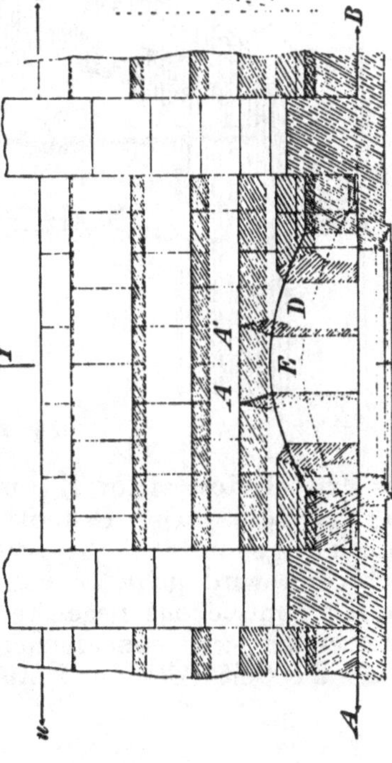

Ansicht von unten.
Fig. 264b.

86. Projektion eines Tonnengewölbes mit einer zylindrischen Stichkappe (Fig. 264a—c). Die sich durchdringenden Flächen sind zylindrische Flächen von ungleichen Radien; die Achsen derselben liegen in einer Horizontalebene und schneiden sich senkrecht. Zur Ermittlung der Durchdringungskurven, und ebenso der Durchdringungskurven der Gewölberücken, wurden Horizontalebenen verwandt, die beide Flächen in ihren Erzeugenden schneiden. Die Gewölberücken sind auch zylindrische Flächen, doch liegen ihre Achsen in ungleicher Höhe. Eingezeichnet ist auch der Steinschnitt; die Lagerflächen in beiden Gewölben gehören Ebenen an, die die Achsen der inneren Wölbflächen enthalten, also letztere senkrecht schneiden. Es sind gezeichnet worden:

a) Ein lotrechter Schnitt AB (Fig. 264a).
b) Der Horizontalschnitt CD mit einer Ansicht von unten gegen die Leibung (Fig. 264b).
c) Ein lotrechter Schnitt xy (Fig. 264c).
d) Ein lotrechter Schnitt UV mit einer Ansicht gegen die Stichkappe (Fig. 265); schließlich sind noch die Steine D in Figur 266 und die Steine A, A' und E in schiefer Projektion dargestellt worden (Fig. 267).

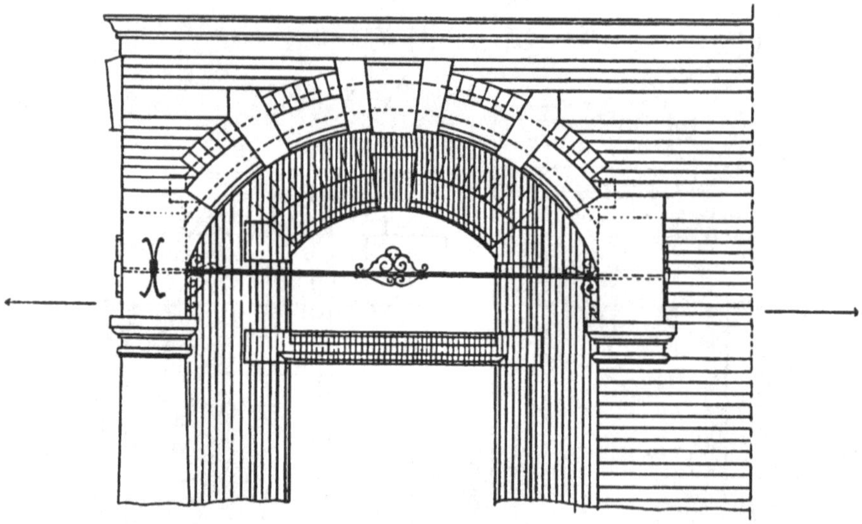

Fig. 268.

87. Projektion einer Kreuzkappe über einer Veranda (Fig. 268 und 269). Der Grundriß des überdeckten Raumes ist quadratisch angenommen; die Leibung des Gewölbes, ebenso der Gewölberücken wird gebildet von Zylinderflächen, deren Achsen in einer Horizontalebene liegen und sich senkrecht schneiden. Die Durchmesser der sich schneidenden Flächen sind gleich groß, aber größer als die Seite des quadratischen Grundrisses; die Scheitellinien der Gewölbe liegen mithin ebenfalls in Horizontalebenen und schneiden sich senkrecht. Die Schnitte der Zylinderflächen, die sog. Gratlinien bilden Ellipsen; sie projizieren sich im Grundriß in den Diagonalen des Quadrates. Die wahre Form einer solchen Gratlinie zeigt sich in der über $g'g'$ umgeklappten Kurve. Die Lagerflächen enthalten die bezüglichen Achsen des Gewölbes, sie schneiden sich in Linien, die sich im Grundriß mit den Projektionen der Gratlinien decken. Die Stoßflächen schneiden die

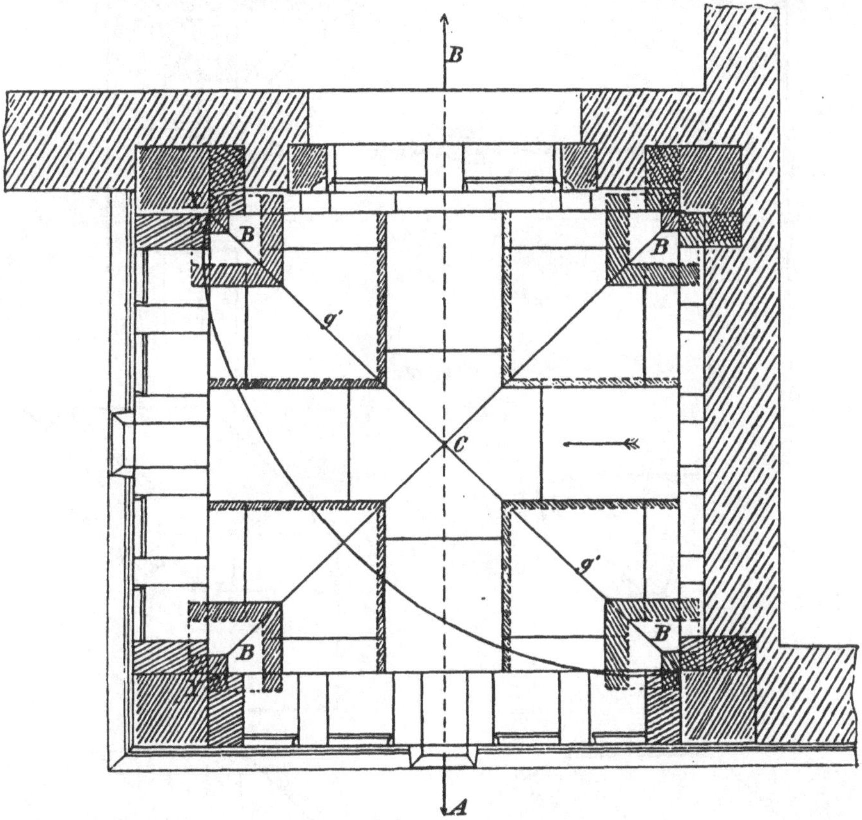

Fig. 269.

Achsen der Gewölbe senkrecht und erscheinen im Grundriß als gerade Linien. Es sind gezeichnet worden:

a) Eine Ansicht der Veranda (Fig. 268).
b) Ein horizontaler Schnitt mit einer Ansicht gegen die Leibung (Fig. 269).
c) Ein Vertikalschnitt AB (Fig. 270).
d) Die schiefen Projektionen mehrerer Steine: des Schlußsteines (Fig. 271), des Wölbsteines B (Fig. 272), und der die Kämpferpunkte enthaltenden Steine X und Y (Fig. 273 und 274).

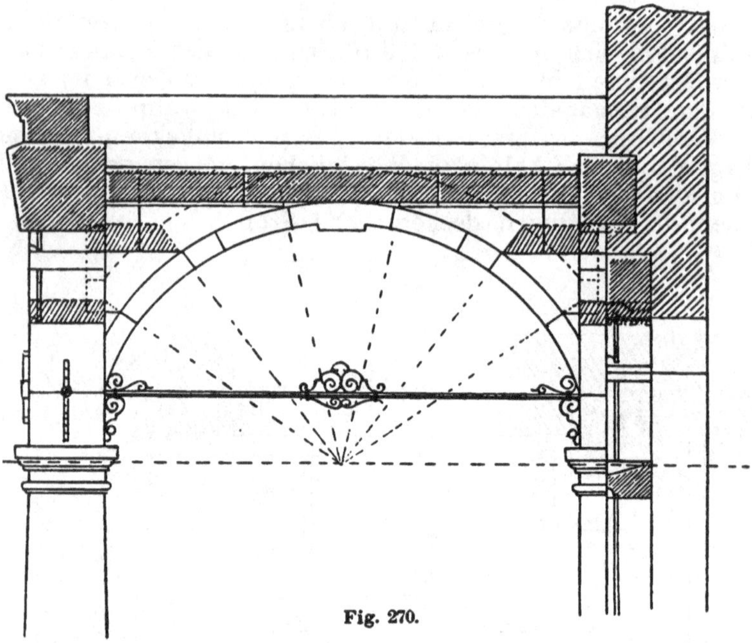

Fig. 270.

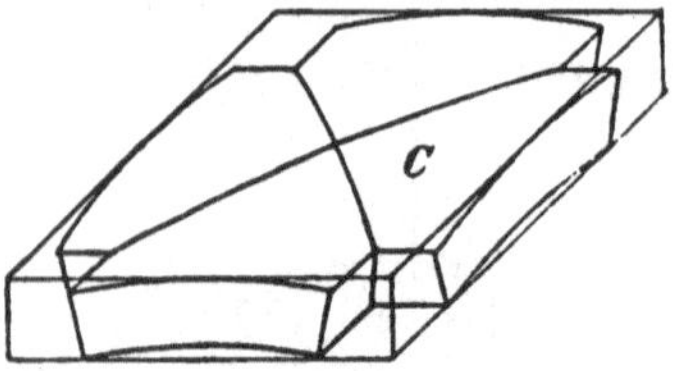

Fig. 271.

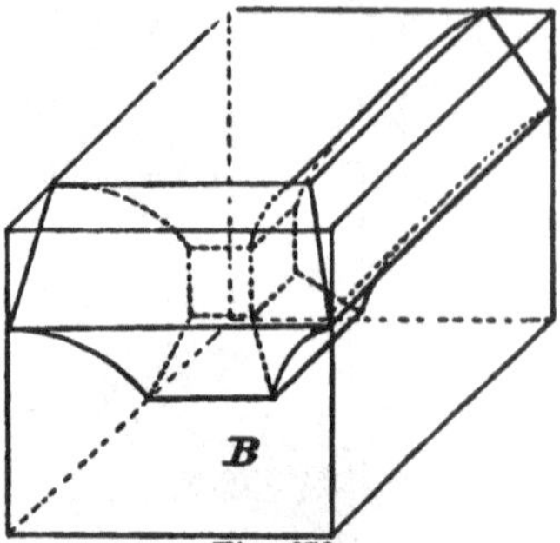

Fig. 272.

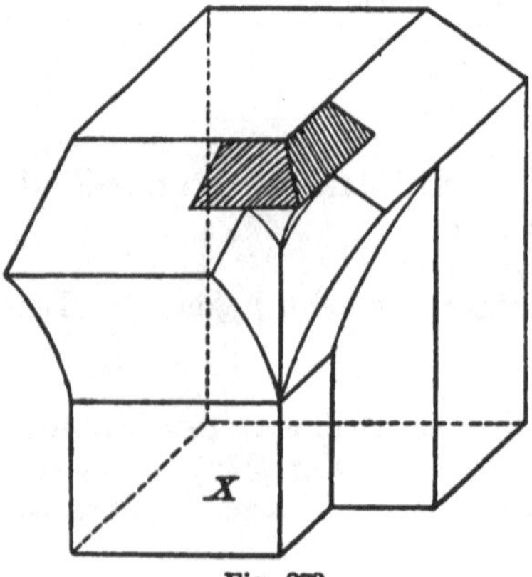

Fig. 273.

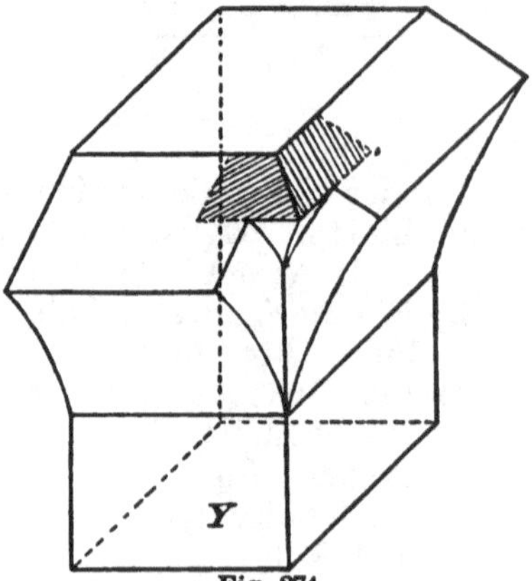

Fig. 274.

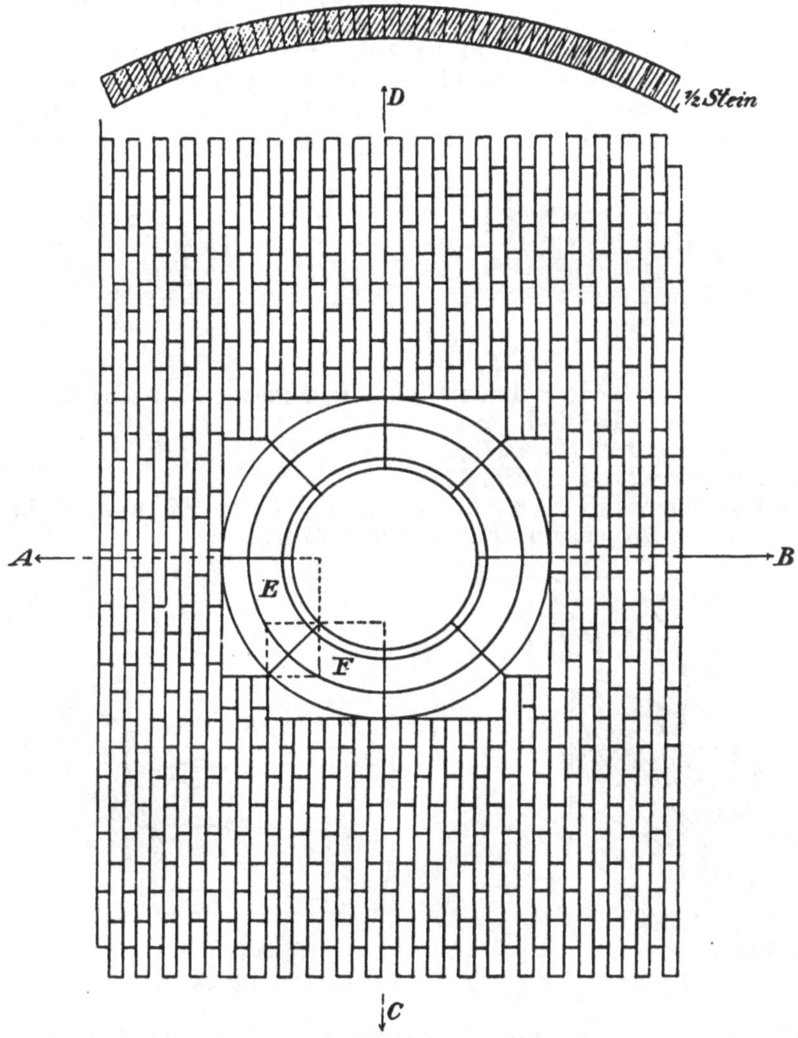

Fig. 275.

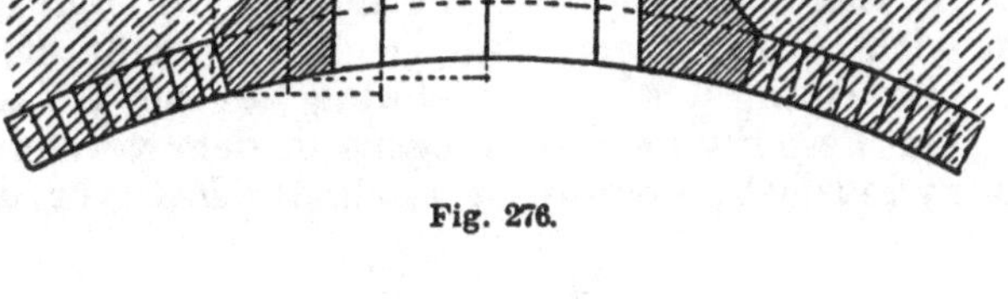

Fig. 276.

88. Projektion eines Oberlichtes in einem $^1/_2$ Stein starken Tonnengewölbe (Fig. 275). Zur Durchdringung kommen eine Zylinderfläche mit horizontaler Achse und ein aufrecht stehender Kreiszylinder, dessen Achse die Scheitellinie der ersteren durchdringt. Die Durchdringungskurve ist eine Kurve vierter Ordnung, die sich mittels lotrechter Ebenen, die beiden Achsen parallel

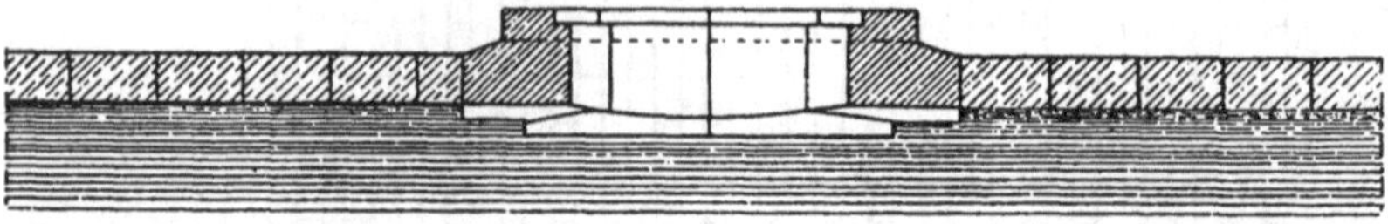

Fig. 277.

liegen und daher beide Zylinderflächen in Erzeugenden schneiden, ermitteln lassen. Es sind gezeichnet worden:

a) Der Grundriß (Fig. 275).
b) Der Schnitt AB (Fig. 276).
c) Der Schnitt CD (Fig. 277) und die Steine E und F in schiefer Projektion (Fig. 278 und 279).

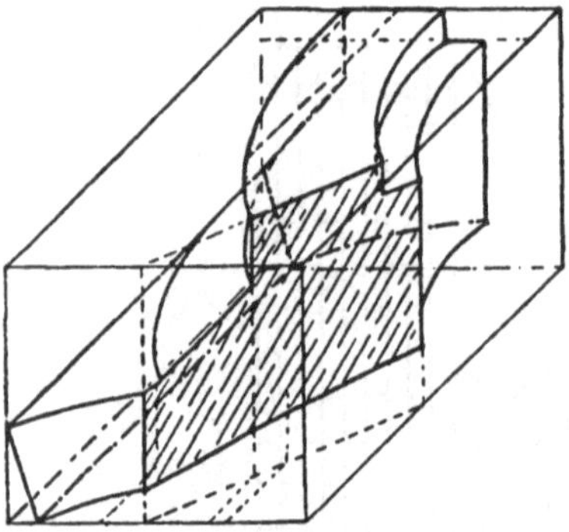

Stein E.

Fig. 278.

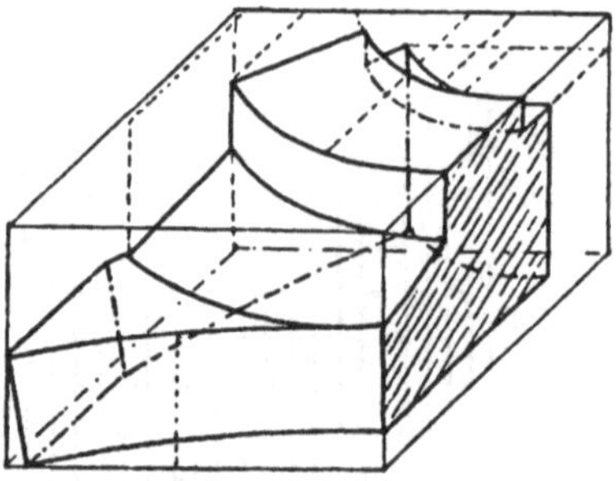

Stein F.

Fig. 279.

89. Projektionen von Kernbögen. Wird eine Tür- oder Fensteröffnung durch einen Rundbogen überdeckt und soll die in ihrem oberen Teile nach diesem Bogen geformte Tür bzw. Fenster sich um eine vertikale Achse bis zum Anschlag an die Wandung frei bewegen lassen, ohne hierbei den Mauerbogen zu berühren, so ist dies nur möglich, wenn die lotrechten Wandungen des hinteren Teiles der Maueröffnung, die Geläufflächen, im oberen Teile die Gestalt des Fenster- oder Türflügels erhalten und die Leibungsfläche sich so erweitert, daß sie der lotrecht stehenden Tür zur freien Bewegung bis zur Anlehnung an die Geläuffläche Raum bietet. Die Leibung des Wölbbogens in dem vorderen Teile der Mauer ist zylindrisch, ebenso ist auch der Falz für den Anschlag gestaltet; die hintere Wölbfläche muß oben nach irgend einem Gesetze gebildet werden.

Konstruktionen, die diesen Bedingungen in jeder Beziehung entsprechen, sind in den Figuren 280a—c und 285a—c dargestellt. Wird die Horizontalspur der Geläuffläche verlängert und die Strecke $a'b' =$ oder $> a'm'$ gewählt, so hat der Flächenteil $a'c'd'$ des Quadranten über $a'b'$ die Gestalt des oberen Teiles der Geläuffläche, des Spiegels des Kernbogens. Wird dieser Quadrant

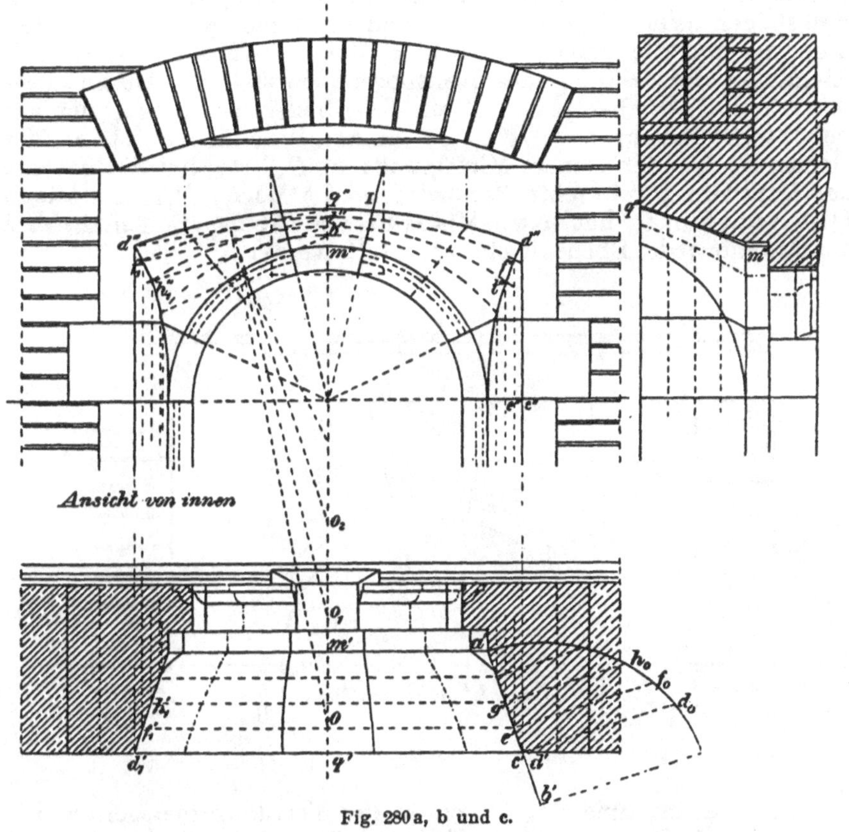

Fig. 280a, b und c.

auf die zweite Projektionsebene projiziert, macht man also $c'd_0 = c''d''$, $e'f_0 = e''f''$ usw., so sind die Punkte d'', f'', h''... Projektionen der Punkte des Kreisbogens, also der Kurve, in der sich die noch zu definierende Kernbogenfläche und die Geläuffläche schneiden müssen.

In Figur 280 ist nun diese Fläche wie folgt gebildet. Zuerst wurde der Schnitt der gesuchten Fläche mit der hinteren Wandfläche bestimmt; es wurde festgesetzt, daß die Ebene, die die Achse des Bogens enthält und senkrecht zu $\mathfrak{P}_1$ und $\mathfrak{P}_2$ steht, die zu bestimmende Fläche in einer Geraden schneiden (vgl. das

Profil Fig. 280c) und diese Gerade mit der Horizontalen denselben Winkel α einschließen soll, den im Grundriß die Gerade $a'b'$ mit einer Normalen zur Achse bildet. Im Profil sehen wir diese Gerade in wahrer Größe, sie schneide die die innere Wandfläche darstellende Gerade in q''', mithin sind q'' und q' die Projektionen des Punktes q, in dem sich innere Wandfläche, Leibungsfläche und die bezeichnete Ebene schneiden. Weiter werde jetzt festgesetzt, daß die Schnittkurve der inneren Wandfläche, sowie die Schnittkurven aller Parallelen mit der Leibung des Kernbogens Kreisbögen seien; jede dieser Ebenen wird die geneigte Scheitellinie mq und die Kurven schneiden, die den Schnitt von Geläuffläche mit der Leibung des Kernbogens darstellen. Durch diese drei Punkte ist aber jedesmal ein Kreisbogen bestimmt, der auf der Fläche liegen soll; für die innere Wandfläche ist es der Bogen dqd_1, der seinen Mittelpunkt in O hat, für die nächste zur Darstellung gebrachte Parallelebene der Bogen flf_1, der seinen Mittelpunkt in O_1 hat usw. Mit Hilfe des Profils können die drei Punkte für jede Ebene leicht ermittelt werden.

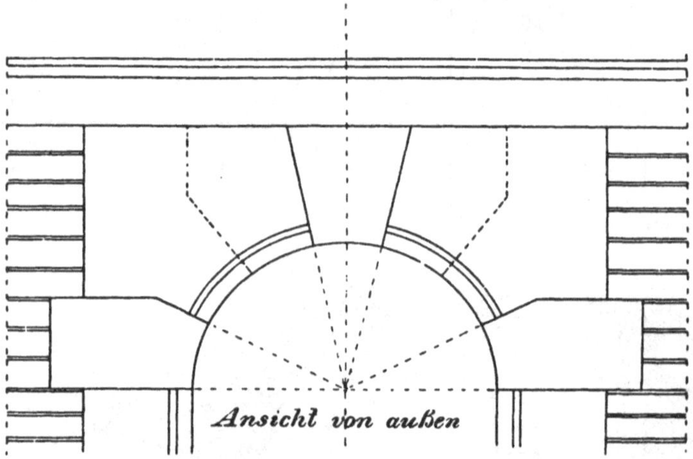

Fig. 281.

Zur Bestimmung der Fugen in der Vertikalprojektion wurde der Halbkreis in fünf (sieben) Teile geteilt und die Teilpunkte mit dem Mittelpunkte des Halbkreises verbunden. Ist die Spannweite des Bogens nur gering, so könnten die durch punktierte Linien dargestellten Fugen auch ganz wegbleiben, der ganze Bogen würde dann nur aus fünf Steinen zu bilden sein. Die Horizontalprojektion der Fugen wird durch Hinunterprojizieren der entsprechenden End- und Schnittpunkte gefunden. Es ist klar, daß die Fugen der Leibungsfläche, den gestellten Bedingungen gemäß, nur Kurven sein können, daher sich diese in der Horizontalprojektion ebenso als Kurven projizieren. Es sind gezeichnet worden:

a) Die Vertikalprojektion des Bogens (Fig. 280a).
b) Die Untersicht des Bogens (Fig. 280b).
c) Das Profil (Fig. 280c).
d) Eine zweite Vertikalprojektion, äußere Ansicht des Bogens (Fig. 281).
e) Eine orthogonale Projektion des halben Bogens in schräger Lage gegen $\mathfrak{P}_2$ (Fig. 282).
f) Die schiefe Projektion des Schlußsteines (Fig. 283).
g) Die zur Herstellung des letzteren erforderliche Fugenbrettung (Fig. 284).

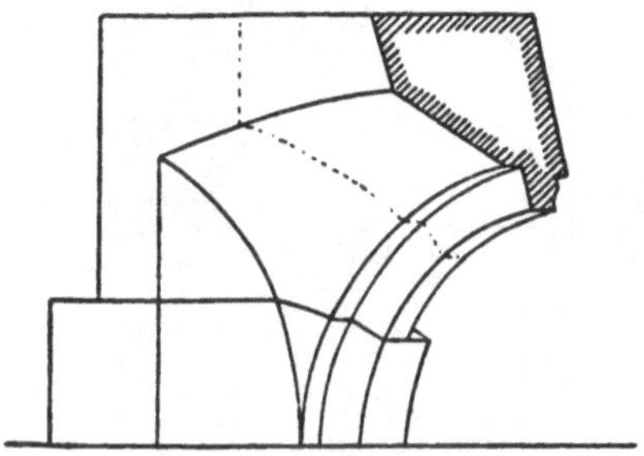

Fig. 283.

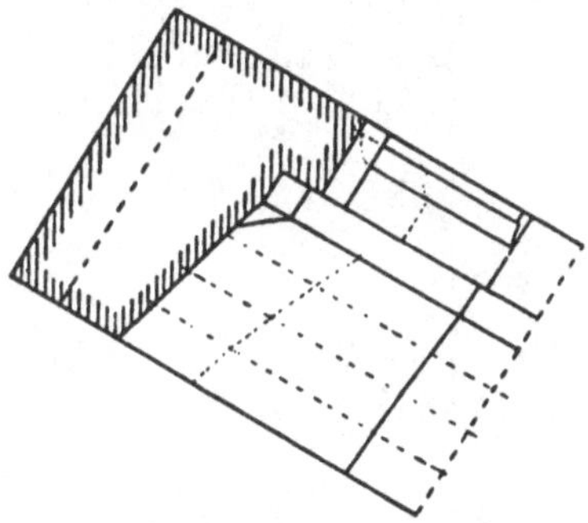

Fig. 282.

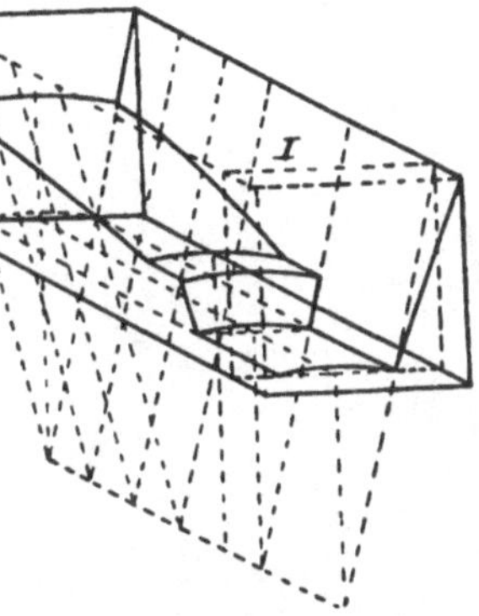

Fig. 284.

Die Konstruktion des in den Figuren 285a—c dargestellten Kernbogens unterscheidet sich von der eben besprochenen nur in der Erzeugung der inneren Leibung. Es wird diese in diesem Falle von einer Kugelfläche gebildet, die ihren Mittelpunkt O auf der Achse des Bogens hat. Macht man im Grundriß $m'a' = a'b'$ und errichtet in b' zu $a'b'$ die Senkrechte, dann schneidet diese die Achse in O' und es ist $O'a'$ der Kugelradius. Die ac enthaltende, lotrechte Geläuffläche schneidet diese Kugel in einem Kreisbogen, der umgelegt ist, um aus der Umlegung die für die Herstellung des Aufrisses erforderlichen Höhen zu entnehmen; es ist $c'd_0 = c''d''$, $e'f_0 = e''f''$, $g'h_0 = g''h''$ usw. Auch die innere

Wandfläche und die zu ihr parallelen Ebenen schneiden die Kugel in Kreisen, deren Radien direkt im Grundriß gegeben sind. Die

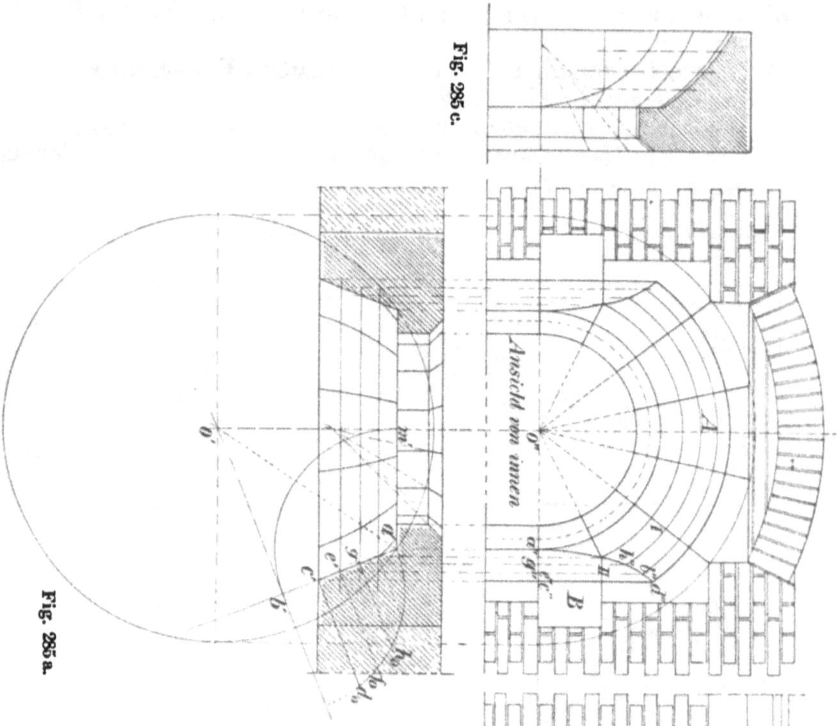

Fig. 285 a. Fig. 285 b. Fig. 285 c.

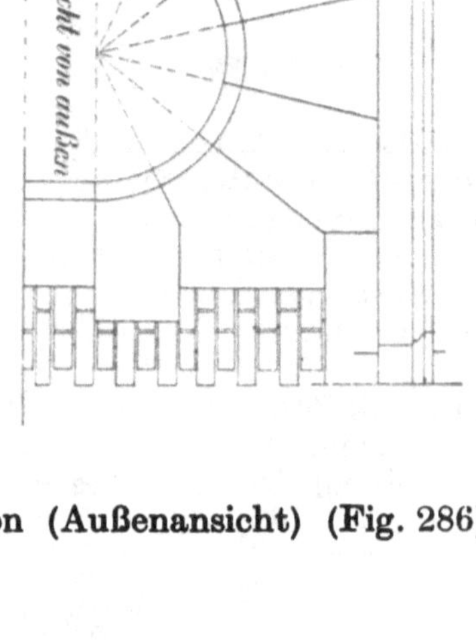

Fig. 286.

Ebenen der Lagerflächen enthalten sämtlich die Achse des Bogens; die Fugen in der Leibung des Bogens sind Bögen von größten Kugelkreisen, die sich im Grundriß als elliptische Bögen projizieren. Es sind gezeichnet worden:

a) Die Vertikalprojektion (Innenansicht) des Bogens (Fig. 285 b).
b) Die Horizontalprojektion (Ansicht gegen die Leibung) (Fig. 285 a).
c) Ein Vertikalschnitt (Fig. 285 c).
d) Eine zweite Vertikalprojektion (Außenansicht) (Fig. 286).

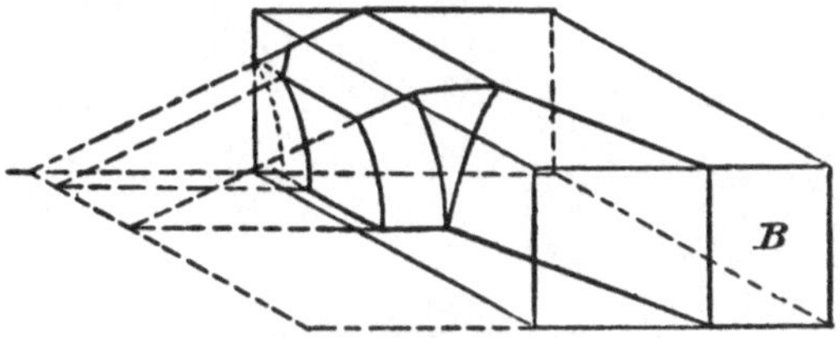

Fig. 288

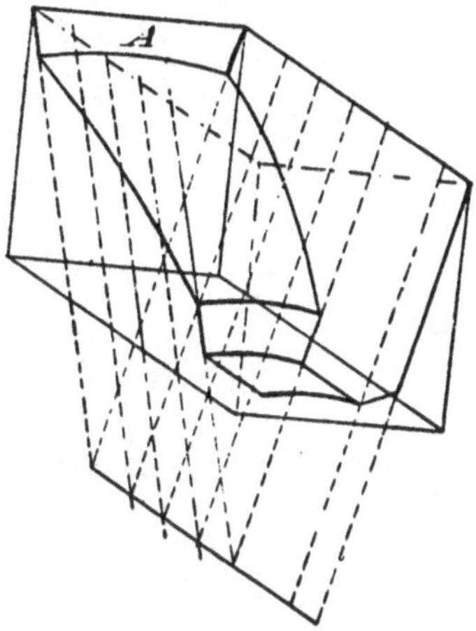

Fig. 287.

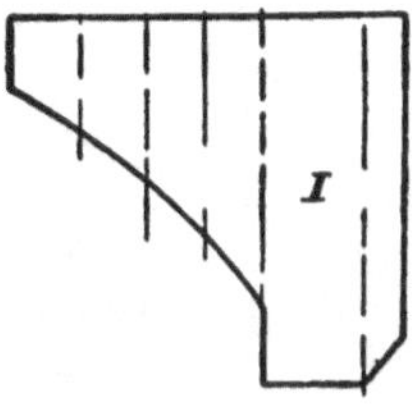

Fig. 289.

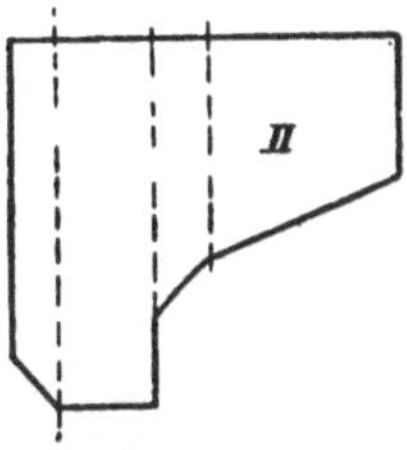

Fig. 290.

e) Zwei Steine, der Schlußstein *A* und ein Anfänger *B*, in schiefer Projektion (Fig. 287 und 288).

f) Zwei Fugenbrettungen (Fig. 289 und 290).

MIX
Papier | Fördert gute Waldnutzung
FSC® C083411

Kolibri 360 GmbH
Ferdinand-Jühlke-Straße 7
99095 Erfurt, Deutschland
produktsicherheit@kolibri360.de